国家电网
STATE GRID

国家电网有限公司特高压建设分公司
STATE GRID UHV ENGLNEERING CONSTRUCTION COMPANY

特高压工程建设
技术标准体系

（2022年版）

国家电网有限公司特高压建设分公司　组编

中国电力出版社
CHINA ELECTRIC POWER PRESS

内 容 提 要

为进一步落实国家电网有限公司"一体四翼"战略布局，促进"六精四化"三年行动计划落地实施，提升特高压工程建设管理水平，国家电网有限公司特高压建设分公司系统梳理、全面总结特高压工程建设管理经验，提炼形成《特高压工程建设标准化管理》等系列成果，涵盖建设管理、技术标准、施工工艺、典型工法、经验案例等内容。

本分册为《特高压工程建设技术标准体系（2022年版）》，内容包括特高压工程建设技术标准体系框架、特高压工程建设技术标准清单、特高压工程建设常用技术标准解读共3章，共收录技术标准2002项，解读特高压工程建设常用技术标准10项。

本套书可供从事特高压工程建设的技术人员和管理人员学习使用。

图书在版编目（CIP）数据

特高压工程建设技术标准体系：2022年版/国家电网有限公司特高压建设分公司组编 . —北京：中国电力出版社，2023.6

ISBN 978 - 7 - 5198 - 7356 - 1

Ⅰ.①特…　Ⅱ.①国…　Ⅲ.①特高压电网－电力工程－技术标准－中国－2022　Ⅳ.①TM727 - 65

中国版本图书馆 CIP 数据核字（2022）第 242883 号

出版发行：中国电力出版社
地　　址：北京市东城区北京站西街 19 号（邮政编码 100005）
网　　址：http://www.cepp.sgcc.com.cn
责任编辑：张　瑶（010—63412503）
责任校对：黄　蓓　常燕昆
装帧设计：郝晓燕
责任印制：石　雷

印　　刷：三河市万龙印装有限公司
版　　次：2023 年 6 月第一版
印　　次：2023 年 6 月北京第一次印刷
开　　本：880 毫米×1230 毫米　16 开本
印　　张：21.75
字　　数：578 千字
定　　价：165.00 元

特高压工程建设技术标准体系（2022年版）

编 委 会

主　任　安建强　种芝艺

副主任　赵宏伟　张金德　孙敬国　张永楠　毛继兵　刘　皓
　　　　　程更生　张亚鹏　邹军峰　袁清云

成　员　李　伟　刘良军　董四清　刘志明　徐志军　刘洪涛
　　　　　谭启斌　张　昉　李　波　肖　健　张　宁　白光亚
　　　　　倪向萍　熊织明　王新元　张　智　王　艳　陈　凯
　　　　　徐国庆　刘宝宏　肖　峰　孙中明　姚　斌

本 书 编 写 组

组　　　长　毛继兵

副　组　长　徐志军　张　诚

主要编写人员　邓佳佳　潘文瀚　唐　宁　田文博　宋伟东　侯　镭
　　　　　　　吴　畏　冯怡雪　苗峰显　董　然　田　洁　曹加良
　　　　　　　王关翼　杨洪瑞　张东旭　侯纪勇　魏金祥　郎鹏越
　　　　　　　徐剑峰　李天佼　刘博晗　马卫华　张尔乐　李媛媛
　　　　　　　杨怀伟　阎国增　李国满　张　鹏　尤少华　刘凯锋
　　　　　　　马云龙　罗兆楠　何宣虎　潘宏承　汪旭旭　周振洲
　　　　　　　李殿茹　寇晓香　丁萍萍　王玲玲　李　斌　吴静怡
　　　　　　　陈　鹏　孙斐斐　贺　然　贾可嘉　张　慧　谢永祥
　　　　　　　李　彪　罗本壁　张　笑　黄天翔　张崇涛　李戴玉
　　　　　　　王小松　熊　焘　宋洪磊　王俊峰　刘　振　唐云鹏
　　　　　　　刘　波　田燕山　刘振涛　师俊杰　王　琳　刘　闯
　　　　　　　李　晗

序

从 2006 年 8 月我国首个特高压工程——1000kV 晋东南—南阳—荆门特高压交流试验示范工程开工建设，至 2022 年底，国家电网有限公司已累计建成特高压交直流工程 33 项，特高压骨干网架已初步建成，为促进我国能源资源大范围优化配置、推动新能源大规模高效开发利用发挥了重要作用。特高压工程实现从"中国创造"到"中国引领"，成为中国高端制造的"国家名片"。

高质量发展是全面建设社会主义现代化国家的首要任务。我国大力推进以稳定安全可靠的特高压输变电线路为载体的新能源供给消纳体系规划建设，赋予了特高压工程新的使命。作为新型电力系统建设、实现"碳达峰、碳中和"目标的排头兵，特高压发展迎来新的重大机遇。

面对新一轮特高压工程大规模建设，总结传承好特高压工程建设管理经验、推广应用项目标准化成果，对于提升工程建设管理水平、推动特高压工程高质量建设具有重要意义。

国家电网有限公司特高压建设分公司应三峡输变电工程而生，伴随特高压工程成长壮大，成立 26 年以来，建成全部三峡输变电工程，全程参与了国家电网所有特高压交直流工程建设，直接建设管理了以首条特高压交流试验示范工程、首条特高压直流示范工程、首条特高压同塔双回交流示范工程、首条世界电压等级最高的特高压直流输电工程为代表的多项特高压交直流工程，积累了丰富的工程建设管理经验，形成了丰硕的项目标准化管理成果。经系统梳理、全面总结，提炼形成《特高压工程建设标准化管理》等系列成果，涵盖建设管理、技术标准、工艺工法、经验案例等内容，为后续特高压工程建设提供管理借鉴和实践案例。

他山之石，可以攻玉。相信《特高压工程建设标准化管理》等系列成果的出版，对于加强特高压工程建设管理经验交流、促进"六精四化"落地实施，提升国家电网输变电工程建设整体管理水平将起到积极的促进作用。国家电网有限公司特高压建设分公司将在不断总结自身实践的基础上，博采众长、兼收并蓄业内先进成果，迭代更新、持续改进，以专业公司的能力与作为，在引领工程建设管理、推动特高压工程高质量建设方面发挥更大的作用。

2022 年 12 月

前言

　　技术标准作为标准化活动的重要成果，在促进科技成果转化应用、引领施工技术（装备）发展、支撑工程高质量建设中发挥着重要作用。技术标准体系是指导技术标准工作的重要文件，是制（修）订技术标准工作计划、工程建设过程中落实技术标准要求的主要依据，在技术标准化管理中具有非常重要的指导作用。

　　为充分发挥技术标准在工程高质量建设中引领、支撑和保障作用，进一步提升特高压工程技术标准化管理水平，参照《国家电网有限公司技术标准体系表（2022 版）》，结合特高压工程建设实际需要，国家电网有限公司特高压建设分公司编制了《特高压工程建设技术标准体系（2022 年版）》，包括技术标准体系框架、技术标准清单和常用技术标准解读三部分内容，共收录技术标准 2002 项，其中企业标准 530 项、团体标准 4 项、行业标准 515 项、国家标准 953 项；并对 10 项特高压工程建设常用技术标准进行了完整解读。

　　本书遵循"结构合理、规模适度、实用有效"的总体原则，充分考虑特高压工程项目建设的实际情况编制而成，用于指导特高压工程项目技术管理和国家电网有限公司特高压建设分公司技术标准管理工作。期待本书的出版能够助力公司员工与行业同仁对特高压工程建设技术标准的学习应用，统一对常用技术标准的理解，推动技术标准在工程现场落地见效，引导技术标准制（修）订工作，不断完善特高压工程技术标准体系，服务于特高压工程高质量建设。

编者

2022 年 12 月

目录

第一章　特高压工程建设技术标准体系框架

为进一步提升国家电网有限公司特高压建设分公司（简称国网特高压公司）工程建设技术标准化管理水平，深化技术标准的学习理解，推动技术标准的现场应用，依据《国家电网有限公司技术标准实施评价工作管理办法》有关要求，参照《国家电网有限公司技术标准体系表（2022版）》，结合特高压工程建设技术标准应用的实际需求，国网特高压公司按照"结构合理、规模适度、实用有效"的总体原则，梳理编制了特高压工程建设技术标准体系框架。

一、编制依据

遵循国家和国家电网有限公司有关规定，开展技术标准体系表编制，主要依据如下：

（1）《企业标准体系要求》（GB/T 15496—2017）；

（2）《企业标准体系　技术标准体系》（GB/T 15497—2017）；

（3）《电力企业标准体系表编制导则》（DL/T 485—2018）；

（4）《国家电网有限公司技术标准体系表（2022版）》。

根据《电力企业标准体系表编制导则》（DL/T 485—2018）的要求，"企业适用的法律、法规和其他要求"将作为电力企业标准体系的重要内容，但不纳入技术标准体系中。特高压工程建设技术标准体系中不包含法律、法规和相关文件。

二、编制思路及原则

（一）编制思路

特高压工程建设技术标准体系框架编制，结合国网特高压公司特高压工程项目管理要求，充分考虑工程建设流程和专业管理划分，合理设置体系结构，适度控制标准规模，以指导工程项目技术标准化管理、引导提出技术标准制（修）订项目、推动技术标准在工程现场落地见效为目的。

（二）编制原则

特高压工程建设技术标准体系框架是在国家电网有限公司技术标准体系框架的基础上，结合工程建设实际需求，建立以专业为主线、兼顾建设流程的技术标准体系表，服务工程项目各专业标准化管理。本技术标准体系与国家电网有限公司技术标准体系有效衔接，在层级结构、分类方式等方面保持协调一致。

三、体系框架

按照上述编制思路与原则，编制了特高压工程建设技术标准体系框架图（见图1-1）。特高压工程建设技术标准体系框架分为三级结构：第一级按专业进行划分；第二级对变电电气和输电线路专业按建设流程进行划分，对设备专业按主要设备类型进行划分；第三级对变电和输电专业主要建设流程按设计与施工进行划分。

第一级：划分为基础综合、变电土建、变电电气、输电线路、设备、安全、消防、技经、环保水保、档案与数字化。

第二级：对变电电气按电气一次、电气二次、调试试验、其他划分，对输电线路按基础、组塔、架线、其他划分，对设备按线圈设备、换流阀、开关设备、滤波及无功、其他划分。

第三级：对变电土建，电气一次、电气二次，输电线路的基础、组塔、架线分别按设计、施工、其他划分。

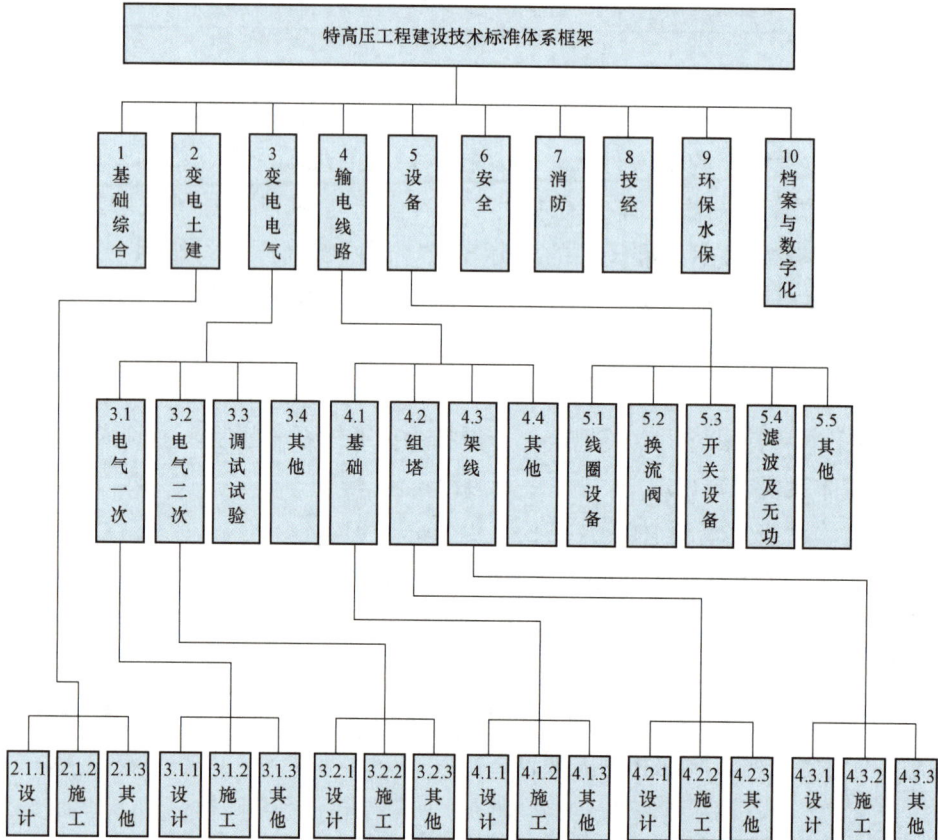

图 1-1　特高压工程建设技术标准体系框架图

第二章 特高压工程建设技术标准清单

为国网特高压公司制（修）订技术标准工作、工程建设过程中落实技术标准要求提供主要标准依据，在特高压工程建设技术标准体系框架的指导下，梳理形成特高压工程建设领域有关的技术标准清单（简称技术标准清单）。

本技术标准清单重点涵盖特高压工程建设阶段的技术标准，同时考虑工程建设各环节间的紧密衔接和公司专业部门需求，适度向规划设计、运维检修等环节延伸，涵盖工程设计、设备材料、运行检修、技术监督等方面技术标准。共收录技术标准 2002 项，其中企业标准 530 项、团体标准 4 项、行业标准 515 项、国家标准 953 项。每一项标准都含有以下信息：

（1）在技术标准清单中的序号；

（2）标准号：标准本身的编号，即按照国家关于标准编号的规定确定的流水编号，如 Q/GDW 102—2003；

（3）中文名称：标准中文名称；

（4）类别：企标、团标、行标、国标；

（5）专业划分：按照三级专业划分原则，明确该标准的具体专业类别；

（6）发布日期；

（7）实施日期。

根据特高压工程建设实际需求，本技术标准清单按照"专业管理为主线、兼顾建设流程"的思路，对每项技术标准按照三级专业进行划分。其中第一级专业包括基础综合、变电土建、变电电气、输电线路、设备、安全、消防、技经、环保水保、档案与数字化 10 个专业；第二级专业包括电气一次、电气二次、调试试验，基础、组塔、架线，线圈设备、换流阀、开关设备、滤波及无功 3 类 10 个专业；第三级专业包括设计、施工、其他 3 个专业。特高压工程建设技术标准清单见表 2-1。

特高压工程建设技术标准清单

表2-1

1 基础综合

序号	分类号	标准文件号	中文名称	类别	一级专业	二级专业	三级专业	发布日期	实施日期
1	1-1	GB/T 16903.1—2008	标志用图形符号表示规则 第1部分：公共信息图形符号的设计原则	国标	基础综合			2008-07-16	2009-01-01
2	1-2	GB/T 20001.1—2001	标准编写规则 第1部分：术语	国标	基础综合			2001-11-05	2002-03-01
3	1-3	GB/T 20001.2—2015	标准编写规则 第2部分：符号标准	国标	基础综合			2015-09-11	2016-01-01
4	1-4	GB/T 20001.3—2015	标准编写规则 第3部分：分类标准	国标	基础综合			2015-09-11	2016-01-01
5	1-5	GB/T 20001.4—2015	标准编写规则 第4部分：试验方法标准	国标	基础综合			2015-09-11	2016-01-01
6	1-6	GB/T 20001.5—2017	标准编写规则 第5部分：规范标准	国标	基础综合			2017-12-29	2018-04-01
7	1-7	GB/T 20001.6—2017	标准编写规则 第6部分：规程标准	国标	基础综合			2017-12-29	2018-04-01
8	1-8	GB/T 20001.7—2017	标准编写规则 第7部分：指南标准	国标	基础综合			2017-12-29	2018-04-01
9	1-9	GB/T 20001.10—2014	标准编写规则 第10部分：产品标准	国标	基础综合			2014-12-31	2015-06-01
10	1-10	GB/T 156—2017	标准电压	国标	基础综合			2017-11-01	2018-05-01
11	1-11	GB/T 16803—1997	采暖、通风、空调、净化设备术语	国标	基础综合			1997-05-28	1997-12-01
12	1-12	GB/T 19022—2003	测量管理体系测量过程和测量设备的要求	国标	基础综合			2004-03-01	2004-03-01
13	1-13	GB/T 20490—2006	承压无缝和焊接（埋弧焊除外）钢管分层的超声检测	国标	基础综合			2006-09-12	2007-02-01
14	1-14	GB/T 14286—2008	带电作业工具设备术语	国标	基础综合			2008-09-24	2009-08-01
15	1-15	GB 50162—1992	道路工程制图标准	国标	基础综合			1992-09-19	1993-05-01
16	1-16	GB/T 17694—2009	地理信息术语	国标	基础综合			2009-05-06	2009-10-01
17	1-17	GB/Z 17799.6—2017	电磁兼容 通用标准 发电厂和变电站环境中的抗扰度	国标	基础综合			2017-07-12	2018-02-01
18	1-18	GB/T 17624.1—1998	电磁兼容 综述 电磁兼容基本术语和定义的应用与解释	国标	基础综合			1998-12-14	1999-12-01
19	1-19	GB/T 11804—2005	电工电子产品环境条件术语	国标	基础综合			2005-03-03	2005-08-01
20	1-20	GB/T 8582—2008	电工电子设备机械结构术语	国标	基础综合			2008-06-19	2009-04-01
21	1-21	GB/T 2900.12—2008	电工术语 避雷器、低压电涌保护器及元件	国标	基础综合			2008-01-22	2008-09-01
22	1-22	GB/T 2900.95—2015	电工术语 变压器、调压器和电抗器	国标	基础综合			2015-09-11	2016-04-01

续表

序号	分类号	标准文件号	中文名称		类别	一级专业	二级专业	三级专业	发布日期	实施日期
23	1-23	GB/T 34654—2017	电工术语	标准编写规则	国标	基础综合			2017-09-29	2018-04-01
24	1-24	GB/T 2900.18—2008	电工术语	低压电器	国标	基础综合			2008-05-20	2009-01-01
25	1-25	GB/T 4365—2003	电工术语	电磁兼容	国标	基础综合			2003-01-17	2003-05-01
26	1-26	GB/T 2900.77—2008	电工术语	电工电子测量和仪器仪表 第1部分：测量的通用术语	国标	基础综合			2008-06-18	2009-05-01
27	1-27	GB/T 2900.89—2012	电工术语	电工电子测量和仪器仪表 第2部分：电测量的通用术语	国标	基础综合			2012-06-29	2012-09-01
28	1-28	GB/T 2900.79—2008	电工术语	电工电子测量和仪器仪表 第3部分：电测量仪器仪表的类型	国标	基础综合			2008-06-18	2009-05-01
29	1-29	GB/T 2900.90—2012	电工术语	电工电子测量和仪器仪表 第4部分：各类仪表的特殊术语	国标	基础综合			2012-06-29	2012-09-01
30	1-30	GB/T 2900.4—2008	电工术语	电工合金	国标	基础综合			2008-06-18	2009-05-01
31	1-31	GB/T 2900.39—2009	电工术语	电机、变压器专用设备	国标	基础综合			2009-03-13	2009-11-01
32	1-32	GB/T 2900.10—2013	电工术语	电缆	国标	基础综合			2013-12-17	2014-04-09
33	1-33	GB/T 2900.32—1994	电工术语	电力半导体器件	国标	基础综合			1994-05-16	1995-01-01
34	1-34	GB/T 2900.16—1996	电工术语	电力电容器	国标	基础综合			1996-06-17	1997-07-01
35	1-35	GB/T 2900.33—2004	电工术语	电力电子技术	国标	基础综合			2004-05-10	2004-12-01
36	1-36	GB/T 2900.49—2004	电工术语	电力系统保护	国标	基础综合			2004-05-10	2004-12-01
37	1-37	GB/T 2900.71—2008	电工术语	电气装置	国标	基础综合			2008-03-25	2008-10-01
38	1-38	GB/T 2900.40—1985	电工术语	电线电缆专用设备	国标	基础综合			1985-05-09	1986-01-01
39	1-39	GB/T 2900.103—2020	电工术语	发电、输电及配电 电力系统可信性及服务质量	国标	基础综合			2020-06-02	2020-12-01
40	1-40	GB/T 2900.59—2008	电工术语	发电、输电及配电 变电站	国标	基础综合			2008-06-18	2009-05-01
41	1-41	GB/T 2900.58—2008	电工术语	发电、输电及配电 发电	国标	基础综合			2008-06-18	2009-05-01
42	1-42	GB/T 2900.52—2008	电工术语	发电、输电及配电 发电	国标	基础综合			2008-06-18	2009-05-01
43	1-43	GB/T 2900.57—2008	电工术语	发电、输电及配电 运行	国标	基础综合			2008-06-18	2009-05-01
44	1-44	GB/T 2900.19—1994	电工术语	高电压试验技术和绝缘配合	国标	基础综合			1994-05-19	1995-01-01
45	1-45	GB/T 2900.20—2016	电工术语	高压开关设备和控制设备	国标	基础综合			2016-02-24	2016-09-01

续表

序号	分类号	标准文件号	中文名称		类别	一级专业	二级专业	三级专业	发布日期	实施日期
46	1-46	GB/T 2900.94—2015	电工术语	互感器	国标	基础综合			2015-09-11	2016-04-01
47	1-47	GB/T 2900.1—2008	电工术语	基本术语	国标	基础综合			2008-06-18	2009-05-01
48	1-48	GB/T 2900.63—2003	电工术语	基础继电器	国标	基础综合			2003-01-17	2003-06-01
49	1-49	GB/T 2900.51—1998	电工术语	架空线路	国标	基础综合			1998-08-13	1999-06-01
50	1-50	GB/T 2900.73—2008	电工术语	接地与电击防护	国标	基础综合			2008-05-28	2009-01-01
51	1-51	GB/T 2900.5—2013	电工术语	绝缘固体、液体和气体	国标	基础综合			2013-12-17	2014-04-09
52	1-52	GB/T 2900.8—2009	电工术语	绝缘子	国标	基础综合			2009-03-13	2009-11-01
53	1-53	GB/T 2900.26—2008	电工术语	控制电机	国标	基础综合			2008-06-30	2009-04-01
54	1-54	GB/T 2900.17—2009	电工术语	量度继电器	国标	基础综合			2009-03-13	2009-11-01
55	1-55	GB/T 2900.64—2013	电工术语	时间继电器	国标	基础综合			2013-12-17	2014-04-09
56	1-56	GB/T 2900.27—2008	电工术语	小功率电动机	国标	基础综合			2008-05-28	2009-01-01
57	1-57	GB/T 2900.41—2008	电工术语	原电池和蓄电池	国标	基础综合			2008-06-18	2009-05-01
58	1-58	GB/T 2900.50—2008	电工术语	发电、输电及配电通用术语	国标	基础综合			2008-06-18	2009-05-01
59	1-59	GB/T 2900.69—2005	电工术语 综合业务数字网（ISDN） 第 1 部分：总则		国标	基础综合			2005-10-10	2006-06-01
60	1-60	GB/T 19867.1—2005	电弧焊焊接工艺规程		国标	基础综合			2005-08-10	2006-04-01
61	1-61	GB/T 50297—2018	电力工程基本术语标准		国标	基础综合			2018-12-26	2019-06-01
62	1-62	GB/T 5075—2016	电力金具名词术语		国标	基础综合			2016-04-25	2016-11-01
63	1-63	GB/T 4776—2017	电气安全术语		国标	基础综合			2017-07-31	2018-02-01
64	1-64	GB/T 6988.1—2008	电气技术用文件的编制 第 1 部分：规则		国标	基础综合			2008-03-24	2008-11-01
65	1-65	GB/T 4728.7—2008	电气简图用图形符号 第 7 部分：开关、控制和保护器件		国标	基础综合			2008-05-28	2009-01-01
66	1-66	GB/T 4728.8—2008	电气简图用图形符号 第 8 部分：测量仪表、灯和信号器件		国标	基础综合			2008-05-28	2009-01-01
67	1-67	GB/T 4728.11—2008	电气简图用图形符号 第 11 部分：建筑安装平面布置图		国标	基础综合			2008-05-28	2009-01-01
68	1-68	GB/T 4728.12—2008	电气简图用图形符号 第 12 部分：二进制逻辑元件		国标	基础综合			2008-05-28	2009-01-01
69	1-69	GB/T 4728.13—2008	电气简图用图形符号 第 13 部分：模拟逻辑元件		国标	基础综合			2008-05-28	2009-01-01
70	1-70	GB/T 1981.2—2009	电气绝缘用漆 第 2 部分：试验方法		国标	基础综合			2009-06-10	2009-12-01

续表

序号	分类号	标准文件号	中文名称	类别	一级专业	二级专业	三级专业	发布日期	实施日期
71	1-71	GB/T 5465.1—2009	电气设备用图形符号 第1部分：概述与分类	国标	基础综合			2009-03-13	2009-11-01
72	1-72	GB/T 5465.2—2008	电气设备用图形符号 第2部分：图形符号	国标	基础综合			2008-05-20	2009-01-01
73	1-73	GB/T 23371.1—2013	电气设备用图形符号基本规则 第1部分：注册用图形符号的生成	国标	基础综合			2013-12-17	2014-04-09
74	1-74	GB/T 23371.3—2009	电气设备用图形符号基本规则 第3部分：应用导则	国标	基础综合			2009-03-13	2009-11-01
75	1-75	GB/T 51061—2014	电网工程标识系统编码规范	国标	基础综合			2014-12-11	2015-08-01
76	1-76	GB/T 6995.1—2008	电线电缆识别标志方法 第1部分：一般规定	国标	基础综合			2008-06-18	2009-03-01
77	1-77	GB/T 6995.2—2008	电线电缆识别标志方法 第2部分：标准颜色	国标	基础综合			2008-06-18	2009-03-01
78	1-78	GB/T 6995.3—2008	电线电缆识别标志方法 第3部分：电线电缆识别标志	国标	基础综合			2008-06-18	2009-03-01
79	1-79	GB/T 1418—1995	电信设备通用文字符号	国标	基础综合			1995-04-06	1995-12-01
80	1-80	GB/T 14733.1—1993	电信术语 电信、信道和网	国标	基础综合			1993-12-05	1994-08-01
81	1-81	GB/T 14733.6—2005	电信术语 空间无线电通信	国标	基础综合			2005-10-10	2006-06-01
82	1-82	GB/T 14733.12—2008	电信术语 光纤通信	国标	基础综合			2008-08-06	2009-03-01
83	1-83	GB/T 3102.5—1993	电学和磁学的量和单位	国标	基础综合			1993-12-27	1994-07-01
84	1-84	GB/T 26480—2011	阀门的检验和试验	国标	基础综合			2011-05-12	2011-10-01
85	1-85	GB/T 1228—2006	钢结构用高强度大六角头螺栓	国标	基础综合			2006-03-27	2006-11-01
86	1-86	GB/T 1499.1—2017	钢筋混凝土用钢 第1部分：热轧光圆钢筋	国标	基础综合			2017-12-29	2018-09-01
87	1-87	GB/T 1499.2—2018	钢筋混凝土用钢 第2部分：热轧带肋钢筋	国标	基础综合			2018-02-06	2018-11-01
88	1-88	GB/T 8706—2017	钢丝绳 术语、标记和分类	国标	基础综合			2017-12-29	2018-09-01
89	1-89	GB/T 20118—2017	钢丝绳通用技术条件	国标	基础综合			2017-12-29	2018-09-01
90	1-90	GB/T 311.6—2005	高电压测量标准空气间隙	国标	基础综合			2005-02-06	2005-12-01
91	1-91	GB/T 9465—2018	高空作业车	国标	基础综合			2018-05-14	2018-12-01
92	1-92	GB/T 15166.1—2019	高压交流熔断器 第1部分：术语	国标	基础综合			2019-06-04	2020-01-01
93	1-93	GB/T 13498—2017	高压直流输电术语	国标	基础综合			2017-12-29	2018-07-01
94	1-94	GB/T 34118—2017	高压直流系统用电压源换流器术语	国标	基础综合			2017-07-31	2018-02-01

续表

序号	分类号	标准文件号	中文名称	类别	一级专业	二级专业	三级专业	发布日期	实施日期
95	1-95	GB/T 50125—2010	给水排水工程基本术语标准	国标	基础综合			2010-05-31	2010-12-01
96	1-96	GB 50026—2007	工程测量规范	国标	基础综合			2007-10-25	2008-05-01
97	1-97	GB/T 50228—2011	工程测量基本术语标准	国标	基础综合			2011-07-26	2012-06-01
98	1-98	GB/T 14498—1993	工程地质术语	国标	基础综合			1993-06-19	1994-03-01
99	1-99	GB/T 50083—2014	工程结构设计基本术语标准	国标	基础综合			2014-07-13	2015-05-01
100	1-100	GB/T 14163—2009	工时消耗分类、代号和标准工时构成	国标	基础综合			2009-03-09	2009-09-01
101	1-101	GB 30981—2020	工业防护涂料中有害物质限量	国标	基础综合			2020-03-04	2020-12-01
102	1-102	GB 7231—2003	工业管道的基本识别色、识别符号和安全标识	国标	基础综合			2003-03-13	2003-10-01
103	1-103	GB/T 24341—2009	工业机械电气设备电气图、图解和表的绘制	国标	基础综合			2009-09-30	2010-02-01
104	1-104	GB/T 24340—2009	工业机械电气图用图形符号	国标	基础综合			2009-09-30	2010-02-01
105	1-105	GB/T 16803—2018	供暖、通风、空调、净化设备术语	国标	基础综合			2018-05-14	2019-04-01
106	1-106	GB 3100—1993	国际单位制及其应用	国标	基础综合			1993-12-27	1994-07-01
107	1-107	GB/T 12897—2006	国家一、二等水准测量规范	国标	基础综合			2006-05-24	2006-10-01
108	1-108	GB/T 16672—1996	焊缝-工作位置-倾角和转角的定义	国标	基础综合			1996-12-18	1997-07-01
109	1-109	GB/T 34628—2017	焊缝无损检测 金属材料应用通则	国标	基础综合			2017-10-14	2018-05-01
110	1-110	GB/T 3323.1—2019	焊缝无损检测 射线检测 第1部分：X和伽玛射线的胶片技术	国标	基础综合			2019-08-30	2020-03-01
111	1-111	GB/T 3323.2—2019	焊缝无损检测 射线检测 第2部分：使用数字化探测器的X和伽玛射线技术	国标	基础综合			2019-08-30	2020-03-01
112	1-112	GB/T 26951—2011	焊缝无损检测 磁粉检测	国标	基础综合			2011-09-29	2012-03-01
113	1-113	GB/T 26952—2011	焊缝无损检测 焊缝磁粉检测验收等级	国标	基础综合			2011-09-29	2012-03-01
114	1-114	GB/T 26953—2011	焊缝无损检测 焊缝渗透检测验收等级	国标	基础综合			2011-09-29	2012-03-01
115	1-115	GB/T 26954—2011	焊缝无损检测 基于复平面分析的焊缝涡流检测	国标	基础综合			2011-09-29	2012-03-01
116	1-116	GB/T 19866—2005	焊接工艺规程及评定的一般原则	国标	基础综合			2005-08-10	2006-04-01
117	1-117	GB/T 5185—2005	焊接及相关工艺方法代号	国标	基础综合			2005-08-10	2006-04-01
118	1-118	GB/T 19804—2005	焊接结构的一般尺寸公差和形位公差	国标	基础综合			2005-06-08	2005-12-01

续表

序号	分类号	标准文件号	中文名称	类别	一级专业	二级专业	三级专业	发布日期	实施日期
119	1-119	GB/T 9089.4—2008	户外严酷条件下的电气设施 第4部分：装置要求	国标	基础综合			2008-06-18	2009-03-01
120	1-120	GB/T 24050—2004	环境管理术语	国标	基础综合			2004-04-30	2004-10-01
121	1-121	GB/T 2422—2012	环境试验试验方法编写导则 术语和定义	国标	基础综合			2012-11-05	2013-02-01
122	1-122	GB/T 4796—2017	环境条件分类 第1部分：环境参数及其严酷程度	国标	基础综合			2017-12-29	2018-07-01
123	1-123	GB/T 4797.2—2017	环境条件分类 自然环境条件 气压	国标	基础综合			2017-12-29	2018-07-01
124	1-124	GB/T 4797.4—2019	环境条件分类 自然环境条件 太阳辐射与温度	国标	基础综合			2019-12-10	2020-07-01
125	1-125	GB/T 4797.1—2018	环境条件分类 自然环境条件 温度和湿度	国标	基础综合			2018-05-14	2018-12-01
126	1-126	GB/T 16705—1996	环境污染类别代码	国标	基础综合			1996-12-20	1997-07-01
127	1-127	GB/T 16706—1996	环境污染源类别代码	国标	基础综合			1996-12-20	1997-07-01
128	1-128	GB/T 7920.4—2016	混凝土机械 术语	国标	基础综合			2016-02-24	2016-07-01
129	1-129	GB/T 29733—2013	混凝土结构用成型钢筋制品	国标	基础综合			2013-09-18	2014-06-01
130	1-130	GB/T 4111—2013	混凝土砌块和砖试验方法	国标	基础综合			2013-12-31	2014-09-01
131	1-131	GB/T 8075—2017	混凝土外加剂术语	国标	基础综合			2017-12-29	2018-11-01
132	1-132	GB/T 8077—2012	混凝土外加剂匀质性试验方法	国标	基础综合			2012-12-31	2013-08-01
133	1-133	GB 31040—2014	混凝土外加剂中残留甲醛的限量	国标	基础综合			2014-12-05	2015-12-01
134	1-134	GB 50164—2011	混凝土质量控制标准	国标	基础综合			2011-04-02	2012-05-01
135	1-135	GB/T 14665—2012	机械工程 CAD制图规则	国标	基础综合			2012-05-01	2012-12-01
136	1-136	GB/T 50670—2011	机械设备安装工程术语标准	国标	基础综合			2011-02-18	2011-10-01
137	1-137	GB/T 13923—2006	基础地理信息要素分类与代码	国标	基础综合			2006-05-24	2006-10-01
138	1-138	GB/T 14690—1993	技术制图 比例	国标	基础综合			1993-11-09	1994-07-01
139	1-139	GB/T 14689—2008	技术制图 图纸幅面和格式	国标	基础综合			2008-06-26	2009-01-01
140	1-140	GB/T 14691—1993	技术制图 字体	国标	基础综合			1993-11-09	1994-07-01
141	1-141	GB/T 20063.1—2006	简图用图形符号 第1部分：通用信息与索引	国标	基础综合			2006-02-05	2006-09-01
142	1-142	GB/T 20063.2—2006	简图用图形符号 第2部分：符号的一般应用	国标	基础综合			2006-02-05	2006-09-01
143	1-143	GB/T 20063.3—2006	简图用图形符号 第3部分：连接件与有关装置	国标	基础综合			2006-02-05	2006-09-01

续表

序号	分类号	标准文件号	中文名称	类别	一级专业	二级专业	三级专业	发布日期	实施日期
144	1-144	GB/T 20063.4—2006	简图用图形符号 第 4 部分：调节器及其相关设备	国标	基础综合			2006-02-05	2006-09-01
145	1-145	GB/T 20063.5-2006	简图用图形符号 第 5 部分：测量与控制装置	国标	基础综合			2006-02-05	2006-09-01
146	1-146	GB/T 20063.6-2006	简图用图形符号 第 6 部分：测量与控制功能	国标	基础综合			2006-02-05	2006-09-01
147	1-147	GB/T 20063.7-2006	简图用图形符号 第 7 部分：基本机械构件	国标	基础综合			2006-02-05	2006-09-01
148	1-148	GB/T 20063.8-2006	简图用图形符号 第 8 部分：阀门与阻尼器	国标	基础综合			2006-02-05	2006-09-01
149	1-149	GB/T 20063.9-2006	简图用图形符号 第 9 部分：泵、压缩机与鼓风机	国标	基础综合			2006-02-05	2006-09-01
150	1-150	GB/T 20063.10—2006	简图用图形符号 第 10 部分：流动功率转换器	国标	基础综合			2006-02-05	2006-09-01
151	1-151	GB/T 20063.11—2006	简图用图形符号 第 11 部分：热交换器和热发动机器件	国标	基础综合			2006-02-05	2006-09-01
152	1-152	GB/T 14685—2011	建设用卵石、碎石	国标	基础综合			2011-06-16	2012-02-01
153	1-153	GB/T 14684—2011	建设用砂	国标	基础综合			2011-06-16	2012-02-01
154	1-154	GB/T 50106—2010	建筑给水排水制图标准	国标	基础综合			2010-08-18	2011-03-01
155	1-155	GB/T 51140—2015	建筑节能基本术语标准	国标	基础综合			2015-12-03	2016-08-01
156	1-156	GB/T 50105—2010	建筑结构制图标准	国标	基础综合			2010-08-18	2011-03-01
157	1-157	GB/T 14682—2011	建筑密封材料术语	国标	基础综合			2006-07-19	2006-12-01
158	1-158	GB/T 7920.6-2005	建筑施工机械与设备打桩设备术语和商业规格部分	国标	基础综合			2005-07-01	2005-12-01
159	1-159	GB/T 51301—2018	建筑信息模型设计交付标准	国标	基础综合			2018-12-26	2019-06-01
160	1-160	GB/T 50104—2010	建筑制图标准	国标	基础综合			2010-08-18	2011-03-01
161	1-161	GB/T 8162—2018	结构用无缝钢管	国标	基础综合			2018-05-14	2019-02-01
162	1-162	GB/T 12467.1—2009	金属材料 熔焊质量要求 第 1 部分：质量要求相应等级的选择准则	国标	基础综合			2009-10-30	2010-04-01
163	1-163	GB/T 12467.2—2009	金属材料 熔焊质量要求 第 2 部分：完整质量要求	国标	基础综合			2009-10-30	2010-04-01
164	1-164	GB/T 12467.3—2009	金属材料 熔焊质量要求 第 3 部分：一般质量要求	国标	基础综合			2009-10-30	2010-04-01
165	1-165	GB/T 12467.4—2009	金属材料 熔焊质量要求 第 4 部分：基本质量要求	国标	基础综合			2009-10-30	2010-04-01
166	1-166	GB/T 16823.3—2010	紧固件扭矩—夹紧力试验	国标	基础综合			2011-01-10	2011-10-01
167	1-167	GB/T 15463—2018	静电安全术语	国标	基础综合			2018-06-07	2019-01-01

续表

序号	分类号	标准文件号	中文名称	类别	一级专业	二级专业	三级专业	发布日期	实施日期
168	1-168	GB/T 1408.1—2016	绝缘材料　电气强度试验方法　第1部分：工频下试验	国标	基础综合			2016-12-13	2017-07-01
169	1-169	GB/T 1408.3—2016	绝缘材料　电气强度试验方法　第3部分：1.2/50μs冲击试验补充要求	国标	基础综合			2016-12-13	2017-07-01
170	1-170	GB/T 311.1—2012	绝缘配合　第1部分　定义、原则及规则	国标	基础综合			2012-06-29	2013-05-01
171	1-171	GB/T 14002—2008	劳动定员定额术语	国标	基础综合			2008-04-23	2008-07-01
172	1-172	GB/T 985.2—2008	埋弧焊的推荐坡口	国标	基础综合			2008-03-31	2008-09-01
173	1-173	GB/T 50114—2010	暖通空调制图标准	国标	基础综合			2010-08-18	2011-03-01
174	1-174	GB/T 10051.3—2010	起重吊钩　第3部分：锻造吊钩的使用检查	国标	基础综合			2011-01-10	2011-09-01
175	1-175	GB/T 34529—2017	起重机和葫芦　钢丝绳、卷筒和滑轮的选择	国标	基础综合			2017-10-14	2018-05-01
176	1-176	GB 11714—1997	全国组织机构代码编制规则	国标	基础综合			1997-12-29	1998-01-01
177	1-177	GB/T 34557—2017	砂浆、混凝土用再分散乳胶粉	国标	基础综合			2017-10-14	2018-09-01
178	1-178	GB/T 16902.1—2017	设备用图形符号表示规则　第1部分：符号原图的设计和原则	国标	基础综合			2017-07-31	2018-02-01
179	1-179	GB/T 16902.2—2008	设备用图形符号表示规则　第2部分：箭头的形式和使用	国标	基础综合			2008-07-16	2009-01-01
180	1-180	GB/T 16902.4—2017	设备用图形符号表示规则　第4部分：图形符号用作标图的重绘指南	国标	基础综合			2017-07-31	2018-02-01
181	1-181	GB/T 3222.1—2006	声学环境噪声的描述、测量与评价　第1部分：基本参量与评价方法	国标	基础综合			2006-07-25	2006-12-01
182	1-182	GB/T 11605—2005	湿度测量方法	国标	基础综合			2005-05-18	2005-12-01
183	1-183	GB/T 1346—2011	水泥标准稠度用水量、凝结时间、安定性检验方法	国标	基础综合			2011-07-20	2012-03-01
184	1-184	GB/T 17671—1999	水泥胶砂强度检验方法（ISO法）	国标	基础综合			1999-02-08	1999-05-01
185	1-185	GB/T 208—2014	水泥密度测定方法	国标	基础综合			2014-06-09	2014-12-01
186	1-186	GB/T 12573—2008	水泥取样方法	国标	基础综合			2008-06-30	2009-04-01
187	1-187	GB/T 1345—2005	水泥细度检验方法筛析法	国标	基础综合			2005-01-19	2005-08-01
188	1-188	GB/T 20465—2006	水土保持术语	国标	基础综合			2006-08-15	2006-11-01
189	1-189	GB/T 20625—2006	特殊环境条件　术语	国标	基础综合			2006-11-09	2007-04-01

续表

序号	分类号	标准文件号	中文名称	类别	一级专业	二级专业	三级专业	发布日期	实施日期
190	1-190	GB/T 20626.3—2006	特殊环境条件高原电工电子产品 第3部分：雷电、污秽、凝露的防护要求	国标	基础综合			2006-11-09	2007-04-01
191	1-191	GB/T 20969.5—2008	特殊环境条件高原机械 第5部分：高原自然环境试验导则工程机械	国标	基础综合			2008-02-03	2008-07-01
192	1-192	GB/T 20643.1—2006	特殊环境条件高原环境试验方法 第1部分：总则	国标	基础综合			2006-11-08	2007-04-01
193	1-193	GB 175—2007	通用硅酸盐水泥	国标	基础综合			2007-11-09	2008-06-01
194	1-194	GB/T 9750—1998	涂料产品包装标志	国标	基础综合			1998-12-08	1999-05-01
195	1-195	GB/T 13400.1—2012	网络计划技术 第1部分：常用术语	国标	基础综合			2012-12-31	2013-06-01
196	1-196	GB/T 35388—2017	无损检测 X射线数字成像检测 检测方法	国标	基础综合			2017-12-29	2018-04-01
197	1-197	GB/T 35394—2017	无损检测 X射线数字成像检测 系统特性	国标	基础综合			2017-12-29	2018-04-01
198	1-198	GB/T 35392—2017	无损检测 电导率电磁（涡流）测定方法	国标	基础综合			2017-12-29	2018-04-01
199	1-199	GB/T 35393—2017	无损检测 非铁磁性金属层电磁（涡流）分选方法	国标	基础综合			2017-12-29	2018-04-01
200	1-200	GB/T 35391—2017	无损检测 工业计算机层析成像（CT）检测用空间分辨力测试卡	国标	基础综合			2017-12-29	2018-04-01
201	1-201	GB/T 12604.11—2015	无损检测 术语 X射线数字成像检测	国标	基础综合			2015-02-04	2015-10-01
202	1-202	GB/T 37540—2019	无损检测 涡流检测数字图像处理与通信	国标	基础综合			2019-06-04	2020-01-01
203	1-203	GB/T 35389—2017	无损检测 X射线数字成像检测导则	国标	基础综合			2017-12-29	2018-04-01
204	1-204	GB/T 31211—2014	无损检测 超声导波检测总则	国标	基础综合			2014-09-03	2015-05-01
205	1-205	GB/T 14693—2008	无损检测 符号表示法	国标	基础综合			2008-02-28	2008-07-01
206	1-206	GB/T 31212—2014	无损检测 漏磁检测总则	国标	基础综合			2014-09-03	2015-05-01
207	1-207	GB/T 20737—2006	无损检测 通用术语和定义	国标	基础综合			2006-12-25	2007-05-01
208	1-208	GB/T 4327—2008	消防技术文件用消防设备图形符号	国标	基础综合			2008-10-08	2009-05-01
209	1-209	GB/T 50279—2014	岩土工程基本术语标准	国标	基础综合			2014-12-02	2015-08-01
210	1-210	GB/T 13965—2010	仪表元器件术语	国标	基础综合			2010-12-01	2011-05-01
211	1-211	GB/T 13983—1992	仪器仪表基本术语	国标	基础综合			1992-12-17	1993-07-01
212	1-212	GB/T 3101—1993	有关量、单位和符号的一般原则	国标	基础综合			1993-12-27	1994-07-01

续表

序号	分类号	标准文件号	中文名称	类别	一级专业	二级专业	三级专业	发布日期	实施日期
213	1-213	GB/T 39022—2020	照明系统和相关设备 术语和定义	国标	基础综合			2020-07-21	2021-02-01
214	1-214	GB/T 15236—2008	职业安全卫生术语	国标	基础综合			2008-12-15	2009-10-01
215	1-215	GB/T 17296—2009	中国土壤分类与代码	国标	基础综合			2009-05-06	2009-11-01
216	1-216	GB/T 200—2017	中热硅酸盐水泥、低热硅酸盐水泥	国标	基础综合			2017-12-29	2018-11-01
217	1-217	GB/T 26376—2010	自然灾害管理基本术语	国标	基础综合			2011-01-14	2011-06-01
218	1-218	GB 50311—2016	综合布线系统工程设计规范	国标	基础综合			2016-08-26	2017-04-01
219	1-219	GB/T 50103—2010	总图制图标准	国标	基础综合			2010-08-18	2011-03-01
220	1-220	JJG 1023—1991	常用电学计量名词术语（试行）	行标	基础综合			1991-03-04	1991-12-01
221	1-221	JB/T 5896—1991	常用绝缘子：术语	行标	基础综合			1991-10-24	1992-10-01
222	1-222	DL/T 5156.1—2015	电力工程勘测制图标准 第1部分 测量	行标	基础综合			2015-04-02	2015-09-01
223	1-223	DL/T 5156.2—2015	电力工程勘测制图标准 第2部分 岩土工程	行标	基础综合			2015-04-02	2015-09-01
224	1-224	DL/T 5156.3—2015	电力工程勘测制图标准 第3部分：水文气象	行标	基础综合			2015-04-02	2015-09-01
225	1-225	DL/T 5156.4—2015	电力工程勘测制图标准 第4部分：水文地质	行标	基础综合			2015-04-02	2015-09-01
226	1-226	DL/T 5156.5—2015	电力工程勘测制图标准 第5部分：物探	行标	基础综合			2015-04-02	2015-09-01
227	1-227	DL/T 5158—2012	电力工程气象勘测技术规程	行标	基础综合			2012-01-04	2012-03-01
228	1-228	DL/T 503—2009	电力工程项目分类代码	行标	基础综合			2009-07-22	2009-12-01
229	1-229	DL/T 5028.1—2015	电力工程制图标准 第1部分：一般规则部分	行标	基础综合			2015-07-01	2015-12-01
230	1-230	DL/T 5028.3—2015	电力工程制图标准 第3部分：电气、仪表与控制部分	行标	基础综合			2015-07-01	2015-12-01
231	1-231	DL/T 5028.4—2015	电力工程制图标准 第4部分：土建部分	行标	基础综合			2015-07-01	2015-12-01
232	1-232	DL/T 1033.11—2014	电力行业词汇 第11部分：事故、保护、安全和可靠性	行标	基础综合			2014-10-15	2015-03-01
233	1-233	DL/T 1033.2—2006	电力行业词汇 第2部分：电力系统	行标	基础综合			2006-12-17	2007-05-01
234	1-234	DL/T 1033.7—2006	电力行业词汇 第7部分：输电系统	行标	基础综合			2006-12-17	2007-05-01
235	1-235	DL/T 861—2004	电力可靠性基本名词术语	行标	基础综合			2004-03-09	2004-06-01
236	1-236	JB/T 2626—2004	电力系统继电器、保护及自动化装置常用电气技术的文字符号	行标	基础综合			2004-10-20	2005-04-01
237	1-237	DL/T 1230—2016	电力系统图形描述规范	行标	基础综合			2016-12-05	2017-05-01

序号	分类号	标准文件号	中文名称	类别	一级专业	二级专业	三级专业	发布日期	实施日期
238	1-238	DL/T 396—2010	电压等级代码	行标	基础综合			2010-05-01	2010-10-01
239	1-239	JB/T 5872—1991	高压开关设备电气图形符号及文字符号	行标	基础综合			1991-10-24	1992-10-01
240	1-240	DL/T 5224—2014	高压直流输电大地返回系统设计技术规程	行标	基础综合			2014-06-29	2014-11-01
241	1-241	JB/T 2977—2005	工业通风机、鼓风机和压缩机名词术语	行标	基础综合			2005-05-18	2005-11-01
242	1-242	DL/T 5566—2019	架空输电线路工程勘测数据交换标准	行标	基础综合			2019-11-04	2020-05-01
243	1-243	JJF 1009—2006	容量计量术语及定义	行标	基础综合			2006-12-08	2007-03-08
244	1-244	DL/T 1193—2012	柔性输电术语	行标	基础综合			2012-08-23	2012-12-01
245	1-245	DL/T 1252—2013	输电杆塔命名规则	行标	基础综合			2013-11-28	2014-04-01
246	1-246	JJF 1001—2011	通用计量术语及定义	行标	基础综合			2011-11-30	2012-03-01
247	1-247	JJF 1007—2007	温度计量名词术语及定义	行标	基础综合			2007-11-21	2008-05-21
248	1-248	JJF 1008—2008	压力计量名词术语及定义	行标	基础综合			2008-03-25	2008-09-25
249	1-249	Q/GDW 215—2008	电力系统数据标记语—E语言规范	企标	基础综合			2008-12-31	2008-12-31
250	1-250	Q/GDW 11926—2018	绝缘子用常温固化硅橡胶防污闪涂料	企标	基础综合			2020-04-17	2020-04-17

2 变电土建

2.1.1 变电土建-设计

序号	分类号	标准文件号	中文名称	类别	一级专业	二级专业	三级专业	发布日期	实施日期
251	2.1.1-1	GB 50788—2012	城镇给水排水技术规范	国标	变电土建		设计	2012-05-28	2012-10-01
252	2.1.1-2	GB/T 50269—2015	地基动力特性测试规范	国标	变电土建		设计	2015-08-26	2016-05-01
253	2.1.1-3	GB 50108—2008	地下工程防水技术规范	国标	变电土建		设计	2008-11-27	2009-04-01
254	2.1.1-4	GB/T 51336—2018	地下结构抗震设计标准	国标	变电土建		设计	2018-11-01	2019-04-01
255	2.1.1-5	GB 50324—2001	冻土工程地质勘察规范	国标	变电土建		设计	2001-09-28	2001-12-01
256	2.1.1-6	DL/T 5035—2016	发电厂供暖通风与空气调节设计规范	国标	变电土建		设计	2016-08-16	2016-12-01
257	2.1.1-7	GB/T 50146—2014	粉煤灰混凝土应用技术规范	国标	变电土建		设计	2014-04-15	2015-01-01
258	2.1.1-8	GB/T 50783—2012	复合地基技术规范	国标	变电土建		设计	2012-10-10	2012-12-01
259	2.1.1-9	GB 50017—2017	钢结构设计标准	国标	变电土建		设计	2017-12-12	2018-07-01
260	2.1.1-10	GB/T 50621—2010	钢结构现场检测技术标准	国标	变电土建		设计	2010-08-18	2011-06-01

续表

序号	分类号	标准文件号	中文名称	类别	一级专业	二级专业	三级专业	发布日期	实施日期
261	2.1.1-11	GB 51254—2017	高填方地基技术规范	国标	变电土建		设计	2017-07-31	2018-04-01
262	2.1.1-12	GB 50069—2002	给水排水工程构筑物结构设计规范	国标	变电土建		设计	2002-11-26	2003-03-01
263	2.1.1-13	GB 50332—2002	给水排水工程管道结构设计规范	国标	变电土建		设计	2002-11-26	2003-03-01
264	2.1.1-14	GB/T 50046—2018	工业建筑防腐蚀设计标准	国标	变电土建		设计	2018-09-11	2019-03-01
265	2.1.1-15	GB 50019—2015	工业建筑供暖通风与空气调节设计规范	国标	变电土建		设计	2015-05-11	2016-02-01
266	2.1.1-16	GB 51245—2017	工业建筑节能设计统一标准	国标	变电土建		设计	2017-05-27	2018-01-01
267	2.1.1-17	GB 50264—2013	工业设备及管道绝热工程设计规范	国标	变电土建		设计	2013-03-14	2013-10-01
268	2.1.1-18	GB 50189—2015	公共建筑节能设计标准	国标	变电土建		设计	2015-02-02	2015-10-01
269	2.1.1-19	GB 50191—2012	构筑物抗震设计规范	国标	变电土建		设计	2012-05-28	2012-10-01
270	2.1.1-20	GB/T 32864—2016	滑坡防治工程勘查规范	国标	变电土建		设计	2016-08-29	2017-03-01
271	2.1.1-21	GB/T 50589—2010	环氧树脂自流平地面工程技术规范	国标	变电土建		设计	2010-05-31	2010-12-01
272	2.1.1-22	GB/T 50476—2008	混凝土结构耐久性设计规范	国标	变电土建		设计	2008-11-12	2009-05-01
273	2.1.1-23	GB 50010—2010	混凝土结构设计规范	国标	变电土建		设计	2010-08-18	2011-07-01
274	2.1.1-24	GB 50119—2013	混凝土外加剂应用技术规范	国标	变电土建		设计	2013-08-08	2014-03-01
275	2.1.1-25	GB 50330—2013	建筑边坡工程技术规范	国标	变电土建		设计	2013-11-01	2014-06-01
276	2.1.1-26	GB 50007—2011	建筑地基基础设计规范	国标	变电土建		设计	2011-07-26	2012-08-01
277	2.1.1-27	GB 50037—2013	建筑地面设计规范	国标	变电土建		设计	2013-09-06	2014-05-01
278	2.1.1-28	GB 50015—2019	建筑给水排水设计标准	国标	变电土建		设计	2019-06-01	2020-03-01
279	2.1.1-29	GB 50223—2008	建筑工程抗震设防分类标准	国标	变电土建		设计	2008-07-30	2008-07-30
280	2.1.1-30	GB 50009—2012	建筑结构荷载规范	国标	变电土建		设计	2012-05-28	2012-10-01
281	2.1.1-31	GB 50068—2018	建筑结构可靠性设计统一标准	国标	变电土建		设计	2018-11-01	2019-04-01
282	2.1.1-32	GB 50023—2009	建筑抗震鉴定标准	国标	变电土建		设计	2009-06-05	2009-07-01
283	2.1.1-33	GB 50011—2010	建筑抗震设计规范	国标	变电土建		设计	2010-08-18	2011-07-01
284	2.1.1-34	GB 50222—2017	建筑内部装修设计防火规范	国标	变电土建		设计	2017-07-31	2018-04-01
285	2.1.1-35	GB/T 37256—2018	建筑室外用格栅通用技术要求	国标	变电土建		设计	2018-12-28	2019-11-01

序号	分类号	标准文件号	中文名称	类别	一级专业	二级专业	三级专业	发布日期	实施日期
286	2.1.1-36	GB 50057—2010	建筑物防雷设计规范	国标	变电土建		设计	2010-11-03	2011-10-01
287	2.1.1-37	GB/T 21431—2015	建筑物防雷装置检测技术规范	国标	变电土建		设计	2015-09-11	2016-04-01
288	2.1.1-38	GB 50018—2002	冷弯薄壁型钢结构技术规范	国标	变电土建		设计	2002-09-27	2003-01-01
289	2.1.1-39	GB 50736—2012	民用建筑供暖通风与空气调节设计规范	国标	变电土建		设计	2012-01-21	2012-10-01
290	2.1.1-40	GB 50787—2012	民用建筑太阳能空调工程技术规范	国标	变电土建		设计	2012-05-28	2012-10-01
291	2.1.1-41	GB 50112—2013	膨胀土地区建筑技术规范	国标	变电土建		设计	2012-12-25	2013-05-01
292	2.1.1-42	GB/T 50315—2011	砌体工程现场检测技术标准	国标	变电土建		设计	2011-07-29	2012-03-01
293	2.1.1-43	GB 50025—2018	湿陷性黄土地区建筑标准	国标	变电土建		设计	2018-12-26	2019-08-01
294	2.1.1-44	GB 50032—2003	室外给水排水和燃气热力工程抗震设计规范	国标	变电土建		设计	2003-04-25	2003-09-01
295	2.1.1-45	GB 50013—2018	室外给水设计标准	国标	变电土建		设计	2018-12-26	2019-03-01
296	2.1.1-46	GB 50014—2021	室外排水设计规范	国标	变电土建		设计	2021-04-09	2021-10-01
297	2.1.1-47	GB 50582—2010	室外作业场地照明设计标准	国标	变电土建		设计	2010-05-31	2010-12-01
298	2.1.1-48	GB 50345—2012	屋面工程技术规范	国标	变电土建		设计	2012-05-28	2012-10-01
299	2.1.1-49	GB/T 51238—2018	岩溶地区建筑地基基础技术标准	国标	变电土建		设计	2018-11-01	2019-04-01
300	2.1.1-50	GB 50086—2015	岩土锚杆与喷射混凝土支护工程技术规范	国标	变电土建		设计	2015-05-11	2016-02-01
301	2.1.1-51	GB/T 50942—2014	盐渍土地区建筑技术规范	国标	变电土建		设计	2014-05-16	2015-02-01
302	2.1.1-52	GB/T 51232—2016	装配式钢结构建筑技术标准	国标	变电土建		设计	2017-01-10	2017-06-01
303	2.1.1-53	GB/T 51231—2016	装配式混凝土建筑技术标准	国标	变电土建		设计	2017-01-10	2017-06-01
304	2.1.1-54	DL/T 5457—2012	变电站建筑结构设计技术规程	行标	变电土建		设计	2012-08-23	2012-12-01
305	2.1.1-55	DL/T 5170—2015	变电站岩土工程勘测技术规程	行标	变电土建		设计	2015-04-02	2015-09-01
306	2.1.1-56	JGJ 102—2003	玻璃幕墙工程技术规范	行标	变电土建		设计	2003-11-14	2004-04-01
307	2.1.1-57	CJJ 37—2012	城市道路工程设计规范	行标	变电土建		设计	2012-01-11	2012-05-01
308	2.1.1-58	CJJ 224—2014	城镇给水预应力钢筒混凝土管管道工程技术规程	行标	变电土建		设计	2014-11-05	2015-06-01
309	2.1.1-59	JGJ/T 69—2019	地基旁压试验技术标准	行标	变电土建		设计	2019-03-27	2019-06-01
310	2.1.1-60	DL/T 5024—2005	电力工程地基处理技术规程	行标	变电土建		设计	2005-02-14	2005-07-01

续表

序号	分类号	标准文件号	中文名称	类别	一级专业	二级专业	三级专业	发布日期	实施日期
311	2.1.1-61	DL/T 5493—2014	电力工程基桩检测技术规程	行标	变电土建		设计	2014-10-15	2015-03-01
312	2.1.1-62	DL/T 5034—2006	电力工程水文地质勘测技术规程	行标	变电土建		设计	2006-05-06	2006-10-01
313	2.1.1-63	DL/T 5084—2012	电力工程水文技术规程	行标	变电土建		设计	2012-08-23	2012-12-01
314	2.1.1-64	JGJ 118—2011	冻土地区建筑地基基础设计规范	行标	变电土建		设计	2011-08-29	2012-03-01
315	2.1.1-65	DL/T 5459—2012	换流站建筑结构设计技术规程	行标	变电土建		设计	2012-11-09	2013-03-01
316	2.1.1-66	DL/T 5390—2014	发电厂和变电站照明设计技术规定	行标	变电土建		设计	2014-10-15	2015-03-01
317	2.1.1-67	JGJ 142—2012	辐射供暖供冷技术规程	行标	变电土建		设计	2012-08-13	2013-06-01
318	2.1.1-68	JGJ 345—2014	公共建筑吊顶工程技术规程	行标	变电土建		设计	2014-12-17	2015-08-01
319	2.1.1-69	JGJ 123—2012	既有建筑地基基础加固技术规范	行标	变电土建		设计	2012-08-23	2013-06-01
320	2.1.1-70	JGJ 113—2015	建筑玻璃应用技术规程	行标	变电土建		设计	2009-07-09	2009-12-01
321	2.1.1-71	JGJ 79—2012	建筑地基处理技术规范	行标	变电土建		设计	2012-08-23	2013-06-01
322	2.1.1-72	JGJ/T 331—2014	建筑地面工程防滑技术规程	行标	变电土建		设计	2014-06-24	2015-03-01
323	2.1.1-73	JGJ/T 299—2013	建筑防水工程现场检测技术规范	行标	变电土建		设计	2013-05-09	2013-12-01
324	2.1.1-74	JGJ/T 169—2016	建筑隔墙用轻质条板通用技术要求	行标	变电土建		设计	2016-09-06	2017-03-01
325	2.1.1-75	CJJ/T 155—2011	建筑给水复合管道工程技术规程	行标	变电土建		设计	2011-02-11	2011-12-01
326	2.1.1-76	CJJ/T 154—2020	建筑给水金属管道工程技术规程	行标	变电土建		设计	2020-04-09	2020-10-01
327	2.1.1-77	CJJ/T 98—2014	建筑给水塑料管道工程技术规程	行标	变电土建		设计	2014-09-29	2015-05-01
328	2.1.1-78	JGJ 120—2012	建筑基坑支护技术规程	行标	变电土建		设计	2012-04-05	2012-10-01
329	2.1.1-79	JGJ/T 205—2010	建筑门窗工程检测技术规程	行标	变电土建		设计	2010-03-18	2010-08-01
330	2.1.1-80	CJJ/T 165—2011	建筑排水复合管道工程技术规程	行标	变电土建		设计	2011-11-22	2012-06-01
331	2.1.1-81	CJJ/T 29—2010	建筑排水塑料管道工程技术规程	行标	变电土建		设计	2010-12-10	2011-10-01
332	2.1.1-82	JGJ/T 157—2014	建筑轻质条板隔墙技术规程	行标	变电土建		设计	2014-06-05	2014-12-01
333	2.1.1-83	JGJ/T 235—2011	建筑外墙防水工程技术规程	行标	变电土建		设计	2011-01-28	2011-12-01
334	2.1.1-84	JGJ 94—2008	建筑桩基技术规范	行标	变电土建		设计	2008-04-22	2008-10-01
335	2.1.1-85	JGJ/T 214—2010	铝合金门窗工程技术规范	行标	变电土建		设计	2010-07-20	2011-03-01

续表

序号	分类号	标准文件号	中文名称	类别	一级专业	二级专业	三级专业	发布日期	实施日期
336	2.1.1-86	CJJ 101—2016	埋地塑料给水管道工程技术规程	行标	变电土建		设计	2016-04-20	2016-11-01
337	2.1.1-87	JGJ/T 220—2010	抹灰砂浆技术规程	行标	变电土建		设计	2010-07-23	2011-03-01
338	2.1.1-88	CJJ/T 230—2015	排水工程混凝土模块砌体结构技术规程	行标	变电土建		设计	2015-01-09	2015-09-01
339	2.1.1-89	JGJ 55—2011	普通混凝土配合比设计规程	行标	变电土建		设计	2011-04-22	2011-12-01
340	2.1.1-90	JGJ 336—2016	人造板材幕墙工程技术规范	行标	变电土建		设计	2016-07-09	2016-12-01
341	2.1.1-91	JGJ 83—2011	软土地区岩土工程勘察规程	行标	变电土建		设计	2011-04-22	2011-12-01
342	2.1.1-92	JGJ 103—2008	塑料门窗工程技术规程	行标	变电土建		设计	2008-08-05	2008-10-01
343	2.1.1-93	JGJ 475—2019	温和地区居住建筑节能设计标准	行标	变电土建		设计	2019-02-01	2019-10-01
344	2.1.1-94	JGJ 134—2010	夏热冬冷地区居住建筑节能设计标准	行标	变电土建		设计	2010-03-18	2010-08-01
345	2.1.1-95	JGJ 75—2012	夏热冬暖地区居住建筑节能设计标准	行标	变电土建		设计	2012-11-02	2013-04-01
346	2.1.1-96	JGJ 26—2018	严寒和寒冷地区居住建筑节能设计标准	行标	变电土建		设计	2018-12-18	2019-08-01
347	2.1.1-97	JGJ/T 406—2017	预应力混凝土管桩技术标准	行标	变电土建		设计	2017-08-23	2018-02-01
348	2.1.1-98	JGJ/T 175—2018	自流平地面工程技术规程	行标	变电土建		设计	2018-02-14	2018-10-01
349	2.1.1-99	JGJ/T 290—2012	组合锤法地基处理技术规程	行标	变电土建		设计	2012-09-25	2013-01-01
350	2.1.1-100	CECS 127—2001	点支式玻璃幕墙工程技术规程	团标	变电土建		设计	2001-11-01	2001-11-01
351	2.1.1-101	CECS 343—2013	钢结构防腐蚀涂装技术规程	团标	变电土建		设计	2013-07-25	2013-10-01
352	2.1.1-102	T/CECS 24—2020	钢结构防火涂料应用技术规程	团标	变电土建		设计	2020-09-30	2021-02-01
353	2.1.1-103	CECS 255—2009	建筑室内吊顶工程技术规程	团标	变电土建		设计	2009-08-01	2009-08-01
354	2.1.1-104	T/CECS 476—2017	砌体外墙防水透气性装饰涂料技术规程	团标	变电土建		设计	2017-06-29	2017-10-01
355	2.1.1-105	CECS 452—2016	轻钢骨架轻混凝土隔墙技术规程	团标	变电土建		设计	2016-10-12	2017-01-01
356	2.1.1-106	T/CECS 504—2018	陶瓷饰面砖粘贴应用技术规程	团标	变电土建		设计	2018-01-12	2018-05-01
357	2.1.1-107	Q/GDW 11408—2015	±800kV 及以上特高压直流工程阀厅设计导则	企标	变电土建		设计	2016-11-15	2016-11-15
358	2.1.1-108	Q/GDW 11501—2016	±800kV 特高压直流换流站阀厅红外测温系统技术规范	企标	变电土建		设计	2016-12-22	2016-12-22
359	2.1.1-109	Q/GDW 11601—2016	±800kV 特高压直流换流站建筑物电磁屏蔽技术规程	企标	变电土建		设计	2017-06-16	2017-06-16
360	2.1.1-110	Q/GDW 11962—2019	变电站构筑物可靠性鉴定及加固技术规程	企标	变电土建		设计	2020-07-31	2020-07-31

续表

序号	分类号	标准文件号	中文名称	类别	一级专业	二级专业	三级专业	发布日期	实施日期
361	2.1.1-111	Q/GDW 10864—2022	电缆通道设计导则	企标	变电土建		设计	2022-10-14	2022-10-14
362	2.1.1-112	Q/GDW 11687—2017	变电站装配式钢结构建筑设计规范	企标	变电土建		设计	2018-02-12	2018-02-12

2.1.2 变电土建 - 施工

序号	分类号	标准文件号	中文名称	类别	一级专业	二级专业	三级专业	发布日期	实施日期
363	2.1.2-1	GB 50777—2012	±800kV 及以下换流站构支架施工及验收规范	国标	变电土建		施工	2012-05-28	2012-12-01
364	2.1.2-2	GB 50729—2012	±800kV 及以下直流换流站土建工程施工质量验收规范	国标	变电土建		施工	2012-06-29	2012-10-01
365	2.1.2-3	GB 50834—2013	1000kV 构支架施工及验收规范	国标	变电土建		施工	2012-12-25	2013-05-01
366	2.1.2-4	GB 50496—2018	大体积混凝土施工标准	国标	变电土建		施工	2018-04-25	2018-12-01
367	2.1.2-5	GB 50256—2014	电气装置安装工程　起重机电气装置施工及验收规范	国标	变电土建		施工	2014-12-02	2015-08-01
368	2.1.2-6	GB/T 10060—2011	电梯安装验收规范	国标	变电土建		施工	2011-07-20	2012-01-01
369	2.1.2-7	GB/T 10059—2009	电梯试验方法	国标	变电土建		施工	2009-09-30	2010-03-01
370	2.1.2-8	GB 50944—2013	防静电工程施工与质量验收规范	国标	变电土建		施工	2013-11-29	2014-06-01
371	2.1.2-9	GB 50275—2010	风机、压缩机、泵安装工程施工及验收规范	国标	变电土建		施工	2010-07-15	2011-02-01
372	2.1.2-10	GB 50628—2010	钢管混凝土工程施工质量验收规范	国标	变电土建		施工	2010-11-03	2011-10-01
373	2.1.2-11	GB 50755—2012	钢结构工程施工规范	国标	变电土建		施工	2012-01-21	2012-08-01
374	2.1.2-12	GB 50205—2020	钢结构工程施工质量验收标准	国标	变电土建		施工	2020-01-16	2020-08-01
375	2.1.2-13	GB 50661—2011	钢结构焊接规范	国标	变电土建		施工	2011-12-05	2012-08-01
376	2.1.2-14	GB/T 20909—2017	钢门窗	国标	变电土建		施工	2017-10-14	2018-05-01
377	2.1.2-15	GB 50141—2008	给水排水构筑物工程施工及验收规范	国标	变电土建		施工	2008-10-15	2009-05-01
378	2.1.2-16	GB 50268—2008	给水排水管道工程施工及验收规范	国标	变电土建		施工	2008-10-15	2009-05-01
379	2.1.2-17	GB/T 35972—2018	供暖与空调系统节能调试方法	国标	变电土建		施工	2018-02-06	2018-09-01
380	2.1.2-18	GB/T 11837—2009	混凝土管用混凝土抗压强度试验方法	国标	变电土建		施工	2009-03-09	2009-11-05
381	2.1.2-19	GB/T 11836—2009	混凝土和钢筋混凝土排水管	国标	变电土建		施工	2009-03-09	2009-11-05
382	2.1.2-20	GB/T 16752—2017	混凝土和钢筋混凝土排水管试验方法	国标	变电土建		施工	2017-10-14	2018-09-01
383	2.1.2-21	GB 50666—2011	混凝土结构工程施工规范	国标	变电土建		施工	2011-07-29	2012-08-01

续表

序号	分类号	标准文件号	中文名称	类别	一级专业	二级专业	三级专业	发布日期	实施日期
384	2.1.2-22	GB 50204—2015	混凝土结构工程施工质量验收规范	国标	变电土建		施工	2014-12-31	2015-09-01
385	2.1.2-23	GB/T 50107—2010	混凝土强度检验评定标准	国标	变电土建		施工	2010-05-31	2010-12-01
386	2.1.2-24	GB 8076—2008	混凝土外加剂	国标	变电土建		施工	2008-12-31	2009-12-30
387	2.1.2-25	GB 50231—2009	机械设备安装工程施工及验收通用规范	国标	变电土建		施工	2009-03-19	2009-10-01
388	2.1.2-26	GB/T 20473—2006	建筑保温砂浆	国标	变电土建		施工	2006-09-08	2007-02-01
389	2.1.2-27	GB/T 51351—2019	建筑边坡工程施工质量验收标准	国标	变电土建		施工	2019-01-24	2019-09-01
390	2.1.2-28	GB 51004—2015	建筑地基基础工程施工规范	国标	变电土建		施工	2015-03-08	2015-11-01
391	2.1.2-29	GB 50202—2018	建筑地基基础工程施工质量验收标准	国标	变电土建		施工	2018-03-16	2018-10-01
392	2.1.2-30	GB 50209—2010	建筑地面工程施工质量验收规范	国标	变电土建		施工	2010-05-31	2010-12-01
393	2.1.2-31	GB 50303—2015	建筑电气工程施工质量验收规范	国标	变电土建		施工	2015-12-03	2016-08-01
394	2.1.2-32	GB 50617—2010	建筑电气照明装置施工与验收规范	国标	变电土建		施工	2010-08-18	2011-06-01
395	2.1.2-33	GB/T 50224—2018	建筑防腐蚀工程施工质量验收标准	国标	变电土建		施工	2018-11-08	2019-04-01
396	2.1.2-34	GB 50242—2002	建筑给水排水及采暖工程施工质量验收规范	国标	变电土建		施工	2002-03-15	2002-04-01
397	2.1.2-35	GB/T 50905—2014	建筑工程绿色施工规范	国标	变电土建		施工	2014-01-29	2014-10-01
398	2.1.2-36	GB 50300—2013	建筑工程施工质量验收统一标准	国标	变电土建		施工	2013-11-01	2014-06-01
399	2.1.2-37	GB 50411—2007	建筑节能工程施工质量验收规范	国标	变电土建		施工	2007-01-16	2007-10-01
400	2.1.2-38	GB 50550—2010	建筑结构加固工程施工质量验收规范	国标	变电土建		施工	2010-07-15	2011-02-01
401	2.1.2-39	GB/T 9776—2008	建筑石膏	国标	变电土建		施工	2008-06-30	2009-04-01
402	2.1.2-40	GB/T 39979—2021	建筑室内窗饰产品通用技术要求	国标	变电土建		施工	2021-05-21	2021-12-01
403	2.1.2-41	GB/T 20623—2006	建筑涂料用乳液	国标	变电土建		施工	2006-09-01	2007-02-01
404	2.1.2-42	GB/T 25975—2018	建筑外墙外保温用岩棉制品	国标	变电土建		施工	2018-07-13	2019-06-01
405	2.1.2-43	GB 50601—2010	建筑物防雷工程施工与质量验收规范	国标	变电土建		施工	2010-07-15	2011-02-01
406	2.1.2-44	GB/T 11981—2008	建筑用轻钢龙骨	国标	变电土建		施工	2008-01-09	2008-08-01
407	2.1.2-45	GB/T 12755—2008	建筑用压型钢板	国标	变电土建		施工	2008-12-06	2009-10-01
408	2.1.2-46	GB 50210—2018	建筑装饰装修工程质量验收规范	国标	变电土建		施工	2018-02-08	2018-09-01

续表

序号	分类号	标准文件号	中文名称	类别	一级专业	二级专业	三级专业	发布日期	实施日期
409	2.1.2-47	GB 50591-2010	洁净室施工及验收规范	国标	变电土建		施工	2010-07-15	2011-02-01
410	2.1.2-48	GB/T 8478-2020	铝合金门窗	国标	变电土建		施工	2020-03-21	2021-02-01
411	2.1.2-49	GB 50924-2014	砌体结构工程施工规范	国标	变电土建		施工	2014-01-29	2014-10-01
412	2.1.2-50	GB 50203-2011	砌体结构工程施工质量验收规范	国标	变电土建		施工	2011-02-18	2012-05-01
413	2.1.2-51	GB 5749-2006	生活饮用水卫生标准	国标	变电土建		施工	2006-12-29	2007-07-01
414	2.1.2-52	GB 50738-2011	通风与空调工程施工规范	国标	变电土建		施工	2011-09-16	2012-05-01
415	2.1.2-53	GB 50243-2016	通风与空调工程施工质量验收规范	国标	变电土建		施工	2016-10-25	2017-07-01
416	2.1.2-54	GB 50207-2012	屋面工程质量验收规范	国标	变电土建		施工	2012-05-28	2012-10-01
417	2.1.2-55	GB 50236-2011	现场设备、工业管道焊接工程施工规范	国标	变电土建		施工	2011-02-18	2011-10-01
418	2.1.2-56	GB 50274-2010	制冷设备、空气分离设备安装工程施工及验收规范	国标	变电土建		施工	2010-07-05	2011-02-01
419	2.1.2-57	GB 50327-2001	住宅装饰装修工程施工规范	国标	变电土建		施工	2001-12-09	2002-05-01
420	2.1.2-58	GB/T 14294-2008	组合式空调机组	国标	变电土建		施工	2008-11-04	2009-06-01
421	2.1.2-59	JG/T 155-2014	电动平开、推拉围墙大门	行标	变电土建		施工	2014-09-29	2015-04-01
422	2.1.2-60	JG/T 154-2013	电动伸缩围墙大门	行标	变电土建		施工	2013-06-25	2013-12-01
423	2.1.2-61	DL/T 678-2013	电力钢结构焊接通用技术条件	行标	变电土建		施工	2013-03-07	2013-08-01
424	2.1.2-62	DL/T 5024-2005	电力工程地基处理技术规程	行标	变电土建		施工	2005-02-14	2005-07-01
425	2.1.2-63	DL/T 5394-2007	电力工程地下金属构筑物防腐技术规程	行标	变电土建		施工	2007-07-20	2007-12-01
426	2.1.2-64	DL/T 5445-2010	电力工程施工测量技术规范	行标	变电土建		施工	2010-08-27	2010-12-15
427	2.1.2-65	DL/T 5738-2016	电力建设工程变形缝施工技术规范	行标	变电土建		施工	2016-08-16	2016-12-01
428	2.1.2-66	DL 5190.9-2012	电力建设施工技术规范 第9部分：水工结构工程	行标	变电土建		施工	2012-04-06	2012-07-01
429	2.1.2-67	DB 11/T 944-2012	防滑地面工程施工及验收规程	行标	变电土建		施工	2012-12-12	2013-04-01
430	2.1.2-68	JGJ 82-2011	钢结构高强度螺栓连接技术规程	行标	变电土建		施工	2011-01-07	2011-10-01
431	2.1.2-69	JGJ 18-2012	钢筋焊接及验收规程	行标	变电土建		施工	2012-03-01	2012-08-01
432	2.1.2-70	HG/T 20691-2017	高压喷射注浆施工技术规范	行标	变电土建		施工	2017-07-07	2018-01-01
433	2.1.2-71	JC/T 1015-2006	环氧树脂地面涂层材料	行标	变电土建		施工	2006-11-03	2007-04-01

续表

序号	分类号	标准文件号	中文名称	类别	一级专业	二级专业	三级专业	发布日期	实施日期
434	2.1.2-72	DL/T 5425—2018	深层搅拌法地基处理技术规范	行标	变电土建		施工	2018-12-25	2019-05-01
435	2.1.2-73	DL/T 5193—2004	环氧树脂砂浆技术规程	行标	变电土建		施工	2004-03-09	2004-06-01
436	2.1.2-74	JGJ/T 10—2011	混凝土泵送施工技术规程	行标	变电土建		施工	2011-07-13	2012-03-01
437	2.1.2-75	JGJ 63—2006	混凝土用水标准	行标	变电土建		施工	2006-07-25	2006-12-01
438	2.1.2-76	JGJ/T 105—2011	机械喷涂抹灰施工规程	行标	变电土建		施工	2011-08-29	2012-04-01
439	2.1.2-77	JGJ/T 422—2018	既有建筑地基基础检测技术标准	行标	变电土建		施工	2018-03-19	2018-11-01
440	2.1.2-78	JGJ 340—2015	建筑地基检测技术规范	行标	变电土建		施工	2015-03-29	2015-12-01
441	2.1.2-79	JGJ 348—2014	建筑工程施工现场标志设置技术规程	行标	变电土建		施工	2014-10-20	2015-05-01
442	2.1.2-80	JGJ/T 110—2017	建筑工程饰面砖粘接强度检验标准	行标	变电土建		施工	2017-05-15	2017-11-01
443	2.1.2-81	JGJ 106—2014	建筑基桩检测技术规范	行标	变电土建		施工	2014-04-16	2014-10-01
444	2.1.2-82	JGJ/T 454—2014	建筑门窗、幕墙中空玻璃性能现场检测方法	行标	变电土建		施工	2014-12-04	2015-35-01
445	2.1.2-83	JGJ/T 455—2014	建筑门窗幕墙用钢化玻璃	行标	变电土建		施工	2014-09-29	2015-04-01
446	2.1.2-84	JGJ/T 29—2015	建筑涂饰工程施工及验收规程	行标	变电土建		施工	2015-03-13	2015-11-01
447	2.1.2-85	JGJ/T 512—2017	建筑外墙涂料通用技术要求	行标	变电土建		施工	2017-03-20	2017-09-01
448	2.1.2-86	JGJ/T 224—2007	建筑用钢结构防腐涂料	行标	变电土建		施工	2007-08-21	2008-01-01
449	2.1.2-87	JGJ/T 413—2013	建筑用集成吊顶	行标	变电土建		施工	2013-06-25	2013-12-01
450	2.1.2-88	JGJ/T 291—2011	建筑用砌筑和抹灰干混砂浆	行标	变电土建		施工	2011-04-18	2011-08-01
451	2.1.2-89	JGJ/T 427—2018	建筑装饰装修工程成品保护技术标准	行标	变电土建		施工	2018-02-14	2018-10-01
452	2.1.2-90	JGJ/T 394—2017	静压桩施工技术规程	行标	变电土建		施工	2017-03-23	2017-C9-01
453	2.1.2-91	CECS 231—2007	铝塑复合板幕墙工程施工及验收规程	行标	变电土建		施工	2007-11-29	2007-12-30
454	2.1.2-92	JC/T 2566—2020	膨胀珍珠岩板外墙外保温系统用砂浆	行标	变电土建		施工	2020-04-24	2020-10-01
455	2.1.2-93	DB 11/T 1668—2019	轻骨现浇轻质内隔墙技术规程	行标	变电土建		施工	2019-09-22	2020-01-01
456	2.1.2-94	JG/T 311—2011	柔性饰面砖	行标	变电土建		施工	2011-02-17	2011-08-01
457	2.1.2-95	DL/T 1362—2014	输变电工程项目质量管理规程	行标	变电土建		施工	2014-10-15	2015-03-01
458	2.1.2-96	JGJ 126—2015	外墙饰面砖工程施工及验收规程	行标	变电土建		施工	2015-01-09	2015-09-01

续表

序号	分类号	标准文件号	中文名称	类别	一级专业	二级专业	三级专业	发布日期	实施日期
459	2.1.2-97	JGJ/T 26-2002	外墙无机建筑涂料	行标	变电土建		施工	2002-06-04	2002-10-01
460	2.1.2-98	HG/T 20578-1995	真空预压法加固软土地基施工技术规程	行标	变电土建		施工	1996-04-29	1996-05-01
461	2.1.2-99	JGJ/T 304-2013	住宅室内装饰装修工程质量验收规范	行标	变电土建		施工	2013-06-09	2013-12-01
462	2.1.2-100	DB 11/T 511-2017	自流平地面施工技术规程	行标	变电土建		施工	2017-06-18	2017-10-01
463	2.1.2-101	Q/GDW 11745-2017	±1100kV换流阀厅施工及验收规范	企标	变电土建		施工	2018-09-12	2018-09-12
464	2.1.2-102	Q/GDW 11746-2017	±1100kV换流站户内直流场建筑钢结构施工及验收规范	企标	变电土建		施工	2018-09-12	2018-09-12
465	2.1.2-103	Q/GDW 1218-2014	±800kV换流站阀厅施工及验收规范	企标	变电土建		施工	2015-02-06	2015-02-06
466	2.1.2-104	Q/GDW 256-2009	±800kV换流站构支架组立施工工艺导则	企标	变电土建		施工	2009-05-25	2009-05-25
467	2.1.2-105	Q/GDW 10217.1-2017	±800kV换流站施工质量检验规程 第1部分：通则	企标	变电土建		施工	2017-05-25	2017-05-25
468	2.1.2-106	Q/GDW 11129-2013	1000kV变电站A型柱钢管构架安装施工工艺导则	企标	变电土建		施工	2014-04-15	2014-04-15
469	2.1.2-107	Q/GDW 11130-2013	1000kV变电站A型柱钢管构架安装施工及验收导则	企标	变电土建		施工	2014-04-15	2014-04-15
470	2.1.2-108	Q/GDW 11131-2013	1000kV变电站A型柱钢管构架安装施工质量检验及评定导则	企标	变电土建		施工	2014-04-15	2014-04-15
471	2.1.2-109	Q/GDW 1165-2014	1000kV交流变电站构支架组立施工工艺导则	企标	变电土建		施工	2015-02-06	2015-02-06
472	2.1.2-110	Q/GDW 10164-2019	1000kV配电装置构支架制作施工及验收规范	企标	变电土建		施工	2020-07-03	2020-07-03
473	2.1.2-111	Q/GDW 1856-2012	变电（换流）站土建工程施工质量评价规程	企标	变电土建		施工	2014-05-01	2014-05-01
474	2.1.2-112	Q/GDW 10183-2022	变电（换流）站土建工程施工质量验收规范	企标	变电土建		施工	2021-07-09	2021-07-09
475	2.1.2-113	Q/GDW 11327-2014	变电站地源热泵空调施工工艺导则	企标	变电土建		施工	2015-01-31	2015-01-31
476	2.1.2-114	Q/GDW 11651.25-2017	变电设备支架 第25部分：构支架	企标	变电土建		施工	2018-01-02	2018-01-02
477	2.1.2-115	Q/GDW 11688-2017	变电站装配式钢结构建筑施工工程质量验收规范	企标	变电土建		施工	2018-02-12	2018-02-12
478	2.1.2-116	Q/GDW 11905-2018	盾构法电力隧道工程施工质量验收规范	企标	变电土建		施工	2020-01-12	2020-01-12
479	2.1.2-117	Q/GDW 11652.21-2016	换流站设备安装规范 第21部分：空调系统	企标	变电土建		施工	2017-10-17	2017-10-17
480	2.1.2-118	Q/GDW 11188-2014	明挖电缆隧道施工工艺导则	企标	变电土建		施工	2014-07-01	2014-07-01
481	2.1.2-119	Q/GDW 11390-2015	清水混凝土防火墙合大钢模板技术导则	企标	变电土建		施工	2015-07-17	2015-07-17

续表

2.1.3 变电土建 - 其他

序号	分类号	标准文件号	中文名称	类别	一级专业	二级专业	三级专业	发布日期	实施日期
482	2.1.3-1	GB/T 18920-2020	城市污水再生利用 城市杂用水水质	国标	变电土建		变电土建其他	2020-03-31	2021-02-01
483	2.1.3-2	GB/T 10058-2009	电梯技术条件	国标	变电土建		变电土建其他	2009-09-30	2010-03-01
484	2.1.3-3	GB 50201-2014	防洪标准	国标	变电土建		变电土建其他	2014-06-23	2015-05-01
485	2.1.3-4	GB/T 24492-2009	非承重混凝土空心砖	国标	变电土建		变电土建其他	2009-10-30	2010-04-01
486	2.1.3-5	GB/T 15913-2009	风机机组与管网系统节能监测	国标	变电土建		变电土建其他	2009-10-30	2010-05-01
487	2.1.3-6	GB/T 3632-2008	钢结构用扭剪型高强度螺栓连接副	国标	变电土建		变电土建其他	2008-03-03	2008-07-01
488	2.1.3-7	GB/T 38112-2019	管廊工程用预制混凝土制品试验方法	国标	变电土建		变电土建其他	2019-10-18	2020-09-01
489	2.1.3-8	GB/T 9142-2000	混凝土搅拌机	国标	变电土建		变电土建其他	2000-03-16	2000-08-01
490	2.1.3-9	GB/T 26408-2020	混凝土搅拌运输车	国标	变电土建		变电土建其他	2020-12-14	2021-11-01
491	2.1.3-10	GB/T 32987-2016	混凝土路面砖性能试验方法	国标	变电土建		变电土建其他	2016-10-13	2017-09-01
492	2.1.3-11	GB/T 15345-2017	混凝土输水管试验方法	国标	变电土建		变电土建其他	2017-05-31	2018-04-01
493	2.1.3-12	GB/T 51355-2019	既有混凝土结构耐久性评定标准	国标	变电土建		变电土建其他	2019-02-13	2019-08-01
494	2.1.3-13	GB/T 5464-2010	建筑材料不燃性试验方法	国标	变电土建		变电土建其他	2010-09-26	2011-02-01
495	2.1.3-14	GB 6566-2010	建筑材料放射性核素限量	国标	变电土建		变电土建其他	2010-09-02	2011-07-01
496	2.1.3-15	GB/T 20313-2006	建筑材料及制品的湿热性能 含湿率的测定 烘干法	国标	变电土建		变电土建其他	2006-07-19	2006-12-01
497	2.1.3-16	GB/T 20312-2006	建筑材料及制品的湿热性能吸湿性能的测定	国标	变电土建		变电土建其他	2006-07-19	2006-12-01
498	2.1.3-17	GB 8624-2012	建筑材料及制品燃烧性能分级	国标	变电土建		变电土建其他	2012-12-31	2013-10-01
499	2.1.3-18	GB/T 8626-2007	建筑材料可燃性试验方法	国标	变电土建		变电土建其他	2007-12-21	2008-06-01
500	2.1.3-19	GB/T 16777-2008	建筑防水涂料试验方法	国标	变电土建		变电土建其他	2008-06-30	2009-04-01
501	2.1.3-20	GB/T 50121-2005	建筑隔声评价标准	国标	变电土建		变电土建其他	2005-07-15	2005-10-01
502	2.1.3-21	GB/T 50375-2016	建筑工程施工质量评价标准	国标	变电土建		变电土建其他	2016-08-18	2017-04-01
503	2.1.3-22	GB/T 20311-2006	建筑构件和建筑单元热阻和传热系数计算方法	国标	变电土建		变电土建其他	2006-07-19	2006-12-01
504	2.1.3-23	GB/T 24498-2009	建筑门窗、幕墙用密封胶条	国标	变电土建		变电土建其他	2009-10-30	2010-04-01
505	2.1.3-24	GB/T 29500-2013	建筑模板用木塑复合板	国标	变电土建		变电土建其他	2013-05-07	2013-12-01

续表

序号	分类号	标准文件号	中文名称	类别	一级专业	二级专业	三级专业	发布日期	实施日期
506	2.1.3-25	GB/T 21086—2007	建筑幕墙	国标	变电土建		变电土建其他	2007-09-11	2008-02-01
507	2.1.3-26	GB/T 17748—2016	建筑幕墙用铝塑复合板	国标	变电土建		变电土建其他	2016-10-13	2017-09-01
508	2.1.3-27	GB 15930—2007	建筑通风和排烟系统用防火阀门	国标	变电土建		变电土建其他	2007-04-27	2008-01-01
509	2.1.3-28	GB/T 7106—2019	建筑外门窗气密、抗风压性能分级检测方法	国标	变电土建		变电土建其他	2019-12-20	2020-11-01
510	2.1.3-29	GB/T 34606—2017	建筑围护结构整体节能性能评价方法	国标	变电土建		变电土建其他	2017-10-14	2018-05-01
511	2.1.3-30	GB 16776—2005	建筑用硅酮结构密封胶	国标	变电土建		变电土建其他	2005-09-28	2006-05-01
512	2.1.3-31	GB/T 29734.2—2013	建筑用节能门窗 第2部分：铝塑复合门窗	国标	变电土建		变电土建其他	2013-11-27	2014-08-01
513	2.1.3-32	GB 18582—2020	建筑用墙面涂料中有害物质限量	国标	变电土建		变电土建其他	2020-03-04	2020-12-01
514	2.1.3-33	GB/T 23451—2009	建筑用轻质隔墙条板	国标	变电土建		变电土建其他	2009-03-25	2010-01-01
515	2.1.3-34	GB/T 39968—2021	建筑用通风百叶窗技术要求	国标	变电土建		变电土建其他	2021-04-30	2021-11-01
516	2.1.3-35	GB/T 19686—2015	建筑用岩棉绝热制品	国标	变电土建		变电土建其他	2015-12-31	2016-11-01
517	2.1.3-36	GB 55003—2021	建筑与市政地基基础通用规范	国标	变电土建		变电土建其他	2021-04-09	2022-01-01
518	2.1.3-37	GB/T 18870—2011	节水型产品通用技术条件	国标	变电土建		变电土建其他	2011-11-21	2012-07-01
519	2.1.3-38	GB/T 39154—2020	金属和合金的腐蚀 混凝土用钢筋的阴极保护	国标	变电土建		变电土建其他	2020-10-11	2021-05-01
520	2.1.3-39	GB/T 19250—2013	聚氨酯防水涂料	国标	变电土建		变电土建其他	2013-09-27	2014-08-01
521	2.1.3-40	GB/T 50801—2013	可再生能源建筑应用工程评价标准	国标	变电土建		变电土建其他	2012-12-25	2013-05-01
522	2.1.3-41	GB 19210—2003	空调通风系统清洗规范	国标	变电土建		变电土建其他	2003-06-30	2003-06-30
523	2.1.3-42	GB 16277—2008	沥青混凝土摊铺机	国标	变电土建		变电土建其他	2008-02-03	2008-07-01
524	2.1.3-43	GB/T 50878—2013	绿色工业建筑评价标准	国标	变电土建		变电土建其他	2013-08-08	2014-03-01
525	2.1.3-44	GB/T 50378—2019	绿色建筑评价标准	国标	变电土建		变电土建其他	2019-03-13	2019-08-01
526	2.1.3-45	GB/T 7633—2008	门和卷帘的耐火试验方法	国标	变电土建		变电土建其他	2008-10-08	2009-05-01
527	2.1.3-46	GB/T 3183—2017	砌筑水泥	国标	变电土建		变电土建其他	2017-12-29	2018-11-01
528	2.1.3-47	GB/T 13544—2011	烧结多孔砖和多孔砌块	国标	变电土建		变电土建其他	2011-06-16	2012-04-01
529	2.1.3-48	GB 12441—2018	饰面型防火涂料	国标	变电土建		变电土建其他	2018-02-06	2018-09-01
530	2.1.3-49	GB 18583—2008	室内装饰装修材料胶粘剂中有害物质限量	国标	变电土建		变电土建其他	2008-09-24	2009-09-01

续表

序号	分类号	标准文件号	中文名称	类别	一级专业	二级专业	三级专业	发布日期	实施日期
531	2.1.3-50	GB 18580—2017	室内装饰装修材料人造板及其制品中甲醛释放限量	国标	变电土建		变电土建其他	2017-04-22	2018-05-01
532	2.1.3-51	GB 18584—2001	室内装饰装修木家具中有害物质限量	国标	变电土建		变电土建其他	2001-12-10	2002-01-01
533	2.1.3-52	GB/T 2419—2005	水泥胶砂流动度测定方法	国标	变电土建		变电土建其他	2005-01-19	2005-08-01
534	2.1.3-53	GB/T 12959—2008	水泥水化热测定方法	国标	变电土建		变电土建其他	2008-01-09	2008-08-01
535	2.1.3-54	GB/T 26471—2011	塔式起重机安装与拆卸规则	国标	变电土建		变电土建其他	2011-05-12	2011-12-01
536	2.1.3-55	GB/T 23452—2009	天然砂岩建筑板材	国标	变电土建		变电土建其他	2009-03-25	2010-01-01
537	2.1.3-56	GB/T 1723—1993	涂料黏度测定法	国标	变电土建		变电土建其他	1993-03-20	1993-12-01
538	2.1.3-57	GB/T 50123—2019	土工试验方法标准	国标	变电土建		变电土建其他	2019-05-24	2019-10-01
539	2.1.3-58	GB/T 23448—2019	卫生洁具软管	国标	变电土建		变电土建其他	2019-08-30	2020-07-01
540	2.1.3-59	GB/T 25181—2019	预拌砂浆	国标	变电土建		变电土建其他	2019-08-30	2020-07-01
541	2.1.3-60	GB/T 11968-2020	蒸压加气混凝土砌块	国标	变电土建		变电土建其他	2020-09-29	2021-08-01
542	2.1.3-61	JGJ/T 413—2019	玻璃幕墙粘接可靠性检测评估技术标准	行标	变电土建		变电土建其他	2019-03-27	2019-06-01
543	2.1.3-62	LD/T 73.3—2008	电力建设工程监理规范	行标	变电土建		变电土建其他	2009-03-01	2009-10-08
544	2.1.3-63	DL/T 5434—2009	电力岩土工程监理规程	行标	变电土建		变电土建其他	2009-07-22	2009-12-01
545	2.1.3-64	DL/T 868—2014	焊接工艺评定规程	行标	变电土建		变电土建其他	2013-11-28	2014-04-01
546	2.1.3-65	JGJ/T 404—2018	既有建筑地基可靠性鉴定标准	行标	变电土建		变电土建其他	2014-03-18	2014-08-01
547	2.1.3-66	LD/T 73.3—2008	建设工程劳动定额装饰工程-油漆、涂料、裱糊工程	行标	变电土建		变电土建其他	2018-12-06	2019-06-01
548	2.1.3-67	JGJ/T 124—2017	建筑门窗五金件、传动机构用执手	行标	变电土建		变电土建其他	2009-03-01	2009-10-08
549	2.1.3-68	JGJ/T 125—2017	建筑门窗五金件、合页铰链	行标	变电土建		变电土建其他	2017-12-07	2018-06-01
550	2.1.3-69	JGJ/T 115—2018	建筑用钢门窗型材	行标	变电土建		变电土建其他	2017-01-19	2017-07-01
551	2.1.3-70	CJ/T 164—2014	节水型生活用水器具	行标	变电土建		变电土建其他	2018-11-07	2019-04-01
552	2.1.3-71	J 111—114	内隔墙建筑构造（2012 年合订本）	行标	变电土建		变电土建其他	2014-04-09	2014-08-01
553	2.1.3-72	LY/T 1857—2009	软木饰面板	行标	变电土建		变电土建其他	2012-04-01	2012-04-01
554	2.1.3-73	CJ/T 526—2018	软土固化剂	行标	变电土建		变电土建其他	2009-06-18	2009-10-01
555	2.1.3-74	GA/T 1032—2013	张力式电子围栏通用技术要求	行标	变电土建		变电土建其他	2018-10-30	2019-04-01
								2013-01-09	2013-03-01

续表

序号	分类号	标准文件号	中文名称	类别	一级专业	二级专业	三级专业	发布日期	实施日期
3 变电电气									
3.1.1 变电电气 - 电气一次 - 设计									
556	3.1.1-1	GB/T 35693—2017	±800kV 特高压直流输电工程阀厅金具技术规范	国标	变电电气	电气一次	设计	2017-12-29	2018-07-01
557	3.1.1-2	GB/T 50789—2012	±800kV 直流换流站设计规范	国标	变电电气	电气一次	设计	2012-10-11	2012-12-01
558	3.1.1-3	GB/T 31239—2014	1000kV 变电站金具技术规范	国标	变电电气	电气一次	设计	2014-09-30	2015-04-01
559	3.1.1-4	GB 50697—2011	1000kV 变电站设计规范	国标	变电电气	电气一次	设计	2011-02-18	2012-03-01
560	3.1.1-5	GB 50227—2017	并联电容器装置设计规范	国标	变电电气	电气一次	设计	2017-03-03	2017-11-01
561	3.1.1-6	GB 50260—2013	电力设施抗震设计规范	国标	变电电气	电气一次	设计	2013-01-28	2013-09-01
562	3.1.1-7	GB/T 51200—2016	高压直流换流站设计规范	国标	变电电气	电气一次	设计	2016-10-25	2017-07-01
563	3.1.1-8	GB 50065—2011	交流电气装置的接地设计规范	国标	变电电气	电气一次	设计	2011-12-05	2012-06-01
564	3.1.1-9	GB/T 51381—2019	柔性直流输电换流站设计标准	国标	变电电气	电气一次	设计	2019-08-12	2019-12-01
565	3.1.1-10	DL/T 5155—2016	220kV～1000kV 变电站用电设计技术规程	行标	变电电气	电气一次	设计	2016-08-16	2016-12-01
566	3.1.1-11	DL/T 5014—2010	330kV～750kV 变电站无功补偿装置设计技术规定	行标	变电电气	电气一次	设计	2010-08-27	2010-12-15
567	3.1.1-12	DL/T 5452—2012	变电工程初步设计内容深度规定	行标	变电电气	电气一次	设计	2012-01-04	2012-03-01
568	3.1.1-13	DL/T 5458—2012	变电工程施工图设计内容深度规定	行标	变电电气	电气一次	设计	2012-11-09	2013-03-01
569	3.1.1-14	DL/T 5520—2016	变电工程施工图组织大纲设计导则	行标	变电电气	电气一次	设计	2016-12-05	2017-05-01
570	3.1.1-15	DL/T 5502—2015	串补站初步设计内容深度规定	行标	变电电气	电气一次	设计	2015-07-01	2015-12-01
571	3.1.1-16	DL/T 5517—2016	串补站施工图设计文件内容深度规定	行标	变电电气	电气一次	设计	2016-08-16	2016-12-01
572	3.1.1-17	DL/T 5222—2005	导体和电器选择设计技术规定	行标	变电电气	电气一次	设计	2005-02-14	2005-06-01
573	3.1.1-18	DL/T 5491—2014	电力工程交流不间断电源设计技术规程	行标	变电电气	电气一次	设计	2014-10-15	2015-03-01
574	3.1.1-19	DL/T 5229—2016	电力工程竣工图文件编制规定	行标	变电电气	电气一次	设计	2016-01-07	2016-06-01
575	3.1.1-20	DL/T 5352—2018	高压配电装置设计规范	行标	变电电气	电气一次	设计	2018-04-03	2018-07-01
576	3.1.1-21	DL/T 5460—2012	换流站用电设计技术规定	行标	变电电气	电气一次	设计	2012-11-09	2013-03-01
577	3.1.1-22	DL/T 5503—2015	直流换流站施工图设计内容深度规定	行标	变电电气	电气一次	设计	2015-07-01	2015-12-01
578	3.1.1-23	Q/GDW 11678—2017	±1100kV 直流换流站设计规范	企标	变电电气	电气一次	设计	2018-01-18	2018-01-18

续表

序号	分类号	标准文件号	中文名称	类别	一级专业	二级专业	三级专业	发布日期	实施日期
579	3.1.1-24	Q/GDW 1293—2014	±800kV 直流换流站设计技术规定	企标	变电电气	电气一次	设计	2015-02-06	2015-02-06
580	3.1.1-25	Q/GDW 11216—2014	1000kV 变电站初步设计内容深度规定	企标	变电电气	电气一次	设计	2014-10-15	2014-10-15
581	3.1.1-26	Q/GDW 278—2009	1000kV 变电站接地技术规范	企标	变电电气	电气一次	设计	2009-05-25	2009-05-25
582	3.1.1-27	Q/GDW 1786—2013	1000kV 变电站设计技术规范	企标	变电电气	电气一次	设计	2013-04-12	2013-04-12
583	3.1.1-28	Q/GDW 11217—2014	1000kV 变电站施工图设计内容深度规定	企标	变电电气	电气一次	设计	2014-10-15	2014-10-15
584	3.1.1-29	Q/GDW 1917—2013	220kV～1000kV 串补站设计技术规定	企标	变电电气	电气一次	设计	2014-05-01	2014-05-01
585	3.1.1-30	Q/GDW 11602—2016	柔性直流换流站设计技术规定	企标	变电电气	电气一次	设计	2017-06-16	2017-06-16
586	3.1.1-31	Q/GDW 10166.13—2017	输变电工程初步设计内容深度规定 第 13 部分：高压直流换流站	企标	变电电气	电气一次	设计	2018-02-12	2018-02-12
587	3.1.1-32	Q/GDW 11756—2017	高压直流滤波器设计导则	企标	变电电气	电气一次	设计	2018-09-12	2018-09-12

3.1.2 变电电气 - 电气一次 - 施工

序号	分类号	标准文件号	中文名称	类别	一级专业	二级专业	三级专业	发布日期	实施日期
588	3.1.2-1	GB 50774—2012	±800kV 及以下换流站干式平波电抗器施工及验收规范	国标	变电电气	电气一次	施工	2012-05-28	2012-12-01
589	3.1.2-2	GB 50776—2012	±800kV 及以下换流站换流变压器施工及验收规范	国标	变电电气	电气一次	施工	2012-05-28	2012-12-01
590	3.1.2-3	GB/T 50775—2012	±800kV 及以下换流站换流阀施工及验收规范	国标	变电电气	电气一次	施工	2012-05-28	2012-12-01
591	3.1.2-4	GB 51049—2014	1000kV 电力变压器、油浸电抗器、互感器施工及验收规范	国标	变电电气	电气一次	施工	2012-12-25	2013-05-01
592	3.1.2-5	GB 50836—2013	1000kV 高压电器（GIS、HGIS、隔离开关、避雷器）施工及验收规范	国标	变电电气	电气一次	施工	2012-12-25	2013-05-01
593	3.1.2-6	GB 50993—2014	1000kV 输变电工程竣工验收规范	国标	变电电气	电气一次	施工	2014-05-29	2015-03-01
594	3.1.2-7	GB 50257—2014	电气装置安装工程 爆炸和火灾危险环境电气装置施工及验收规范	国标	变电电气	电气一次	施工	2014-12-02	2015-08-01
595	3.1.2-8	GB 51049—2014	电气装置安装工程 串联电容器补偿装置施工及验收规范	国标	变电电气	电气一次	施工	2014-12-02	2015-08-01
596	3.1.2-9	GB 50254—2014	电气装置安装工程 低压电器施工及验收规范	国标	变电电气	电气一次	施工	2014-03-31	2014-12-01
597	3.1.2-10	GB 50255—2014	电气装置安装工程 电力变流设备施工及验收规范	国标	变电电气	电气一次	施工	2014-01-29	2014-10-01
598	3.1.2-11	GB 50148—2010	电气装置安装工程 电力变压器、油浸电抗器、互感器施工及验收规范	国标	变电电气	电气一次	施工	2010-05-31	2010-12-01

续表

序号	分类号	标准文件号	中文名称	类别	一级专业	二级专业	三级专业	发布日期	实施日期
599	3.1.2-12	GB 50147—2010	电气装置安装工程　高压电器施工及验收规范	国标	变电电气	电气一次	施工	2010-05-31	2010-12-01
600	3.1.2-13	GB 50169—2016	电气装置安装工程　接地装置施工及验收规范	国标	变电电气	电气一次	施工	2016-08-18	2017-04-01
601	3.1.2-14	GB 50149—2010	电气装置安装工程　母线装置施工及验收规范	国标	变电电气	电气一次	施工	2010-11-03	2011-10-01
602	3.1.2-15	GB 50172—2012	电气装置安装工程　蓄电池施工及验收规范	国标	变电电气	电气一次	施工	2012-05-28	2012-12-01
603	3.1.2-16	GB/T 50252—2018	工业安装工程施工质量验收统一标准	国标	变电电气	电气一次	施工	2018-09-11	2019-03-01
604	3.1.2-17	DL/T 5312—2013	1000kV变电站电气装置安装工程施工质量检验及评定规程	行标	变电电气	电气一次	施工	2013-11-28	2014-04-01
605	3.1.2-18	DL/T 5726—2015	1000kV 串联电容器补偿装置施工工工艺导则	行标	变电电气	电气一次	施工	2015-07-01	2015-12-01
606	3.1.2-19	DL/T 5161.15—2018	电气装置安装工程质量检验及评定规程　第15部分：爆炸及火灾危险环境电气装置施工质量检验	行标	变电电气	电气一次	施工	2018-12-25	2019-05-01
607	3.1.2-20	DL/T 5161.1—2018	电气装置安装工程质量检验及评定规程　第1部分：通则	行标	变电电气	电气一次	施工	2018-12-25	2019-05-01
608	3.1.2-21	DL/T 5161.2—2018	电气装置安装工程质量检验及评定规程　第2部分：高压电器施工质量检验	行标	变电电气	电气一次	施工	2018-12-25	2019-05-01
609	3.1.2-22	DL/T 5161.4—2018	电气装置安装工程质量检验及评定规程　第4部分：母线装置施工质量检验	行标	变电电气	电气一次	施工	2018-12-25	2019-05-01
610	3.1.2-23	DL/T 5232—2019	直流换流站电气装置安装工程施工及验收规范	行标	变电电气	电气一次	施工	2019-11-04	2020-05-01
611	3.1.2-24	DL/T 5233—2019	直流换流站电气装置施工质量检验及评定规程	行标	变电电气	电气一次	施工	2019-11-04	2020-05-01
612	3.1.2-25	Q/GDW 11751—2017	±1100kV换流站换流变压器施工及验收规范	企标	变电电气	电气一次	施工	2018-09-12	2018-09-12
613	3.1.2-26	Q/GDW 11748—2017	±1100kV换流站换流阀施工及验收规范	企标	变电电气	电气一次	施工	2018-09-12	2018-09-12
614	3.1.2-27	Q/GDW 11747—2017	±1100kV换流站直流高压电器施工及验收规范	企标	变电电气	电气一次	施工	2018-09-12	2018-09-12
615	3.1.2-28	Q/GDW 255—2009	±800kV换流站大型设备安装工艺导则	企标	变电电气	电气一次	施工	2009-05-25	2009-05-25
616	3.1.2-29	Q/GDW 1220—2014	±800kV换流站换流变压器施工及验收规范	企标	变电电气	电气一次	施工	2015-02-06	2015-02-06
617	3.1.2-30	Q/GDW 1221—2014	±800kV换流站换流阀施工及验收规范	企标	变电电气	电气一次	施工	2015-02-06	2015-02-06
618	3.1.2-31	Q/GDW 1222—2014	±800kV换流站交流滤波器施工及验收规范	企标	变电电气	电气一次	施工	2015-02-06	2015-02-06
619	3.1.2-32	Q/GDW 257—2009	±800kV换流站母线、跳线施工工艺导则	企标	变电电气	电气一次	施工	2009-05-25	2009-05-25
620	3.1.2-33	Q/GDW 1223—2014	±800kV换流站母线装置施工及验收规范	企标	变电电气	电气一次	施工	2015-02-06	2015-02-06

续表

序号	分类号	标准文件号	中文名称	类别	一级专业	二级专业	三级专业	发布日期	实施日期
621	3.1.2-34	Q/GDW 10217.2—2017	±800kV 换流站施工质量检验规程 第 2 部分：换流阀施工质量检验	企标	变电电气	电气一次	施工	2017-05-25	2017-05-25
622	3.1.2-35	Q/GDW 10217.3—2017	±800kV 换流站施工质量检验规程 第 3 部分：换流变压器施工质量检验	企标	变电电气	电气一次	施工	2018-07-11	2018-07-11
623	3.1.2-36	Q/GDW 10217.4—2017	±800kV 换流站施工质量检验规程 第 4 部分：直流高压电器施工质量检验	企标	变电电气	电气一次	施工	2018-07-11	2018-07-11
624	3.1.2-37	Q/GDW 10217.5—2017	±800kV 换流站施工质量检验规程 第 5 部分：交流滤波器施工质量检验	企标	变电电气	电气一次	施工	2018-07-11	2018-07-11
625	3.1.2-38	Q/GDW 10217.6—2017	±800kV 换流站施工质量检验规程 第 6 部分：母线装置施工质量检验	企标	变电电气	电气一次	施工	2018-07-11	2018-07-11
626	3.1.2-39	Q/GDW 1219—2014	±800kV 换流站直流高压电器施工及验收规范	企标	变电电气	电气一次	施工	2015-02-06	2015-02-06
627	3.1.2-40	Q/GDW 12221—2022	柔性直流系统直流断路器验收规范	企标	变电电气	电气一次	施工	2022-05-13	2022-05-13
628	3.1.2-41	Q/GDW 566—2010	高压无源电力滤波装置验收规范	企标	变电电气	电气一次	施工	2011-01-17	2011-01-17
629	3.1.2-42	Q/GDW 11907—2018	1000kVGIS 设备移动式车同验收规范	企标	变电电气	电气一次	施工	2020-01-12	2020-01-12
630	3.1.2-43	Q/GDW 10189—2017	1000kV 变电站电气设备施工质量检验及评定规程	企标	变电电气	电气一次	施工	2018-07-11	2018-07-11
631	3.1.2-44	Q/GDW 191—2008	1000kV 变电站接地装置施工工艺导则	企标	变电电气	电气一次	施工	2008-12-08	2008-12-08
632	3.1.2-45	Q/GDW 192—2008	1000kV 电力变压器、油浸电抗器、互感器施工及验收规范	企标	变电电气	电气一次	施工	2008-12-08	2008-12-08
633	3.1.2-46	Q/GDW 193—2008	1000kV 电力变压器、油浸电抗器施工工艺导则	企标	变电电气	电气一次	施工	2008-12-08	2008-12-08
634	3.1.2-47	Q/GDW 11906—2018	1000kV 电力变压器关键部件施工工艺导则	企标	变电电气	电气一次	施工	2020-01-12	2020-01-12
635	3.1.2-48	Q/GDW 194—2008	1000kV 电容式电压互感器、避雷器、支柱绝缘子施工工艺导则	企标	变电电气	电气一次	施工	2008-12-08	2008-12-08
636	3.1.2-49	Q/GDW 196—2008	1000kV 隔离开关施工工艺导则	企标	变电电气	电气一次	施工	2008-12-08	2008-12-08
637	3.1.2-50	Q/GDW 1854—2012	1000kV 及以下串联电容器补偿装置施工工艺导则	企标	变电电气	电气一次	施工	2014-05-01	2014-05-01
638	3.1.2-51	Q/GDW 1853—2012	1000kV 及以下串联电容器补偿装置施工及验收规范	企标	变电电气	电气一次	施工	2014-05-01	2014-05-01
639	3.1.2-52	Q/GDW 1852—2012	1000kV 及以下串联电容器补偿装置施工质量检验及评定规程	企标	变电电气	电气一次	施工	2014-05-01	2014-05-01
640	3.1.2-53	Q/GDW 576—2010	站用交直流一体化电源系统技术规范	企标	变电电气	电气一次	施工	2011-03-11	2011-03-11

续表

序号	分类号	标准文件号	中文名称	类别	一级专业	二级专业	三级专业	发布日期	实施日期
641	3.1.2-54	Q/GDW 199—2008	1000kV气体绝缘金属封闭开关设备施工工艺导则	企标	变电电气	电气一次	施工	2008-12-08	2008-12-08
642	3.1.2-55	Q/GDW 11738—2022	500kV及以上输变电工程基建停电施工工期管理导则	企标	变电电气	电气一次	施工	2022-01-30	2022-01-30
643	3.1.2-56	Q/GDW 11644—2016	SF₆气体纯度带电检测技术现场应用导则	企标	变电电气	电气一次	施工	2017-07-28	2017-07-28
644	3.1.2-57	Q/GDW 1859—2013	SF₆气体回收净化处理工作规程	企标	变电电气	电气一次	施工	2014-05-01	2014-05-01
645	3.1.2-58	Q/GDW 11329—2014	变压器短路加热施工工艺导则	企标	变电电气	电气一次	施工	2015-01-31	2015-01-31
646	3.1.2-59	Q/GDW 11953.2—2019	柔性直流换流站交接验收规程 第2部分：换流阀	企标	变电电气	电气一次	施工	2020-07-03	2020-07-03
647	3.1.2-60	Q/GDW 11953.3—2019	柔性直流换流站交接验收规程 第3部分：换流（联接）变压器	企标	变电电气	电气一次	施工	2020-07-03	2020-07-03
648	3.1.2-61	Q/GDW 11953.7—2019	柔性直流换流站交接验收规程 第7部分：母线装置	企标	变电电气	电气一次	施工	2020-07-03	2020-07-03
649	3.1.2-62	Q/GDW 737—2012	绝缘子用常温固化硅橡胶防污闪涂料现场施工技术规范	企标	变电电气	电气一次	施工	2012-05-24	2012-05-24
650	3.1.2-63	Q/GDW 11912—2018	特高压换流场变现场组装工艺导则	企标	变电电气	电气一次	施工	2020-01-12	2020-01-12
651	3.1.2-64	Q/GDW 11911—2018	特高压换流变现场组装技术规范	企标	变电电气	电气一次	施工	2020-01-12	2020-01-12
652	3.1.2-65	Q/GDW 1798—2013	直流输电工程启动及竣工验收规程	企标	变电电气	电气一次	施工	2013-04-12	2013-04-12

3.1.3 变电电气-电气一次-其他

序号	分类号	标准文件号	中文名称	类别	一级专业	二级专业	三级专业	发布日期	实施日期
653	3.1.3-1	GB/T 27743—2011	变压器专用设备检测方法	国标	变电电气	电气一次	电气一次其他	2011-12-30	2012-05-01
654	3.1.3-2	GB/T 28537—2012	高压开关设备和控制设备中六氟化硫（SF₆）的使用和处理	国标	变电电气	电气一次	电气一次其他	2012-06-29	2012-11-01
655	3.1.3-3	DL/T 1457—2015	电力工程接地用镀锌包钢技术条件	行标	变电电气	电气一次	电气一次其他	2015-07-01	2015-12-01
656	3.1.3-4	DL/T 1342—2014	电气接地工程用材料及连接件	行标	变电电气	电气一次	电气一次其他	2014-03-18	2014-08-01
657	3.1.3-5	DL/T 1359—2014	六氟化硫电气设备故障气体分析和判断方法	行标	变电电气	电气一次	电气一次其他	2014-10-15	2015-03-01
658	3.1.3-6	DL/T 361—2010	气体绝缘金属封闭输电线路使用导则	行标	变电电气	电气一次	电气一次其他	2010-05-01	2010-10-01
659	3.1.3-7	DL/T 696—2013	软母线金具	行标	变电电气	电气一次	电气一次其他	2013-11-28	2014-04-01
660	3.1.3-8	Q/GDW 11758—2017	±1100kV特高压直流换流站用金具技术规范	企标	变电电气	电气一次	电气一次其他	2018-09-12	2018-09-12
661	3.1.3-9	Q/GDW 291—2009	1000kV变电站用金具技术规范	企标	变电电气	电气一次	电气一次其他	2009-05-25	2009-05-25
662	3.1.3-10	Q/GDW 11953.1—2019	柔性直流换流站交接验收规程 第1部分：通则	企标	变电电气	电气一次	电气一次其他	2020-07-03	2020-07-03

续表

序号	分类号	标准文件号	中文名称	类别	一级专业	二级专业	三级专业	发布日期	实施日期
3.2.1 变电电气 - 电气二次 - 设计									
663	3.2.1-1	GB 50217—2018	电力工程电缆设计标准	国标	变电电气	电气二次	设计	2018-02-08	2018-09-01
664	3.2.1-2	GB 50064—2014	交流电气装置的过电压保护和绝缘配合设计规范	国标	变电电气	电气二次	设计	2014-03-31	2014-12-01
665	3.2.1-3	DL/T 5149—2020	变电站监控系统设计技术规程	行标	变电电气	电气二次	设计	2020-10-23	2021-02-01
666	3.2.1-4	DL/T 5044—2014	电力工程直流电源系统设计技术规程	行标	变电电气	电气二次	设计	2014-10-15	2015-03-01
667	3.2.1-5	DL/T 5202—2004	电能量计量系统设计技术规程	行标	变电电气	电气二次	设计	2004-12-14	2005-06-01
668	3.2.1-6	DL/T 5224—2014	高压直流输电大地返回系统设计技术规程	行标	变电电气	电气二次	设计	2014-06-29	2014-11-01
669	3.2.1-7	DL/T 5499—2015	换流站二次系统设计技术规程	行标	变电电气	电气二次	设计	2015-04-02	2015-09-01
670	3.2.1-8	DL/T 5586—2020	换流站辅助控制系统设计规程	行标	变电电气	电气二次	设计	2020-10-23	2021-02-01
671	3.2.1-9	DL/T 5136—2012	火力发电厂、变电站二次接线设计技术规程	行标	变电电气	电气二次	设计	2012-11-09	2013-03-01
672	3.2.1-10	Q/GDW 11674—2017	±1100kV特高压直流输电系统成套设计规程	企标	变电电气	电气二次	设计	2018-01-18	2018-01-18
3.2.2 变电电气 - 电气二次 - 施工									
673	3.2.2-1	GB 50168—2018	电气装置安装工程 电缆线路施工及验收规范	国标	变电电气	电气二次	施工	2018-11-08	2019-05-01
674	3.2.2-2	GB 50171—2012	电气装置安装工程 盘、柜及二次回路接线施工及验收规范	国标	变电电气	电气二次	施工	2012-05-28	2012-12-01
675	3.2.2-3	GB/T 50976—2014	继电保护及二次回路安装及验收规范	国标	变电电气	电气二次	施工	2014-03-31	2014-12-01
676	3.2.2-4	GB/T 50312—2016	综合布线系统工程验收规范	国标	变电电气	电气二次	施工	2016-08-26	2017-04-01
677	3.2.2-5	DL/T 5408—2009	发电厂、变电站电子信息系统 220V/380V 电源电涌保护配置、安装及验收规范	行标	变电电气	电气二次	施工	2009-07-22	2009-12-01
678	3.2.2-6	DL/T 825—2002	电能计量装置安装接线规则	行标	变电电气	电气二次	施工	2002-09-16	2002-12-01
679	3.2.2-7	DL/T 5707—2014	电力工程电缆防火封堵施工工艺导则	行标	变电电气	电气二次	施工	2014-10-15	2015-03-01
680	3.2.2-8	Q/GDW 1224—2014	±800kV换流站屏、柜及二次回路接线施工及验收规范	企标	变电电气	电气二次	施工	2015-02-06	2015-02-06
681	3.2.2-9	Q/GDW 10217.7—2017	±800kV换流站施工质量检验规程 第7部分：屏、柜及二次回路接线施工质量	企标	变电电气	电气二次	施工	2018-07-11	2018-07-11
682	3.2.2-10	Q/GDW 190—2008	1000kV变电站二次接线施工工艺导则	企标	变电电气	电气二次	施工	2008-12-08	2008-12-08
683	3.2.2-11	Q/GDW 539—2010	变电设备在线监测系统安装安收规范	企标	变电电气	电气二次	施工	2011-01-28	2011-01-28

续表

序号	分类号	标准文件号	中文名称	类别	一级专业	二级专业	三级专业	发布日期	实施日期
684	3.2.2-12	Q/GDW 11328—2014	非开挖电力电缆穿管敷设工艺导则	企标	变电电气	电气二次	施工	2015-01-31	2015-01-31
685	3.2.2-13	Q/GDW 11953.6—2019	柔性直流换流站交接验收规程 第6部分：交流耗能装置	企标	变电电气	电气二次	施工	2020-07-03	2020-07-03
686	3.2.2-14	Q/GDW 11953.8—2019	柔性直流换流站交接验收规程 第8部分：屏、柜及二次回路接线	企标	变电电气	电气二次	施工	2020-07-03	2020-07-03

3.2.3 变电电气-电气二次-其他

序号	分类号	标准文件号	中文名称	类别	一级专业	二级专业	三级专业	发布日期	实施日期
687	3.2.3-1	GB/T 24833—2009	1000kV变电站监控系统技术规范	国标	变电电气	电气二次	电气二次其他	2009-11-30	2010-05-10
688	3.2.3-2	GB/T 25737—2010	1000kV变电站监控系统验收规范	国标	变电电气	电气二次	电气二次其他	2010-12-23	2011-05-01
689	3.2.3-3	GB/T 25841—2017	1000kV电力系统继电保护技术导则	国标	变电电气	电气二次	电气二次其他	2017-07-31	2018-02-01
690	3.2.3-4	GB 28374—2012	电缆防火涂料	国标	变电电气	电气二次	电气二次其他	2012-05-11	2012-09-01
691	3.2.3-5	GB/T 26866—2011	电力系统的时间同步系统检测规范	国标	变电电气	电气二次	电气二次其他	2011-07-29	2011-12-01
692	3.2.3-6	GB/T 6995.4—2008	电线电缆识别标志方法 第4部分：电气装备电线电缆绝缘线芯识别标志	国标	变电电气	电气二次	电气二次其他	2008-06-18	2009-03-01
693	3.2.3-7	GB/T 6995.5—2008	电线电缆识别标志方法 第5部分：电力电缆绝缘线芯识别标志	国标	变电电气	电气二次	电气二次其他	2008-06-18	2009-03-01
694	3.2.3-8	GB/T 7594.1—1987	电线电缆橡皮绝缘和橡皮护套 第1部分：一般规定	国标	变电电气	电气二次	电气二次其他	1987-04-17	1988-01-01
695	3.2.3-9	GB/T 12706.2—2008	额定电压1kV（U_m=1.2kV）到35kV（U_m=40.5kV）挤包绝缘电力电缆及附件 第2部分：额定电压6kV（U_m=7.2kV）到30kV（U_m=36kV）电缆	国标	变电电气	电气二次	电气二次其他	2008-12-31	2009-11-01
696	3.2.3-10	GB/T 12706.3—2008	额定电压1kV（U_m=1.2kV）到35kV（U_m=40.5kV）挤包绝缘电力电缆及附件 第3部分：额定电压35kV（U_m=40.5kV）电缆	国标	变电电气	电气二次	电气二次其他	2008-12-31	2009-11-01
697	3.2.3-11	GB/T 31840.2—2015	额定电压1kV（U_m=1.2kV）到35kV（U_m=40.5kV）铝合金芯挤包绝缘电力电缆 第2部分：额定电压6kV（U_m=7.2kV）到30kV（U_m=36kV）电缆	国标	变电电气	电气二次	电气二次其他	2015-07-03	2016-02-01
698	3.2.3-12	GB/T 31840.1—2015	额定电压1kV（U_m=1.2kV）到35kV（U_m=40.5kV）铝合金芯挤包绝缘电力电缆 第1部分：额定电压1kV（U_m=1.2kV）和3kV（U_m=3.6kV）电缆	国标	变电电气	电气二次	电气二次其他	2015-07-03	2016-02-01

续表

序号	分类号	标准文件号	中文名称	类别	一级专业	二级专业	三级专业	发布日期	实施日期
699	3.2.3-13	GB/T 12706.1—2008	额定电压1kV（U_m＝1.2kV）到35kV（U_m＝40.5kV）挤包绝缘电力电缆及其附件 第1部分：额定电压1kV（U_m＝1.2kV）和3kV（U_m＝3.6kV）电缆	国标	变电电气	电气二次	电气二次其他	2008-12-31	2009-11-01
700	3.2.3-14	GB/T 12976.1—2008	额定电压35kV（U_m＝40.5kV）及以下纸绝缘电力电缆及其附件 第1部分：额定电压30kV及以下电缆一般规定和结构要求	国标	变电电气	电气二次	电气二次其他	2008-06-30	2009-04-01
701	3.2.3-15	GB/T 12976.2—2008	额定电压35kV（U_m＝40.5kV）及以下纸绝缘电力电缆及其附件 第2部分：额定电压35kV电缆一般规定和结构要求	国标	变电电气	电气二次	电气二次其他	2008-06-30	2009-04-01
702	3.2.3-16	GB/T 12976.3—2008	额定电压35kV（U_m＝40.5kV）及以下纸绝缘电力电缆及其附件 第3部分：电缆和附件试验	国标	变电电气	电气二次	电气二次其他	2008-06-30	2009-04-01
703	3.2.3-17	GB/T 5023.1—2008	额定电压450/750V及以下聚氯乙烯绝缘电缆 第1部分：一般要求	国标	变电电气	电气二次	电气二次其他	2008-06-30	2009-05-01
704	3.2.3-18	GB/T 5023.3—2008	额定电压450/750V及以下聚氯乙烯绝缘电缆 第3部分：固定布线用无护套电缆	国标	变电电气	电气二次	电气二次其他	2008-06-30	2009-05-01
705	3.2.3-19	GB/T 5023.4—2008	额定电压450/750V及以下聚氯乙烯绝缘电缆 第4部分：固定布线用护套电缆	国标	变电电气	电气二次	电气二次其他	2008-06-30	2009-05-01
706	3.2.3-20	GB/T 5023.5—2008	额定电压450/750V及以下聚氯乙烯绝缘电缆 第5部分：软电缆（软线）	国标	变电电气	电气二次	电气二次其他	2008-06-30	2009-05-01
707	3.2.3-21	GB/T 5023.6—2006	额定电压450/750V及以下聚氯乙烯绝缘电缆 第6部分：电梯电缆和挠性连接用电缆	国标	变电电气	电气二次	电气二次其他	2006-04-30	2006-12-01
708	3.2.3-22	GB/T 5023.7—2008	额定电压450/750V及以下聚氯乙烯绝缘电缆 第7部分：二芯或多芯屏蔽和非屏蔽软电缆	国标	变电电气	电气二次	电气二次其他	2008-06-30	2009-05-01
709	3.2.3-23	GB/T 5013.1—2008	额定电压450/750V及以下橡皮绝缘电缆 第1部分：一般要求	国标	变电电气	电气二次	电气二次其他	2008-01-22	2008-09-01

续表

序号	分类号	标准文件号	中文名称	类别	一级专业	二级专业	三级专业	发布日期	实施日期
710	3.2.3-24	GB/T 5013.3—2008	额定电压450/750V及以下橡皮绝缘电缆　第3部分：耐热硅橡胶绝缘电缆	国标	变电电气	电气二次	电气二次其他	2008-01-22	2008-09-01
711	3.2.3-25	GB/T 5013.4—2008	额定电压450/750V及以下橡皮绝缘电缆　第4部分：软线和软电缆	国标	变电电气	电气二次	电气二次其他	2008-01-22	2008-09-01
712	3.2.3-26	GB/T 19666—2019	阻燃和耐火电线电缆或光缆通则	国标	变电电气	电气二次	电气二次其他	2019-12-10	2020-07-01
713	3.2.3-27	DL/T 1087—2008	±800kV特高压直流换流站二次设备抗扰度要求	行标	变电电气	电气二次	电气二次其他	2008-06-04	2008-11-01
714	3.2.3-28	DL/T 1237—2013	1000kV继电保护及电网安全自动装置检验规程	行标	变电电气	电气二次	电气二次其他	2013-03-07	2013-08-01
715	3.2.3-29	DL/T 1432.2—2016	变电设备在线监测装置检验规范　第2部分：变压器油中溶解气体在线监测装置	行标	变电电气	电气二次	电气二次其他	2016-01-07	2016-06-01
716	3.2.3-30	DL/T 1907.2—2018	变电站视频监控图像质量评价　第2部分：测试规范	行标	变电电气	电气二次	电气二次其他	2018-12-25	2019-05-01
717	3.2.3-31	DL/T 1780—2017	超（特）高压直流输电控制保护系统检验规范	行标	变电电气	电气二次	电气二次其他	2017-12-27	2018-06-01
718	3.2.3-32	DL/T 365—2010	串联电容器补偿装置控制保护装置现场检验规程	行标	变电电气	电气二次	电气二次其他	2010-05-01	2010-10-01
719	3.2.3-33	JB/T 4032.1—2013	电缆设备通用部件牵引装置　第1部分：基本技术要求	行标	变电电气	电气二次	电气二次其他	2013-12-31	2014-07-01
720	3.2.3-34	JB/T 4032.2—2013	电缆设备通用部件牵引装置　第2部分：轮式牵引装置	行标	变电电气	电气二次	电气二次其他	2013-12-31	2014-07-01
721	3.2.3-35	JB/T 4032.3—2013	电缆设备通用部件牵引装置　第3部分：履带式牵引装置	行标	变电电气	电气二次	电气二次其他	2013-12-31	2014-07-01
722	3.2.3-36	JB/T 4032.4—2013	电缆设备通用部件牵引装置　第4部分：轮带式牵引装置	行标	变电电气	电气二次	电气二次其他	2013-12-31	2014-07-01
723	3.2.3-37	JB/T 4033.1—2013	电缆设备通用部件绕包装置　第1部分：基本技术要求	行标	变电电气	电气二次	电气二次其他	2013-12-31	2014-07-01
724	3.2.3-38	JB/T 4033.2—2013	电缆设备通用部件绕包装置　第2部分：普通式绕包装置	行标	变电电气	电气二次	电气二次其他	2013-12-31	2014-07-01
725	3.2.3-39	JB/T 4033.3—2013	电缆设备通用部件绕包装置　第3部分：平面式绕包装置	行标	变电电气	电气二次	电气二次其他	2013-12-31	2014-07-01
726	3.2.3-40	JB/T 4033.4—2013	电缆设备通用部件绕包装置　第4部分：半切线式绕包装置	行标	变电电气	电气二次	电气二次其他	2013-12-31	2014-07-01
727	3.2.3-41	JB/T 4015.1—2013	电缆设备通用部件收放线装置　第1部分：基本技术要求	行标	变电电气	电气二次	电气二次其他	2013-12-31	2014-07-01
728	3.2.3-42	JB/T 4015.2—2013	电缆设备通用部件收放线装置　第2部分：立柱式收放线装置	行标	变电电气	电气二次	电气二次其他	2013-12-31	2014-07-01
729	3.2.3-43	JB/T 4015.3—2013	电缆设备通用部件收放线装置　第3部分：行车式收放线装置	行标	变电电气	电气二次	电气二次其他	2013-12-31	2014-07-01
730	3.2.3-44	JB/T 4015.4—2013	电缆设备通用部件收放线装置　第4部分：导轮式收放线装置	行标	变电电气	电气二次	电气二次其他	2013-12-31	2014-07-01
731	3.2.3-45	JB/T 4015.5—2013	电缆设备通用部件收放线装置　第5部分：柜式收放线装置	行标	变电电气	电气二次	电气二次其他	2013-12-31	2014-07-01

续表

序号	分类号	标准文件号	中文名称	类别	一级专业	二级专业	三级专业	发布日期	实施日期
732	3.2.3－46	JB/T 4015.6－2013	电缆设备通用部件收线放线装置 第 6 部分：静盘盘线放线装置	行标	变电电气	电气二次	电气二次其他	2013－12－31	2014－07－01
733	3.2.3－47	DL/T 553－2013	电力系统动态记录装置通用技术条件	行标	变电电气	电气二次	电气二次其他	2013－11－28	2014－04－01
734	3.2.3－48	DL/T 1788－2017	高压直流互感器现场校验规范	行标	变电电气	电气二次	电气二次其他	2017－12－27	2018－06－01
735	3.2.3－49	DL/T 1501－2016	数字化继电保护试验装置技术条件	行标	变电电气	电气二次	电气二次其他	2016－01－07	2016－06－01
736	3.2.3－50	XF 535－2005	阻燃及耐火电缆阻燃橡皮绝缘分级和要求	行标	变电电气	电气二次	电气二次其他	2005－03－17	2005－10－01
737	3.2.3－51	Q/GDW 10144－2019	±800kV 特高压直流换流站过电压保护与绝缘配合导则	企标	变电电气	电气二次	电气二次其他	2020－07－31	2020－07－31

3.3 变电电气－调试试验

序号	分类号	标准文件号	中文名称	类别	一级专业	二级专业	三级专业	发布日期	实施日期
738	3.3－1	GB/T 28563－2012	±800kV 特高压直流输电用晶闸管阀电气试验	国标	变电电气	调试试验		2012－06－29	2012－11－01
739	3.3－2	GB/T 24846－2018	1000kV 交流电气设备预防性试验规程	国标	变电电气	调试试验		2018－07－13	2019－02－01
740	3.3－3	GB/T 24842－2018	1000kV 特高压交流输变电工程过电压和绝缘配合	国标	变电电气	调试试验		2018－07－13	2019－02－01
741	3.3－4	GB/T 50832－2013	1000kV 系统电气装置安装工程电气设备交接试验标准	国标	变电电气	调试试验		2012－12－25	2013－05－01
742	3.3－5	GB/T 19212.1－2016	变压器、电抗器、电源装置及其组合的安全 第 1 部分：通用要求和试验	国标	变电电气	调试试验		2016－12－13	2017－03－01
743	3.3－6	GB/T 7602.2－2008	变压器油、汽轮机油中 T501 抗氧化剂含量测定法 第 2 部分：液相色谱法	国标	变电电气	调试试验		2008－12－30	2009－10－01
744	3.3－7	GB/T 7602.3－2008	变压器油、汽轮机油中 T501 抗氧化剂含量测定法 第 3 部分：红外光谱法	国标	变电电气	调试试验		2008－12－30	2009－10－01
745	3.3－8	GB/T 7602.4－2017	变压器油、涡轮机油中 T501 抗氧化剂含量测定法 第 4 部分：气质联用法	国标	变电电气	调试试验		2017－11－01	2018－05－01
746	3.3－9	GB/T 32518.1－2016	超高压可控并联电抗器现场试验技术规范 第 1 部分：分级调节式	国标	变电电气	调试试验		2016－02－24	2016－09－01
747	3.3－10	GB/T 17626.5－2019	电磁兼容 试验和测量技术 浪涌（冲击）抗扰度试验	国标	变电电气	调试试验		2019－06－04	2020－01－01
748	3.3－11	GB/T 17626.12－2013	电磁兼容 试验和测量技术 振铃波抗扰度试验	国标	变电电气	调试试验		2013－12－17	2014－04－09
749	3.3－12	GB/T 17626.34－2012	电磁兼容 试验和测量技术 主电源每相电流大于 16A 的设备的电压暂降、短时中断和电压变化抗扰度试验	国标	变电电气	调试试验		2012－06－29	2012－09－01

续表

序号	分类号	标准文件号	中文名称	类别	一级专业	二级专业	三级专业	发布日期	实施日期
750	3.3-13	GB/T 17626.18—2016	电磁兼容 试验和测量技术 阻尼振荡波抗扰度试验	国标	变电电气	调试试验		2016-12-13	2017-07-01
751	3.3-14	GB/T 1094.18—2016	电力变压器 第18部分：频率响应测量	国标	变电电气	调试试验		2016-08-29	2017-03-01
752	3.3-15	GB/T 1094.4—2005	电力变压器 第4部分：电力变压器和电抗器的雷电冲击和操作冲击试验导则	国标	变电电气	调试试验		2005-08-26	2006-04-01
753	3.3-16	GB/T 7597—2007	电力用油（变压器油、汽轮机油）取样方法	国标	变电电气	调试试验		2007-07-11	2008-01-01
754	3.3-17	GB/T 20111.4—2017	电气绝缘系统 热评定规程 第4部分：评定和分级电气绝缘系统试验方法的适用导则	国标	变电电气	调试试验		2017-12-29	2018-07-01
755	3.3-18	GB/T 25296—2010	电气设备安全通用试验导则	国标	变电电气	调试试验		2010-11-10	2011-05-01
756	3.3-19	GB 50150—2016	电气装置安装工程电气设备交接试验标准	国标	变电电气	调试试验		2016-04-15	2016-12-01
757	3.3-20	GB/T 3048.3—2007	电线电缆电性能试验方法 半导电橡塑材料体积电阻率试验	国标	变电电气	调试试验		2007-12-03	2008-05-01
758	3.3-21	GB/T 3048.16—2007	电线电缆电性能试验方法 表面电阻试验	国标	变电电气	调试试验		2007-12-03	2008-05-01
759	3.3-22	GB/T 3048.13—2007	电线电缆电性能试验方法 冲击电压试验	国标	变电电气	调试试验		2007-12-03	2008-05-01
760	3.3-23	GB/T 3048.4—2007	电线电缆电性能试验方法 导体直流电阻试验	国标	变电电气	调试试验		2007-12-03	2008-05-01
761	3.3-24	GB/T 3048.10—2007	电线电缆电性能试验方法 挤出护套火花试验	国标	变电电气	调试试验		2007-12-03	2008-05-01
762	3.3-25	GB/T 3048.8—2007	电线电缆电性能试验方法 交流电压试验	国标	变电电气	调试试验		2007-12-03	2008-05-01
763	3.3-26	GB/T 3048.11—2007	电线电缆电性能试验方法 介质损耗角正切试验	国标	变电电气	调试试验		2007-12-03	2008-05-01
764	3.3-27	GB/T 3048.2—2007	电线电缆电性能试验方法 金属材料电阻率试验	国标	变电电气	调试试验		2007-12-03	2008-05-01
765	3.3-28	GB/T 3048.12—2007	电线电缆电性能试验方法 局部放电试验	国标	变电电气	调试试验		2007-12-03	2008-05-01
766	3.3-29	GB/T 3048.5—2007	电线电缆电性能试验方法 绝缘电阻试验	国标	变电电气	调试试验		2007-12-03	2008-05-01
767	3.3-30	GB/T 3048.9—2007	电线电缆电性能试验方法 绝缘线芯火花试验	国标	变电电气	调试试验		2007-12-03	2008-05-01
768	3.3-31	GB/T 3048.7—2007	电线电缆电性能试验方法 耐电痕试验	国标	变电电气	调试试验		2007-12-03	2008-05-01
769	3.3-32	GB/T 3048.14—2007	电线电缆电性能试验方法 直流电压试验	国标	变电电气	调试试验		2007-12-03	2008-05-01
770	3.3-33	GB/T 3048.1—2007	电线电缆电性能试验方法 总则	国标	变电电气	调试试验		2007-12-03	2008-05-01
771	3.3-34	GB/T 12706.4—2020	额定电压1kV（U_m=1.2kV）到35kV（U_m=40.5kV）挤包绝缘电力电缆及附件 第4部分：额定电压6kV（U_m=7.2kV）到35kV（U_m=40.5kV）电力电缆附件试验要求	国标	变电电气	调试试验		2020-03-31	2020-10-01

续表

序号	分类号	标准文件号	中文名称	类别	一级专业	二级专业	三级专业	发布日期	实施日期
772	3.3-35	GB/T 5013.5—2008	额定电压 450/750 V 及以下橡皮绝缘电缆 第 5 部分：电梯电缆	国标	变电电气	调试试验		2008-01-22	2008-09-01
773	3.3-36	GB/T 5023.2—2008	额定电压 450/750 V 及以下聚氯乙烯绝缘电缆 第 2 部分：试验方法	国标	变电电气	调试试验		2008-06-30	2009-05-01
774	3.3-37	GB/T 5013.2—2008	额定电压 450/750 V 及以下橡皮绝缘电缆 第 2 部分：试验方法	国标	变电电气	调试试验		2008-01-22	2008-09-01
775	3.3-38	GB/T 16927.4—2014	高电压和大电流试验技术 第 4 部分：试验电流和测量系统的定义和要求	国标	变电电气	调试试验		2014-05-06	2014-10-28
776	3.3-39	GB/T 16927.1—2011	高电压试验技术 第 1 部分：一般定义及试验要求	国标	变电电气	调试试验		2011-12-30	2012-05-01
777	3.3-40	GB/T 16927.2—2013	高电压试验技术 第 2 部分：测量系统	国标	变电电气	调试试验		2013-02-07	2013-07-01
778	3.3-41	GB/T 16927.3—2010	高电压试验技术 第 3 部分：现场试验的定义及要求	国标	变电电气	调试试验		2010-11-10	2011-05-01
779	3.3-42	GB/T 7354—2018	高电压试验技术 局部放电测量	国标	变电电气	调试试验		2018-09-17	2019-04-01
780	3.3-43	GB 11604—1989	高压电气设备无线电干扰测试方法	国标	变电电气	调试试验		1989-03-21	1990-03-01
781	3.3-44	GB/T 4473—2018	高压交流断路器的合成试验	国标	变电电气	调试试验		2018-12-28	2019-07-01
782	3.3-45	GB/T 11023—2018	高压开关设备六氟化硫气体密封试验方法	国标	变电电气	调试试验		2018-12-28	2019-07-01
783	3.3-46	GB/T 30423—2013	高压直流设施的系统试验	国标	变电电气	调试试验		2013-12-31	2014-07-13
784	3.3-47	GB/T 33348—2016	高压直流输电用电压源换流阀电气试验	国标	变电电气	调试试验		2016-12-13	2017-07-01
785	3.3-48	GB/T 22071.1—2018	互感器试验导则 第 1 部分：电流互感器	国标	变电电气	调试试验		2018-12-28	2019-07-01
786	3.3-49	GB/T 22071.2—2017	互感器试验导则 第 2 部分：电磁式电压互感器	国标	变电电气	调试试验		2017-12-29	2018-07-01
787	3.3-50	GB/T 7261—2016	继电保护和安全自动装置基本试验方法	国标	变电电气	调试试验		2016-02-24	2016-05-02
788	3.3-51	GB/T 4585—2004	交流系统用高压绝缘子的人工污秽试验	国标	变电电气	调试试验		2004-05-14	2005-02-01
789	3.3-52	GB/T 20297—2006	静止无功补偿装置（SVC）现场试验	国标	变电电气	调试试验		2006-07-13	2007-01-01
790	3.3-53	GB/T 507—2002	绝缘油击穿电压测定法	国标	变电电气	调试试验		2002-10-10	2003-04-01
791	3.3-54	GB/T 4074.1—2008	绕组线试验方法 第 1 部分：一般规定	国标	变电电气	调试试验		2008-04-23	2008-12-01
792	3.3-55	GB/T 38878—2020	柔性直流输电工程系统试验	国标	变电电气	调试试验		2020-06-02	2020-12-01
793	3.3-56	GB/T 36956—2018	柔性直流输电用电压源换流器阀控制设备试验	国标	变电电气	调试试验		2018-12-28	2019-07-01

续表

序号	分类号	标准文件号	中文名称	类别	一级专业	二级专业	三级专业	发布日期	实施日期
794	3.3-57	GB/T 7601—2008	运行中变压器油、汽轮机油水分测定法（气相色谱法）	国标	变电电气	调试试验		2008-09-24	2009-08-01
795	3.3-58	DL/T 274—2012	±800kV高压直流设备交接试验	行标	变电电气	调试试验		2012-01-04	2012-03-01
796	3.3-59	DL/T 1131—2019	±800kV高压直流输电工程系统试验规程	行标	变电电气	调试试验		2019-06-04	2019-10-01
797	3.3-60	DL/T 273—2012	±800kV特高压直流设备预防性试验规程	行标	变电电气	调试试验		2012-01-04	2012-03-01
798	3.3-61	DL/T 1669—2016	±800kV直流设备现场直流耐压试验实施导则	行标	变电电气	调试试验		2016-12-05	2017-05-01
799	3.3-62	DL/T 1275—2013	1000kV变压器局部放电现场测量技术导则	行标	变电电气	调试试验		2013-11-28	2014-04-01
800	3.3-63	DL/T 1584—2016	1000kV串联电容器补偿装置现场试验规程	行标	变电电气	调试试验		2016-02-05	2016-07-01
801	3.3-64	DL/T 5292—2013	1000kV交流输变电工程系统调试规程	行标	变电电气	调试试验		2013-03-07	2013-08-01
802	3.3-65	DL/T 309—2010	1000kV交流系统电力设备现场试验实施导则	行标	变电电气	调试试验		2011-01-09	2011-05-01
803	3.3-66	DL/T 1980—2019	变压器绝缘纸（板）平均含水量测定法 频域介电谱法	行标	变电电气	调试试验		2019-06-04	2019-10-01
804	3.3-67	DL/T 385—2010	变压器油带电倾向性检测方法	行标	变电电气	调试试验		2010-05-01	2010-10-01
805	3.3-68	DL/T 992—2006	冲击电压测量实施细则	行标	变电电气	调试试验		2006-05-06	2006-10-01
806	3.3-69	DL/T 366—2010	串联电容器补偿装置一次设备预防性试验规程	行标	变电电气	调试试验		2010-05-01	2010-10-01
807	3.3-70	DL/T 2024—2019	大型调相机型式试验导则	行标	变电电气	调试试验		2019-06-04	2019-10-01
808	3.3-71	DL/T 1093—2018	电力变压器绕组变形的电抗法检测判断导则	行标	变电电气	调试试验		2018-04-03	2018-07-01
809	3.3-72	DL/T 911—2016	电力变压器绕组变形的频率响应分析法	行标	变电电气	调试试验		2016-02-05	2016-07-01
810	3.3-73	DL/T 1799—2018	电力变压器直流偏磁耐受能力试验方法	行标	变电电气	调试试验		2018-04-03	2018-07-01
811	3.3-74	DL/T 849.4—2004	电力设备专用测试仪器通用技术条件 第4部分：超低频高压发生器	行标	变电电气	调试试验		2004-03-09	2004-06-01
812	3.3-75	DL/T 849.6—2016	电力设备专用测试仪器通用技术条件 第6部分：高压谐振试验装置	行标	变电电气	调试试验		2016-12-05	2017-05-01
813	3.3-76	DL/T 1041—2007	电力系统电磁暂态现场试验导则	行标	变电电气	调试试验		2007-07-20	2007-12-01
814	3.3-77	DL/T 432—2018	电力用油中颗粒度测定方法	行标	变电电气	调试试验		2018-04-03	2018-07-01
815	3.3-78	DL/T 1332—2014	电流互感器励磁特性现场低频试验方法	行标	变电电气	调试试验		2014-03-18	2014-08-01
816	3.3-79	DL/T 1032—2006	电气设备用六氟化硫（SF_6）气体取样方法	行标	变电电气	调试试验		2006-12-17	2007-05-01

续表

序号	分类号	标准文件号	中文名称	类别	一级专业	二级专业	三级专业	发布日期	实施日期
817	3.3-80	DL/T 1544—2016	电子式互感器现场交接验收规范	行标	变电电气	调试试验		2016-01-07	2016-06-01
818	3.3-81	DL/T 859—2015	高压交流系统用复合绝缘子人工污秽试验	行标	变电电气	调试试验		2015-07-01	2015-12-01
819	3.3-82	DL/T 1681—2016	高压试验仪器设备选配导则	行标	变电电气	调试试验		2016-12-05	2017-05-01
820	3.3-83	DL/T 848.2—2018	高压试验装置通用技术条件 第2部分：工频高压试验装置	行标	变电电气	调试试验		2018-12-25	2019-05-01
821	3.3-84	DL/T 1130—2009	高压直流漏电工程系统试验规程	行标	变电电气	调试试验		2009-07-22	2009-12-01
822	3.3-85	DL/T 2042—2019	高压直流输电换流阀晶闸管阀级试验装置技术规程	行标	变电电气	调试试验		2019-06-04	2019-10-01
823	3.3-86	DL/T 1798—2018	换流变压器交接及预防性试验规程	行标	变电电气	调试试验		2018-04-03	2018-07-01
824	3.3-87	DL/T 1243—2013	换流变压器现场局部放电测试技术	行标	变电电气	调试试验		2013-03-07	2013-08-01
825	3.3-88	DL/T 1568—2016	换流阀现场试验导则	行标	变电电气	调试试验		2016-02-05	2016-07-01
826	3.3-89	DL/T 703—2015	绝缘油中含气量的气相色谱测定法	行标	变电电气	调试试验		2015-07-01	2015-12-01
827	3.3-90	DL/T 1205—2013	六氟化硫电气设备分解产物试验方法	行标	变电电气	调试试验		2013-03-07	2013-08-01
828	3.3-91	DL/T 506—2018	六氟化硫电气设备中绝缘气体湿度测量方法	行标	变电电气	调试试验		2018-06-06	2018-10-01
829	3.3-92	DL/T 1250—2013	气体绝缘金属封闭开关设备带电超声局部放电检测应用导则	行标	变电电气	调试试验		2013-03-07	2013-08-01
830	3.3-93	DL/T 1630—2016	气体绝缘金属封闭开关设备局部放电特高频检测技术规范	行标	变电电气	调试试验		2016-12-05	2017-05-01
831	3.3-94	DL/T 1300—2013	气体绝缘金属封闭开关设备现场冲击试验导则	行标	变电电气	调试试验		2013-11-28	2014-04-01
832	3.3-95	DL/T 618—2011	气体绝缘金属封闭开关设备现场交接试验规范	行标	变电电气	调试试验		2011-07-28	2011-11-01
833	3.3-96	DL/T 304—2011	气体绝缘金属封闭输电线路现场交接试验导则	行标	变电电气	调试试验		2011-07-28	2011-11-01
834	3.3-97	DL/T 1526—2016	柔性直流输电工程系统试验规程	行标	变电电气	调试试验		2016-01-07	2016-06-01
835	3.3-98	DL/T 1794—2017	柔性直流输电控制保护系统联调试验技术规程	行标	变电电气	调试试验		2017-12-27	2018-06-01
836	3.3-99	DL/T 1513—2016	柔性直流输电用电压源型换流阀电气试验	行标	变电电气	调试试验		2016-01-07	2016-06-01
837	3.3-100	DL/T 580—2013	用露点法测定变压器绝缘纸中平均含水量的方法	行标	变电电气	调试试验		2013-11-28	2014-04-01
838	3.3-101	DL/T 1534—2016	油浸式电力变压器局部放电的特高频检测方法	行标	变电电气	调试试验		2016-01-07	2016-06-01
839	3.3-102	DL/T 1577—2016	直流设备不拆高压引线试验导则	行标	变电电气	调试试验		2016-02-05	2016-07-01
840	3.3-103	Q/GDW 11218—2018	±1100kV换流变压器交流局部放电现场试验导则	企标	变电电气	调试试验		2019-10-23	2019-10-23
841	3.3-104	Q/GDW 11933—2018	±1100kV换流站直流设备预防性试验规程	企标	变电电气	调试试验		2020-04-17	2020-04-17

续表

序号	分类号	标准文件号	中文名称	类别	一级专业	二级专业	三级专业	发布日期	实施日期
842	3.3-105	Q/GDW 11743—2017	±1100kV特高压直流设备交接试验	企标	变电电气	调试试验		2018-09-12	2018-09-12
843	3.3-106	Q/GDW 11500—2016	±800kV换流站工程换流变压器分系统调试规程	企标	变电电气	调试试验		2016-12-22	2016-12-22
844	3.3-107	Q/GDW 299—2009	±800kV特高压直流设备预防性试验规程	企标	变电电气	调试试验		2009-05-25	2009-05-25
845	3.3-108	Q/GDW 264—2009	±800kV直流输电工程换流站电气二次设备交接验收试验规程	企标	变电电气	调试试验		2009-05-25	2009-05-25
846	3.3-109	Q/GDW 254—2009	±800kV直流输电工程系统调试试验	企标	变电电气	调试试验		2009-05-25	2009-05-25
847	3.3-110	Q/GDW 1275—2015	±800kV直流系统电气设备交接试验	企标	变电电气	调试试验		2016-11-15	2016-11-15
848	3.3-111	Q/GDW 10310—2016	1000kV电气装置安装工程电气设备交接试验规程	企标	变电电气	调试试验		2016-12-22	2016-12-22
849	3.3-112	Q/GDW 321—2009	1000kV交流电气设备现场试验设备技术条件	企标	变电电气	调试试验		2009-05-25	2009-05-25
850	3.3-113	Q/GDW 12217—2022	柔性直流电网换流阀预防性试验规程	企标	变电电气	调试试验		2022-05-13	2022-05-13
851	3.3-114	Q/GDW 1284—2014	1000kV交流输变电工程系统调试规程	企标	变电电气	调试试验		2020-01-12	2020-01-12
852	3.3-115	Q/GDW 12220—2022	高压柔性直流设备预防性试验规程	企标	变电电气	调试试验		2022-05-13	2022-05-13
853	3.3-116	Q/GDW 11484—2016	1100kV气体绝缘金属封闭开关设备现场雷电冲击电压耐受试验导则	企标	变电电气	调试试验		2016-11-09	2016-11-09
854	3.3-117	Q/GDW 1157—2013	750kV电力设备交接试验规程	企标	变电电气	调试试验		2014-03-13	2014-03-13
855	3.3-118	Q/GDW 10661—2015	串联电容器补偿装置交接试验规程	企标	变电电气	调试试验		2016-12-08	2016-12-08
856	3.3-119	Q/GDW 11594—2016	复合材料支柱绝缘子抗震性能试验方法	企标	变电电气	调试试验		2017-06-16	2017-06-16
857	3.3-120	Q/GDW 11228—2014	高电压试验车技术规范	企标	变电电气	调试试验		2014-12-01	2014-12-01
858	3.3-121	Q/GDW 11316—2018	高压电缆线路交接试验规程	企标	变电电气	调试试验		2020-04-17	2020-04-17
859	3.3-122	Q/GDW 11954—2019	高压柔性直流换流阀调试规程	企标	变电电气	调试试验		2020-07-03	2020-07-03
860	3.3-123	Q/GDW 1889—2013	高压直流输电电压源换流器（VSC）阀电气试验	企标	变电电气	调试试验		2014-01-29	2014-01-29
861	3.3-124	Q/GDW 11505—2015	隔离断路器交接试验规程	企标	变电电气	调试试验		2016-12-08	2016-12-08
862	3.3-125	Q/GDW 11060—2013	交流金属封闭开关设备暂态地电压局部放电带电测试技术现场应用导则	企标	变电电气	调试试验		2014-09-01	2014-09-01
863	3.3-126	Q/GDW 11959—2019	快速动态响应同步调相机工程调试技术规范	企标	变电电气	调试试验		2020-07-31	2020-07-31
864	3.3-127	Q/GDW 11059.1—2018	气体绝缘金属封闭开关设备局部放电带电测试技术现场应用导则 第1部分：超声波法	企标	变电电气	调试试验		2020-04-03	2020-04-03

续表

序号	分类号	标准文件号	中文名称	类别	一级专业	二级专业	三级专业	发布日期	实施日期
865	3.3-128	Q/GDW 11059.2—2018	气体绝缘金属封闭开关设备局部放电带电检测技术现场应用导则 第2部分：特高频法	企标	变电电气	调试试验		2020-04-03	2020-04-03
866	3.3-129	Q/GDW 11303—2014	气体绝缘金属封闭开关设备同频同相交流耐压试验导则	企标	变电电气	调试试验		2015-02-26	2015-02-26
867	3.3-130	Q/GDW 1971—2013	气体绝缘金属封闭开关设备现场冲击电压试验导则	企标	变电电气	调试试验		2014-04-15	2014-04-15
868	3.3-131	Q/GDW 11953.4—2019	柔性直流换流站交接验收规程 第4部分：启动回路	企标	变电电气	调试试验		2020-07-03	2020-07-03
869	3.3-132	Q/GDW 11953.5—2019	柔性直流换流站交接验收规程 第5部分：直流高压电器	企标	变电电气	调试试验		2020-07-03	2020-07-03
870	3.3-133	Q/GDW 11733—2022	柔性直流输电工程系统试验规程	企标	变电电气	调试试验		2022-07-16	2022-07-16
871	3.3-134	Q/GDW 11750.2—2017	特高压换流站分系统调试规范 第2部分：换流阀分系统调试	企标	变电电气	调试试验		2018-09-12	2018-09-12
872	3.3-135	Q/GDW 11750.3—2017	特高压换流站分系统调试规范 第3部分：换流变分系统调试	企标	变电电气	调试试验		2018-09-12	2018-09-12
873	3.3-136	Q/GDW 11750.4—2017	特高压换流站分系统调试规范 第4部分：交流场分系统调试	企标	变电电气	调试试验		2018-09-12	2018-09-12
874	3.3-137	Q/GDW 11750.5—2017	特高压换流站分系统调试规范 第5部分：交流滤波器场分系统调试	企标	变电电气	调试试验		2018-09-12	2018-09-12
875	3.3-138	Q/GDW 11750.6—2017	特高压换流站分系统调试规范 第6部分：直流场分系统调试	企标	变电电气	调试试验		2018-09-12	2018-09-12
876	3.3-139	Q/GDW 11750.7—2017	特高压换流站分系统调试规范 第7部分：站用电分系统调试	企标	变电电气	调试试验		2018-09-12	2018-09-12
877	3.3-140	Q/GDW 11750.9—2017	特高压换流站分系统调试规范 第9部分：控制保护设备分系统调试	企标	变电电气	调试试验		2018-09-12	2018-09-12
878	3.3-141	Q/GDW 11750.8—2017	特高压换流站分系统调试规范 第8部分：辅助系统及其他分系统调试	企标	变电电气	调试试验		2018-09-12	2018-09-12
879	3.3-142	Q/GDW 11750.1—2017	特高压换流站分系统调试规范 第1部分：通则	企标	变电电气	调试试验		2018-09-12	2018-09-12
880	3.3-143	Q/GDW 11740—2017	特高压直流输电工程分层接入交流电网系统试验规程	企标	变电电气	调试试验		2018-09-12	2018-09-12
881	3.3-144	Q/GDW 11548—2016	统一潮流控制器工程分系统调试规范	企标	变电电气	调试试验		2017-02-28	2017-02-28
882	3.3-145	Q/GDW 11871—2018	直流转换开关振荡特性现场测量导则	企标	变电电气	调试试验		2019-10-23	2019-10-23

3.4 变电电气 - 其他

序号	分类号	标准文件号	中文名称	类别	一级专业	二级专业	三级专业	发布日期	实施日期
883	3.4-1	GB/T 24847—2021	1000kV 交流系统电压和无功电力技术导则	国标	变电电气	其他		2021-03-09	2021-10-01
884	3.4-2	GB/T 24835—2018	1100kV 气体绝缘金属封闭开关设备运行维护规程	国标	变电电气	其他		2018-12-28	2019-07-01

续表

序号	分类号	标准文件号	中文名称	类别	一级专业	二级专业	三级专业	发布日期	实施日期
885	3.4-3	GB/Z 16935.2—2013	低压系统内设备的绝缘配合 第2-1部分: 应用指南 GB/T 16935 系列应用解释、定尺寸示例及介电试验	国标	变电电气	变电电气其他		2013-12-17	2014-04-09
886	3.4-4	GB/T 17626.4—2018	电磁兼容 试验和测量技术 电快速瞬变脉冲群抗扰度试验	国标	变电电气	变电电气其他		2018-06-07	2019-01-01
887	3.4-5	GB/T 17626.2—2018	电磁兼容 试验和测量技术 静电放电抗扰度试验	国标	变电电气	变电电气其他		2018-06-07	2019-01-01
888	3.4-6	GB/T 17626.22—2017	电磁兼容 试验和测量技术 全电波暗室中的辐射发射和抗扰度测量	国标	变电电气	变电电气其他		2017-12-29	2018-07-01
889	3.4-7	GB/T 17626.6—2017	电磁兼容 试验和测量技术 射频感应的传导骚扰抗扰度	国标	变电电气	变电电气其他		2017-12-29	2018-07-01
890	3.4-8	GB/T 17626.10—2017	电磁兼容 试验和测量技术 阻尼振荡磁场抗扰度试验	国标	变电电气	变电电气其他		2017-12-29	2018-07-01
891	3.4-9	GB 17625.2—2007	电磁兼容 限值 对每相额定电流≤16A 且无条件接入的设备在公用低压供电系统中产生的电压变化、电压波动和闪烁的限制	国标	变电电气	变电电气其他		2007-04-30	2008-01-01
892	3.4-10	GB/T 17626.16—2007	电磁兼容 试验和测量技术 0Hz～150kHz 共模传导骚扰抗扰度试验	国标	变电电气	变电电气其他		2007-04-30	2007-09-01
893	3.4-11	GB/T 17626.24—2012	电磁兼容 试验和测量技术 HEMP 传导骚扰保护装置的试验方法	国标	变电电气	变电电气其他		2012-11-05	2013-02-01
894	3.4-12	GB/T 17626.30—2012	电磁兼容 试验和测量技术 电能质量测量方法	国标	变电电气	变电电气其他		2012-11-05	2013-02-01
895	3.4-13	GB/T 17626.14—2005	电磁兼容 试验和测量技术 电压波动抗扰度试验	国标	变电电气	变电电气其他		2005-02-06	2005-12-01
896	3.4-14	GB/T 17626.11—2008	电磁兼容 试验和测量技术 电压暂降、短时中断和电压变化的抗扰度试验	国标	变电电气	变电电气其他		2008-05-20	2009-01-01
897	3.4-15	GB/T 17626.8—2006	电磁兼容 试验和测量技术 工频磁场抗扰度试验	国标	变电电气	变电电气其他		2006-12-01	2007-07-01
898	3.4-16	GB/T 17626.28—2006	电磁兼容 试验和测量技术 工频频率变化抗扰度试验	国标	变电电气	变电电气其他		2007-03-26	2007-07-01
899	3.4-17	GB/T 17626.7—2017	电磁兼容 试验和测量技术 供电系统及所连设备谐波、同谐波的测量和测量仪器导则	国标	变电电气	变电电气其他		2017-07-12	2018-02-01
900	3.4-18	GB/T 17626.20—2014	电磁兼容 试验和测量技术 横电磁波（TEM）波导中的发射和抗扰度试验	国标	变电电气	变电电气其他		2014-12-22	2015-06-01
901	3.4-19	GB/T 17626.21—2014	电磁兼容 试验和测量技术 混波室试验方法	国标	变电电气	变电电气其他		2014-12-22	2015-06-01
902	3.4-20	GB/T 17626.13—2006	电磁兼容 试验和测量技术 交流电源端口谐波、谐间波及电网信号的低频抗扰度试验	国标	变电电气	变电电气其他		2006-12-01	2007-07-01

续表

序号	分类号	标准文件号	中文名称	类别	一级专业	二级专业	三级专业	发布日期	实施日期
903	3.4-21	GB/T 17626.1—2006	电磁兼容 试验和测量技术 抗扰度试验总论	国标	变电	电气其他		2006-12-01	2007-07-01
904	3.4-22	GB/T 17626.9—2011	电磁兼容 试验和测量技术 脉冲磁场抗扰度试验	国标	变电	电气其他		2011-12-30	2012-08-01
905	3.4-23	GB/T 17626.27—2006	电磁兼容 试验和测量技术 三相电压不平衡抗扰度试验	国标	变电	电气其他		2006-12-01	2007-07-01
906	3.4-24	GB/T 17626.15—2011	电磁兼容 试验和测量技术 闪烁仪功能和设计规范	国标	变电	电气其他		2011-12-30	2012-08-01
907	3.4-25	GB/T 17626.3—2016	电磁兼容 试验和测量技术 射频电磁场辐射抗扰度试验	国标	变电	电气其他		2016-12-13	2017-07-01
908	3.4-26	GB/T 17626.29—2006	电磁兼容 试验和测量技术 直流电源输入端口电压暂降、短时中断和电压变化的抗扰度试验	国标	变电	电气其他		2006-12-19	2007-09-01
909	3.4-27	GB/T 17626.17—2005	电磁兼容 试验和测量技术 直流电源输入端口纹波抗扰度试验	国标	变电	电气其他		2005-02-06	2005-12-01
910	3.4-28	GB/T 17625.9—2016	电磁兼容 限值 低压电气设施上的信号传输的发射电平、频段和电磁骚扰电平	国标	变电	电气其他		2016-12-13	2017-07-01
911	3.4-29	GB/T 17625.7—2013	电磁兼容 限值 对额定电流≤75A且有条件接入的设备在公用低压电力系统中产生的电压变化、电压波动和闪烁的限制	国标	变电	电气其他		2013-07-19	2013-12-02
912	3.4-30	GB/Z 17625.3—2000	电磁兼容 限值 对额定电流大于16A的设备在低压供电系统中产生的电压波动和闪烁的限制	国标	变电	电气其他		2000-04-03	2000-12-01
913	3.4-31	GB/Z 17625.6—2003	电磁兼容 限值 对额定电流大于16A的设备在低压供电系统中产生的谐波电流的限制	国标	变电	电气其他		2003-02-02	2003-08-01
914	3.4-32	GB/T 17625.2—2007	电磁兼容 限值 对每相额定电流≤16A且无条件接入的设备在公用低压电力系统中产生的电压变化、电压波动和闪烁的限制	国标	变电	电气其他		2007-04-30	2008-01-01
915	3.4-33	GB/T 17625.8—2015	电磁兼容 限值 每相输入电流大于16A小于等于75A连接到公用低压系统的设备产生的谐波电流限值	国标	变电	电气其他		2015-09-11	2016-04-01
916	3.4-34	GB 17625.1—2012	电磁兼容 限值 谐波电流发射限值（设备每相输入电流≤16A）	国标	变电	电气其他		2012-12-31	2013-07-01
917	3.4-35	GB/Z 17625.5—2000	电磁兼容 限值 中、高压电力系统中波动负荷发射限值的评估	国标	变电	电气其他		2000-04-03	2000-12-01
918	3.4-36	GB/Z 17625.4—2000	电磁兼容 限值 中、高压电力系统中畸变负荷发射限值的评估	国标	变电	电气其他		2000-04-03	2000-12-01
919	3.4-37	GB/Z 17624.2—2013	电磁兼容 综述 与电磁现象相关设备的电气和电子系统实现功能安全的方法	国标	变电	电气其他		2013-12-17	2014-04-09

续表

序号	分类号	标准文件号	中文名称	类别	一级专业	二级专业	三级专业	发布日期	实施日期
920	3.4-38	GB/T 26864—2011	电力系统继电保护产品动模试验	国标	变电电气	变电电气其他		2011-07-29	2011-12-01
921	3.4-39	GB/T 19215.3—2012	电气安装用电缆槽管系统 第2部分：特殊要求 第2节：安装在地板下和与地板齐平的电缆槽管系统	国标	变电电气	变电电气其他		2012-11-05	2013-05-01
922	3.4-40	GB/T 20113—2006	电气绝缘结构（EIS）热分级	国标	变电电气	变电电气其他		2006-02-15	2006-06-01
923	3.4-41	GB/T 20112—2015	电气绝缘系统的评定与鉴别	国标	变电电气	变电电气其他		2015-07-03	2016-02-01
924	3.4-42	GB/T 19212.17—2019	电源电压为1100V及以下的变压器、电抗器、电源装置和类似产品的安全 第17部分：开关型电源装置和开关型电源装置用变压器的特殊要求和试验	国标	变电电气	变电电气其他		2019-10-18	2020-05-01
925	3.4-43	GB/T 11920—2008	电站电气部分集中控制设备及系统通用技术条件	国标	变电电气	变电电气其他		2008-09-24	2009-08-01
926	3.4-44	GB/T 12527—2008	额定电压1kV及以下架空绝缘电缆	国标	变电电气	变电电气其他		2008-06-30	2009-04-01
927	3.4-45	GB 23864—2009	防火封堵材料	国标	变电电气	变电电气其他		2009-06-01	2010-02-01
928	3.4-46	GB/T 28534—2012	高压开关设备和控制设备中六氟化硫（SF_6）气体的释放对环境和健康的影响	国标	变电电气	变电电气其他		2012-06-29	2012-11-01
929	3.4-47	GB/T 12720—1991	工频电场测量	国标	变电电气	变电电气其他		1991-02-01	1991-10-01
930	3.4-48	GB/T 12022—2014	工业六氟化硫	国标	变电电气	变电电气其他		2014-07-08	2014-12-01
931	3.4-49	GB/T 9089.3—2008	户外严酷条件下的电气设施 第3部分：设备及附件的一般要求	国标	变电电气	变电电气其他		2008-06-18	2009-03-01
932	3.4-50	GB/T 50319—2013	建设工程监理规范	国标	变电电气	变电电气其他		2013-05-13	2014-03-01
933	3.4-51	GB/T 50326—2017	建设工程项目管理规范	国标	变电电气	变电电气其他		2017-05-04	2018-01-01
934	3.4-52	GB/T 311.2—2013	绝缘配合 第2部分：使用导则	国标	变电电气	变电电气其他		2013-02-07	2013-07-01
935	3.4-53	GB/T 311.3—2007	绝缘配合 第3部分：高压直流换流站绝缘配合程序	国标	变电电气	变电电气其他		2007-12-03	2008-05-20
936	3.4-54	GB/T 24624—2009	绝缘套管油主绝缘（通常为纸）浸渍介质换油中溶解气体分析（DGA）的判断导则	国标	变电电气	变电电气其他		2009-11-15	2010-04-01
937	3.4-55	GB/T 15510—2008	控制用电磁继电器可靠性试验方法	国标	变电电气	变电电气其他		2008-06-18	2009-03-01
938	3.4-56	GB 29415—2013	耐火电缆槽盒	国标	变电电气	变电电气其他		2013-09-18	2014-08-01
939	3.4-57	GB/T 20626.1—2017	特殊环境条件 高原电工电子产品 第1部分：通用技术要求	国标	变电电气	变电电气其他		2017-09-29	2018-04-01
940	3.4-58	GB/T 6553—2014	严酷环境条件下使用的电气绝缘材料评定耐电痕化和蚀损的试验方法	国标	变电电气	变电电气其他		2014-05-06	2014-10-28

续表

序号	分类号	标准文件号	中文名称	类别	一级专业	二级专业	三级专业	发布日期	实施日期
941	3.4-59	GB/T 7595—2017	运行中变压器油质量	国标	变电电气	变电电气其他		2017-05-12	2017-12-01
942	3.4-60	GB/T 37139—2018	直流供电设备的 EMC 测量方法要求	国标	变电电气	变电电气其他		2018-12-28	2019-07-01
943	3.4-61	DL/T 5234—2010	±800kV 及以下直流输电工程启动及竣工验收规程	行标	变电电气	变电电气其他		2010-05-01	2010-10-01
944	3.4-62	DL/T 306.3—2010	1000kV 变电站运行规程 第 3 部分：设备巡检	行标	变电电气	变电电气其他		2011-01-09	2011-05-01
945	3.4-63	DL/T 306.5—2010	1000kV 变电站运行规程 第 5 部分：典型操作	行标	变电电气	变电电气其他		2011-01-09	2011-05-01
946	3.4-64	DL/T 306.6—2010	1000kV 变电站运行规程 第 6 部分：变电站图册	行标	变电电气	变电电气其他		2011-01-09	2011-05-01
947	3.4-65	DL/T 1177—2012	1000kV 交流输变电设备技术监督导则	行标	变电电气	变电电气其他		2012-08-23	2012-12-01
948	3.4-66	DL/T 1723—2017	1000kV 油浸式变压器（电抗器）状态检修技术导则	行标	变电电气	变电电气其他		2017-08-02	2017-12-01
949	3.4-67	DL/T 310—2010	1000kV 油浸式变压器、并联电抗器检修导则	行标	变电电气	变电电气其他		2011-01-09	2011-05-01
950	3.4-68	DL/T 311—2010	1100kV 气体绝缘金属封闭开关设备检修导则	行标	变电电气	变电电气其他		2011-01-09	2011-05-01
951	3.4-69	DL/T 1176—2012	1000kV 油浸式变压器、并联电抗器运行及维护规程	行标	变电电气	变电电气其他		2012-08-23	2012-12-01
952	3.4-70	DL/T 1680—2016	大型接地网状态评估技术导则	行标	变电电气	变电电气其他		2016-12-05	2017-05-01
953	3.4-71	NB/T 10306—2019	电缆屏蔽用铜带	行标	变电电气	变电电气其他		2019-11-04	2020-05-01
954	3.4-72	DL/T 572—2010	电力变压器运行规程	行标	变电电气	变电电气其他		2010-05-24	2010-10-01
955	3.4-73	DL/T 1678—2016	电力工程接地降阻技术规范	行标	变电电气	变电电气其他		2016-12-05	2017-05-01
956	3.4-74	DL/T 1054—2007	高压电气设备绝缘技术监督规程	行标	变电电气	变电电气其他		2007-07-20	2007-12-01
957	3.4-75	DL/T 5043—2010	高压直流换流站初步设计内容深度规定	行标	变电电气	变电电气其他		2010-08-27	2010-12-15
958	3.4-76	DL/T 1716—2017	高压直流输电换流阀冷却水运行管理导则	行标	变电电气	变电电气其他		2017-08-02	2017-12-01
959	3.4-77	DL/T 1700—2017	隔离开关及接地开关状态检修导则	行标	变电电气	变电电气其他		2017-03-28	2017-08-01
960	3.4-78	DL/T 1701—2017	隔离开关及接地开关状态评价导则	行标	变电电气	变电电气其他		2017-03-28	2017-08-01
961	3.4-79	DL/T 2002—2019	换流变压器运行规程	行标	变电电气	变电电气其他		2019-06-04	2019-10-01
962	3.4-80	DL/T 1560—2016	解体式运输电力变压器现场组装与试验导则	行标	变电电气	变电电气其他		2016-01-07	2016-06-01
963	3.4-81	DL/T 1702—2017	金属氧化物避雷器状态检修导则	行标	变电电气	变电电气其他		2017-03-28	2017-08-01
964	3.4-82	DL/T 1703—2017	金属氧化物避雷器状态评价导则	行标	变电电气	变电电气其他		2017-03-28	2017-08-01
965	3.4-83	NB/T 42062—2015	扩径型钢芯铝绞线	行标	变电电气	变电电气其他		2015-10-27	2016-03-01

续表

序号	分类号	标准文件号	中文名称	类别	一级专业	二级专业	三级专业	发布日期	实施日期
966	3.4-84	DL/T 595—2016	六氟化硫电气设备气体监督导则	行标	变电电气	变电电气其他		2016-01-07	2016-06-01
967	3.4-85	DL/T 1686—2017	六氟化硫高压断路器状态检修导则	行标	变电电气	变电电气其他		2017-03-28	2017-08-01
968	3.4-86	DL/T 1687—2017	六氟化硫高压断路器状态评价导则	行标	变电电气	变电电气其他		2017-03-28	2017-08-01
969	3.4-87	NB/T 10292—2019	铝合金电缆桥架	行标	变电电气	变电电气其他		2019-11-04	2020-05-01
970	3.4-88	DL/T 1689—2017	气体绝缘金属封闭开关设备状态检修导则	行标	变电电气	变电电气其他		2017-03-28	2017-08-01
971	3.4-89	DL/T 1688—2017	气体绝缘金属封闭开关设备状态评价导则	行标	变电电气	变电电气其他		2017-03-28	2017-08-01
972	3.4-90	DL/T 1831—2018	柔性直流输电换流站运行导则	行标	变电电气	变电电气其他		2018-04-03	2018-07-01
973	3.4-91	DL/T 1795—2017	柔性直流输电换流站状态检修规程	行标	变电电气	变电电气其他		2017-12-27	2018-06-01
974	3.4-92	JGJ 160—2016	施工现场机械设备检查技术规范	行标	变电电气	变电电气其他		2016-09-05	2017-03-01
975	3.4-93	DL/T 393—2010	输变电设备状态检修试验规程	行标	变电电气	变电电气其他		2010-05-24	2010-10-01
976	3.4-94	DL/T 1684—2017	油浸式变压器（电抗器）状态检修导则	行标	变电电气	变电电气其他		2017-03-28	2017-08-01
977	3.4-95	DL/T 1685—2017	油浸式变压器（电抗器）状态检修试验规程	行标	变电电气	变电电气其他		2017-03-28	2017-08-01
978	3.4-96	DL/T 1540—2016	油浸式交流电抗器（变压器）运行振动测量方法	行标	变电电气	变电电气其他		2016-01-07	2016-06-01
979	3.4-97	DL/T 278—2012	直流电子式电流互感器技术监督导则	行标	变电电气	变电电气其他		2012-01-04	2012-03-01
980	3.4-98	Q/GDW 11870—2018	±1100kV换流站电气设备施工技术监督导则	企标	变电电气	变电电气其他		2019-10-23	2019-10-23
981	3.4-99	Q/GDW 11935—2018	±1100kV特高压直流设备状态检修试验规程	企标	变电电气	变电电气其他		2020-04-17	2020-04-17
982	3.4-100	Q/GDW 11913—2018	±1100kV直流输电系统可靠性评价规程	企标	变电电气	变电电气其他		2020-01-12	2020-01-12
983	3.4-101	Q/GDW 11909—2018	±1100kV直流系统绝缘配合导则	企标	变电电气	变电电气其他		2020-01-12	2020-01-12
984	3.4-102	Q/GDW 288—2009	±800kV级直流输电用换流阀通用技术规范	企标	变电电气	变电电气其他		2009-05-25	2009-05-25
985	3.4-103	Q/GDW 10333—2016	±800kV直流换流站运行规程	企标	变电电气	变电电气其他		2017-03-24	2017-03-24
986	3.4-104	Q/GDW 10207.1—2016	1000kV变电设备检修导则　第1部分：油浸式变压器、并联电抗器	企标	变电电气	变电电气其他		2016-12-08	2016-12-08
987	3.4-105	Q/GDW 10207.2—2016	1000kV变电设备检修导则　第2部分：气体绝缘金属封闭开关	企标	变电电气	变电电气其他		2016-12-08	2016-12-08
988	3.4-106	Q/GDW 10207.3—2016	1000kV变电设备检修导则　第3部分：金属氧化物避雷器	企标	变电电气	变电电气其他		2016-12-08	2016-12-08
989	3.4-107	Q/GDW 10207.4—2016	1000kV变电设备检修导则　第4部分：电容式电压互感器	企标	变电电气	变电电气其他		2016-12-08	2016-12-08

续表

序号	分类号	标准文件号	中文名称	类别	一级专业	二级专业	三级专业	发布日期	实施日期
990	3.4-108	Q/GDW 10208—2016	1000kV变电站检修管理规范	企标	变电电气	变电电气其他		2016-12-08	2016-12-08
991	3.4-109	Q/GDW 11661—2017	1000kV继电保护及辅助装置标准化设计规范	企标	变电电气	变电电气其他		2018-01-02	2018-01-02
992	3.4-110	Q/GDW 1913—2013	1000kV特高压交流非接触式试验电器	企标	变电电气	变电电气其他		2014-04-15	2014-04-15
993	3.4-111	Q/GDW 10532—2022	高压直流输电直流测量装置运行规范	企标	变电电气	变电电气其他		2022-05-13	2022-05-13
994	3.4-112	Q/GDW 11115—2013	30Hz~300MHz高压测量系统校准规范	企标	变电电气	变电电气其他		2014-04-01	2014-04-01
995	3.4-113	Q/GDW 11126—2013	500kV~1000kV变电站站用电源配置导则	企标	变电电气	变电电气其他		2014-04-15	2014-04-15
996	3.4-114	Q/GDW 408—2010	800kV罐式断路器检修规范	企标	变电电气	变电电气其他		2010-04-08	2010-04-08
997	3.4-115	Q/GDW 409—2010	800kV罐式断路器运行规范	企标	变电电气	变电电气其他		2010-04-08	2010-04-08
998	3.4-116	Q/GDW 538—2010	变电设备在线监测系统运行管理规范	企标	变电电气	变电电气其他		2011-01-28	2011-01-28
999	3.4-117	Q/GDW 610—2011	变电站防雷及接地装置状态检修导则	企标	变电电气	变电电气其他		2011-04-15	2011-04-15
1000	3.4-118	Q/GDW 11277—2014	变电站降噪材料和降噪装置技术要求	企标	变电电气	变电电气其他		2015-02-06	2015-02-06
1001	3.4-119	Q/GDW 11558—2016	变电站整站及间隔状态评价导则	企标	变电电气	变电电气其他		2017-03-24	2017-03-24
1002	3.4-120	Q/GDW 11368—2014	变压器铁心接地带电检测技术现场应用导则	企标	变电电气	变电电气其他		2015-02-16	2015-02-16
1003	3.4-121	Q/GDW 451—2010	并联电容器装置（集合式电容器装置）状态检修导则	企标	变电电气	变电电气其他		2010-06-21	2010-06-21
1004	3.4-122	Q/GDW 10452—2016	并联电容器装置状态评价导则	企标	变电电气	变电电气其他		2017-10-17	2017-10-17
1005	3.4-123	Q/GDW 11075—2015	串联电容器补偿装置技术监督导则	企标	变电电气	变电电气其他		2016-12-08	2016-12-08
1006	3.4-124	Q/GDW 10656—2015	串联电容器补偿装置运行规范	企标	变电电气	变电电气其他		2016-12-08	2016-12-08
1007	3.4-125	Q/GDW 457—2010	电磁式电压互感器状态检修导则	企标	变电电气	变电电气其他		2010-06-21	2010-06-21
1008	3.4-126	Q/GDW 455—2010	电缆线路状态检修导则	企标	变电电气	变电电气其他		2010-06-21	2010-06-21
1009	3.4-127	Q/GDW 456—2010	电缆线路状态评价导则	企标	变电电气	变电电气其他		2010-06-21	2010-06-21
1010	3.4-128	Q/GDW 11075—2013	电流互感器技术监督导则	企标	变电电气	变电电气其他		2014-07-01	2014-07-01
1011	3.4-129	Q/GDW 12217—2022	柔性直流系统直流断路器检修规范	企标	变电电气	变电电气其他		2022-05-13	2022-05-13
1012	3.4-130	Q/GDW 10446—2016	电流互感器状态评价导则	企标	变电电气	变电电气其他		2017-03-24	2017-03-24
1013	3.4-131	Q/GDW 1650.4—2016	电能质量监测技术规范 第4部分：电能质量监测终端端检验	企标	变电电气	变电电气其他		2017-07-28	2017-07-28
1014	3.4-132	Q/GDW 459—2010	电容式电压互感器、耦合电容器状态检修导则	企标	变电电气	变电电气其他		2010-06-21	2010-06-21

续表

序号	分类号	标准文件号	中文名称	类别	一级专业	二级专业	三级专业	发布日期	实施日期
1015	3.4-133	Q/GDW 10460—2017	电容式电压互感器、耦合电容器状态评价导则	企标	变电电气	变电电气其他		2018-09-30	2018-09-30
1016	3.4-134	Q/GDW 11081—2013	电压互感器技术监督导则	企标	变电电气	变电电气其他		2014-07-01	2014-07-01
1017	3.4-135	Q/GDW 11512—2015	电子式电压互感器检修决策导则	企标	变电电气	变电电气其他		2016-12-08	2016-12-08
1018	3.4-136	Q/GDW 11511—2015	电子式电压互感器状态评价导则	企标	变电电气	变电电气其他		2016-12-08	2016-12-08
1019	3.4-137	Q/GDW 11510—2015	电子式互感器运维导则	企标	变电电气	变电电气其他		2016-12-08	2016-12-08
1020	3.4-138	Q/GDW 10599—2017	干式并联电抗器状态评价导则	企标	变电电气	变电电气其他		2018-09-30	2018-09-30
1021	3.4-139	Q/GDW 11077—2013	干式并联电抗器技术监督导则	企标	变电电气	变电电气其他		2014-07-01	2014-07-01
1022	3.4-140	Q/GDW 11082—2013	高压并联电容器装置技术监督导则	企标	变电电气	变电电气其他		2014-07-01	2014-07-01
1023	3.4-141	Q/GDW 12023—2019	高压大容量柔性直流输电运行和维护技术规范	企标	变电电气	变电电气其他		2020-12-31	2020-12-31
1024	3.4-142	Q/GDW 10407—2018	高压支柱瓷绝缘子现场检测导则	企标	变电电气	变电电气其他		2020-04-03	2020-04-03
1025	3.4-143	Q/GDW 11910—2018	高压直流换流站无间隙金属氧化物避雷器选用导则	企标	变电电气	变电电气其他		2020-01-12	2020-01-12
1026	3.4-144	Q/GDW 501—2010	高压直流输电平波电抗器状态检修状态检修导则	企标	变电电气	变电电气其他		2010-12-27	2010-12-27
1027	3.4-145	Q/GDW 502—2010	高压直流输电平波电抗器状态评价导则	企标	变电电气	变电电气其他		2010-12-27	2010-12-27
1028	3.4-146	Q/GDW 503—2010	高压直流输电高速直流开关状态检修导则	企标	变电电气	变电电气其他		2010-12-27	2010-12-27
1029	3.4-147	Q/GDW 504—2010	高压直流输电高速直流开关状态评价导则	企标	变电电气	变电电气其他		2010-12-27	2010-12-27
1030	3.4-148	Q/GDW 493—2010	高压直流输电换流阀检修规范	企标	变电电气	变电电气其他		2010-09-21	2010-09-21
1031	3.4-149	Q/GDW 507—2010	高压直流输电换流阀冷却系统状态检修导则	企标	变电电气	变电电气其他		2010-12-27	2010-12-27
1032	3.4-150	Q/GDW 508—2010	高压直流输电换流阀冷却系统状态评价导则	企标	变电电气	变电电气其他		2010-12-27	2010-12-27
1033	3.4-151	Q/GDW 10492—2022	高压直流输电换流阀运行规范	企标	变电电气	变电电气其他		2022-05-13	2022-05-13
1034	3.4-152	Q/GDW 497—2010	高压直流输电换流阀状态检修导则	企标	变电电气	变电电气其他		2010-12-27	2010-12-27
1035	3.4-153	Q/GDW 498—2010	高压直流输电换流阀状态评价导则	企标	变电电气	变电电气其他		2010-12-27	2010-12-27
1036	3.4-154	Q/GDW 496—2010	高压直流输电交直流滤波器及并联电容器装置检修规范	企标	变电电气	变电电气其他		2010-09-21	2010-09-21
1037	3.4-155	Q/GDW 495—2010	高压直流输电交直流滤波器及并联电容器装置运行规范	企标	变电电气	变电电气其他		2010-09-21	2010-09-21
1038	3.4-156	Q/GDW 505—2010	高压直流输电交直流滤波器及并联电容器装置状态检修导则	企标	变电电气	变电电气其他		2010-12-27	2010-12-27
1039	3.4-157	Q/GDW 506—2010	高压直流输电交直流滤波器及并联电容器装置状态评价导则	企标	变电电气	变电电气其他		2010-12-27	2010-12-27

续表

序号	分类号	标准文件号	中文名称	类别	一级专业	二级专业	三级专业	发布日期	实施日期
1040	3.4-158	Q/GDW 509—2010	高压直流输电控制保护系统状态检修导则	企标	变电电气	变电电气其他		2010-12-27	2010-12-27
1041	3.4-159	Q/GDW 510—2010	高压直流输电控制保护系统状态评价导则	企标	变电电气	变电电气其他		2010-12-27	2010-12-27
1042	3.4-160	Q/GDW 10532—2022	高压直流输电直流测量装置运行规范	企标	变电电气	变电电气其他		2022-05-13	2022-05-13
1043	3.4-161	Q/GDW 10960—2022	高压直流输电控制保护系统运行规范	企标	变电电气	变电电气其他		2022-05-13	2022-05-13
1044	3.4-162	Q/GDW 10528—2022	高压直流输电换流阀冷却系统运行规范	企标	变电电气	变电电气其他		2022-05-13	2022-05-13
1045	3.4-163	Q/GDW 1961—2013	高压直流输电控制保护系统检修规范	企标	变电电气	变电电气其他		2014-04-15	2014-04-15
1046	3.4-164	Q/GDW 10960—2022	高压直流输电控制保护系统运行规范	企标	变电电气	变电电气其他		2022-05-13	2022-05-13
1047	3.4-165	Q/GDW 1963—2013	高压直流输电转换开关检修规范	企标	变电电气	变电电气其他		2014-04-15	2014-04-15
1048	3.4-166	Q/GDW 1962—2013	高压直流输电直流转换开关运行规范	企标	变电电气	变电电气其他		2014-04-15	2014-04-15
1049	3.4-167	Q/GDW 11504—2015	隔离断路器运维导则	企标	变电电气	变电电气其他		2016-12-08	2016-12-08
1050	3.4-168	Q/GDW 11508—2015	隔离断路器状态检修导则	企标	变电电气	变电电气其他		2016-12-08	2016-12-08
1051	3.4-169	Q/GDW 11506—2015	隔离断路器状态检修试验规程	企标	变电电气	变电电气其他		2016-12-08	2016-12-08
1052	3.4-170	Q/GDW 11507—2015	隔离断路器状态评价导则	企标	变电电气	变电电气其他		2016-12-08	2016-12-08
1053	3.4-171	Q/GDW 11245—2014	隔离开关和接地开关检修决策导则	企标	变电电气	变电电气其他		2014-12-01	2014-12-01
1054	3.4-172	Q/GDW 449—2010	隔离开关和接地开关状态检修导则	企标	变电电气	变电电气其他		2010-06-21	2010-06-21
1055	3.4-173	Q/GDW 450—2010	隔离开关和接地开关状态评价导则	企标	变电电气	变电电气其他		2010-06-21	2010-06-21
1056	3.4-174	Q/GDW 1965—2013	换流变压器、平波电抗器检修导则	企标	变电电气	变电电气其他		2014-04-15	2014-04-15
1057	3.4-175	Q/GDW 1959—2013	换流站交直流滤波器状态评价规范	企标	变电电气	变电电气其他		2014-04-15	2014-04-15
1058	3.4-176	Q/GDW 11074—2013	交流高压开关设备技术监督导则	企标	变电电气	变电电气其他		2014-07-01	2014-07-01
1059	3.4-177	Q/GDW 11079—2013	交直流金属氧化物避雷器检修决策导则	企标	变电电气	变电电气其他		2014-07-01	2014-07-01
1060	3.4-178	Q/GDW 11242—2014	交直流穿墙套管状态检修决策导则	企标	变电电气	变电电气其他		2014-12-01	2014-12-01
1061	3.4-179	Q/GDW 11241—2014	金属氧化物避雷器检修决策导则	企标	变电电气	变电电气其他		2014-12-01	2014-12-01
1062	3.4-180	Q/GDW 453—2010	金属氧化物避雷器状态检修导则	企标	变电电气	变电电气其他		2010-06-21	2010-06-21
1063	3.4-181	Q/GDW 10454—2016	金属氧化物避雷器状态评价导则	企标	变电电气	变电电气其他		2017-10-17	2017-10-17
1064	3.4-182	Q/GDW 11937—2018	快速动态响应同步调相机组检修规范	企标	变电电气	变电电气其他		2020-04-17	2020-04-17

续表

序号	分类号	标准文件号	中文名称	类别	一级专业	二级专业	三级专业	发布日期	实施日期
1065	3.4-183	Q/GDW 11936—2018	快速动态响应同步调相机组相运维规范	企标	变电电气	变电电气其他		2020-04-17	2020-04-17
1066	3.4-184	Q/GDW 447—2010	气体绝缘金属封闭开关设备检修导则	企标	变电电气	变电电气其他		2010-06-21	2010-06-21
1067	3.4-185	Q/GDW 448—2010	气体绝缘金属封闭开关设备状态评价导则	企标	变电电气	变电电气其他		2010-06-21	2010-06-21
1068	3.4-186	Q/GDW 10629—2022	换流站直流主设备非电量保护技术规范	企标	变电电气	变电电气其他		2022-05-13	2022-05-13
1069	3.4-187	Q/GDW 11132—2013	特高压瓷绝缘电气设备抗震设计及减震装置安装与维护技术规程	企标	变电电气	变电电气其他		2014-04-15	2014-04-15
1070	3.4-188	Q/GDW 11550—2016	统一潮流控制器电气装置施工及验收规范	企标	变电电气	变电电气其他		2017-02-28	2017-02-28
1071	3.4-189	Q/GDW 11549—2016	统一潮流控制器系统调试规范	企标	变电电气	变电电气其他		2017-02-28	2017-02-28
1072	3.4-190	Q/GDW 11552—2016	统一潮流控制器一次设备制造规范	企标	变电电气	变电电气其他		2017-02-28	2017-02-28
1073	3.4-191	Q/GDW 11918—2018	无功补偿类设备质量评级技术导则	企标	变电电气	变电电气其他		2020-04-03	2020-04-03
1074	3.4-192	Q/GDW 11076—2013	消弧线圈技术监督导则	企标	变电电气	变电电气其他		2014-07-01	2014-07-01
1075	3.4-193	Q/GDW 10601—2017	消弧线圈装置状态评价导则	企标	变电电气	变电电气其他		2018-09-30	2018-09-30
1076	3.4-194	Q/GDW 11247—2014	油浸式变压器（电抗器）检修决策导则	企标	变电电气	变电电气其他		2014-12-01	2014-12-01
1077	3.4-195	Q/GDW 10169—2016	油浸式变压器（电抗器）状态评价导则	企标	变电电气	变电电气其他		2017-03-24	2017-03-24
1078	3.4-196	Q/GDW 11083—2013	支柱瓷绝缘子技术监督导则	企标	变电电气	变电电气其他		2014-07-01	2014-07-01
1079	3.4-197	Q/GDW 1956—2013	直流电流互感器状态检修导则	企标	变电电气	变电电气其他		2014-04-15	2014-04-15
1080	3.4-198	Q/GDW 1957—2013	直流电流互感器状态评价导则	企标	变电电气	变电电气其他		2014-04-15	2014-04-15
1081	3.4-199	Q/GDW 1954—2013	直流电压分压器状态检修导则	企标	变电电气	变电电气其他		2014-04-15	2014-04-15
1082	3.4-200	Q/GDW 1955—2013	直流电压分压器状态评价导则	企标	变电电气	变电电气其他		2014-04-15	2014-04-15
1083	3.4-201	Q/GDW 1952—2013	直流断路器状态检修导则	企标	变电电气	变电电气其他		2014-04-15	2014-04-15
1084	3.4-202	Q/GDW 1953—2013	直流断路器状态评价导则	企标	变电电气	变电电气其他		2014-04-15	2014-04-15
1085	3.4-203	Q/GDW 1958—2013	直流开关设备检修导则	企标	变电电气	变电电气其他		2014-04-15	2014-04-15

4 输电线路

4.1.1 输电线路 - 基础 - 设计

序号	分类号	标准文件号	中文名称	类别	一级专业	二级专业	三级专业	发布日期	实施日期
1086	4.1.1-1	GB 50741—2012	1000kV 架空输电线路勘测规范	国标	输电线路	基础	设计	2012-06-11	2013-01-01
1087	4.1.1-2	DL/T 5755—2017	沙漠地区输电线路杆塔基础工程技术规范	行标	输电线路	基础	设计	2017-11-15	2018-03-01

续表

序号	分类号	标准文件号	中文名称	类别	一级专业	二级专业	三级专业	发布日期	实施日期
1088	4.1.1-3	Q/GDW 10181—2017	±500kV、±660kV直流架空输电线路设计技术规定	企标	输电线路	基础	设计	2018-02-12	2018-02-12
1089	4.1.1-4	Q/GDW 1296—2015	±800kV架空输电线路设计技术规程	企标	输电线路	基础	设计	2016-11-15	2016-11-15
1090	4.1.1-5	Q/GDW 10841—2022	架空输电线路基础设计规范	企标	输电线路	基础	设计	2022-10-14	2022-10-14
1091	4.1.1-6	Q/GDW 10178—2017	1000kV交流架空输电线路设计技术规定	企标	输电线路	基础	设计	2018-02-12	2018-02-12
1092	4.1.1-7	Q/GDW 11134—2013	输变电工程螺杆桩基础设计技术规定	企标	输电线路	基础	设计	2014-04-15	2014-04-15
1093	4.1.1-8	Q/GDW 10584—2022	架空输电线路螺旋锚基础设计规定	企标	输电线路	基础	设计	2022-01-30	2022-01-30
1094	4.1.1-9	Q/GDW 11393—2015	架空输电线路盘桩基础技术规定	企标	输电线路	基础	设计	2015-07-17	2015-07-17
1095	4.1.1-10	Q/GDW 11135—2013	风积沙地区架空输电线路基础设计规定	企标	输电线路	基础	设计	2014-04-15	2014-04-15
1096	4.1.1-11	Q/GDW 11266—2014	架空输电线路黄土地基杆塔基础技术规定	企标	输电线路	基础	设计	2014-12-31	2014-12-31
1097	4.1.1-12	Q/GDW 1777—2013	架空送电线路戈壁滩碎石土地基掏挖基础设计技术导则	企标	输电线路	基础	设计	2013-04-12	2013-04-12
1098	4.1.1-13	Q/GDW 10166.7—2016	输变电工程初步设计内容深度规定 第7部分：330kV～1100kV直流架空输电线路	企标	输电线路	基础	设计	2017-06-16	2017-06-16
1099	4.1.1-14	Q/GDW 11798.2—2018	输变电工程三维设计技术导则 第2部分：架空输电线路	企标	输电线路	基础	设计	2019-02-15	2019-02-15
1100	4.1.1-15	Q/GDW 11810.2—2018	输变电工程三维设计建模规范 第2部分：架空输电线路	企标	输电线路	基础	设计	2019-02-15	2019-02-15
1101	4.1.1-16	Q/GDW 10381.8—2017	输变电工程施工图设计内容深度规定 第8部分：330kV～1100kV交直流架空输电线路	企标	输电线路	基础	设计	2018-02-12	2018-02-12

4.1.2 输电线路-基础-施工

序号	分类号	标准文件号	中文名称	类别	一级专业	二级专业	三级专业	发布日期	实施日期
1102	4.1.2-1	GB 50127—2007	架空索道工程技术规范	国标	输电线路	基础	施工	2007-03-27	2007-12-01
1103	4.1.2-2	DL/T 5235—2010	±800kV及以下直流架空输电线路工程施工及验收规程	行标	输电线路	基础	施工	2010-05-01	2010-10-01
1104	4.1.2-3	DL/T 5236—2010	±800kV及以下直流架空输电线路工程施工质量检验及评定规程	行标	输电线路	基础	施工	2010-05-01	2010-10-01
1105	4.1.2-4	DL/T 5300—2013	1000kV架空输电线路工程施工质量检验及评定规程	行标	输电线路	基础	施工	2013-11-28	2014-04-01
1106	4.1.2-5	DL/T 602—1996	架空绝缘配电线路施工及验收规程	行标	输电线路	基础	施工	1996-06-06	1996-10-01
1107	4.1.2-6	DL 5319—2014	架空输电线路大跨越施工及验收规范	行标	输电线路	基础	施工	2014-03-18	2014-08-01
1108	4.1.2-7	DL/T 1007—2006	架空输电线路带电安装导则及作业工具设备	行标	输电线路	基础	施工	2006-09-14	2007-03-01

续表

序号	分类号	标准文件号	中文名称	类别	一级专业	二级专业	三级专业	发布日期	实施日期
1109	4.1.2-8	DL/T 5708—2014	架空输电线路支壁碎石土地基掏挖基础设计与施工技术导则	行标	输电线路	基础	施工	2014-10-15	2015-03-01
1110	4.1.2-9	DL/T 5527—2017	架空输电线路工程施工组织大纲设计导则	行标	输电线路	基础	施工	2017-03-28	2017-08-01
1111	4.1.2-10	Q/GDW 11749—2017	±1100kV特高压直流输电线路施工及验收规范	企标	输电线路	基础	施工	2018-09-12	2018-09-12
1112	4.1.2-11	Q/GDW 1226—2014	±800kV架空送电线路施工质量检验及评定规程	企标	输电线路	基础	施工	2015-02-06	2015-02-06
1113	4.1.2-12	Q/GDW 10225—2018	±800kV架空送电线路施工及验收规范	企标	输电线路	基础	施工	2020-01-12	2020-01-12
1114	4.1.2-13	Q/GDW 11729—2017	架空输电线路混凝土预制管桩基础技术规定	企标	输电线路	基础	施工	2018-07-11	2018-07-11
1115	4.1.2-14	Q/GDW 585—2011	架空输电线路螺旋锚基础施工及质量验收规范	企标	输电线路	基础	施工	2011-01-24	2011-01-24
1116	4.1.2-15	Q/GDW 10163—2017	1000kV架空输电线路施工及质量检验及评定规范	企标	输电线路	基础	施工	2018-07-11	2018-07-11
1117	4.1.2-16	Q/GDW 1153—2012	1000kV架空送电线路施工及验收规范	企标	输电线路	基础	施工	2014-05-01	2014-05-01
1118	4.1.2-17	Q/GDW 1418—2014	架空输电线路工程施工专用货运索道施工工艺导则	企标	输电线路	基础	施工	2014-07-01	2014-07-01
1119	4.1.2-18	Q/GDW 1598—2016	架空输电线路机械化施工技术导则	企标	输电线路	基础	施工	2017-06-16	2017-06-16
1120	4.1.2-19	Q/GDW 1833—2012	多年冻土地区输电线路杆塔基础施工工艺导则	企标	输电线路	基础	施工	2013-06-28	2013-06-28
1121	4.1.2-20	Q/GDW 11404—2015	全封堵玻璃钢模板杆塔基础施工工艺导则	企标	输电线路	基础	施工	2016-11-15	2016-11-15
1122	4.1.2-21	Q/GDW 1834—2012	输电线路预制装配式混凝土基础加工与安装工艺导则	企标	输电线路	基础	施工	2013-06-28	2013-06-28
1123	4.1.2-22	Q/GDW 11335—2014	输电线路灌注桩基础机械化施工工艺导则	企标	输电线路	基础	施工	2015-01-31	2015-01-31
1124	4.1.2-23	Q/GDW 11334—2014	输电线路挤扩支盘桩基础机械化施工工艺导则	企标	输电线路	基础	施工	2015-01-31	2015-01-31
1125	4.1.2-24	Q/GDW 11336—2014	输电线路接地网非开挖施工工艺导则	企标	输电线路	基础	施工	2015-01-31	2015-01-31
1126	4.1.2-25	Q/GDW 11332—2014	输电线路掏挖基础机械化施工工艺导则	企标	输电线路	基础	施工	2015-01-31	2015-01-31
1127	4.1.2-26	Q/GDW 11331—2014	输电线路岩石锚杆基础施工工艺导则	企标	输电线路	基础	施工	2015-01-31	2015-01-31
1128	4.1.2-27	Q/GDW 11499—2016	直升机吊挂运输电线路物资施工导则	企标	输电线路	基础	施工	2016-12-22	2016-12-22
1129	4.1.2-28	Q/GDW 638—2011	8.8级高强度地脚螺栓施工技术导则	企标	输电线路	基础	施工	2011-08-01	2011-08-01

4.1.3 输电线路-基础-其他

序号	分类号	标准文件号	中文名称	类别	一级专业	二级专业	三级专业	发布日期	实施日期
1130	4.1.3-1	JGJ/T 401—2017	锚杆检测与监测技术规程	行标	输电线路	基础	其他	2017-02-20	2017-09-01

序号	分类号	标准文件号	中文名称	类别	一级专业	二级专业	三级专业	发布日期	实施日期
1131	4.1.3-2	Q/GDW 11880—2018	架空电线路地基基础工程基本术语	企标	输电线路	基础	基础其他	2019-10-23	2019-10-23
1132	4.1.3-3	Q/GDW 11389—2015	输电线路岩石锚杆钻机	企标	输电线路	基础	基础其他	2015-07-17	2015-07-17
1133	4.1.3-4	Q/GDW 11388—2015	输电线路专用旋挖钻机	企标	输电线路	基础	基础其他	2015-07-17	2015-07-17
4.2.1	**输电线路-组塔-设计**								
1134	4.2.1-1	Q/GDW 10297—2016	1000kV 交流架空输电线路铁塔结构设计技术规定	企标	输电线路	组塔	设计	2016-12-22	2016-12-22
1135	4.2.1-2	Q/GDW 11714.1—2017	1000kV 交流架空输电线路杆塔复合横担 第1部分：设计规定	企标	输电线路	组塔	设计	2018-06-27	2018-06-27
1136	4.2.1-3	Q/GDW 11875—2018	架空输电线路复合绝缘横担设计技术规范	企标	输电线路	组塔	设计	2019-10-23	2019-10-23
4.2.2	**输电线路-组塔-施工**								
1137	4.2.2-1	DL/T 5289—2013	1000kV 架空输电线路铁塔组立施工工艺导则	行标	输电线路	组塔	施工	2013-03-07	2013-08-01
1138	4.2.2-2	DL/T 5287—2013	±800kV 架空输电线路铁塔组立施工工艺导则	行标	输电线路	组塔	施工	2013-03-07	2013-08-01
1139	4.2.2-3	DL/T 5288—2013	架空输电线路大跨越工程跨越塔组立施工工艺导则	行标	输电线路	组塔	施工	2013-03-07	2013-08-01
1140	4.2.2-4	Q/GDW 11714.3—2017	1000kV 交流架空输电线路杆塔复合横担 第3部分：施工及验收规范	企标	输电线路	组塔	施工	2018-06-27	2018-06-27
1141	4.2.2-5	Q/GDW 10860—2021	架空输电线路铁塔组立施工工艺导则	企标	输电线路	组塔	施工	2022-01-24	2022-01-24
1142	4.2.2-6	Q/GDW 1838—2012	输电线路杆塔用紧固件技术条件	企标	输电线路	组塔	施工	2013-06-28	2013-06-28
1143	4.2.2-7	Q/GDW 11877—2018	架空输电线路复合材料杆塔施工及验收规范	企标	输电线路	组塔	施工	2019-10-23	2019-10-23
1144	4.2.2-8	Q/GDW 10351—2016	架空输电线路钢管塔运输施工工艺导则	企标	输电线路	组塔	施工	2016-12-22	2016-12-22
1145	4.2.2-9	Q/GDW 12151—2021	采用对接装置的输电线路流动式起重机组塔施工导则	企标	输电线路	组塔	施工	2009-05-25	2009-05-25
1146	4.2.2-10	Q/GDW 11141—2013	双平臂抱杆地脚安装及验收规范	企标	输电线路	组塔	施工	2021-07-09	2021-07-09
4.2.3	**输电线路-组塔-其他**								
1147	4.2.3-1	GB/T 2694—2018	输电线路铁塔制造技术条件	国标	输电线路	组塔	组塔其他	2018-07-13	2019-02-01
1148	4.2.3-2	GB/T 36130—2018	铁塔结构用热轧扁钢钢板和钢带	国标	输电线路	组塔	组塔其他	2018-05-14	2019-02-01
1149	4.2.3-3	DL/T 319—2018	架空输电线路施工抱杆通用技术条件及试验方法	行标	输电线路	组塔	组塔其他	2018-04-03	2018-07-01
1150	4.2.3-4	DL/T 899—2012	架空线路杆塔结构荷载试验	行标	输电线路	组塔	组塔其他	2012-08-23	2012-12-01
1151	4.2.3-5	DL/T 1236—2021	输电杆塔用地脚螺栓与螺母	行标	输电线路	组塔	组塔其他	2021-04-26	2021-10-26

续表

序号	分类号	标准文件号	中文名称	类别	一级专业	二级专业	三级专业	发布日期	实施日期
1152	4.2.3-6	DL/T 248-2012	输电线路杆塔不锈钢复合材料耐腐蚀接地装置	行标	输电线路	组塔	组塔其他	2012-04-06	2012-07-01
1153	4.2.3-7	DL/T 1632-2016	输电线路钢管塔用法兰技术要求	行标	输电线路	组塔	组塔其他	2016-12-05	2017-05-01
1154	4.2.3-8	DL/T 1611-2016	输电线路铁塔钢管对接焊缝超声波检测与质量评定	行标	输电线路	组塔	组塔其他	2016-08-16	2016-12-01
1155	4.2.3-9	Q/GDW 11714.2-2017	1000kV交流架空输电线路杆塔复合横担　第2部分：线路柱式复合绝缘子元件技术条件	企标	输电线路	组塔	组塔其他	2018-06-27	2018-06-27
1156	4.2.3-10	Q/GDW 11879-2018	架空输电线路复合材料杆塔试验技术规范	企标	输电线路	组塔	组塔其他	2019-10-23	2019-10-23
1157	4.2.3-11	Q/GDW 11876-2018	架空输电线路复合绝缘横担用材料技术规范	企标	输电线路	组塔	组塔其他	2019-10-23	2019-10-23
1158	4.2.3-12	Q/GDW 11878-2018	架空输电线路杆塔用耐候结构钢	企标	输电线路	组塔	组塔其他	2019-10-23	2019-10-23
1159	4.2.3-13	Q/GDW 11960-2019	架空输电线路耐候钢杆塔加工技术规程	企标	输电线路	组塔	组塔其他	2020-07-31	2020-07-31
1160	4.2.3-14	Q/GDW 1465-2014	输电杆塔高强钢焊接质量检验技术条件	企标	输电线路	组塔	组塔其他	2014-10-15	2014-10-15
1161	4.2.3-15	Q/GDW 10705-2018	输电线路钢管塔用法兰	企标	输电线路	组塔	组塔其他	2019-10-23	2019-10-23
1162	4.2.3-16	Q/GDW 10384-2022	输电线路钢管塔加工技术规程	企标	输电线路	组塔	组塔其他	2022-01-24	2022-01-24
1163	4.2.3-17	Q/GDW 10708-2021	输电杆塔与变电构支架用高强钢焊接及热加工技术规程	企标	输电线路	组塔	组塔其他	2022-01-24	2022-01-24
1164	4.2.3-18	Q/GDW 11841-2018	输电线路大型钢管塔钢管锻造法兰涡流检测导则	企标	输电线路	组塔	组塔其他	2019-08-30	2019-08-30
1165	4.2.3-19	Q/GDW 464-2010	输电杆塔高强钢冷加工技术导则	企标	输电线路	组塔	组塔其他	2010-06-02	2010-06-02
1166	4.2.3-20	Q/GDW 10706-2018	输电线路铁塔用热轧大规格角钢	企标	输电线路	组塔	组塔其他	2019-10-23	2019-10-23
1167	4.2.3-21	Q/GDW 11402-2015	输电线路钢管塔组塔用地脚杆	企标	输电线路	组塔	组塔其他	2016-11-15	2016-11-15
1168	4.2.3-22	Q/GDW 11529-2016	特高压钢管塔塔脚锻造制造技术条件	企标	输电线路	组塔	组塔其他	2016-12-22	2016-12-22
1169	4.2.3-23	Q/GDW 11530-2016	特高压钢管塔用Q345钢对接接头焊接工艺导则	企标	输电线路	组塔	组塔其他	2016-12-22	2016-12-22
1170	4.2.3-24	Q/GDW 1384-2015	输电线路钢管塔加工技术规程	企标	输电线路	组塔	组塔其他	2016-11-15	2016-11-15

4.3.1　输电线路 - 架线 - 设计

序号	分类号	标准文件号	中文名称	类别	一级专业	二级专业	三级专业	发布日期	实施日期
1171	4.3.1-1	GB/T 24834-2009	1000kV交流架空电线路金具技术规范	国标	输电线路	架线	设计	2009-11-30	2010-05-01
1172	4.3.1-2	GB/T 31235-2014	±800kV直流输电线路金具技术规范	国标	输电线路	架线	设计	2014-09-30	2015-04-01
1173	4.3.1-3	GB/T 2314-2008	电力金具通用技术条件	国标	输电线路	架线	设计	2008-09-24	2009-08-01
1174	4.3.1-4	DL/T 1000.2-2015	标称电压高于1000V架空线路用绝缘子使用导则　第2部分：直流系统用瓷或玻璃绝缘子	行标	输电线路	架线	设计	2015-07-01	2015-12-01

续表

序号	分类号	标准文件号	中文名称	类别	一级专业	二级专业	三级专业	发布日期	实施日期
1175	4.3.1-5	DL/T 1000.3—2015	标称电压高于1000V架空线路用绝缘子使用导则 第3部分：交流系统用棒形悬式复合绝缘子	行标	输电线路	架线	设计	2015-07-01	2015-12-01
1176	4.3.1-6	DL/T 1099—2009	防振锤技术条件和试验方法	行标	输电线路	架线	设计	2009-07-01	2009-12-01
1177	4.3.1-7	DL/T 1372—2014	架空输电线路跳线技术条件	行标	输电线路	架线	设计	2014-10-15	2015-03-01
1178	4.3.1-8	DL/T 763—2013	架空线路用预绞式金具条件	行标	输电线路	架线	设计	2013-03-07	2013-08-01
1179	4.3.1-9	DL/T 1098—2016	间隔棒技术条件和试验方法	行标	输电线路	架线	设计	2016-01-07	2016-06-01
1180	4.3.1-10	Q/GDW 10182—2017	中重冰区架空输电线路防舞设计技术规定	企标	输电线路	架线	设计	2018-02-12	2018-02-12
1181	4.3.1-11	Q/GDW 10829—2021	架空输电线路防舞设计规范	企标	输电线路	架线	设计	2021-05-12	2021-05-12
1182	4.3.1-12	Q/GDW 11340.1—2014	1000kV输电线路绝缘子技术规范 第1部分：盘形悬式瓷或玻璃绝缘子	企标	输电线路	架线	设计	2015-01-31	2015-01-31
1183	4.3.1-13	Q/GDW 11340.2—2014	1000kV输电线路绝缘子技术规范 第2部分：棒形悬式复合绝缘子	企标	输电线路	架线	设计	2015-01-31	2015-01-31
1184	4.3.1-14	Q/GDW 1780—2013	架空输电线路碳纤维复合芯导线配套金具技术规范	企标	输电线路	架线	设计	2013-04-12	2013-04-12
1185	4.3.1-15	Q/GDW 11931—2018	交、直流系统用工厂复合化玻璃或瓷绝缘子技术条件	企标	输电线路	架线	设计	2020-04-17	2020-04-17
1186	4.3.1-16	Q/GDW 515.2—2010	交流架空输电线路用绝缘子使用导则 第2部分：复合绝缘子	企标	输电线路	架线	设计	2010-12-01	2010-12-01
1187	4.3.1-17	Q/GDW 10245—2016	输电线路微风振动监测装置技术规范	企标	输电线路	架线	设计	2017-07-28	2017-07-28
1188	4.3.1-18	Q/GDW 11094—2013	相间间隔棒配套金具技术条件	企标	输电线路	架线	设计	2014-09-01	2014-09-01

4.3.2 输电线路·架线·施工

序号	分类号	标准文件号	中文名称	类别	一级专业	二级专业	三级专业	发布日期	实施日期
1189	4.3.2-1	DL/T 5286—2013	±800kV架空输电线路张力架线施工工艺导则	行标	输电线路	架线	施工	2013-03-07	2013-08-01
1190	4.3.2-2	DL/T 5290—2013	1000kV架空输电线路张力架线施工工艺导则	行标	输电线路	架线	施工	2013-03-07	2013-08-01
1191	4.3.2-3	DL/T 5291—2013	1000kV输变电工程导地线液压施工工艺规程	行标	输电线路	架线	施工	2013-03-07	2013-08-01
1192	4.3.2-4	DL/T 5320—2014	架空输电线路大跨越工程架线施工工艺导则	行标	输电线路	架线	施工	2014-03-18	2014-08-01
1193	4.3.2-5	DL/T 5318—2014	架空输电线路扩径导线架线施工工艺导则	行标	输电线路	架线	施工	2014-03-18	2014-08-01
1194	4.3.2-6	DL/T 5301—2013	架空输电线路无跨越架不停电跨越架线施工工艺导则	行标	输电线路	架线	施工	2013-11-28	2014-04-01
1195	4.3.2-7	DL/T 5727—2016	绝缘子用常温固化硅橡胶防污闪涂料现场施工技术规范	行标	输电线路	架线	施工	2016-01-07	2016-06-01

续表

序号	分类号	标准文件号	中文名称	类别	一级专业	二级专业	三级专业	发布日期	实施日期
1196	4.3.2-8	DL/T 5106—2017	跨越电力线路架线施工规程	行标	输电线路	架线	施工	2017-11-15	2018-03-01
1197	4.3.2-9	DL/T 5285—2018	输变电工程架空导线（800mm² 以下）及地线液压压接工艺规程	行标	输电线路	架线	施工	2018-04-03	2018-07-01
1198	4.3.2-10	Q/GDW 10260—2018	±800kV架空输电线路张力架线施工工艺导则	企标	输电线路	架线	施工	2019-08-30	2019-08-30
1199	4.3.2-11	Q/GDW 10571—2018	大截面导线压接工艺导则	企标	输电线路	架线	施工	2019-10-23	2019-10-23
1200	4.3.2-12	Q/GDW 10154.1—2021	架空输电线路张力架线施工工艺导则 第1部分：放线	企标	输电线路	架线	施工	2022-01-24	2022-01-24
1201	4.3.2-13	Q/GDW 10154.2—2021	架空输电线路张力架线施工工艺导则 第2部分：紧线	企标	输电线路	架线	施工	2022-01-24	2022-01-24
1202	4.3.2-14	Q/GDW 10154.3—2021	架空输电线路张力架线施工工艺导则 第3部分：附件安装	企标	输电线路	架线	施工	2022-01-24	2022-01-24

4.3.3 输电线路-架线-其他

序号	分类号	标准文件号	中文名称	类别	一级专业	二级专业	三级专业	发布日期	实施日期
1203	4.3.3-1	GB/T 7253—2019	标称电压高于1000V的架空线路绝缘子 交流系统用瓷或玻璃绝缘子元件 盘形悬式绝缘子元件的特性	国标	输电线路	架线	架线其他	2019-12-10	2020-07-01
1204	4.3.3-2	GB/T 25084—2010	标称电压高于1000V的架空线路用绝缘子串和绝缘子串组交流工频电弧试验	国标	输电线路	架线	架线其他	2010-09-02	2011-02-01
1205	4.3.3-3	GB/T 20142—2006	标称电压高于1000V的交流架空线路用线路柱式复合绝缘子定义、试验方法及接收准则	国标	输电线路	架线	架线其他	2006-03-06	2006-08-01
1206	4.3.3-4	GB/T 1001.2—2010	标准电压高于1000V及绝缘架空线用绝缘子串及绝缘子串组 第2部分：交流系统用绝缘子串及绝缘子串组 定义、试验方法和接收准则	国标	输电线路	架线	架线其他	2011-01-14	2011-07-01
1207	4.3.3-5	GB/T 2315—2017	电力金具标称破坏载荷系列及连接型式尺寸	国标	输电线路	架线	架线其他	2017-12-29	2018-07-01
1208	4.3.3-6	GB/T 12971.1—2008	电力牵引用接触线 第1部分：铜及铜合金接触线	国标	输电线路	架线	架线其他	2008-06-30	2009-04-01
1209	4.3.3-7	GB/T 12971.2—2008	电力牵引用接触线 第2部分：钢、铝复合接触线	国标	输电线路	架线	架线其他	2008-06-30	2009-04-01
1210	4.3.3-8	GB/T 26874—2011	高压架空线路用长棒形瓷绝缘子元件特性	国标	输电线路	架线	架线其他	2011-07-29	2011-12-01
1211	4.3.3-9	GB/T 20642—2006	高压线路绝缘子空气中冲击击穿试验	国标	输电线路	架线	架线其他	2006-11-08	2007-05-01
1212	4.3.3-10	GB/T 22077—2008	架空导线蠕变试验方法	国标	输电线路	架线	架线其他	2008-06-30	2009-04-01
1213	4.3.3-11	GB/T 29325—2012	架空导线用软铝型线	国标	输电线路	架线	架线其他	2012-12-31	2013-06-01
1214	4.3.3-12	GB/T 36279—2018	架空导线自阻尼特性测试方法	国标	输电线路	架线	架线其他	2018-06-07	2019-01-01
1215	4.3.3-13	GB/T 30551—2014	架空绞线用耐热铝合金线	国标	输电线路	架线	架线其他	2014-05-06	2014-10-28

续表

序号	分类号	标准文件号	中文名称	类别	一级专业	二级专业	三级专业	发布日期	实施日期
1216	4.3.3-14	GB/T 17048—2017	架空绞线用硬铝线	国标	输电线路	架线	架线其他	2017-11-01	2018-05-01
1217	4.3.3-15	GB/T 19519—2014	架空线路绝缘子标称电压高于1000V交流系统用悬垂和耐张复合绝缘子定义、试验方法及接收准则	国标	输电线路	架线	架线其他	2014-06-24	2015-01-22
1218	4.3.3-16	GB/T 22708—2008	绝缘子串元件的热机和机械性能试验	国标	输电线路	架线	架线其他	2008-12-30	2009-10-01
1219	4.3.3-17	GB/T 36551—2018	同心绞架空导线线性能计算方法	国标	输电线路	架线	架线其他	2018-07-13	2019-02-01
1220	4.3.3-18	GB/T 21206—2007	线路柱式绝缘子特性	国标	输电线路	架线	架线其他	2007-12-03	2008-05-01
1221	4.3.3-19	GB/T 20141—2018	型线同心绞架空导线	国标	输电线路	架线	架线其他	2018-12-28	2018-12-28
1222	4.3.3-20	GB/T 22707—2008	直流系统用高压绝缘子的人工污秽试验	国标	输电线路	架线	架线其他	2008-12-30	2009-10-01
1223	4.3.3-21	DL/T 347—2010	T型线夹	行标	输电线路	架线	架线其他	2011-01-09	2011-05-01
1224	4.3.3-22	DL/T 1000.4—2018	标称电压高于1000V架空线路用绝缘子使用导则 第4部分：直流系统用棒形悬式复合绝缘子	行标	输电线路	架线	架线其他	2018-12-25	2019-05-01
1225	4.3.3-23	DL/T 1343—2014	电力金具用闭口销	行标	输电线路	架线	架线其他	2014-10-15	2015-03-01
1226	4.3.3-24	DL/T 685—1999	放线滑轮基本要求、检验规定及测试方法	行标	输电线路	架线	架线其他	2000-02-24	2000-07-01
1227	4.3.3-25	DL/T 557—2021	高压输电线路绝缘子空气中击穿试验 定义、试验方法和判据	行标	输电线路	架线	架线其他	2021-12-22	2022-06-22
1228	4.3.3-26	DL/T 759—2009	连接金具	行标	输电线路	架线	架线其他	2009-07-22	2009-12-01
1229	4.3.3-27	DL/T 682—1999	母线金具用沉头螺钉	行标	输电线路	架线	架线其他	2000-02-24	2000-07-01
1230	4.3.3-28	DL/T 346—2010	设备线夹	行标	输电线路	架线	架线其他	2011-01-09	2011-05-01
1231	4.3.3-29	DL/T 284—2012	输电线路杆塔及电力金具用热浸镀锌螺栓与螺母	行标	输电线路	架线	架线其他	2012-01-04	2012-03-01
1232	4.3.3-30	DL/T 1693—2017	输电线路金具磨损试验方法	行标	输电线路	架线	架线其他	2017-03-28	2017-08-01
1233	4.3.3-31	DL/T 1079—2016	输电线路张力放线用防扭钢丝绳	行标	输电线路	架线	架线其他	2016-02-05	2016-07-01
1234	4.3.3-32	DL/T 756—2009	悬垂线夹	行标	输电线路	架线	架线其他	2009-07-22	2009-12-01
1235	4.3.3-33	Q/GDW 1311—2014	1000kV交流线路金具电晕及无线电干扰试验方法	企标	输电线路	架线	架线其他	2014-10-15	2014-10-15
1236	4.3.3-34	Q/GDW 10632—2016	钢芯高导率铝绞线	企标	输电线路	架线	架线其他	2017-06-16	2017-06-16
1237	4.3.3-35	Q/GDW 11268—2014	架空输电线路多轮装配式放线滑车	企标	输电线路	架线	架线其他	2015-01-31	2015-01-31
1238	4.3.3-36	Q/GDW 11689—2017	架空线路导线、地线振动疲劳试验方法	企标	输电线路	架线	架线其他	2018-02-12	2018-02-12

续表

序号	分类号	标准文件号	中文名称	类别	一级专业	二级专业	三级专业	发布日期	实施日期
1239	4.3.3-37	Q/GDW 1979—2013	交流输电线路导线电晕试验方法	企标	输电线路	架线	架线其他	2014-05-01	2014-05-01
1240	4.3.3-38	Q/GDW 10167—2022	交流系统用盘形悬式复合瓷或玻璃绝缘子元件	企标	输电线路	架线	架线其他	2022-05-13	2022-05-13
1241	4.3.3-39	Q/GDW 10815—2017	铝合金芯高导电率型绞线	企标	输电线路	架线	架线其他	2018-07-11	2018-07-11
1242	4.3.3-40	Q/GDW 11139—2013	同心绞铝包殷钢芯耐热铝合金绞线	企标	输电线路	架线	架线其他	2014-04-15	2014-04-15
1243	4.3.3-41	Q/GDW 11793—2017	输电线路金具压接质量 X 射线检测技术导则	企标	输电线路	架线	架线其他	2018-09-30	2018-09-30
1244	4.3.3-42	Q/GDW 10851—2016	碳纤维复合材料芯空导线	企标	输电线路	架线	架线其他	2016-12-22	2016-12-22
1245	4.3.3-43	Q/GDW 11275—2014	特高压架空线路合金绞线	企标	输电线路	架线	架线其他	2015-02-06	2015-02-06
1246	4.3.3-44	Q/GDW 1789—2013	特高压交流工程用棒形悬式复合绝缘子现场交接验收规程	企标	输电线路	架线	架线其他	2013-04-12	2013-04-12
1247	4.3.3-45	Q/GDW 11867—2018	特高压直流架空线路用 840kN 盘形悬式绝缘子和 1000kN/840kN 棒形悬式复合绝缘子技术规范	企标	输电线路	架线		2019-10-23	2019-10-23
1248	4.3.3-46	Q/GDW 717—2012	双摆防舞器技术条件	企标	输电线路	架线	架线其他	2012-04-28	2012-04-28
1249	4.3.3-47	Q/GDW 1869—2012	直流系统用高压复合绝缘子多应力试验	企标	输电线路	架线	架线其他	2014-01-29	2014-01-29
1250	4.3.3-48	Q/GDW 1870—2012	直流系统用高压复合绝缘子人工污秽试验	企标	输电线路	架线	架线其他	2014-01-29	2014-01-29
1251	4.3.3-49	Q/GDW 10816—2018	中强度铝合金绞线	企标	输电线路	架线	架线其他	2019-10-23	2019-10-23

4.4　输电线路 - 其他

序号	分类号	标准文件号	中文名称	类别	一级专业	二级专业	三级专业	发布日期	实施日期
1252	4.4-1	GB/T 28813—2012	±800kV 直流架空输电线路运行规程	国标	输电线路	输电线路其他		2012-11-05	2013-02-01
1253	4.4-2	GB/T 2317.1—2008	电力金具试验方法　第 1 部分：机械试验	国标	输电线路	输电线路其他		2008-09-24	2009-08-01
1254	4.4-3	GB/T 2317.2—2008	电力金具试验方法　第 2 部分：电晕和无线电干扰试验	国标	输电线路	输电线路其他		2008-12-30	2009-10-01
1255	4.4-4	GB/T 2317.3—2008	电力金具试验方法　第 3 部分：热循环试验	国标	输电线路	输电线路其他		2008-12-30	2009-10-01
1256	4.4-5	GB/T 2317.4—2008	电力金具试验方法　第 4 部分：验收规则	国标	输电线路	输电线路其他		2008-12-30	2009-10-01
1257	4.4-6	GB/T 15707—2017	高压交流架空输电线路无线电干扰限值	国标	输电线路	输电线路其他		2017-12-29	2018-07-01
1258	4.4-7	GB 50586—2010	铝母线焊接工程施工及验收规范	国标	输电线路	输电线路其他		2010-05-31	2010-12-01
1259	4.4-8	GB/T 37575—2019	埋地接地体阴极保护技术	国标	输电线路	输电线路其他		2019-06-04	2020-05-01
1260	4.4-9	GB/T 33964—2017	耐候钢芯心焊丝用钢盘条	国标	输电线路	输电线路其他		2017-07-12	2018-04-01
1261	4.4-10	GB/T 26218.1—2010	污秽条件下使用的高压绝缘子的选择和尺寸确定　第 1 部分：定义、信息和一般原则	国标	输电线路	输电线路其他		2011-01-04	2011-07-01

续表

序号	分类号	标准文件号	中文名称	类别	一级专业	二级专业	三级专业	发布日期	实施日期
1262	4.4-11	GB/T 26218.2—2010	污秽条件下使用的高压绝缘子的选择和尺寸确定 第 2 部分：交流系统用瓷和玻璃绝缘子	国标	输电线路	输电线路其他		2011-01-14	2011-07-01
1263	4.4-12	GB/T 26218.3—2011	污秽条件下使用的高压绝缘子的选择和尺寸确定 第 3 部分：交流系统用复合绝缘子	国标	输电线路	输电线路其他		2011-12-30	2012-05-01
1264	4.4-13	GB/T 26218.4—2019	污秽条件下使用的高压绝缘子的选择和尺寸确定 第 4 部分：直流系统用绝缘子	国标	输电线路	输电线路其他		2019-12-10	2020-07-01
1265	4.4-14	DL/T 1179—2012	1000kV 交流架空输电线路工频参数测量导则	行标	输电线路	输电线路其他		2012-08-23	2012-12-01
1266	4.4-15	DL/T 1569—2016	750kV 及以上交流输电线路绝缘子串分布电压测量导则	行标	输电线路	输电线路其他		2016-02-05	2016-07-01
1267	4.4-16	DL/T 1000.1—2018	标称电压高于 1000V 架空线路用绝缘子使用导则 第 1 部分：交流系统用瓷或玻璃绝缘子	行标	输电线路	输电线路其他		2018-12-25	2019-05-01
1268	4.4-17	DL/T 1312—2013	电力工程接地用铜覆钢技术条件	行标	输电线路	输电线路其他		2013-11-28	2014-04-01
1269	4.4-18	DL/T 5159—2012	电力工程物探技术规程	行标	输电线路	输电线路其他		2012-08-23	2012-12-01
1270	4.4-19	DL/T 887—2004	杆塔工频接地电阻测量	行标	输电线路	输电线路其他		2004-10-20	2005-04-01
1271	4.4-20	DL/T 1471—2015	高压直流线路用盘形悬式复合瓷或玻璃绝缘子串元件	行标	输电线路	输电线路其他		2015-07-01	2015-12-01
1272	4.4-21	DL/T 1948—2018	架空导线能耗试验方法	行标	输电线路	输电线路其他		2018-12-25	2019-05-01
1273	4.4-22	DL/T 1935—2018	架空导线载流量试验方法	行标	输电线路	输电线路其他		2018-12-25	2019-05-01
1274	4.4-23	DL/T 875—2016	架空输电线路施工机具基本技术要求	行标	输电线路	输电线路其他		2016-01-07	2016-06-01
1275	4.4-24	DL/T 1122—2009	架空输电线路外绝缘配置技术导则	行标	输电线路	输电线路其他		2009-07-22	2009-12-01
1276	4.4-25	DL/T 1249—2013	架空输电线路运行状态评估技术导则	行标	输电线路	输电线路其他		2013-03-07	2013-08-01
1277	4.4-26	DL/T 1248—2013	架空输电线路状态检修导则	行标	输电线路	输电线路其他		2013-03-07	2013-08-01
1278	4.4-27	DL/T 758—2009	接续金具	行标	输电线路	输电线路其他		2009-07-22	2009-12-01
1279	4.4-28	DL/T 757—2009	耐张线夹	行标	输电线路	输电线路其他		2009-07-22	2009-12-01
1280	4.4-29	DL 5279—2012	输变电工程达标投产验收规程	行标	输电线路	输电线路其他		2012-04-06	2012-07-01
1281	4.4-30	DL/T 733—2014	输变电工程用绞磨	行标	输电线路	输电线路其他		2014-03-18	2014-08-01
1282	4.4-31	JGJ/T 419—2018	长螺旋钻孔压灌桩技术标准	行标	输电线路	输电线路其他		2018-12-06	2019-06-01

续表

序号	分类号	标准文件号	中文名称	类别	一级专业	二级专业	三级专业	发布日期	实施日期
1283	4.4-32	DL/T 1566—2016	直流输电线路及接地极线路参数测试导则	行标	输电线路	输电线路其他		2016-02-05	2016-07-01
1284	4.4-33	Q/GDW 11929—2018	±1100kV 直流架空输电线路检修规范	企标	输电线路	输电线路其他		2020-04-17	2020-04-17
1285	4.4-34	Q/GDW 11928—2018	±1100kV 直流架空输电线路运行规程	企标	输电线路	输电线路其他		2020-04-17	2020-04-17
1286	4.4-35	Q/GDW 1334—2013	±800kV 特高压直流线路检修规范	企标	输电线路	输电线路其他		2014-09-01	2014-09-01
1287	4.4-36	Q/GDW 11714.4—2017	1000kV 交流架空输电线路杆塔复合横担　第4部分：运行规程	企标	输电线路	输电线路其他		2018-06-27	2018-06-27
1288	4.4-37	Q/GDW 11714.5—2017	1000kV 交流架空输电线路杆塔复合横担　第5部分：检修规范	企标	输电线路	输电线路其他		2018-06-27	2018-06-27
1289	4.4-38	Q/GDW 1209—2015	1000kV 交流架空输电线路检修规范	企标	输电线路	输电线路其他		2016-07-29	2016-07-29
1290	4.4-39	Q/GDW 1210—2014	1000kV 交流架空输电线路运行规程	企标	输电线路	输电线路其他		2015-02-16	2015-02-16
1291	4.4-40	Q/GDW 516—2010	500kV～1000kV输电线路劣化悬式绝缘子检测规程	企标	输电线路	输电线路其他		2010-12-01	2010-12-01
1292	4.4-41	Q/GDW 12015—2019	电力工程接地材料防腐技术规范	企标	输电线路	输电线路其他		2020-12-31	2020-12-31
1293	4.4-42	Q/GDW 10466—2021	电气工程接地用铜覆钢技术条件	企标	输电线路	输电线路其他		2022-01-24	2022-01-24
1294	4.4-43	Q/GDW 11649—2016	架空输电线路标识热转印技术规范	企标	输电线路	输电线路其他		2017-10-17	2017-10-17
1295	4.4-44	Q/GDW 11080—2013	架空输电线路技术监督导则	企标	输电线路	输电线路其他		2014-07-01	2014-07-01
1296	4.4-45	Q/GDW 11246—2014	架空输电线路检修决策导则	企标	输电线路	输电线路其他		2014-12-01	2014-12-01
1297	4.4-46	Q/GDW 11189—2018	架空输电线路施工专用货运索道	企标	输电线路	输电线路其他		2019-10-23	2019-10-23
1298	4.4-47	Q/GDW 11405—2015	架空输电线路通道清理技术规定	企标	输电线路	输电线路其他		2016-11-15	2016-11-15
1299	4.4-48	Q/GDW 637—2011	输电杆塔用地脚螺栓与螺母	企标	输电线路	输电线路其他		2011-09-02	2011-09-02
1300	4.4-49	Q/GDW 515.1—2010	交流架空输电线路用绝缘子使用导则　第1部分：瓷、玻璃绝缘子	企标	输电线路	输电线路其他		2010-12-01	2010-12-01
1301	4.4-50	Q/GDW 11842—2018	输变电工程选址选线卫星遥感影像应用技术导则	企标	输电线路	输电线路其他		2019-08-30	2019-08-30
1302	4.4-51	Q/GDW 11317—2014	输电线路杆塔接地工频接地电阻测量导则	企标	输电线路	输电线路其他		2015-02-26	2015-02-26
1303	4.4-52	Q/GDW 11917—2018	输电线路类设备质量评级技术导则	企标	输电线路	输电线路其他		2020-04-03	2020-04-03
1304	4.4-53	Q/GDW 316—2009	特高压 OPGW 技术规范及运行技术要求	企标	输电线路	输电线路其他		2009-05-25	2009-05-25
1305	4.4-54	Q/GDW 11503—2016	特高压交流输电线路工频参数测量导则	企标	输电线路	输电线路其他		2016-12-08	2016-12-08
1306	4.4-55	Q/GDW 1292—2014	特高压输电线路铁塔、导线、金具和 OPGW 监造导则	企标	输电线路	输电线路其他		2014-12-31	2014-12-31

续表

序号	分类号	标准文件号	中文名称	类别	一级专业	二级专业	三级专业	发布日期	实施日期
1307	4.4-56	Q/GDW 11092—2013	直流架空输电线路运行规程	企标	输电线路	输电线路其他		2014-09-01	2014-09-01
5	设备								
5.1	设备-线圈设备								
1308	5.1-1	GB/T 29322—2012	1000kV变压器保护装置技术要求	国标	设备	线圈设备		2012-12-31	2013-06-01
1309	5.1-2	GB/T 24843—2018	1000kV单相油浸式自耦电力变压器技术规范	国标	设备	线圈设备		2018-07-13	2019-02-01
1310	5.1-3	GB/Z 29327—2012	1000kV电抗器保护装置技术要求	国标	设备	线圈设备		2012-12-31	2013-06-01
1311	5.1-4	GB/T 24844—2018	1000kV交流系统用油浸式并联电抗器技术规范	国标	设备	线圈设备		2018-07-13	2019-02-01
1312	5.1-5	GB/T 25082—2010	800kV直流输电用油浸式换流变压器技术参数和要求	国标	设备	线圈设备		2010-09-02	2011-02-01
1313	5.1-6	GB/T 3859.3—2013	半导体变流器 通用要求和电网换相变流器 第1-3部分：变压器和电抗器	国标	设备	线圈设备		2013-07-19	2013-12-02
1314	5.1-7	GB/T 18494.2—2007	变流变压器 第2部分：高压直流输电用换流变压器	国标	设备	线圈设备		2007-04-16	2007-08-01
1315	5.1-8	GB/T 18494.3—2012	变流变压器 第3部分：应用导则	国标	设备	线圈设备		2012-06-29	2012-11-01
1316	5.1-9	GB/T 14598.300—2017	变压器保护装置通用技术要求	国标	设备	线圈设备		2017-12-29	2018-07-01
1317	5.1-10	GB/T 1094.1—2013	电力变压器 第1部分：总则	国标	设备	线圈设备		2013-12-17	2014-12-14
1318	5.1-11	GB/T 1094.2—2013	电力变压器 第2部分：液浸式变压器的温升	国标	设备	线圈设备		2013-12-17	2014-12-14
1319	5.1-12	GB/T 1094.3—2017	电力变压器 第3部分：绝缘水平、绝缘试验和外绝缘空气间隙	国标	设备	线圈设备		2017-12-29	2018-07-01
1320	5.1-13	GB/T 1094.5—2008	电力变压器 第5部分：承受短路的能力	国标	设备	线圈设备		2008-09-19	2009-06-01
1321	5.1-14	GB/T 1094.6—2011	电力变压器 第6部分：电抗器	国标	设备	线圈设备		2011-07-29	2011-12-01
1322	5.1-15	GB/T 1094.7—2008	电力变压器 第7部分：油浸式电力变压器负载导则	国标	设备	线圈设备		2008-09-24	2009-08-01
1323	5.1-16	GB/T 1094.101—2008	电力变压器 第10.1部分：声级测定 应用导则	国标	设备	线圈设备		2008-06-30	2009-04-01
1324	5.1-17	GB/T 1094.12—2013	电力变压器 第12部分：干式电力变压器负载导则	国标	设备	线圈设备		2013-12-17	2014-04-09
1325	5.1-18	GB/T 37761—2019	电力变压器冷却系统PLC控制装置技术要求	国标	设备	线圈设备		2019-06-04	2020-01-01
1326	5.1-19	GB/T 17468—2019	电力变压器选用导则	国标	设备	线圈设备		2019-12-10	2020-07-01
1327	5.1-20	GB/T 20838—2007	高压直流输电用油浸式换流变压器技术参数和要求	国标	设备	线圈设备		2007-04-16	2007-08-01

续表

序号	分类号	标准文件号	中文名称	类别	一级专业	二级专业	三级专业	发布日期	实施日期
1328	5.1-21	GB/T 37011—2018	柔性直流输电用变压器技术规范	国标	设备	线圈设备		2018-12-28	2019-07-01
1329	5.1-22	GB/T 37008—2018	柔性直流输电用电抗器技术规范	国标	设备	线圈设备		2018-12-28	2019-07-01
1330	5.1-23	GB/T 23755—2009	三相组合式电力变压器	国标	设备	线圈设备		2009-05-06	2009-11-01
1331	5.1-24	GB/T 6451—2015	油浸式电力变压器技术参数和要求	国标	设备	线圈设备		2015-09-11	2016-04-01
1332	5.1-25	GB/Z 34935—2017	油浸式智能化电力变压器技术规范	国标	设备	线圈设备		2017-11-01	2018-05-01
1333	5.1-26	NB/T 42019—2013	750kV和1000kV级油浸式并联电抗器技术参数和要求	行标	设备	线圈设备		2013-11-28	2014-04-01
1334	5.1-27	NB/T 42020—2013	750kV和1000kV级油浸式电力变压器技术参数和要求	行标	设备	线圈设备		2013-11-28	2014-04-01
1335	5.1-28	DL/T 1498.2—2016	变电设备在线监测装置技术规范　第2部分：变压器油中溶解气体在线监测装置	行标	设备	线圈设备		2016-01-07	2016-06-01
1336	5.1-29	DL/T 770—2012	变压器保护装置通用技术条件	行标	设备	线圈设备		2012-04-06	2012-07-01
1337	5.1-30	DL/T 378—2010	变压器出线端子用绝缘防护罩通用技术条件	行标	设备	线圈设备		2010-05-01	2010-10-01
1338	5.1-31	JB/T 8318—2007	变压器用成型绝缘件技术条件	行标	设备	线圈设备		2007-01-25	2007-07-01
1339	5.1-32	JB/T 6484—2016	变压器用储油柜	行标	设备	线圈设备		2016-10-22	2017-04-01
1340	5.1-33	JB/T 5345—2016	变压器用蝶阀	行标	设备	线圈设备		2016-10-22	2017-04-01
1341	5.1-34	JB/T 9642—2013	变压器用风扇	行标	设备	线圈设备		2013-04-25	2013-09-01
1342	5.1-35	JB/T 5347—2013	变压器用片式散热器	行标	设备	线圈设备		2013-04-25	2013-09-01
1343	5.1-36	JB/T 8315—2007	变压器用强迫油循环风冷却器	行标	设备	线圈设备		2007-01-25	2007-07-01
1344	5.1-37	JB/T 8316—2007	变压器用强迫油循环水冷却器	行标	设备	线圈设备		2007-01-25	2007-07-01
1345	5.1-38	JB/T 3857—2010	变压器用卧式绕线机	行标	设备	线圈设备		2010-02-21	2010-07-01
1346	5.1-39	JB/T 10112—2013	变压器用油泵	行标	设备	线圈设备		2013-04-25	2013-09-01
1347	5.1-40	JB/T 11493—2013	变压器用闸阀	行标	设备	线圈设备		2013-04-25	2013-09-01
1348	5.1-41	DL/T 263—2012	变压器油中金属元素的测定方法	行标	设备	线圈设备		2012-04-06	2012-07-01
1349	5.1-42	DL/T 1096—2018	变压器油中颗粒度限值	行标	设备	线圈设备		2018-04-03	2018-07-01
1350	5.1-43	DL/T 363—2018	超、特高压电力变压器（电抗器）设备监造导则	行标	设备	线圈设备		2018-04-03	2018-07-01
1351	5.1-44	DL/T 1725—2017	超高压磁控型可控并联电抗器技术规范	行标	设备	线圈设备		2017-08-02	2017-12-01

续表

序号	分类号	标准文件号	中文名称	类别	一级专业	二级专业	三级专业	发布日期	实施日期
1352	5.1-45	DL/T 1539—2016	电力变压器（电抗器）用高压套管选用导则	行标	设备	线圈设备		2016-01-07	2016-06-01
1353	5.1-46	DL/T 1388—2014	电力变压器用电工钢带选用导则	行标	设备	线圈设备		2014-10-15	2015-03-01
1354	5.1-47	DL/T 1387—2014	电力变压器用绕组线选用导则	行标	设备	线圈设备		2014-10-15	2015-03-01
1355	5.1-48	DL/T 1386—2014	电力变压器用吸湿器选用导则	行标	设备	线圈设备		2014-10-15	2015-03-01
1356	5.1-49	DL/T 1805—2018	电力变压器用有载分接开关选用导则	行标	设备	线圈设备		2018-04-03	2018-07-01
1357	5.1-50	DL/T 1541—2016	电力变压器中性点直流限（隔）流装置技术规范	行标	设备	线圈设备		2016-01-07	2016-06-01
1358	5.1-51	JB/T 8314—2008	分接开关试验导则	行标	设备	线圈设备		2008-02-01	2008-07-01
1359	5.1-52	DL/T 252—2012	高压直流输电系统用换流变压器保护装置通用技术条件	行标	设备	线圈设备		2012-04-06	2012-07-01
1360	5.1-53	DL/T 1673—2016	换流变压器阀侧套管技术规范	行标	设备	线圈设备		2016-12-05	2017-05-01
1361	5.1-54	Q/GDW 11670—2017	±1100kV 高压直流输电用换流变压器阀侧套管技术规范	企标	设备	线圈设备		2018-01-18	2018-01-18
1362	5.1-55	Q/GDW 11669—2017	±1100kV 特高压直流换流变压器技术规范	企标	设备	线圈设备		2018-01-18	2018-01-18
1363	5.1-56	Q/GDW 1150—2014	±800kV 高压直流输电用穿墙套管通用技术规范	企标	设备	线圈设备		2015-02-06	2015-02-06
1364	5.1-57	Q/GDW 11481—2016	1000kV 交流变压器和电抗器绕组线用硅钢片技术条件	企标	设备	线圈设备		2016-11-09	2016-11-09
1365	5.1-58	Q/GDW 11482—2016	1000kV 交流电力变压器用绝缘纸技术要求 第 1 部分：纸绝缘 换位导线	企标	设备	线圈设备		2016-11-09	2016-11-09
1366	5.1-59	Q/GDW 11480—2016	1000kV 特高压交流油浸式电力变压器用绝缘纸板及纸质绝缘成 型件选用导则	企标	设备	线圈设备		2016-11-09	2016-11-09
1367	5.1-60	Q/GDW 11306—2014	110（66）～1000kV 油浸式电力变压器技术条件	企标	设备	线圈设备		2015-02-26	2015-02-26
1368	5.1-61	Q/GDW 11691—2017	高压直流 SF6 气体绝缘穿墙套管	企标	设备	线圈设备		2018-03-10	2018-03-10
1369	5.1-62	Q/GDW 11651.10—2017	变电站设备验收规范 第 10 部分：干式电抗器	企标	设备	线圈设备		2018-01-02	2018-01-02
1370	5.1-63	Q/GDW 11651.1—2017	变电站设备验收规范 第 1 部分：油浸式变压器（电抗器）	企标	设备	线圈设备		2018-01-02	2018-01-02
1371	5.1-64	Q/GDW 11651.22—2017	变电站设备验收规范 第 22 部分：站用变	企标	设备	线圈设备		2018-01-02	2018-01-02
1372	5.1-65	Q/GDW 11915—2018	变压器类设备质量评级技术导则	企标	设备	线圈设备		2020-04-03	2020-04-03
1373	5.1-66	Q/GDW 11365—2014	变压器中性点直流限流电阻器技术规范	企标	设备	线圈设备		2015-02-16	2015-02-16
1374	5.1-67	Q/GDW 12016.2—2019	电网设备金属材料选用导则 第 2 部分：变压器	企标	设备	线圈设备		2020-11-27	2020-11-27

续表

序号	分类号	标准文件号	中文名称	类别	一级专业	二级专业	三级专业	发布日期	实施日期
1375	5.1-68	Q/GDW 10147—2019	高压直流输电用±800kV级换流变压器通用技术规范	企标	设备	线圈设备		2020-07-03	2020-07-03
1376	5.1-69	Q/GDW 11652.1—2016	换流站设备验收规范　第1部分：换流变压器	企标	设备	线圈设备		2017-10-17	2017-10-17
1377	5.1-70	Q/GDW 11483—2016	解体运输式1000kV单相油浸式自耦变压器技术规范	企标	设备	线圈设备		2016-11-09	2016-11-09

5.2　设备 - 换流阀

序号	分类号	标准文件号	中文名称	类别	一级专业	二级专业	三级专业	发布日期	实施日期
1378	5.2-1	GB/T 15291—2015	半导体器件　第6部分：晶闸管	国标	设备	换流阀		2015-12-31	2017-01-01
1379	5.2-2	GB/T 30425—2013	高压直流输电换流阀水冷却设备	国标	设备	换流阀		2013-12-31	2014-07-13
1380	5.2-3	GB/T 20990.1—2007	高压直流输电晶闸管阀　第1部分：电气试验	国标	设备	换流阀		2007-06-21	2008-02-01
1381	5.2-4	GB/Z 30424—2013	高压直流输电晶闸管阀设计导则	国标	设备	换流阀		2013-12-31	2014-07-13
1382	5.2-5	GB/T 33348—2016	高压直流输电用电压源换流器阀电气试验	国标	设备	换流阀		2016-12-13	2017-07-01
1383	5.2-6	GB/T 36559—2018	高压直流输电用电用晶闸管阀	国标	设备	换流阀		2018-07-13	2019-02-01
1384	5.2-7	GB/T 20992—2007	高压直流输电用普通晶闸管的一般要求	国标	设备	换流阀		2007-06-21	2008-02-01
1385	5.2-8	GB/T 35702.1—2017	高压直流系统用电压源换流器阀损耗　第1部分：一般要求	国标	设备	换流阀		2017-12-29	2018-07-01
1386	5.2-9	GB/T 37010—2018	柔性直流输电用电压源换流阀技术规范	国标	设备	换流阀		2018-12-28	2019-07-01
1387	5.2-10	GB/T 34139—2017	柔性直流输电换流阀技术规范	国标	设备	换流阀		2017-07-31	2018-02-01
1388	5.2-11	DL/T 1010.2—2006	高压静止无功补偿装置　第2部分：晶闸管阀试验	行标	设备	换流阀		2006-09-14	2007-03-01
1389	5.2-12	DL/Z 1697—2017	柔性直流配电系统用电压源换流器技术导则	行标	设备	换流阀		2017-03-28	2017-08-01
1390	5.2-13	Q/GDW 11673—2017	±1100kV特高压直流输电系统用换流阀技术规范	企标	设备	换流阀		2018-01-18	2018-01-18
1391	5.2-14	Q/GDW 11672—2017	±1100kV特高压直流输电系统用换流阀冷却系统技术规范	企标	设备	换流阀		2018-01-18	2018-01-18
1392	5.2-15	Q/GDW 12018—2019	高压直流输电换流阀晶闸管和阀基电子设备现场测试技术规范	企标	设备	换流阀		2020-12-31	2020-12-31
1393	5.2-16	Q/GDW 11596—2016	高压直流输电换流阀控制设备技术规范	企标	设备	换流阀		2017-06-16	2017-06-16
1394	5.2-17	Q/GDW 11652.15—2016	换流站设备验收规范　第15部分：阀内水冷系统	企标	设备	换流阀		2017-10-17	2017-10-17
1395	5.2-18	Q/GDW 11652.14—2016	换流站设备验收规范　第14部分：阀控系统	企标	设备	换流阀		2017-10-17	2017-10-17
1396	5.2-19	Q/GDW 11652.4—2016	换流站设备验收规范　第4部分：换流阀	企标	设备	换流阀		2017-10-17	2017-10-17
1397	5.2-20	Q/GDW 12022—2019	柔性直流电网换流阀验收规范	企标	设备	换流阀		2020-12-31	2020-12-31
1398	5.2-21	Q/GDW 11865—2018	柔性直流换流阀用压接型IGBT器件技术规范	企标	设备	换流阀		2019-10-23	2019-10-23

续表

序号	分类号	标准文件号	中文名称	类别	一级专业	二级专业	三级专业	发布日期	实施日期
1399	5.2-22	Q/GDW 10491—2016	特高压直流输电换流阀技术规范	企标	设备	换流阀		2017-10-17	2017-10-17
1400	5.2-23	Q/GDW 10261—2017	特高压直流输电用晶闸管技术规范	企标	设备	换流阀		2018-09-12	2018-09-12
1401	5.2-24	Q/GDW 11741—2017	直流输电用换流阀包装储运技术规范	企标	设备	换流阀		2018-09-12	2018-09-12
5.3 设备-开关设备									
1402	5.3-1	GB/T 24838—2018	1100kV高压交流断路器	国标	设备	开关设备		2018-09-17	2019-04-01
1403	5.3-2	GB/T 24837—2018	1100kV高压交流隔离开关和接地开关	国标	设备	开关设备		2018-09-17	2019-04-01
1404	5.3-3	GB/T 24836—2018	1100kV气体绝缘金属封闭开关设备	国标	设备	开关设备		2018-07-13	2019-02-01
1405	5.3-4	GB/T 28819—2012	充气高压开关设备用铝合金外壳	国标	设备	开关设备		2012-11-05	2013-02-01
1406	5.3-5	GB 7674—2008	额定电压72.5kV及以上气体绝缘金属封闭开关设备	国标	设备	开关设备		2008-09-19	2009-06-01
1407	5.3-6	GB/T 27747—2011	额定电压72.5kV及以上交流隔离断路器	国标	设备	开关设备		2011-12-30	2012-05-01
1408	5.3-7	GB/T 28565—2012	高压交流串联电容器用旁路开关	国标	设备	开关设备		2012-06-29	2012-11-01
1409	5.3-8	GB/T 1984—2014	高压交流断路器	国标	设备	开关设备		2014-06-24	2015-01-22
1410	5.3-9	GB/T 16926—2009	高压交流负荷开关熔断器组合电器	国标	设备	开关设备		2009-03-19	2010-02-01
1411	5.3-10	GB/T 1985—2014	高压交流隔离开关和接地开关	国标	设备	开关设备		2014-06-24	2015-01-22
1412	5.3-11	GB/T 11022—2011	高压开关设备和控制设备标准的共用技术要求	国标	设备	开关设备		2011-12-30	2012-05-01
1413	5.3-12	GB/T 13540—2009	高压开关设备和控制设备的抗震要求	国标	设备	开关设备		2009-11-15	2010-04-01
1414	5.3-13	GB/T 25091—2010	高压直流隔离开关和接地开关	国标	设备	开关设备		2010-09-02	2011-02-01
1415	5.3-14	GB/T 25307—2010	高压直流旁路开关	国标	设备	开关设备		2010-11-10	2011-05-01
1416	5.3-15	GB/T 25309—2010	高压直流转换开关	国标	设备	开关设备		2010-11-10	2011-05-01
1417	5.3-16	GB/T 30092—2013	高压组合电器用金属波纹管补偿器	国标	设备	开关设备		2013-12-17	2014-05-01
1418	5.3-17	GB/T 8349—2000	金属封闭母线	国标	设备	开关设备		2000-04-03	2000-12-01
1419	5.3-18	GB/T 30846—2014	具有预定暂间不同期操作高压交流断路器	国标	设备	开关设备		2014-06-24	2015-01-22
1420	5.3-19	GB/T 38328—2019	柔性直流系统用高压直流断路器的共用技术要求	国标	设备	开关设备		2019-12-10	2020-07-01
1421	5.3-20	DL/T 1498.4—2017	变电设备在线监测装置技术规范 第4部分：气体绝缘金属封闭开关设备局部放电特高频在线监测装置	行标	设备	开关设备		2017-08-02	2017-12-01

续表

序号	分类号	标准文件号	中文名称	类别	一级专业	二级专业	三级专业	发布日期	实施日期
1422	5.3-21	JB/T 7052—1993	高压电器设备用橡胶密封件六氟化硫电器设备密封件技术条件	行标	设备	开关设备		1993-09-23	1994-07-01
1423	5.3-22	DL/T 402—2016	高压交流断路器	行标	设备	开关设备		2016-02-05	2016-07-01
1424	5.3-23	NB/T 42099—2016	高压交流断路器合成试验导则	行标	设备	开关设备		2016-12-05	2017-05-01
1425	5.3-24	NB/T 10283—2019	高压交流负荷开关-熔断器组合电器试验导则	行标	设备	开关设备		2019-11-04	2020-05-01
1426	5.3-25	DL/T 486—2021	高压交流隔离开关和接地开关	行标	设备	开关设备		2021-04-26	2021-10-26
1427	5.3-26	NB/T 42137—2017	高压交流隔离开关和接地开关试验导则	行标	设备	开关设备		2017-11-15	2018-03-01
1428	5.3-27	JB/T 9694—2008	高压交流六氟化硫断路器	行标	设备	开关设备		2008-02-01	2008-07-01
1429	5.3-28	JB/T 11203—2011	高压交流真空开关设备用固封极柱	行标	设备	开关设备		2011-11-20	2012-04-01
1430	5.3-29	DL/T 593—2016	高压开关设备和控制设备标准的共用技术要求	行标	设备	开关设备		2016-02-05	2016-07-01
1431	5.3-30	JB/T 8754—2018	高压开关设备和控制设备型号编制办法	行标	设备	开关设备		2018-04-30	2018-12-01
1432	5.3-31	NB/T 42101—2016	高压开关型式试验及型式试验报告通用导则	行标	设备	开关设备		2016-12-05	2017-05-01
1433	5.3-32	NB/T 42107—2017	高压直流断路器	行标	设备	开关设备		2017-08-02	2017-12-01
1434	5.3-33	NB/T 10281—2019	滤波器用高压交流断路器试验导则	行标	设备	开关设备		2019-11-04	2020-05-01
1435	5.3-34	DL/T 978—2018	气体绝缘金属封闭输电线路技术条件	行标	设备	开关设备		2018-12-25	2019-05-01
1436	5.3-35	NB/T 42065—2016	真空断路器性能老炼试验导则	行标	设备	开关设备		2016-01-07	2016-06-01
1437	5.3-36	DL/T 1740—2017	直流气体绝缘金属封闭输电线路技术条件	行标	设备	开关设备		2017-11-15	2018-03-01
1438	5.3-37	Q/GDW 11755—2017	±1100kV换流站用直流隔离开关和接地开关技术规范	企标	设备	开关设备		2018-09-12	2018-09-12
1439	5.3-38	Q/GDW 289—2009	±800kV换流站用直流隔离开关和接地开关技术规范	企标	设备	开关设备		2009-05-25	2009-05-25
1440	5.3-39	Q/GDW 1964—2013	高压直流输电直流转换开关技术规范	企标	设备	开关设备		2014-04-15	2014-04-15
1441	5.3-40	Q/GDW 1796—2013	额定电压72.5kV及以上气体绝缘金属封闭智能开关设备技术规范	企标	设备	开关设备		2013-04-12	2013-04-12
1442	5.3-41	Q/GDW 11753—2017	直流换流站用额定电压550kV及以上交流滤波器小组断路器	企标	设备	开关设备		2018-09-12	2018-09-12
1443	5.3-42	Q/GDW 11127—2013	1100kV气体绝缘金属封闭开关设备用盆式绝缘子技术规范	企标	设备	开关设备		2014-04-15	2014-04-15
1444	5.3-43	Q/GDW 11955—2019	1100kV气体绝缘金属封闭输电线路（GIL）技术规范	企标	设备	开关设备		2020-07-03	2020-07-03
1445	5.3-44	Q/GDW 1105—2015	800kV高压交流断路器技术规范	企标	设备	开关设备		2016-11-15	2016-11-15
1446	5.3-45	Q/GDW 1106—2015	800kV高压交流隔离开关技术规范	企标	设备	开关设备		2016-11-15	2016-11-15

序号	分类号	标准文件号	中文名称	类别	一级专业	二级专业	三级专业	发布日期	实施日期
1447	5.3-46	Q/GDW 11651.2—2017	变电站设备验收规范 第 2 部分：断路器	企标	设备	开关设备		2018-01-02	2018-01-02
1448	5.3-47	Q/GDW 11651.3—2016	变电站设备验收规范 第 3 部分：组合电器	企标	设备	开关设备		2017-10-17	2017-10-17
1449	5.3-48	Q/GDW 11651.4—2017	变电站设备验收规范 第 4 部分：隔离开关	企标	设备	开关设备		2018-01-02	2018-01-02
1450	5.3-49	Q/GDW 11651.5—2017	变电站设备验收规范 第 5 部分：开关柜	企标	设备	开关设备		2018-01-02	2018-01-02
1451	5.3-50	Q/GDW 12016.3—2019	电网设备金属材料选用导则 第 3 部分：开关设备	企标	设备	开关设备		2020-11-27	2020-11-27
1452	5.3-51	Q/GDW 11916—2018	高压开关类设备质量评级技术导则	企标	设备	开关设备		2020-04-03	2020-04-03
1453	5.3-52	Q/GDW 11754—2017	高压直流旁路开关	企标	设备	开关设备		2018-09-12	2018-09-12
1454	5.3-53	Q/GDW 11652.5—2016	换流站设备验收规范第 5 部分：直流断路器	企标	设备	开关设备		2017-10-17	2017-10-17
1455	5.3-54	Q/GDW 11652.6—2016	换流站设备验收规范第 6 部分：直流隔离开关	企标	设备	开关设备		2017-10-17	2017-10-17
5.4 设备 - 滤波及无功设备									
1456	5.4-1	GB/T 11024.1—2019	标称电压 1000V 以上交流电力系统用并联电容器 第 1 部分：总则	国标	设备	滤波及无功		2019-03-25	2019-10-01
1457	5.4-2	GB/T 11024.2—2019	标称电压 1000V 以上交流电力系统用并联电容器 第 2 部分：老化试验	国标	设备	滤波及无功		2019-03-25	2019-10-01
1458	5.4-3	GB/T 11024.3—2019	标称电压 1000V 以上交流电力系统用并联电容器 第 3 部分：并联电容器和并联电容器组的保护	国标	设备	滤波及无功		2019-03-25	2019-10-01
1459	5.4-4	GB/T 11024.4—2019	标称电压 1000V 以上交流电力系统用并联电容器 第 4 部分：内部熔丝	国标	设备	滤波及无功		2019-03-25	2019-10-01
1460	5.4-5	GB/T 9090—1988	标称电容器	国标	设备	滤波及无功		1988-04-02	1989-01-01
1461	5.4-6	GB/T 34869—2017	串联补偿装置电容器组保护用金属氧化物限压器	国标	设备	滤波及无功		2017-11-01	2018-05-01
1462	5.4-7	GB/T 6115.2—2017	电力系统用串联电容器 第 2 部分：串联电容器组用保护设备	国标	设备	滤波及无功		2017-09-29	2018-04-01
1463	5.4-8	GB/T 6115.4—2014	电力系统用串联电容器 第 4 部分：晶闸管控制的串联电容器	国标	设备	滤波及无功		2014-07-24	2015-01-22
1464	5.4-9	GB/T 30841—2014	高压并联电容器装置的通用技术要求	国标	设备	滤波及无功		2014-06-24	2015-01-22
1465	5.4-10	GB/T 4787—2010	高压交流断路器用均压电容器	国标	设备	滤波及无功		2010-09-02	2011-02-01
1466	5.4-11	GB/T 26868—2011	高压滤波装置设计与应用导则	国标	设备	滤波及无功		2011-07-29	2011-12-01

续表

序号	分类号	标准文件号	中文名称	类别	一级专业	二级专业	三级专业	发布日期	实施日期
1467	5.4-12	GB/T 31460—2015	高压直流换流站无功补偿与配置技术导则	国标	设备	滤波及无功		2015-05-15	2015-12-01
1468	5.4-13	GB/T 30547—2014	高压直流输电系统滤波器用电阻器	国标	设备	滤波及无功		2014-05-06	2014-10-28
1469	5.4-14	GB/T 4787—2010	高压交流断路器用均压电容器	国标	设备	滤波及无功		2010-09-02	2011-02-01
1470	5.4-15	GB/T 3859.3—2013	半导体变流器通用要求和电网换相变流器 第1-3部分：变压器和电抗器	国标	设备	滤波及无功		2013-07-19	2013-12-02
1471	5.4-16	GB/T 20994—2007	高压直流输电系统用并联电容器及交流滤波电容器	国标	设备	滤波及无功		2007-07-30	2008-02-01
1472	5.4-17	GB/T 31954—2015	高压直流输电系统用交流PLC滤波电容器	国标	设备	滤波及无功		2015-09-11	2016-04-01
1473	5.4-18	GB/T 32130—2015	高压直流输电系统用直流PLC滤波电容器	国标	设备	滤波及无功		2015-10-09	2016-05-01
1474	5.4-19	GB/T 25308—2010	高压直流输电系统用直流滤波电容器	国标	设备	滤波及无功		2010-11-10	2011-05-01
1475	5.4-20	GB/T 25092—2010	高压直流输电用干式空心平波电抗器	国标	设备	滤波及无功		2010-09-02	2011-02-01
1476	5.4-21	GB/T 20836—2007	高压直流输电用油浸式平波电抗器	国标	设备	滤波及无功		2007-04-16	2007-08-01
1477	5.4-22	GB/T 20837—2007	高压直流输电用油浸式平波电抗器技术参数和要求	国标	设备	滤波及无功		2007-04-16	2007-08-01
1478	5.4-23	GB/T 25093—2010	高压直流输电系统交流滤波器	国标	设备	滤波及无功		2010-09-02	2011-02-01
1479	5.4-24	GB/T 34865—2017	高压直流转换开关用电容器	国标	设备	滤波及无功		2017-11-01	2018-05-01
1480	5.4-25	GB/T 7330—2008	交流电力系统阻波器	国标	设备	滤波及无功		2008-03-25	2008-10-01
1481	5.4-26	GB/T 20298—2006	静止无功补偿装置（SVC）功能特性	国标	设备	滤波及无功		2006-07-13	2007-01-01
1482	5.4-27	GB/T 29629—2013	静止无功补偿装置水冷却设备	国标	设备	滤波及无功		2013-07-19	2013-12-02
1483	5.4-28	GB/Z 29630—2013	静止无功补偿装置系统设计和应用导则	国标	设备	滤波及无功		2013-07-19	2013-12-02
1484	5.4-29	GB/T 20995—2007	输配电系统的电力电子技术静止无功补偿装置	国标	设备	滤波及无功		2007-06-21	2008-02-01
1485	5.4-30	GB/T 37762—2019	同步调相机组保护装置通用技术条件	国标	设备	滤波及无功		2019-06-04	2020-01-01
1486	5.4-31	DL/T 5735—2016	1000kV可控并联电抗器设计技术导则	行标	设备	滤波及无功		2016-08-16	2016-12-01
1487	5.4-32	DL/T 1182—2012	1000kV变电站110kV并联电容器装置技术规范	行标	设备	滤波及无功		2012-08-23	2012-12-02
1488	5.4-33	DL/T 250—2012	并联补偿电容器通用技术条件	行标	设备	滤波及无功		2012-04-06	2012-07-01
1489	5.4-34	DL/T 1219—2013	串联电容器补偿装置设计导则	行标	设备	滤波及无功		2013-03-07	2013-08-01
1490	5.4-35	DL/T 242—2012	高压并联电抗器保护装置通用技术条件	行标	设备	滤波及无功		2012-04-06	2012-07-01

续表

序号	分类号	标准文件号	中文名称	类别	一级专业	二级专业	三级专业	发布日期	实施日期
1491	5.4-36	DL/T 442—2017	高压并联电容器单台保护用熔断器使用技术条件	行标	设备	滤波及无功		2017-12-27	2018-06-01
1492	5.4-37	DL/T 840—2016	高压并联电容器使用技术条件	行标	设备	滤波及无功		2016-12-05	2017-05-01
1493	5.4-38	DL/T 653—2009	高压并联电容器用放电线圈使用技术条件	行标	设备	滤波及无功		2009-07-01	2009-12-01
1494	5.4-39	DL/T 604—2009	高压并联电容器装置使用技术条件	行标	设备	滤波及无功		2009-07-01	2009-12-01
1495	5.4-40	DL/T 1010.1—2006	高压静止无功补偿装置 第1部分：系统设计	行标	设备	滤波及无功		2006-09-14	2007-03-01
1496	5.4-41	DL/T 1010.3—2006	高压静止无功补偿装置 第3部分：控制系统	行标	设备	滤波及无功		2006-09-14	2007-03-01
1497	5.4-42	DL/T 1010.4—2006	高压静止无功补偿装置 第4部分：现场试验	行标	设备	滤波及无功		2006-09-14	2007-03-01
1498	5.4-43	DL/T 1010.5—2006	高压静止无功补偿装置 第5部分：密闭式水冷却装置	行标	设备	滤波及无功		2006-09-14	2007-03-01
1499	5.4-44	NB/T 10289—2019	高压无功补偿装置用铁心滤波电抗器技术规范	行标	设备	滤波及无功		2019-11-04	2020-05-01
1500	5.4-45	Q/GDW 11757—2017	±1100kV高压直流系统用干式平波电抗器技术规范	企标	设备	滤波及无功		2018-09-12	2018-09-12
1501	5.4-46	Q/GDW 1108—2015	750kV电容式电压互感器技术规范	企标	设备	滤波及无功		2016-11-15	2016-11-15
1502	5.4-47	Q/GDW 494—2010	高压直流输电交直流滤波器及并联电容器装置技术规范	企标	设备	滤波及无功		2010-09-21	2010-09-21
1503	5.4-48	Q/GDW 1787.1—2013	超高压分级式可控并联电抗器 第1部分：成套装置设计规范	企标	设备	滤波及无功		2013-04-12	2013-04-12
1504	5.4-49	Q/GDW 11651.11—2017	变电站设备验收规范 第11部分：串联补偿装置	企标	设备	滤波及无功		2018-01-02	2018-01-02
1505	5.4-50	Q/GDW 11651.9—2016	变电站设备验收规范 第9部分：并联电容器组	企标	设备	滤波及无功		2017-10-17	2017-10-17
1506	5.4-51	Q/GDW 12016.4—2019	电网设备金属材料选用导则 第4部分：无功补偿设备	企标	设备	滤波及无功		2020-09-28	2020-09-28
1507	5.4-52	Q/GDW 1146—2014	高压直流换流站无功配置技术导则	企标	设备	滤波及无功		2015-02-06	2015-02-06
1508	5.4-53	Q/GDW 11652.11—2016	换流站设备验收规范 第11部分：交直流滤波器	企标	设备	滤波及无功		2017-10-17	2017-10-17
1509	5.4-54	Q/GDW 12024.10—2019	快速动态响应同步调相机组验收规范 第10部分：同期装置	企标	设备	滤波及无功		2020-11-27	2020-11-27
1510	5.4-55	Q/GDW 12024.11—2019	快速动态响应同步调相机组验收规范 第11部分：分布式控制系统（DCS）	企标	设备	滤波及无功		2020-12-31	2020-12-31
1511	5.4-56	Q/GDW 12024.12—2019	快速动态响应同步调相机组验收规范 第12部分：调变组保护装置	企标	设备	滤波及无功		2020-12-31	2020-12-31
1512	5.4-57	Q/GDW 12024.1—2019	快速动态响应同步调相机组验收规范 第1部分：主机（含盘车）	企标	设备	滤波及无功		2020-12-31	2020-12-31
1513	5.4-58	Q/GDW 12024.2—2019	快速动态响应同步调相机组验收规范 第2部分：封母、出线罩及中性点接地变	企标	设备	滤波及无功		2020-12-31	2020-12-31

续表

序号	分类号	标准文件号	中文名称	类别	一级专业	二级专业	三级专业	发布日期	实施日期
1514	5.4-59	Q/GDW 12024.3—2019	快速动态响应同步调相机机组验收规范 第3部分：空冷系统	企标	设备	滤波及无功		2020-12-31	2020-12-31
1515	5.4-60	Q/GDW 12024.4—2019	快速动态响应同步调相机机组验收规范 第4部分：内冷水系统	企标	设备	滤波及无功		2020-12-31	2020-12-31
1516	5.4-61	Q/GDW 12024.5—2019	快速动态响应同步调相机机组验收规范 第5部分：外冷水系统	企标	设备	滤波及无功		2020-12-31	2020-12-31
1517	5.4-62	Q/GDW 12024.6—2019	快速动态响应同步调相机机组验收规范 第6部分：除盐水系统	企标	设备	滤波及无功		2020-12-31	2020-12-31
1518	5.4-63	Q/GDW 12024.7—2019	快速动态响应同步调相机机组验收规范 第7部分：润滑油系统	企标	设备	滤波及无功		2020-12-31	2020-12-31
1519	5.4-64	Q/GDW 12024.8—2019	快速动态响应同步调相机机组验收规范 第8部分：静止变频器 (SFC)	企标	设备	滤波及无功		2020-12-31	2020-12-31
1520	5.4-65	Q/GDW 12024.9—2019	快速动态响应同步调相机机组验收规范 第9部分：励磁系统	企标	设备	滤波及无功		2020-12-31	2020-12-31
5.5 设备-其他									
1521	5.5-1	GB/T 28541—2012	±800kV高压直流换流站设备的绝缘配合	国标	设备	设备其他		2012-06-29	2012-11-01
1522	5.5-2	GB/T 25843—2017	±800kV特高压直流输电设备技术要求	国标	设备	设备其他		2017-12-29	2018-07-01
1523	5.5-3	GB/T 26166—2010	±800kV直流系统用穿墙套管	国标	设备	设备其他		2011-01-14	2011-07-01
1524	5.5-4	GB/T 25083—2010	±800kV直流系统用金属氧化物避雷器	国标	设备	设备其他		2010-09-02	2011-02-01
1525	5.5-5	GB/T 34939.1—2017	±800kV直流支柱复合绝缘子 第1部分：环氧玻璃纤维实心芯体复合绝缘子	国标	设备	设备其他		2017-11-01	2018-05-01
1526	5.5-6	GB/T 24845—2018	1000kV交流系统用无间隙金属氧化物避雷器技术规范	国标	设备	设备其他		2018-07-13	2019-02-01
1527	5.5-7	GB/T 29323—2012	1000kV断路器保护装置技术要求	国标	设备	设备其他		2012-12-31	2013-06-01
1528	5.5-8	GB/T 31238—2014	1000kV交流电流互感器技术规范	国标	设备	设备其他		2014-09-30	2015-04-01
1529	5.5-9	GB/T 24841—2018	1000kV交流系统用电容式电压互感器技术规范	国标	设备	设备其他		2018-07-13	2019-02-01
1530	5.5-10	GB/T 24840—2018	1000kV交流系统用套管技术规范	国标	设备	设备其他		2018-07-13	2019-02-01
1531	5.5-11	GB/T 24839—2018	1000kV交流系统用支柱绝缘子技术规范	国标	设备	设备其他		2018-07-13	2019-02-01
1532	5.5-12	GB/T 31237—2014	1000kV系统继电保护装置及安全自动装置检测技术规范	国标	设备	设备其他		2014-09-30	2015-04-01
1533	5.5-13	GB/T 31236—2014	1000kV线路保护装置技术要求	国标	设备	设备其他		2014-09-30	2015-04-01
1534	5.5-14	GB/T 12669—2012	半导体变流器 通用要求和电网换相变流器总技术条件	国标	设备	设备其他		2012-06-29	2012-11-01
1535	5.5-15	GB/T 3859.1—2013	半导体变流器 通用要求和电网换相变流器 第1-1部分：基本要求规范	国标	设备	设备其他		2013-07-19	2013-12-02

续表

序号	分类号	标准文件号	中文名称	类别	一级专业	二级专业	三级专业	发布日期	实施日期
1536	5.5-16	GB/T 3859.2—2013	半导体变流器 通用要求和电网换相变流器 第1-2部分：应用导则	国标	设备	设备其他		2013-07-19	2013-12-02
1537	5.5-17	GB/T 13422—2013	半导体变流器电气试验方法	国标	设备	设备其他		2013-07-19	2013-12-02
1538	5.5-18	GB/T 21419—2013	变压器、电抗器、电源装置及其组合的安全电磁兼容（EMC）要求	国标	设备	设备其他		2013-07-19	2013-12-02
1539	5.5-19	GB/T 8287.2—2008	标称电压高于1000V系统用户内和户外支柱绝缘子 第2部分：尺寸与特性	国标	设备	设备其他		2008-06-30	2009-04-01
1540	5.5-20	GB/T 8287.1—2008	标称电压高于1000V系统用户内和户外支柱绝缘子 第1部分：瓷或玻璃绝缘子的试验	国标	设备	设备其他		2008-06-30	2009-04-01
1541	5.5-21	GB/T 31955.1—2015	超高压可控并联电抗器控制保护系统技术规范 第1部分：分级调节式	国标	设备	设备其他		2015-09-11	2016-04-01
1542	5.5-22	GB/T 17702—2013	电力电子电容器	国标	设备	设备其他		2013-02-07	2013-07-01
1543	5.5-23	GB/T 19826—2014	电力工程直流电源设备通用技术条件及安全要求	国标	设备	设备其他		2014-05-06	2014-10-28
1544	5.5-24	JJG 1021—2007	电力互感器	国标	设备	设备其他		2007-02-28	2007-05-28
1545	5.5-25	GB/T 7268—2015	电力系统保护及其自动化装置用插箱及插件面板面板基本尺寸系列	国标	设备	设备其他		2015-05-15	2015-12-01
1546	5.5-26	GB/T 7267—2015	电力系统二次回路保护及自动化机柜（屏）基本尺寸系列	国标	设备	设备其他		2015-05-15	2015-12-01
1547	5.5-27	GB/T 14598.8—2008	电气继电器 第20部分：保护系统	国标	设备	设备其他		2008-06-18	2009-03-01
1548	5.5-28	GB/T 14598.1—2002	电气继电器 第23部分：触点性能	国标	设备	设备其他		2002-12-04	2003-05-01
1549	5.5-29	GB/T 25295—2010	电气设备安全设计导则	国标	设备	设备其他		2010-11-10	2011-05-01
1550	5.5-30	GB/T 23752—2009	额定电压高于1000V的电器设备用承压和非承压空心瓷和玻璃绝缘子	国标	设备	设备其他		2009-05-06	2009-11-01
1551	5.5-31	GB/T 25142—2010	风冷式循环冷却液制冷机组	国标	设备	设备其他		2010-09-26	2011-02-01
1552	5.5-32	GB/T 16927.2—2013	高电压试验技术 第2部分：测量系统	国标	设备	设备其他		2013-02-07	2013-07-01
1553	5.5-33	GB/T 1234—2012	高电阻电热合金	国标	设备	设备其他		2012-11-05	2012-05-01

续表

序号	分类号	标准文件号	中文名称	类别	一级专业	二级专业	三级专业	发布日期	实施日期
1554	5.5-34	GB/T 16895.18—2010	建筑物电气装置 第5-51部分：电气设备的选择和安装 通用规则	国标	设备	设备其他		2011-01-14	2011-07-01
1555	5.5-35	GB/T 12994—2011	高压穿墙套管	国标	设备	设备其他		2011-07-29	2011-12-01
1556	5.5-36	GB/T 26216.1—2019	高压直流输电系统直流电流测量装置 第1部分：电子式直流电流测量装置	国标	设备	设备其他		2019-12-10	2020-07-01
1557	5.5-37	GB/T 26216.2—2019	高压直流输电系统直流电流测量装置 第2部分：电磁式直流电流测量装置	国标	设备	设备其他		2019-12-10	2020-07-01
1558	5.5-38	GB/T 25081—2010	高压带电显示装置（VPIS）	国标	设备	设备其他		2010-09-02	2011-08-01
1559	5.5-39	GB/T 5273—2016	高压电器端子尺寸标准化	国标	设备	设备其他		2016-04-25	2016-11-01
1560	5.5-40	GB/T 26868—2011	高压滤波装置设计与应用导则	国标	设备	设备其他		2011-07-29	2011-12-01
1561	5.5-41	GB/T 25081—2010	高压带电显示装置（VPIS）	国标	设备	设备其他		2010-09-02	2011-08-01
1562	5.5-42	GB/T 31846—2015	高压机柜通用技术规范	国标	设备	设备其他		2015-07-03	2016-02-01
1563	5.5-43	GB/T 11022—2020	高压交流开关和控制设备标准的共用技术要求	国标	设备	设备其他		2020-12-01	2020-12-01
1564	5.5-44	GB/T 15166.2—2008	高压交流熔断器 第2部分：限流熔断器	国标	设备	设备其他		2008-09-24	2009-08-01
1565	5.5-45	GB/T 15166.3—2008	高压交流熔断器 第3部分：喷射熔断器	国标	设备	设备其他		2008-09-24	2009-08-01
1566	5.5-46	GB/T 15166.4—2008	高压交流熔断器 第4部分：并联电容器外保护用熔断器	国标	设备	设备其他		2008-09-24	2009-08-01
1567	5.5-47	GB/T 15166.5—2008	高压交流熔断器 第5部分：用于电动机回路的高压熔断器的熔断件选用导则	国标	设备	设备其他		2008-09-24	2009-08-01
1568	5.5-48	GB/T 15166.6—2008	高压交流熔断器 第6部分：用于变压器回路的高压熔断器的熔断件选用导则	国标	设备	设备其他		2008-09-24	2009-08-01
1569	5.5-49	GB/T 772—2005	高压绝缘子瓷件技术条件	国标	设备	设备其他		2005-08-26	2006-04-01
1570	5.5-50	GB/T 28810—2012	高压开关设备和控制设备电子及其相关技术在开关设备和控制设备中的应用	国标	设备	设备其他		2012-11-05	2013-02-01
1571	5.5-51	GB/T 28811—2012	高压开关设备和控制设备基于IEC 61850的数字接口	国标	设备	设备其他		2012-11-05	2013-05-01
1572	5.5-52	GB/T 22389—2008	高压直流换流站无间隙金属氧化物避雷器导则	国标	设备	设备其他		2008-09-24	2009-08-01
1573	5.5-53	GB/T 26215—2010	高压直流输电系统换流阀阻尼吸收回路用电容器	国标	设备	设备其他		2011-01-14	2011-07-01

续表

序号	分类号	标准文件号	中文名称	类别	一级专业	二级专业	三级专业	发布日期	实施日期
1574	5.5-54	GB/T 22390.2—2008	高压直流输电系统控制与保护设备 第2部分：交直流系统站控设备	国标	设备	设备其他		2008-09-24	2009-08-01
1575	5.5-55	GB/T 22390.3—2008	高压直流输电系统控制与保护设备 第3部分：直流系统极控设备	国标	设备	设备其他		2008-09-24	2009-08-01
1576	5.5-56	GB/T 22390.4—2008	高压直流输电系统控制与保护设备 第4部分：直流系统保护设备	国标	设备	设备其他		2008-09-24	2009-08-01
1577	5.5-57	GB/T 22390.5—2008	高压直流输电系统控制与保护设备 第5部分：直流线路故障定位装置	国标	设备	设备其他		2008-09-24	2009-08-01
1578	5.5-58	GB/T 22390.6—2008	高压直流输电系统控制与保护设备 第6部分：换流站暂态故障录波装置	国标	设备	设备其他		2008-09-24	2009-08-01
1579	5.5-59	GB/T 20993—2012	高压直流输电系统用直流滤波电容器及中性母线冲击电容器	国标	设备	设备其他		2012-06-29	2012-11-01
1580	5.5-60	GB/T 35702.2—2017	高压直流系统用电压源换流器阀损耗 第2部分：模块化多电平换流器	国标	设备	设备其他		2017-12-29	2018-07-01
1581	5.5-61	GB 50994—2014	工业企业电气设备抗震鉴定标准	国标	设备	设备其他		2014-05-29	2015-03-01
1582	5.5-62	GB/T 20840.6—2017	互感器 第6部分：低功率互感器的补充通用技术要求	国标	设备	设备其他		2017-11-01	2018-05-01
1583	5.5-63	GB/T 20840.7—2007	互感器 第7部分：电子式电压互感器	国标	设备	设备其他		2007-04-16	2007-08-01
1584	5.5-64	GB/T 20840.8—2007	互感器 第8部分：电子式电流互感器	国标	设备	设备其他		2007-01-16	2007-08-01
1585	5.5-65	GB/T 20840.9—2017	互感器 第9部分：互感器的数字接口	国标	设备	设备其他		2017-11-01	2018-05-01
1586	5.5-66	GB/T 20840.1—2010	互感器 第1部分：通用技术要求	国标	设备	设备其他		2010-09-02	2011-08-01
1587	5.5-67	GB/T 20840.2—2014	互感器 第2部分：电流互感器的补充技术要求	国标	设备	设备其他		2014-09-03	2015-08-03
1588	5.5-68	GB/T 20840.3—2013	互感器 第3部分：电磁式电压互感器的补充技术要求	国标	设备	设备其他		2013-12-17	2014-11-14
1589	5.5-69	GB/T 20840.4—2015	互感器 第4部分：组合互感器的补充技术要求	国标	设备	设备其他		2015-05-15	2016-06-01
1590	5.5-70	GB/T 20840.5—2013	互感器 第5部分：电容式电压互感器的补充技术要求	国标	设备	设备其他		2013-02-07	2013-07-01
1591	5.5-71	GB 14285—2006	继电保护和安全自动装置技术规程	国标	设备	设备其他		2006-08-30	2006-11-01

续表

序号	分类号	标准文件号	中文名称	类别	一级专业	二级专业	三级专业	发布日期	实施日期
1592	5.5-72	GB/T 26217—2019	高压直流输电系统直流电压测量装置	国标	设备	设备其他		2019-12-10	2020-07-01
1593	5.5-73	GB/T 13026—2017	交流电容式套管型式尺寸	国标	设备	设备其他		2017-12-29	2018-07-01
1594	5.5-74	GB/T 25096—2010	交流电压高于1000V变电站用电站支柱复合绝缘子定义、试验方法及验收准则	国标	设备	设备其他		2010-09-02	2011-02-01
1595	5.5-75	GB/T 4109—2008	交流电压高于1000V的绝缘套管	国标	设备	设备其他		2008-06-30	2009-04-01
1596	5.5-76	GB/T 28547—2012	交流金属氧化物避雷器选择和使用导则	国标	设备	设备其他		2012-06-29	2012-11-01
1597	5.5-77	GB/T 11032—2010	交流无间隙金属氧化物避雷器	国标	设备	设备其他		2010-09-02	2011-08-01
1598	5.5-78	GB/T 14598.121—2017	量度继电器和保护装置 第121部分：距离保护功能要求	国标	设备	设备其他		2017-07-31	2018-02-01
1599	5.5-79	GB/T 14598.27—2017	量度继电器和保护装置 第27部分：产品安全要求	国标	设备	设备其他		2017-11-01	2018-05-01
1600	5.5-80	GB/T 8905—2012	六氟化硫电气设备中气体管理和检测导则	国标	设备	设备其他		2012-11-05	2013-02-01
1601	5.5-81	GB/T 37012—2018	柔性直流输电接地设备技术规范	国标	设备	设备其他		2018-12-28	2019-07-01
1602	5.5-82	GB/T 35745—2017	柔性直流输电控制与保护设备技术要求	国标	设备	设备其他		2017-12-29	2018-07-01
1603	5.5-83	GB/T 37660—2019	柔性直流输电用电力电子器件技术规范	国标	设备	设备其他		2019-06-04	2020-01-01
1604	5.5-84	GB/T 36955—2018	柔性直流输电用启动电阻技术规范	国标	设备	设备其他		2018-12-28	2019-07-01
1605	5.5-85	GB/T 26429—2010	设备工程监理规范	国标	设备	设备其他		2011-01-14	2011-07-01
1606	5.5-86	GB/T 15145—2017	输电线路保护装置通用技术条件	国标	设备	设备其他		2017-07-31	2018-02-01
1607	5.5-87	GB/T 20645—2006	特殊环境条件高原用低压电器技术要求	国标	设备	设备其他		2006-11-08	2007-04-01
1608	5.5-88	GB/T 22647—2008	直流系统用套管	国标	设备	设备其他		2008-12-31	2009-10-01
1609	5.5-89	GB/T 32516—2016	超高压分段式可控并联电抗器晶闸管阀	国标	设备	设备其他		2016-02-24	2016-09-01
1610	5.5-90	DL/T 399—2010	±800kV以下直流输电工程主要设备监理导则	行标	设备	设备其他		2010-05-01	2010-10-01
1611	5.5-91	DL/T 1186—2012	1000kV罐式电压互感器技术规范	行标	设备	设备其他		2012-08-23	2012-12-01
1612	5.5-92	DL/T 1277—2013	1100kV交流空心复合绝缘子技术规范	行标	设备	设备其他		2013-11-28	2014-04-01
1613	5.5-93	DL/T 1075—2016	保护测控装置技术条件	行标	设备	设备其他		2016-12-05	2017-05-01
1614	5.5-94	JB/T 7618—2011	避雷器密封试验	行标	设备	设备其他		2011-12-20	2012-04-01
1615	5.5-95	DL/T 1960—2018	变电站电气设备抗震试验技术规程	行标	设备	设备其他		2018-12-25	2019-05-01

续表

序号	分类号	标准文件号	中文名称	类别	一级专业	二级专业	三级专业	发布日期	实施日期
1616	5.5-96	DL/T 1048—2021	标称电压高于1000V的交流用棒形支柱复合绝缘子－定义、试验方法及验收规则	行标	设备	设备其他		2007-07-20	2007-12-01
1617	5.5-97	DL/T 586—2008	电力设备监造技术导则	行标	设备	设备其他		2008-06-04	2008-11-01
1618	5.5-98	DL/T 1366—2014	电力设备用六氟化硫气体	行标	设备	设备其他		2014-10-15	2015-03-01
1619	5.5-99	DL/T 596—1996	电力设备预防性试验规程	行标	设备	设备其他		1996-09-25	1997-01-01
1620	5.5-100	DL/T 1397.6—2014	电力直流电源系统用测试设备通用技术条件 第6部分：便携式接地极接地巡测仪	行标	设备	设备其他		2014-10-15	2015-03-01
1621	5.5-101	DL/T 866—2015	电流互感器和电压互感器选择及计算规程	行标	设备	设备其他		2015-04-02	2015-09-01
1622	5.5-102	DL/T 1542—2016	电子式电流互感器选用导则	行标	设备	设备其他		2016-01-07	2016-06-01
1623	5.5-103	DL/T 1543—2016	电子式电压互感器选用导则	行标	设备	设备其他		2016-01-07	2016-06-01
1624	5.5-104	DL/T 1515—2016	电子式互感器接口技术规范	行标	设备	设备其他		2016-01-07	2016-06-01
1625	5.5-105	DL/T 1349—2014	断路器保护装置通用技术条件	行标	设备	设备其他		2014-10-15	2015-03-01
1626	5.5-106	DL/T 1001—2006	复合绝缘高压穿墙套管技术条件	行标	设备	设备其他		2006-05-06	2006-10-01
1627	5.5-107	DL/T 538—2006	高压带电显示装置	行标	设备	设备其他		2006-05-06	2006-10-01
1628	5.5-108	JB/T 8190—2017	高压加热器技术条件	行标	设备	设备其他		2017-11-07	2018-04-01
1629	5.5-109	DL/T 437—2012	高压直流接地极技术导则	行标	设备	设备其他		2012-01-04	2012-03-01
1630	5.5-110	DL/T 1675—2016	高压直流接地极馈电元件技术条件	行标	设备	设备其他		2016-12-05	2017-05-01
1631	5.5-111	DL/T 377—2010	高压直流设备验收试验	行标	设备	设备其他		2010-05-01	2010-10-01
1632	5.5-112	DL/T 1226—2013	固态切换开关技术规范	行标	设备	设备其他		2013-03-07	2013-08-01
1633	5.5-113	DL/T 1789—2017	光纤电流互感器技术规范	行标	设备	设备其他		2017-12-27	2018-06-01
1634	5.5-114	DL/T 1472.2—2015	换流站直流场用支柱绝缘子 第2部分：尺寸与特性	行标	设备	设备其他		2015-07-01	2015-12-01
1635	5.5-115	DL/T 478—2013	继电保护和安全自动装置通用技术条件	行标	设备	设备其他		2013-03-07	2013-08-01
1636	5.5-116	NB/T 42012—2013	交流变电站和电器设备用1100kV复合绝缘子尺寸与特性	行标	设备	设备其他		2013-11-28	2014-04-01
1637	5.5-117	DL/T 815—2012	交流输电线路用复合外套金属氧化物避雷器	行标	设备	设备其他		2012-01-04	2012-03-01
1638	5.5-118	NB/T 10282—2019	交流无间隙金属氧化物避雷器试验导则	行标	设备	设备其他		2019-11-04	2020-05-01

续表

序号	分类号	标准文件号	中文名称	类别	一级专业	二级专业	三级专业	发布日期	实施日期
1639	5.5-119	DL/T 1470—2015	交流系统用盘形悬式复合瓷或钢化玻璃绝缘子串元件	行标	设备	设备其他		2015-07-01	2015-12-01
1640	5.5-120	DL/T 670—2010	母线保护装置通用技术条件	行标	设备	设备其他		2011-01-09	2011-05-01
1641	5.5-121	DL/T 780—2001	配电系统中性点接地电阻器	行标	设备	设备其他		2001-10-08	2002-02-01
1642	5.5-122	DL/T 1793—2017	柔性直流输电设备备监造技术导则	行标	设备	设备其他		2017-12-27	2018-06-01
1643	5.5-123	DL/T 1726—2017	特高压直流穿墙套管技术规范	行标	设备	设备其他		2017-08-02	2017-12-01
1644	5.5-124	DL/T 1392—2014	直流电源系统绝缘监测装置技术条件	行标	设备	设备其他		2014-10-15	2015-03-01
1645	5.5-125	JJG 1072—2011	直流高压高值电阻器	行标	设备	设备其他		2011-11-30	2012-05-30
1646	5.5-126	T/CECS 31—2017	钢制电缆桥架工程技术规程	团标	设备	设备其他		2017-11-20	2018-03-01
1647	5.5-127	T/CEC 204—2019	特高压串补平台侧1000kV电容式电压互感器技术规范	团标	设备	设备其他		2019-04-24	2019-07-01
1648	5.5-128	Q/GDW 11679—2017	±1100kV高压直流输电用穿墙套管通用技术规范	企标	设备	设备其他		2018-01-18	2018-01-18
1649	5.5-129	Q/GDW 11409—2015	±1100kV换流站用无间隙金属氧化物避雷器技术规范	企标	设备	设备其他		2016-11-15	2016-11-15
1650	5.5-130	Q/GDW 11666—2017	±1100kV特高压直流工程换流主要电气设备监造导则	企标	设备	设备其他		2018-01-18	2018-01-18
1651	5.5-131	Q/GDW 11671—2017	±1100kV特高压直流输电系统用测量装置通用技术规范	企标	设备	设备其他		2018-01-18	2018-01-18
1652	5.5-132	Q/GDW 11866—2018	±1100kV支柱绝缘子技术规范	企标	设备	设备其他		2019-10-23	2019-10-23
1653	5.5-133	Q/GDW 11752—2017	±1100kV直流输电线路用复合外套带串联间隙金属氧化物避雷器技术规范	企标	设备	设备其他		2018-09-12	2018-09-12
1654	5.5-134	Q/GDW 11864—2018	±1100kV直流输电线路用复合外套无间隙金属氧化物避雷器	企标	设备	设备其他		2019-10-23	2019-10-23
1655	5.5-135	Q/GDW 1527—2015	高压直流输电换流阀冷却系统技术规范	企标	设备	设备其他		2016-11-21	2016-11-21
1656	5.5-136	Q/GDW 276—2009	±800kV换流站用金属氧化物避雷器技术规范	企标	设备	设备其他		2009-05-25	2009-05-25
1657	5.5-137	Q/GDW 1281—2015	±800kV特高压直流套管技术规范	企标	设备	设备其他		2016-11-15	2016-11-15
1658	5.5-138	Q/GDW 1263—2014	±800kV级直流系统电气设备监造导则	企标	设备	设备其他		2014-12-31	2014-12-31
1659	5.5-139	Q/GDW 1282—2015	±800kV直流换流站二次设备抗干扰要求	企标	设备	设备其他		2016-11-15	2016-11-15
1660	5.5-140	Q/GDW 287—2009	±800kV直流棒形悬式复合绝缘子技术条件	企标	设备	设备其他		2009-05-25	2009-05-25
1661	5.5-141	Q/GDW 280—2009	±800kV直流盘形绝缘子技术条件	企标	设备	设备其他		2009-05-25	2009-05-25
1662	5.5-142	Q/GDW 11788—2017	±800kV直流输电线路用复合外套带串联间隙金属氧化物避雷器技术规范	企标	设备	设备其他		2018-09-30	2018-09-30

续表

序号	分类号	标准文件号	中文名称	类别	一级专业	二级专业	三级专业	发布日期	实施日期
1663	5.5-143	Q/GDW 279—2009	±800kV直流支柱绝缘子技术规范	企标	设备	设备其他		2009-05-25	2009-05-25
1664	5.5-144	Q/GDW 11025—2013	1000kV变电站二次设备抗扰度要求	企标	设备	设备其他		2014-04-01	2014-04-01
1665	5.5-145	Q/GDW 303—2009	1000kV变电站用支柱绝缘子技术规范	企标	设备	设备其他		2009-05-25	2009-05-25
1666	5.5-146	Q/GDW 325—2009	1000kV变压器保护装置技术要求	企标	设备	设备其他		2009-05-25	2009-05-25
1667	5.5-147	Q/GDW 326—2009	1000kV电抗器保护装置技术要求	企标	设备	设备其他		2009-05-25	2009-05-25
1668	5.5-148	Q/GDW 329—2009	1000kV断路器保护装置技术要求	企标	设备	设备其他		2009-05-25	2009-05-25
1669	5.5-149	Q/GDW 148—2006	高压直流输电用±800kV级平波电抗器通用技术规范之一——油浸式平波电抗器	企标	设备	设备其他		2006-09-26	2006-09-26
1670	5.5-150	Q/GDW 149—2006	高压直流输电用±800kV平波电抗器通用技术规范之二——干式平波电抗器	企标	设备	设备其他		2006-09-26	2006-09-26
1671	5.5-151	Q/GDW 320—2009	1000kV交流电气设备监造导则	企标	设备	设备其他		2009-05-25	2009-05-25
1672	5.5-152	Q/GDW 1779—2013	1000kV交流特高压输电线路带串联间隙复合外套金属氧化物避雷器技术规范	企标	设备	设备其他		2013-04-12	2013-04-12
1673	5.5-153	Q/GDW 1307—2014	1000kV交流系统用无间隙金属氧化物避雷器技术规范	企标	设备	设备其他		2014-07-01	2014-07-01
1674	5.5-154	Q/GDW 328—2009	1000kV母线保护装置技术要求	企标	设备	设备其他		2009-05-25	2009-05-25
1675	5.5-155	Q/GDW 330—2009	1000kV系统继电保护装置及安全自动装置检测技术规范	企标	设备	设备其他		2009-05-25	2009-05-25
1676	5.5-156	Q/GDW 1830—2012	特高压支柱瓷绝缘子工厂复合化技术规范	企标	设备	设备其他		2013-06-28	2013-06-28
1677	5.5-157	Q/GDW 327—2009	1000kV线路保护装置技术要求	企标	设备	设备其他		2009-05-25	2009-05-25
1678	5.5-158	Q/GDW 1950—2013	SF₆密度表、密度继电器现场校验规范	企标	设备	设备其他		2014-04-15	2014-04-15
1679	5.5-159	Q/GDW 11764—2017	高压直流工程直流控制保护与测量装置接口技术规范	企标	设备	设备其他		2018-09-26	2018-09-26
1680	5.5-160	Q/GDW 11868—2018	高压直流系统用空心复合绝缘子技术规范	企标	设备	设备其他		2019-10-23	2019-10-23
1681	5.5-161	Q/GDW 1540.5—2014	变电设备在线监测装置检验规范 第5部分：气体绝缘金属封闭开关设备特高频法局部放电在线监测装置	企标	设备	设备其他		2015-02-26	2015-02-26
1682	5.5-162	Q/GDW 1540.6—2015	变电设备在线监测装置检验规范 第6部分：变压器特高频局部放电在线监测装置	企标	设备	设备其他		2016-09-30	2016-09-30

续表

序号	分类号	标准文件号	中文名称	类别	一级专业	二级专业	三级专业	发布日期	实施日期
1683	5.5-163	Q/GDW 10549—2022	变电站监控系统装置技术试验规范	企标	设备	设备其他		2022-01-29	2022-01-29
1684	5.5-164	Q/GDW 11651.12—2017	变电站设备验收规范　第12部分：母线及绝缘子	企标	设备	设备其他		2018-01-02	2018-01-02
1685	5.5-165	Q/GDW 11651.13—2017	变电站设备验收规范　第13部分：穿墙套管	企标	设备	设备其他		2018-01-02	2018-01-02
1686	5.5-166	Q/GDW 11651.14—2018	变电站设备验收规范　第14部分：电力电缆	企标	设备	设备其他		2020-04-03	2020-04-03
1687	5.5-167	Q/GDW 11651.15—2017	变电站设备验收规范　第15部分：消弧线圈	企标	设备	设备其他		2018-01-02	2018-01-02
1688	5.5-168	Q/GDW 11651.16—2018	变电站设备验收规范　第16部分：高频阻波器	企标	设备	设备其他		2020-04-03	2020-04-03
1689	5.5-169	Q/GDW 11651.17—2017	变电站设备验收规范　第17部分：耦合电容器	企标	设备	设备其他		2018-01-02	2018-01-02
1690	5.5-170	Q/GDW 11651.18—2018	变电站设备验收规范　第18部分：高压熔断器	企标	设备	设备其他		2020-04-03	2020-04-03
1691	5.5-171	Q/GDW 11651.19—2017	变电站设备验收规范　第19部分：中性点隔直装置	企标	设备	设备其他		2018-01-02	2018-01-02
1692	5.5-172	Q/GDW 11651.21—2017	变电站设备验收规范　第21部分：端子箱及检修电源箱	企标	设备	设备其他		2018-01-02	2018-01-02
1693	5.5-173	Q/GDW 11651.23—2017	变电站设备验收规范　第23部分：站用交流电源系统	企标	设备	设备其他		2018-01-02	2018-01-02
1694	5.5-174	Q/GDW 11651.24—2017	变电站设备验收规范　第24部分：站用直流电源系统	企标	设备	设备其他		2018-01-02	2018-01-02
1695	5.5-175	Q/GDW 11651.26—2017	变电站设备验收规范　第26部分：辅助设施	企标	设备	设备其他		2018-01-02	2018-01-02
1696	5.5-176	Q/GDW 11651.28—2017	变电站设备验收规范　第28部分：避雷针	企标	设备	设备其他		2018-01-02	2018-01-02
1697	5.5-177	Q/GDW 11651.6—2016	变电站设备验收规范　第6部分：电流互感器	企标	设备	设备其他		2017-10-17	2017-10-17
1698	5.5-178	Q/GDW 11651.7—2016	变电站设备验收规范　第7部分：电压互感器	企标	设备	设备其他		2017-10-17	2017-10-17
1699	5.5-179	Q/GDW 11651.8—2016	变电站设备验收规范　第8部分：避雷器	企标	设备	设备其他		2017-10-17	2017-10-17
1700	5.5-180	Q/GDW 11645—2016	变压器特高频局部放电在线监测保护装置的基本技术条件	企标	设备	设备其他		2017-07-28	2017-07-28
1701	5.5-181	Q/GDW 10663—2015	串联电容器补偿装置控制保护设备控制系统技术规范	企标	设备	设备其他		2016-12-08	2016-12-08
1702	5.5-182	Q/GDW 11026—2013	串联谐振型故障电流限制器控制保护系统技术规范	企标	设备	设备其他		2014-04-01	2014-04-01
1703	5.5-183	Q/GDW 12016.6—2019	电网设备金属材料选用导则　第6部分：电力电缆	企标	设备	设备其他		2020-12-31	2020-12-31
1704	5.5-184	Q/GDW 1847—2012	电子式电流互感器技术规范	企标	设备	设备其他		2014-05-01	2014-05-01
1705	5.5-185	Q/GDW 1848—2012	电子式电压互感器技术规范	企标	设备	设备其他		2014-05-01	2014-05-01
1706	5.5-186	Q/GDW 11676—2017	高压直流转换开关	企标	设备	设备其他		2018-01-18	2018-01-18
1707	5.5-187	Q/GDW 11652.18—2016	换流站设备验收规范　第18部分：站用交流电源系统	企标	设备	设备其他		2017-10-17	2017-10-17

续表

序号	分类号	标准文件号	中文名称	类别	一级专业	二级专业	三级专业	发布日期	实施日期
1708	5.5-188	Q/GDW 11652.22—2016	换流站设备验收规范 第22部分：辅助设施	企标	设备	设备其他		2017-10-17	2017-10-17
1709	5.5-189	Q/GDW 11652.7—2016	换流站设备验收规范 第7部分：直流分压器	企标	设备	设备其他		2017-10-17	2017-10-17
1710	5.5-190	Q/GDW 11652.8—2016	换流站设备验收规范 第8部分：光电式电流互感器	企标	设备	设备其他		2017-10-17	2017-10-17
1711	5.5-191	Q/GDW 11652.9—2016	换流站设备验收规范 第9部分：零磁通电流互感器	企标	设备	设备其他		2017-10-17	2017-10-17
1712	5.5-192	Q/GDW 11652.13—2016	换流站设备验收规范 第13部分：直流控制保护系统	企标	设备	设备其他		2017-10-17	2017-10-17
1713	5.5-193	Q/GDW 10530—2016	高压直流输电直流电子式电流互感器技术规范	企标	设备	设备其他		2017-03-24	2017-03-24
1714	5.5-194	Q/GDW 11311—2021	气体绝缘金属封闭开关设备特高频局部放电法在线监测装置技术规范	企标	设备	设备其他		2021-12-06	2021-12-06
1715	5.5-195	Q/GDW 11734—2022	柔性直流输电阀基控制器动模测试技术导则	企标	设备	设备其他		2022-07-16	2022-07-16
1716	5.5-196	Q/GDW 11528—2016	特高压全光纤电流互感器技术规范	企标	设备	设备其他		2016-12-22	2016-12-22
1717	5.5-197	Q/GDW 10531—2016	高压直流输电直流电子式电压互感器技术规范	企标	设备	设备其他		2017-07-28	2017-07-28
1718	5.5-198	Q/GDW 11677—2017	特高压直流设备抗震技术规范	企标	设备	设备其他		2018-01-18	2018-01-18
1719	5.5-199	Q/GDW 11730—2017	统一潮流控制器技术规范	企标	设备	设备其他		2018-07-11	2018-07-11
1720	5.5-200	Q/GDW 11650—2016	站用35kV及以下导线和母线绝缘化技术规范	企标	设备	设备其他		2017-10-17	2017-10-17
6　安全									
1721	6-1	GB/T 25726—2010	1000kV交流带电作业用屏蔽服装	国标	安全			2010-12-23	2011-05-01
1722	6-2	GB 6095—2009	安全带	国标	安全			2009-04-13	2009-12-01
1723	6-3	GB 16796—2009	安全防范报警设备安全要求和试验方法	国标	安全			2009-09-30	2010-06-01
1724	6-4	GB 50348—2018	安全防范工程技术标准	国标	安全			2018-05-14	2018-12-01
1725	6-5	GB 5725—2009	安全网	国标	安全			2009-04-01	2009-12-01
1726	6-6	GB/T 7260.1—2008	不间断电源设备（UPS）第1-1部分：操作人员触及区使用的UPS的一般规定和安全要求	国标	安全			2008-05-20	2009-04-01
1727	6-7	GB/T 7260.4—2008	不间断电源设备（UPS）第1-2部分：限制触及区使用的UPS的一般规定和安全要求	国标	安全			2008-05-20	2009-04-01
1728	6-8	GB/T 17045—2020	电击防护装置和设备的通用部分	国标	安全			2020-03-31	2020-10-01

续表

序号	分类号	标准文件号	中文名称	类别	一级专业	二级专业	三级专业	发布日期	实施日期
1729	6-9	GB 18871—2002	电离辐射防护与辐射源安全基本标准	国标	安全			2002-10-08	2003-04-01
1730	6-10	GB 26859—2011	电力安全工作规程电力线路部分	国标	安全			2011-07-29	2012-06-01
1731	6-11	GB 26860—2011	电力安全工作规程发电厂和变电站电气部分	国标	安全			2011-07-29	2012-06-01
1732	6-12	GB/T 36291.1—2018	电力安全设施配置技术规范 第1部分：变电站	国标	安全			2018-06-07	2019-01-01
1733	6-13	GB/T 36291.2—2018	电力安全设施配置技术规范 第2部分：线路	国标	安全			2018-06-07	2019-01-01
1734	6-14	GB/T 29481—2013	电气安全标志	国标	安全			2013-02-07	2013-12-01
1735	6-15	GB/T 24612.1—2009	电气设备应用场所的安全要求 第1部分：总则	国标	安全			2009-11-15	2010-05-01
1736	6-16	GB/T 24612.2—2009	电气设备应用场所的安全要求 第2部分：在断电状态下操作的安全措施	国标	安全			2009-11-15	2010-05-01
1737	6-17	GB 12158—2006	防止静电事故通用导则	国标	安全			2006-06-22	2006-12-01
1738	6-18	GB/T 3608—2008	高处作业分级	国标	安全			2008-10-30	2009-06-01
1739	6-19	GB/T 4200—2008	高温作业分级	国标	安全			2008-10-30	2009-06-01
1740	6-20	GB/T 35047—2018	公共安全 大规模疏散 规划指南	国标	安全			2018-05-14	2018-11-01
1741	6-21	GB/T 38209—2019	公共安全 演练指南	国标	安全			2019-10-18	2020-04-01
1742	6-22	GB/T 37228—2018	公共安全 应急管理 突发事件响应要求	国标	安全			2018-12-28	2019-06-01
1743	6-23	GB/T 37230—2018	公共安全 应急管理 预警颜色指南	国标	安全			2018-12-28	2019-06-01
1744	6-24	GB 37489.1—2019	公共场所卫生设计规范 第1部分：总则	国标	安全			2019-04-04	2019-11-01
1745	6-25	GB/T 10892—2005	固定的空气压缩机 安全规则和操作规程	国标	安全			2005-08-31	2006-08-01
1746	6-26	GB 4053.1—2009	固定式钢梯及平台安全要求 第1部分：钢直梯	国标	安全			2009-03-31	2009-12-01
1747	6-27	GB 4053.2—2009	固定式钢梯及平台安全要求 第2部分：钢斜梯	国标	安全			2009-03-31	2009-12-01
1748	6-28	GB 4053.3—2009	固定式钢梯及平台安全要求 第3部分：工业防护栏杆及钢平台	国标	安全			2009-03-31	2009-12-01
1749	6-29	GB 19517—2009	国家电气设备安全技术规范	国标	安全			2009-11-15	2010-05-01
1750	6-30	GB/T 20262—2006	焊接、切割及类似工艺用气瓶减压器安全规范	国标	安全			2006-03-14	2006-10-01
1751	6-31	GB 9448—1999	焊接与切割安全	国标	安全			1999-09-03	2000-05-01
1752	6-32	GB/T 35077—2018	机械安全 局部排气通风系统 安全要求	国标	安全			2018-05-14	2018-12-01

续表

序号	分类号	标准文件号	中文名称	类别	一级专业	二级专业	三级专业	发布日期	实施日期
1753	6-33	GB/T 35076—2018	机械安全 生产设备安全通则	国标	安全			2018-05-14	2018-12-01
1754	6-34	GB/T 30174—2013	机械安全术语	国标				2013-12-17	2014-10-01
1755	6-35	GB/T 18209.1—2010	机械电气安全指示、标志和操作 第1部分：关于视觉、听觉和触觉信号的要求	国标	安全			2011-01-14	2011-12-01
1756	6-36	GB/T 18209.2—2010	机械电气安全指示、标志和操作 第2部分：标志要求	国标	安全			2011-01-14	2011-12-01
1757	6-37	GB/T 18209.3—2010	机械电气安全指示、标志和操作 第3部分：标志和操作动器的位置和操作的要求	国标	安全			2011-01-14	2011-12-01
1758	6-38	GB/T 27476.1—2014	检测实验室安全 第1部分：总则	国标	安全			2014-12-05	2014-12-15
1759	6-39	GB/T 27476.2—2014	检测实验室安全 第2部分：电气因素	国标	安全			2014-12-05	2014-12-15
1760	6-40	GB/T 27476.3—2014	检测实验室安全 第3部分：机械因素	国标	安全			2014-12-05	2014-12-15
1761	6-41	GB/T 27476.4—2014	检测实验室安全 第4部分：非电离辐射因素	国标	安全			2014-12-05	2014-12-15
1762	6-42	GB/T 27476.5—2014	检测实验室安全 第5部分：化学因素	国标	安全			2014-12-05	2014-12-15
1763	6-43	GB 50194—2014	建设工程施工现场供用电安全规范	国标	安全			2014-04-15	2015-01-01
1764	6-44	GB 50870—2013	建筑施工安全技术统一规范	国标	安全			2013-05-13	2014-03-01
1765	6-45	GB/T 19185—2008	交流线路带电作业距离计算方法	国标	安全			2008-09-24	2009-08-01
1766	6-46	GB/T 7946—2015	脉冲电子围栏及其安装和运行	国标	安全			2015-05-15	2015-12-01
1767	6-47	GB/T 33000—2016	企业安全生产标准化基本规范	国标	安全			2016-12-13	2017-04-01
1768	6-48	GB/T 6441—1986	企业职工伤亡事故分类	国标	安全			1986-05-31	1987-02-01
1769	6-49	GB/T 5082—2019	起重机 手势信号	国标	安全			2019-12-10	2020-07-01
1770	6-50	GB/T 23723.1—2009	起重机安全使用 第1部分：总则	国标	安全			2009-04-24	2010-01-01
1771	6-51	GB/T 34525—2017	气瓶搬运、装卸、储存和使用安全规定	国标	安全			2017-10-14	2018-05-01
1772	6-52	GB 8958—2006	缺氧危险作业安全规程	国标	安全			2006-06-22	2006-12-01
1773	6-53	GB/T 12801—2008	生产过程安全卫生要求总则	国标	安全			2008-12-15	2009-10-01
1774	6-54	GB 5083—1999	生产设备安全卫生设计总则	国标	安全			1999-05-14	1999-12-01
1775	6-55	GB/T 18883—2002	室内空气质量标准	国标	安全			2002-11-19	2003-03-01

续表

序号	分类号	标准文件号	中文名称	类别	一级专业	二级专业	三级专业	发布日期	实施日期
1775	6-56	GB/T 35561—2017	突发事件分类与编码	国标	安全			2017-12-29	2018-07-01
1777	6-57	GB 18218—2009	危险化学品重大危险源辨识	国标	安全			2009-03-31	2009-12-01
1778	6-58	GB 14050—2008	系统接地的型式及安全技术要求	国标	安全			2008-09-24	2009-08-01
1779	6-59	GB 17945—2010	消防应急照明和疏散指示系统	国标	安全			2010-09-02	2011-05-01
1780	6-60	GB/T 23809—2009	应急导向系统设置原则与要求	国标	安全			2009-05-06	2009-11-01
1781	6-61	GB/T 13869—2017	用电安全导则	国标	安全			2017-12-29	2018-07-01
1782	6-62	GB/T 45001—2020	职业健康安全管理体系	国标	安全			2020-03-06	2020-03-06
1783	6-63	GB Z 188—2014	职业健康监护技术规范	国标	安全			2014-05-14	2014-10-01
1784	6-64	GB/T 17297—1998	中国气候区划名称与代码气候带和气候大区	国标	安全			1998-03-27	1998-10-01
1785	6-65	GB 24543—2009	坠落防护安全绳	国标	安全			2009-10-30	2010-09-01
1786	6-66	GB 24542—2009	坠落防护带刚性导轨的自锁器	国标	安全			2009-10-30	2010-09-01
1787	6-67	GB/T 24537—2009	坠落防护带柔性导轨的自锁器	国标	安全			2009-10-30	2010-09-01
1788	6-68	GB 30862—2014	坠落防护挂点装置	国标	安全			2014-07-24	2015-06-01
1789	6-69	GB/T 24538—2009	坠落防护缓冲器	国标	安全			2009-10-30	2010-09-01
1790	6-70	GB 24544—2009	坠落防护速差自控器	国标	安全			2009-10-30	2010-09-01
1791	6-71	AQ 8001—2007	安全评价通则	行标	安全			2007-01-04	2007-04-01
1792	6-72	AQ 8003—2007	安全验收评价导则	行标	安全			2007-01-04	2007-04-01
1793	6-73	AQ 8002—2007	安全预评价导则	行标	安全			2007-04-01	2007-04-01
1794	6-74	DL/T 1475—2015	电力安全工器具配置与存放技术要求	行标	安全			2015-07-01	2015-12-01
1795	6-75	DL/T 1200—2013	电力行业缺氧危险作业监测与防护技术规范	行标	安全			2013-03-07	2013-08-01
1796	6-76	DL 5009.2—2013	电力建设安全工作规程 第2部分：电力线路	行标	安全			2013-11-28	2014-04-01
1797	6-77	DL 5009.3—2013	电力建设安全工作规程 第3部分：变电站	行标	安全			2013-11-28	2014-04-01
1798	6-78	DL/T 518.1—2016	电力生产事故分类与代码 第1部分：人身事故	行标	安全			2016-08-16	2016-12-01
1799	6-79	DL/T 518.2—2016	电力生产事故分类与代码 第2部分：设备事故	行标	安全			2016-08-16	2016-12-01
1800	6-80	JGJ 33—2012	建筑机械使用安全技术规程	行标	安全			2012-05-03	2012-11-01

续表

序号	分类号	标准文件号	中文名称	类别	一级专业	二级专业	三级专业	发布日期	实施日期
1801	6-81	JGJ 59—2011	建筑施工安全检查标准	行标	安全			2011-12-07	2012-07-01
1802	6-82	JGJ 80—2016	建筑施工高处作业安全技术规范	行标	安全			2016-07-09	2016-12-01
1803	6-83	JGJ 130—2011	建筑施工扣件式钢管脚手架安全技术规范	行标	安全			2011-01-28	2011-12-01
1804	6-84	WS/T 770—2015	建筑施工企业职业病防治技术规范	行标	安全			2015-03-09	2015-09-01
1805	6-85	JGJ 276—2012	建筑施工起重吊装工程安全技术规范	行标	安全			2012-01-11	2012-06-01
1806	6-86	JGJ 180—2009	建筑施工土石方工程安全技术规范	行标	安全			2009-06-18	2011-12-01
1807	6-87	DL/T 639—2016	六氟化硫电气设备运行、试验及检修人员安全防护导则	行标	安全			2016-01-07	2016-06-01
1808	6-88	AQ/T 9006—2010	企业安全生产标准化基本规范	行标	安全			2010-04-15	2010-06-01
1809	6-89	TSG Q7016—2016	起重设备安装改造重大修理监督检验规则	行标	安全			2016-03-23	2016-03-23
1810	6-90	TSG Q7015—2016	起重设备机械定期检验规则	行标	安全			2016-03-23	2016-03-23
1811	6-91	DL/T 5250—2010	汽车起重机安全操作规程	行标	安全			2010-05-01	2010-10-01
1812	6-92	AQ/T 9007—2011	生产安全事故应急演练指南	行标	安全			2011-04-19	2011-09-01
1813	6-93	JGJ/T 77—2010	施工企业安全生产评价标准	行标	安全			2010-05-18	2010-11-01
1814	6-94	JGJ 46—2005	施工现场临时用电安全技术规范	行标	安全			2005-04-15	2005-07-01
1815	6-95	JGJ 167—2009	湿陷性黄土地区建筑基坑工程安全技术规程	行标	安全			2009-03-15	2009-07-01
1816	6-96	DL/T 669—1999	室外高温作业分级	行标	安全			1999-08-02	1999-10-01
1817	6-97	AQ/T 4208—2010	有毒作业场所危害程度分级	行标	安全			2010-09-06	2011-05-01
1818	6-98	LD 81—1995	有毒作业分级检测规程	行标	安全			1995-09-01	1996-06-01
1819	6-99	DL/T 1345—2014	直升机电力作业安全工作规程	行标	安全			2014-10-15	2015-03-01
1820	6-100	Q/GDW 1274—2015	变电工程落地式钢管脚手架施工安全技术规范	企标	安全			2016-11-15	2016-11-15
1821	6-101	Q/GDW 10162—2016	杆塔作业防坠落装置	企标	安全			2017-06-16	2017-06-16
1822	6-102	Q/GDW 11957.1—2020	国家电网有限公司电力建设安全工作规程 第1部分：变电	企标	安全			2021-01-29	2021-01-29
1823	6-103	Q/GDW 11957.2—2020	国家电网有限公司电力建设安全工作规程 第2部分：线路	企标	安全			2021-01-29	2021-01-29
1824	6-104	Q/GDW 11885—2018	国家电网有限公司交通安全监督检查工作规范	企标	安全			2020-04-17	2020-04-17
1825	6-105	Q/GDW 11886—2018	国家电网有限公司消防安全监督检查工作规范	企标	安全			2020-04-17	2020-04-17

续表

序号	分类号	标准文件号	中文名称	类别	一级专业	二级专业	三级专业	发布日期	实施日期
1826	6-106	Q/GDW 10250—2021	输变电工程建设安全文明施工规程	企标	安全			2021-07-09	2021-07-09
1827	6-107	Q/GDW 12163—2021	高海拔地区变电站生活保障规范	企标	安全			2021-12-06	2021-12-06
1828	6-108	Q/GDW 12152—2021	输变电工程建设施工安全风险管理规程	企标	安全			2021-07-09	2021-07-09
7 消防									
1829	7-1	GB 4716—2005	点型感温火灾探测器	国标	消防			2005-09-01	2006-06-01
1830	7-2	GB 4715—2005	点型感烟火灾探测器	国标	消防			2005-09-01	2006-06-01
1831	7-3	GB 14287.1—2014	电气火灾监控系统　第1部分：电气火灾监控设备	国标	消防			2014-07-24	2015-06-01
1832	7-4	GB 14287.2—2014	电气火灾监控系统　第2部分：剩余电流式电气火灾监控探测器	国标	消防			2014-07-24	2015-06-01
1833	7-5	GB 14287.3—2014	电气火灾监控系统　第3部分：测温式电气火灾监控探测器	国标	消防			2014-07-24	2015-06-01
1834	7-6	GB 20517—2006	独立式感烟火灾探测报警器	国标	消防			2007-04-01	2006-07-17
1835	7-7	GB 16809—2008	防火窗	国标	消防			2008-04-22	2009-01-01
1836	7-8	GB 14102—2005	防火卷帘	国标	消防			2005-04-22	2005-12-01
1837	7-9	GB 50016—2014	建筑设计防火规范	国标	消防			2018-03-30	2018-10-01
1838	7-10	GB 50877—2014	防火卷帘、防火门、防火窗施工及验收规范	国标	消防			2014-01-09	2014-08-01
1839	7-11	GB 12955—2008	防火门	国标	消防			2008-04-22	2009-01-01
1840	7-12	GB 27898.3—2011	固定消防给水设备　第3部分：消防增压稳压给水设备	国标	消防			2011-12-30	2012-06-01
1841	7-13	GB 50338—2003	固定消防炮灭火系统设计规范	国标	消防			2003-04-15	2003-08-01
1842	7-14	GB 50498—2009	固定消防炮灭火系统施工与验收规范	国标	消防			2009-05-13	2009-10-01
1843	7-15	GB 8109—2005	推车式灭火器	国标	消防			2005-04-22	2005-12-01
1844	7-16	GB 50229—2019	火力发电厂与变电站设计防火标准	国标	消防			2019-02-13	2019-08-01
1845	7-17	GB 4717—2005	火灾报警控制器	国标	消防			2005-09-01	2006-06-01
1846	7-18	GB/T 4968—2008	火灾分类	国标	消防			2008-11-04	2009-04-01
1847	7-19	GB 50116—2013	火灾自动报警系统设计规范	国标	消防			2013-09-06	2014-05-01
1848	7-20	GB 50166—2019	火灾自动报警系统施工及验收标准	国标	消防			2019-11-22	2020-03-01

续表

序号	分类号	标准文件号	中文名称	类别	一级专业	二级专业	三级专业	发布日期	实施日期
1849	7-21	GB/Z 24978—2010	火灾自动报警系统性能评价	国标	消防			2010-08-09	2010-12-01
1850	7-22	GB 50720—2011	建设工程施工现场消防安全技术规范	国标	消防			2011-06-06	2011-08-01
1851	7-23	GB/T 51410—2020	建筑防火封堵应用技术标准	国标	消防			2020-01-16	2020-07-01
1852	7-24	GB 51251—2017	建筑防烟排烟系统技术标准	国标	消防			2017-11-20	2018-08-01
1853	7-25	GB 51249—2017	建筑钢结构防火技术规范	国标	消防			2017-07-31	2018-04-01
1854	7-26	GB 50140—2005	建筑灭火器配置设计规范	国标	消防			2005-07-15	2005-10-01
1855	7-27	GB 50444—2008	建筑灭火器配置验收及检查规范	国标	消防			2008-08-13	2008-11-01
1856	7-28	GB 50354—2005	建筑内部装修防火施工及验收规范	国标	消防			2005-04-15	2005-08-01
1857	7-29	GB 50016—2014	建筑设计防火规范	国标	消防			2018-03-30	2018-10-01
1858	7-30	GB 25201—2010	建筑消防设施的维护管理	国标	消防			2010-09-26	2011-03-01
1859	7-31	GB 15763.1—2009	建筑用安全玻璃 第1部分：防火玻璃	国标	消防			2009-03-28	2010-03-01
1860	7-32	GB 20031—2005	泡沫灭火系统及部件通用技术条件	国标	消防			2005-09-28	2006-04-01
1861	7-33	GB 50151—2010	泡沫灭火系统设计规范	国标	消防			2010-08-18	2011-06-01
1862	7-34	GB 25972—2010	气体灭火系统及部件	国标	消防			2011-01-10	2011-06-01
1863	7-35	GB 50370—2005	气体灭火系统设计规范	国标	消防			2006-03-06	2006-05-01
1864	7-36	GB 50263—2007	气体灭火系统施工及验收规范	国标	消防			2007-01-24	2007-07-01
1865	7-37	GB 50067—2014	汽车库、修车库、停车场设计防火规范	国标	消防			2014-12-02	2015-08-01
1866	7-38	GB 3445—2018	室内消火栓	国标	消防			2018-09-17	2019-04-01
1867	7-39	GB 4452—2011	室外消火栓	国标	消防			2011-12-30	2012-06-01
1868	7-40	GB 4351.1—2005	手提式灭火器 第1部分：性能和结构要求	国标	消防			2005-04-22	2005-12-01
1869	7-41	GB 50219—2014	水喷雾灭火系统技术规范	国标	消防			2014-10-09	2015-08-01
1870	7-42	GB/T 26785—2011	细水雾灭火系统及部件通用技术条件	国标	消防			2011-07-20	2011-11-01
1871	7-43	GB 13495.1—2015	消防安全标志 第1部分：标志	国标	消防			2015-06-02	2015-08-01
1872	7-44	GB 15630—1995	消防安全标志设置要求	国标	消防			1995-07-19	1996-02-01
1873	7-45	GB/T 31540.1—2015	消防安全工程指南 第1部分：性能化在设计中的应用	国标	消防			2015-05-15	2015-08-01

续表

序号	分类号	标准文件号	中文名称	类别	一级专业	二级专业	三级专业	发布日期	实施日期
1874	7-46	GB/T 31540.2—2015	消防安全工程指南　第2部分：火灾发生、发展及烟气的生成	国标	消防			2015-05-15	2015-08-01
1875	7-47	GB/T 31540.3—2015	消防安全工程指南　第3部分：结构响应和室内火灾的对外蔓延	国标	消防			2015-05-15	2015-08-01
1876	7-48	GB/T 31540.4—2015	消防安全工程指南　第4部分：探测、启动和灭火	国标	消防			2015-05-15	2015-08-01
1877	7-49	GB/T 5907.2—2015	消防词汇　第2部分：火灾预防	国标	消防			2015-05-15	2015-08-01
1878	7-50	GB/T 5907.5—2015	消防词汇　第5部分：消防产品	国标	消防			2015-05-15	2015-08-01
1879	7-51	GB/T 5907.4—2015	消防词汇　第4部分：火灾调查	国标	消防			2015-05-15	2015-08-01
1880	7-52	GB 50974—2014	消防给水及消火栓系统技术规范	国标	消防			2014-01-29	2014-10-01
1881	7-53	GB 3446—2013	消防水泵接合器	国标	消防			2013-09-18	2014-08-01
1882	7-54	GB 6246—2011	消防水带	国标	消防			2011-12-30	2012-06-01
1883	7-55	GB 50401—2007	消防通信指挥系统施工及验收规范	国标	消防			2007-02-27	2007-07-01
1884	7-56	GB 51309—2018	消防应急照明和疏散指示系统技术标准	国标	消防			2018-07-10	2019-03-01
1885	7-57	GB/T 14561—2019	消火栓箱	国标	消防			2019-12-10	2020-04-01
1886	7-58	GB 25204—2010	自动跟踪定位射流灭火系统	国标	消防			2010-09-26	2011-03-01
1887	7-59	GB 51427—2021	自动跟踪定位射流灭火系统技术标准	国标	消防			2021-04-09	2021-10-01
1888	7-60	GB 5135.17—2011	自动喷水灭火系统　第17部分：减压阀	国标	消防			2011-07-20	2011-07-20
1889	7-61	GB 5135.3—2003	自动喷水灭火系统　第3部分：水雾喷头	国标	消防			2003-10-08	2004-05-01
1890	7-62	GB/T 5135.18—2010	自动喷水灭火系统　第18部分：消防管道支吊架	国标	消防			2011-01-14	2011-06-01
1891	7-63	GB 50084—2017	自动喷水灭火系统设计规范	国标	消防			2017-05-27	2018-01-01
1892	7-64	GB 50261—2017	自动喷水灭火系统施工及验收规范	国标	消防			2017-05-27	2018-01-01
1893	7-65	DLGJ 154—2000	电缆防火措施设计和施工验收标准	行标	消防			2000-10-19	2001-01-01
1894	7-66	DL 5027—2015	电力设备典型消防规程	行标	消防			2015-04-02	2015-09-01
1895	7-67	XF 386—2002	防火卷帘控制器	行标	消防			2002-05-14	2002-12-01
1896	7-68	XF 93—2004	防火门闭门器	行标	消防			2004-03-18	2004-10-01
1897	7-69	GA 836—2009	建筑工程消防验收评定规则	行标	消防			2009-06-25	2009-08-01
1898	7-70	XF 503—2004	建筑消防设施检测技术规程	行标	消防			2004-06-09	2004-10-01

续表

序号	分类号	标准文件号	中文名称	类别	一级专业	二级专业	三级专业	发布日期	实施日期
1899	7-71	GA 139—2009	灭火器箱	行标	消防			2009-09-25	2009-12-01
1900	7-72	GA 834—2009	泡沫喷雾灭火装置	行标	消防			2009-06-04	2009-07-01
1901	7-73	GA 835—2009	油浸变压器排油注氮灭火装置	行标	消防			2009-06-04	2009-07-01
1902	7-74	AQ/T 4206—2010	作业场所职业危害基础信息数据	行标	消防			2010-09-06	2011-05-01
1903	7-75	Q/GDW 11403—2015	±800kV及以上特高压直流工程换流站消防设计导则	企标	消防			2016-11-15	2016-11-15
1904	7-76	Q/GDW 11652.20—2016	换流站设备验收规范 第20部分：消防系统	企标	消防			2017-10-17	2017-10-17
1905	7-77	Q/GDW 12033—2020	特高压换流站固定式压缩空气泡沫灭火系统通用技术条件	企标	消防			2020-12-31	2020-12-31
1906	7-78	Q/GDW 12034.1—2020	特高压换流站固定式压缩空气泡沫灭火系统应用技术规范 第1部分：设计规范	企标	消防			2020-12-31	2020-12-31
1907	7-79	Q/GDW 12034.2—2020	特高压换流站固定式压缩空气泡沫灭火系统应用技术规范 第2部分：施工规范	企标	消防			2020-12-31	2020-12-31
1908	7-80	Q/GDW 12034.3—2020	特高压换流站固定式压缩空气泡沫灭火系统应用技术规范 第3部分：验收规范	企标	消防			2020-12-31	2020-12-31

8 技经

序号	分类号	标准文件号	中文名称	类别	一级专业	二级专业	三级专业	发布日期	实施日期
1909	8-1	GB 50500—2013	建设工程工程量清单计价规范	国标	技经			2012-12-25	2013-07-01
1910	8-2	GB/T 51095—2015	建设工程造价咨询规范	国标	技经			2015-03-08	2015-11-01
1911	8-3	GB/T 51290—2018	建设工程造价指标指数分类与测算标准	国标	技经			2018-03-07	2018-07-01
1912	8-4	CECA/GC 9—2013	建设项目工程竣工决算编制规程	团标	技经			2013-01-29	2013-05-01
1913	8-5	DL/T 5468—2021	输变电工程施工图预算编制导则	行标	技经			2021-04-26	2021-10-26
1914	8-6	DL/T 5205—2021	电力建设工程工程量清单计算规范 输电线路工程	行标	技经			2021-04-26	2021-10-26
1915	8-7	DL/T 5341—2021	电力建设工程工程量清单计算规范 变电工程	行标	技经			2021-04-26	2021-10-26
1916	8-8	DL/T 5745—2021	电力建设工程工程量清单计价规范	行标	技经			2021-04-26	2021-10-26
1917	8-9	DL/T 5471—2021	变电站、开关站、换流站工程建设预算项目划分导则	行标	技经			2021-04-26	2021-10-26
1918	8-10	DL/T 5472—2013	架空输电线路工程建设预算项目划分导则	行标	技经			2013-06-08	2013-10-01
1919	8-11	DL/T 5477—2013	串联补偿站及静止无功补偿站工程建设预算项目划分导则	行标	技经			2013-06-08	2013-10-01

续表

序号	分类号	标准文件号	中文名称	类别	一级专业	二级专业	三级专业	发布日期	实施日期
1920	8-12	Q/GDW 11337—2014	输变电工程工程量清单计价规范	企标	技经			2015-01-31	2015-01-31
1921	8-13	Q/GDW 11338—2014	变电工程工程量计算规范	企标	技经			2015-01-31	2015-01-31
1922	8-14	Q/GDW 11339—2014	输电线路工程工程量计算规范	企标	技经			2015-01-31	2015-01-31
1923	8-15	Q/GDW 11606—2016	±1100kV特高压直流输电工程工程计价规范	企标	技经			2017-06-16	2017-06-16
1924	8-16	Q/GDW 11863—2018	±1100kV特高压直流输电工程工程量清单计算规范	企标	技经			2019-10-23	2019-10-23
1925	8-17	Q/GDW 10433—2018	国家电网有限公司输变电工程造价分析内容深度规定	企标	技经			2019-08-30	2019-08-30
1926	8-18	Q/GDW 11873—2018	输变电工程施工图预算（综合单价法）编制规定	企标	技经			2019-10-23	2019-10-23
1927	8-19	Q/GDW 11874—2018	输变电工程结算报告编制规定	企标	技经			2019-10-23	2019-10-23
9 环保水保									
1928	9-1	GB 3838—2002	地表水环境质量标准	国标	环保水保			2002-04-28	2002-06-01
1929	9-2	GB 8702—2014	电磁环境控制限值	国标	环保水保			2014-09-23	2015-01-01
1930	9-3	GB/T 28543—2012	电力电容器噪声测量方法	国标	环保水保			2012-06-29	2012-11-01
1931	9-4	GB/T 7349—2002	高压架空送电线、变电站无线电干扰测量方法	国标	环保水保			2002-01-04	2002-08-01
1932	9-5	GB/T 33981—2017	高压交流断路器声声级测量的标准规程	国标	环保水保			2017-07-12	2018-02-01
1933	9-6	GB/T 24623—2009	高压绝缘子无线电干扰试验	国标	环保水保			2009-11-15	2010-04-01
1934	9-7	GB/T 22075—2008	高压直流换流站可听噪声	国标	环保水保			2008-06-30	2009-04-01
1935	9-8	GB 12348—2008	工业企业厂界环境噪声排放标准	国标	环保水保			2008-08-19	2008-10-01
1936	9-9	GBJ122—1988	工业企业噪声测量规范	国标	环保水保			1988-04-13	1988-12-01
1937	9-10	GB 13015—2017	含多氯联苯废物污染控制标准	国标	环保水保			2017-05-27	2018-04-01
1938	9-11	GB 3095—2012	环境空气质量标准	国标	环保水保			2012-06-29	2016-01-01
1939	9-12	GB/T 50640—2010	建筑工程绿色施工评价标准	国标	环保水保			2010-11-03	2011-10-01
1940	9-13	GB 12523—2011	建筑施工场界环境噪声排放标准	国标	环保水保			2011-12-05	2012-07-01
1941	9-14	GB/T 22490—2008	开发建设项目水土保持设施验收技术规程	国标	环保水保			2008-11-14	2009-02-01
1942	9-15	GB 50433—2018	生产建设项目水土保持技术标准	国标	环保水保			2018-11-01	2019-04-01
1943	9-16	GB/T 51240—2018	生产建设项目水土保持监测与评价标准	国标	环保水保			2018-11-01	2019-04-01

续表

序号	分类号	标准文件号	中文名称	类别	一级专业	二级专业	三级专业	发布日期	实施日期
1944	9-17	GB/T 50434—2018	生产建设项目水土流失防治标准	国标	环保水保			2018-11-01	2019-04-01
1945	9-18	GB/T 15190—2014	声环境功能区划分技术规范	国标	环保水保			2014-12-02	2015-01-01
1946	9-19	GB 3096—2008	声环境质量标准	国标	环保水保			2008-08-19	2008-10-01
1947	9-20	GB/T 3222.2—2009	声学环境噪声的描述、测量与评价 第2部分：环境噪声级测定	国标	环保水保			2009-09-30	2009-12-01
1948	9-21	GB 51018—2014	水土保持工程设计规范	国标	环保水保			2014-12-02	2015-08-01
1949	9-22	GB/T 51297—2018	水土保持工程调查与勘测标准	国标	环保水保			2018-11-01	2019-04-01
1950	9-23	GB 18597—2001	危险废物贮存污染控制标准	国标	环保水保			2001-12-28	2002-07-01
1951	9-24	GB 8978—1996	污水综合排放标准	国标	环保水保			1996-10-04	1998-01-01
1952	9-25	GB 18599—2020	一般工业固体废物贮存、处置场污染控制标准	国标	环保水保			2020-07-01	2020-12-26
1953	9-26	GB 12358—2006	作业场所环境气体检测报警仪通用技术要求	国标	环保水保			2006-06-22	2006-12-01
1954	9-27	DL/T 275—2012	±800kV特高压直流换流站电磁环境限值	行标	环保水保			2012-01-04	2012-03-01
1955	9-28	DL/T 1088—2020	±800kV特高压直流线路电磁环境参数限值	行标	环保水保			2020-02-01	2020-10-23
1956	9-29	JB/T 10088—2016	6kV～1000kV级电力变压器声级	行标	环保水保			2016-10-22	2017-04-01
1957	9-30	DL/T 1050—2016	电力环境保护技术监督导则	行标	环保水保			2016-01-07	2016-06-01
1958	9-31	HJ 519—2009	废铅蓄电池处理污染控制技术规范	行标	环保水保			2020-03-26	2020-03-26
1959	9-32	DL/T 501—2017	高压架空输电线路可听噪声测量方法	行标	环保水保			2017-08-02	2017-12-01
1960	9-33	DL/T 1327—2014	高压交流变电站可听噪声测量方法	行标	环保水保			2014-03-18	2014-08-01
1961	9-34	DL/T 2036—2019	高压交流架空输电线路可听噪声计算方法	行标	环保水保			2019-06-04	2019-10-01
1962	9-35	DL/T 988—2005	高压交流架空送电线路、变电站工频电场和磁场测量方法	行标	环保水保			2005-11-28	2006-06-01
1963	9-36	HJ 2035—2013	固体废物处理处置工程技术导则	行标	环保水保			2013-09-26	2013-12-01
1964	9-37	HJ 130—2019	规划环境影响评价技术导则 总纲	行标	环保水保			2019-12-13	2020-03-01
1965	9-38	HJ 19—2011	环境影响评价技术导则 生态影响	行标	环保水保			2011-04-08	2011-09-01
1966	9-39	HJ 2.3—2018	环境影响评价技术导则 地表水环境	行标	环保水保			2018-09-30	2019-03-01
1967	9-40	HJ/T 2.3—1993	环境影响评价技术导则地面水环境	行标	环保水保			1993-09-18	1994-04-01
1968	9-41	HJ 2.4—2009	环境影响评价技术导则声环境	行标	环保水保			2009-12-23	2010-04-01

续表

序号	分类号	标准文件号	中文名称	类别	一级专业	二级专业	三级专业	发布日期	实施日期
1969	9-42	HJ 2.1—2011	环境影响评价技术导则 总纲	行标	环保水保			2011-09-01	2012-01-01
1970	9-43	HJ 707—2014	环境噪声监测技术规范 结构传播固定设备室内噪声	行标	环保水保			2014-10-30	2015-01-01
1971	9-44	HJ 706—2014	环境噪声监测技术规范 噪声测量值修正	行标	环保水保			2014-10-30	2015-01-01
1972	9-45	JGJ 146—2013	建设工程施工现场环境与卫生标准	行标	环保水保			2013-11-08	2014-06-01
1973	9-46	HJ 616—2011	建设项目环境影响技术评估导则	行标	环保水保			2011-04-08	2011-09-01
1974	9-47	HJ 2.1—2016	建设项目环境影响评价技术导则 总纲	行标	环保水保			2016-12-08	2017-01-01
1975	9-48	HJ 705—2020	建设项目竣工环境保护验收技术规范 输变电	行标	环保水保			2020-01-16	2020-08-01
1976	9-49	HJ 681—2013	交流输变电工程电磁环境监测方法（试行）	行标	环保水保			2013-11-22	2014-01-01
1977	9-50	DL/T 334—2010	输变电工程电磁环境监测技术规范	行标	环保水保			2011-01-09	2011-05-01
1978	9-51	HJ 1113—2020	输变电建设项目环境保护技术要求	行标	环保水保			2020-02-27	2020-04-01
1979	9-52	SL 523—2011	水土保持工程施工监理规范	行标	环保水保			2011-12-26	2012-03-26
1980	9-53	SL 336—2006	水土保持工程质量评定规程	行标	环保水保			2006-03-01	2006-07-01
1981	9-54	DL/T 5530—2017	特高压输变电工程水土保持方案内容深度规定	行标	环保水保			2017-08-02	2017-12-01
1982	9-55	DL/T 1089—2008	直流换流站与线路合成场强、离子流密度测量方法	行标	环保水保			2008-06-04	2008-11-01
1983	9-56	Q/GDW 11668—2017	±1100kV直流架空输电线路电磁环境控制值	企标	环保水保			2018-01-18	2018-01-18
1984	9-57	Q/GDW 470—2010	六氟化硫回收充及净化处理装置技术规范	企标	环保水保			2010-06-02	2010-06-02
1985	9-58	Q/GDW 11971—2019	架空输电线路水保措施质量检验及评定规程	企标	环保水保			2020-08-24	2020-08-24
1986	9-59	Q/GDW 11973—2019	生态脆弱区输变电工程施工环境保护导则	企标	环保水保			2020-08-24	2020-08-24
1987	9-60	Q/GDW 11970—2019	输变电工程水土保持监理规范	企标	环保水保			2020-08-24	2020-08-24

10 档案与数字化

序号	分类号	标准文件号	中文名称	类别	一级专业	二级专业	三级专业	发布日期	实施日期
1988	10-1	GB/T 18894—2016	电子文件归档与电子档案管理规范	国标	档案与数字化			2016-08-29	2017-03-01
1989	10-2	GB/T 50328—2019	建设工程文件归档规范	国标	档案与数字化			2019-12-29	2020-03-01
1990	10-3	GB/T 11822—2008	科学技术档案案卷构成的一般要求	国标	档案与数字化			2008-11-13	2009-05-01
1991	10-4	GB/T 11821—2002	照片档案管理规范	国标	档案与数字化			2002-12-04	2003-05-01
1992	10-5	DL/T 1363—2014	电网建设项目文件归档与档案整理规范	行标	档案与数字化			2014-10-15	2015-03-01

续表

序号	分类号	标准文件号	中文名称	类别	一级专业	二级专业	三级专业	发布日期	实施日期
1993	10-6	DA/T 28—2018	建设项目档案管理规范	行标	档案与数字化			2018-04-08	2018-10-01
1994	10-7	DA/T 31—2017	纸质档案数字化规范	行标	档案与数字化			2017-08-02	2018-01-01
1995	10-8	DA/T 69—2018	纸质归档文件装订规范	行标	档案与数字化			2018-04-08	2018-10-01
1996	10-9	Q/GDW 135—2006	国家电网公司纸质档案数字化技术规范	企标	档案与数字化			2006-03-28	2006-04-01
1997	10-10	Q/GDW 11810.1—2018	输变电工程三维设计建模规范 第1部分：变电站（换流站）	企标	档案与数字化			2019-02-15	2019-02-15
1998	10-11	Q/GDW 11809—2018	输变电工程三维设计模型交互规范	企标	档案与数字化			2019-02-15	2019-02-15
1999	10-12	Q/GDW 11811—2018	输变电工程三维设计软件基本功能规范	企标	档案与数字化			2019-02-15	2019-02-15
2000	10-13	Q/GDW 11812.1—2018	输变电工程数字化移交技术导则 第1部分：变电站（换流站）	企标	档案与数字化			2019-02-15	2019-02-15
2001	10-14	Q/GDW 11502.2—2016	特高压输变电工程设计成果数字化移交技术导则 第2部分：线路部分	企标	档案与数字化			2016-12-22	2016-12-22
2002	10-15	Q/GDW 11502.3—2016	特高压输变电工程设计成果数字化移交技术导则 第3部分：换流站	企标	档案与数字化			2017-06-16	2017-06-16

第三章 特高压工程建设常用技术标准解读

为进一步统一常用技术标准条文理解认识，更好把握工程现场标准执行要点，结合特高压工程建设实际，聚焦工程建设实体质量，在充分征求国网特高压公司各专业工作组建议的基础上，梳理形成10项工程现场常用技术标准，其中变电土建工程2项，变电电气工程6项，输电线路工程2项。具体清单见表3-1。

结合每项技术标准实际情况，将部分标准的条文说明嵌入标准正文中，实现条文说明与条文内容逐一匹配，在浏览技术标准的过程中可以一边读标准、一边看说明，有利于深入了解编制背景，统一理解认识；同时对标准中强制性条文进行标注区分，方便标准要求在现场落地执行和监督检查。

表3-1 特高压工程建设常用技术标准清单

序号	标准号	标准名称
一	变电土建工程	
1	GB 50203—2011	砌体结构工程施工质量验收规范
2	GB 50222—2017	建筑内部装修设计防火规范
二	变电电气工程	
1	GB 50836—2013	1000kV 高压电器（GIS、HGIS、隔离开关、避雷器）施工及验收规范
2	GB 50835—2013	1000kV 电力变压器、油浸电抗器、互感器施工及验收规范
3	GB 50776—2012	±800kV 及以下换流站换流变压器施工及验收规范
4	GB/T 50775—2012	±800kV 及以下换流站换流阀施工及验收规范
5	GB/T 50832—2013	1000kV 系统电气装置安装工程电气设备交接试验标准
6	GB 50147—2010	电气装置安装工程 高压电器施工及验收规范
三	输电线路工程	
1	Q/GDW 1153—2012	1000kV 架空输电线路施工及验收规范
2	Q/GDW 10225—2018	±800kV 架空送电线路施工及验收规范

第一节　变电土建工程

砌体结构工程施工质量验收规范

（GB 50203—2011）

前　言

根据住房和城乡建设部《关于印发〔2008〕年工程建设标准规范制订、修订计划（第一批）》的通知》（建标〔2008〕102 号）的要求，由陕西省建筑科学研究院和陕西建工集团总公司会同有关单位在原《砌体工程施工质量验收规范》（GB 50203—2002）的基础上修订完成的。

本规范在编制过程中，编制组经广泛调查研究，认真总结实践经验，参考有关国际标准和国外先进标准，并在广泛征求意见的基础上，最后经审查定稿。

本规范共分 11 章和 3 个附录，主要技术内容包括：总则、术语、基本规定、砌筑砂浆、砖砌体工程、混凝土小型空心砌块砌体工程、石砌体工程、配筋砌体工程、填充墙砌体工程、冬期施工、子分部工程验收。

本规范修订的主要内容是：

（1）增加砌体结构工程检验批的划分规定；

（2）增加"一般项目"检测值的最大超差值为允许偏差值的 1.5 倍的规定；

（3）修改砌筑砂浆的合格验收条件；

（4）修改砌体轴线位移、墙面垂直度及构造柱尺寸验收的规定；

（5）增加填充墙与框架柱、梁之间的连接构造按照设计规定进行脱开连接或不脱开连接施工；

（6）增加填充墙与主体结构间连接钢筋采用植筋方法时的锚固拉拔力检测及验收规定；

（7）修改轻骨料混凝土小型空心砌块、蒸压加气混凝土砌块墙体墙底部砌筑其他块体或现浇混凝土坎台的规定；

（8）修改冬期施工中同条件养护砂浆试块的留置数量及试压龄期的规定；将氯盐砂浆法划入掺外加剂法；删除冻结法施工；

（9）附录中增加填充墙砌体植筋锚固力检验抽样判定；填充墙砌体植筋锚固力检测记录。

本规范中以黑体字标志的条文为强制性条文，必须严格执行。

本规范由住房和城乡建设部负责管理和对强制性条文的解释，由陕西省住房和城乡建设厅负责日常管理，陕西省建筑科学研究院负责具体技术内容的解释。执行过程中如有意见或建议，请寄送陕西省建筑科学研究院（地址：西安市环城西路北段 272 号，邮编：710082）。

本规范主编单位：陕西省建筑科学研究院
　　　　　　　　陕西建工集团总公司
本规范参编单位：四川省建筑科学研究院
　　　　　　　　辽宁省建设科学研究院
　　　　　　　　天津市建工工程总承包公司
　　　　　　　　中天建设集团有限公司
　　　　　　　　中国建筑东北设计研究院
　　　　　　　　爱舍（天津）新型建材有限公司
本规范主要起草人员：张昌叙　高宗祺　吴　体　张书禹　郝宝林　张鸿勋　刘　斌
　　　　　　　　　　申京涛　吴建军　侯汝欣　和　平　王小院
本规范主要审查人员：王庆霖　周九仪　吴松勤　薛永武
　　　　　　　　　　高连玉　金　睿　何益民　赵　瑞　王华生

目　次

1 总 则

1.0.1 为加强建筑工程的质量管理，统一砌体结构工程施工质量的验收，保证工程质量，制定本规范。

【条文说明】制定本规范的目的，是为了统一砌体结构工程施工质量的验收，保证安全使用。

1.0.2 本规范适用于建筑工程的砖、石、小砌块等砌体结构工程的施工质量验收。本规范不适用于铁路、公路和水工建筑等砌石工程。

【条文说明】本规范对砌体结构工程施工质量验收的适用范围作了规定。

1.0.3 砌体结构工程施工中的技术文件和承包合同对施工质量验收的要求不得低于本规范的规定。

【条文说明】本规范是对砌体结构工程施工质量的最低要求，应严格遵守。因此，工程承包合同和施工技术文件（如设计文件、企业标准、施工措施等）对工程质量的要求均不得低于本规范的规定。

当设计文件和工程承包合同对施工质量的要求高于本规范的规定时，验收时应以设计文件和工程承包合同为准。

1.0.4 本规范应与现行国家标准《建筑工程施工质量验收统一标准》（GB 50300）配套使用。

【条文说明】《建筑工程施工质量验收统一标准》（GB 50300）规定了房屋建筑各专业工程施工质量验收规范编制的统一原则和要求，故执行本规范时，尚应遵守该标准的相关规定。

1.0.5 砌体结构工程施工质量的验收除应执行本规范外，尚应符合国家现行有关标准的规定。

【条文说明】砌体结构工程施工质量的验收综合性较强，涉及面较广，为了保证砌体结构工程的施工质量，必须全面执行国家现行有关标准。

2 术 语

2.0.1 砌体结构（masonry structure）

由块体和砂浆砌筑而成的墙、柱作为建筑物主要受力构件的结构。是砖砌体、砌块砌体和石砌体结构的统称。

2.0.2 配筋砌体（reinforced masonry）

由配置钢筋的砌体作为建筑物主要受力构件的结构。是网状配筋砌体柱、水平配筋砌体墙、砖砌体和钢筋混凝土面层或钢筋砂浆面层组合砌体柱（墙）、砖砌体和钢筋混凝土构造柱组合墙和配筋小砌块砌体剪力墙结构的统称。

2.0.3 块体（masonry units）

砌体所用各种砖、石、小砌块的总称。

2.0.4 小型砌块（small block）

块体主规格的高度大于115mm而又小于380mm的砌块，包括普通混凝土小型空心砌块、轻骨料混凝土小型空心砌块、蒸压加气混凝土砌块等。简称小砌块。

2.0.5 产品龄期（products age）

烧结砖出窑；蒸压砖、蒸压加气混凝土砌块出釜；混凝土砖、混凝土小型空心砌块成型后至某一日期的天数。

2.0.6 蒸压加气混凝土砌块专用砂浆（special mortar for autoclaved aerated concrete block）

与蒸压加气混凝土性能相匹配的，能满足蒸压加气混凝土砌块砌体施工要求和砌体性能的砂浆，分为适用于薄灰砌筑法的蒸压加气混凝土砌块粘结砂浆；适用于非薄灰砌筑法的蒸压加气混凝土砌块砌筑砂浆。

2.0.7　预拌砂浆（ready‐mixed mortar）

由专业生产厂生产的湿拌砂浆或干混砂浆。

2.0.8　施工质量控制等级（category of construction quality control）

按质量控制和质量保证若干要素对施工技术水平所作的分级。

2.0.9　瞎缝（blind seam）

砌体中相邻块体间无砌筑砂浆，又彼此接触的水平缝或竖向缝。

2.0.10　假缝（suppositious seam）

为掩盖砌体灰缝内在质量缺陷，砌筑砌体时仅在靠近砌体表面处抹有砂浆，而内部无砂浆的竖向灰缝。

2.0.11　通缝（continuous seam）

砌体中上下皮块体搭接长度小于规定数值的竖向灰缝。

2.0.12　相对含水率（comparatively percentage of moisture）

含水率与吸水率的比值。

2.0.13　薄层砂浆砌筑法（the method of thin‐layer mortar masonry）

采用蒸压加气混凝土砌块粘结砂浆砌筑蒸压加气混凝土砌块墙体的施工方法，水平灰缝厚度和竖向灰缝宽度为2mm～4mm。简称薄灰砌筑法。

2.0.14　芯柱（core column）

在小砌块墙体的孔洞内浇灌混凝土形成的柱，有素混凝土芯柱和钢筋混凝土芯柱。

2.0.15　实体检测（in-situ inspection）

由有检测资质的检测单位采用标准的检验方法，在工程实体上进行原位检测或抽取试样在试验室进行检验的活动。

3　基　本　规　定

3.0.1　砌体结构工程所用的材料应有产品合格证书、产品性能型式检验报告，质量应符合国家现行有关标准的要求。块体、水泥、钢筋、外加剂尚应有材料主要性能的进场复验报告，并应符合设计要求。严禁使用国家明令淘汰的材料。

【条文说明】在砌体结构工程中，采用不合格的材料不可能建造出符合质量要求的工程。材料的产品合格证书和产品性能检测报告是工程质量评定中必备的资料，因此特提出了要求。

本次规范修订增加了"质量应符合国家现行标准的要求"，以强调对合格材料质量的要求。

块体、水泥、钢筋、外加剂等产品质量应符合下列国家现行标准的要求。

（1）块体：《烧结普通砖》（GB 5101）、《烧结多孔砖》（GB 13544）、《烧结空心砖和空心砌块》（GB 13545）、《混凝土实心砖》（GB/T 21144）、《混凝土多孔砖》（JC 943）、《蒸压灰砂砖》（GB 11945）、《蒸压灰砂空心砖》（JC/T 637）、《粉煤灰砖》（JC 239）、《普通混凝土小型空心砌块》（GB 8239）、《轻集料混凝土小型空心砌块》（GB/T 15229）、《蒸压加气混凝土砌块》（GB 11968）等。

（2）水泥：《通用硅酸盐水泥》（GB 175）、《砌筑水泥》（GB/T 3183）、《快硬硅酸盐水泥》（JC 314）等。

（3）钢筋：《钢筋混凝土用钢　第1部分：热轧光圆钢筋》（GB 1499.1）、《钢筋混凝土用钢　第2部分：热轧带肋钢筋》（GB 1499.2）等。

（4）外加剂：《混凝土外加剂》（GB 8076）、《砂浆、混凝土防水剂》（JC 474）、《砌筑砂浆增塑剂》（JC/T 164）等。

3.0.2　砌体结构工程施工前，应编制砌体结构工程施工方案。

【条文说明】砌体结构工程施工是一项系统工程，为有条不紊地进行，确保施工安全，达到工程质量优、进度快、成本低，应在施工前编制施工方案。

3.0.3　砌体结构的标高、轴线，应引自基准控制点。

3.0.4　砌筑基础前，应校核放线尺寸，允许偏差应符合表3.0.4的规定。

表3.0.4　　　　　　　　　　　　　放线尺寸的允许偏差

长度 L、宽度 B（m）	允许偏差（mm）	长度 L、宽度 B（m）	允许偏差（mm）
L（或 B）≤30	±5	60＜L（或 B）≤90	±15
30＜L（或 B）≤60	±10	L（或 B）＞90	±20

【条文说明】在砌体结构工程施工中，砌筑基础前放线是确定建筑平面尺寸和位置的基础工作，通过校核放线尺寸，达到控制放线精度的目的。

3.0.5　伸缩缝、沉降缝、防震缝中的模板应拆除干净，不得夹有砂浆、块体及碎渣等杂物。

【条文说明】本条系新增加条文。针对砌体结构房屋施工中较普遍存在的问题，强调了伸缩缝、沉降缝、防震缝的施工要求。

3.0.6　砌筑顺序应符合下列规定：

（1）基底标高不同时，应从低处砌起，并应由高处向低处搭砌。当设计无要求时，搭接长度 L 不应小于基础底的高差 H，搭接长度范围内下层基础应扩大砌筑（见图3.0.6）；

（2）砌体的转角处和交接处应同时砌筑，当不能同时砌筑时，应按规定留槎、接槎。

【条文说明】基础高低台的合理搭接，对保证基础的整体性和受力至关重要。本次规范修订中补充了基底标高不同时的搭砌示意图，以便对条文的理解。

砌体的转角处和交接处同时砌筑可以保证墙体的整体性，从而提高砌体结构的抗震性能。从震害调查看到，不少砌体结构建筑，由于砌体的转角处和交接处未同时砌筑，接槎不良导致外墙甩出和砌体倒塌，因此必须重视砌体的转角处和交接处的砌筑。

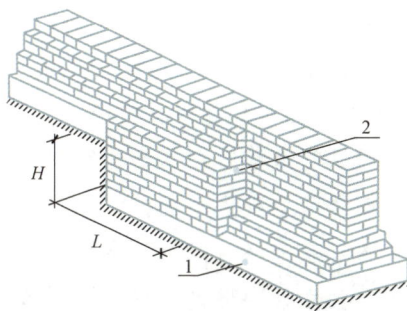

图3.0.6　基底标高不同时的搭砌
示意图（条形基础）
1—混凝土垫层；2—基础扩大部分

3.0.7　砌筑墙体应设置皮数杆。

【条文说明】本条系新增加条文。使用皮数杆对保证砌体灰缝的厚度均匀、平直和控制砌体高度及高度变化部位的位置十分重要。

3.0.8　在墙上留置临时施工洞口，其侧边离交接处墙面不应小于500mm，洞口净宽度不应超过1m。抗震设防烈度为9度，地区建筑物的临时施工洞口位置应会同设计单位确定。临时施工洞口应做好补砌。

【条文说明】在墙上留置临时洞口系施工需要，但洞口位置不当或洞口过大，虽经补砌，但也会程度不同地削弱墙体的整体性。

3.0.9　不得在下列墙体或部位设置脚手眼：

（1）120mm厚墙、清水墙、料石墙、独立柱和附墙柱；

（2）过梁上与过梁成60°角的三角形范围及过梁净跨度1/2的高度范围内；

（3）宽度小于1m的窗间墙；

（4）门窗洞口两侧石砌体 300mm，其他砌体 200mm 范围内；转角处石砌体 600mm，其他砌体 450mm 范围内；

（5）梁或梁垫下及其左右 500mm 范围内；

（6）设计不允许设置脚手眼的部位；

（7）轻质墙体；

（8）夹心复合墙外叶墙。

【条文说明】砌体留置的脚手眼虽经补砌，但它对砌体的整体性能和使用功能或多或少会产生不良影响。因此，在一些受力不太有利和使用功能有特殊要求的部位对脚手眼设置作了规定。本次修订增加了不得在轻质墙体、夹心复合墙外叶墙设置脚手眼的规定，主要是考虑在这类墙体上安放脚手架不安全，也会造成墙体的损坏。

3.0.10　脚手眼补砌时，应清除脚手眼内掉落的砂浆、灰尘；脚手眼处砖及填塞用砖应湿润，并应填实砂浆。

【条文说明】在实际工程中往往对脚手眼的补砌比较随意，忽视脚手眼的补砌质量，故提出脚手眼补砌的要求。

3.0.11　设计要求的洞口、沟槽、管道应于砌筑时正确留出或预埋，未经设计同意，不得打凿墙体和在墙体上开凿水平沟槽。宽度超过 300mm 的洞口上部，应设置钢筋混凝土过梁。不应在截面长边小于 500mm 的承重墙体、独立柱内埋设管线。

【条文说明】建筑工程施工中，常存在各工种之间配合不好的问题，例如水电安装中的一些洞口、埋设管道等常在砌好的砌体上打凿，往往对砌体造成较大损坏，特别是在墙体上开凿水平沟槽对墙体受力极为不利。

本次规范修订时将过梁明确为钢筋混凝土过梁；补充规定不应在截面长边小于 500mm 的承重墙体、独立柱内埋设管线，以免影响结构受力。

3.0.12　尚未施工楼面或屋面的墙或柱，其抗风允许自由高度不得超过表 3.0.12 的规定。如超过表中限值时，必须采用临时支撑等有效措施。

表 3.0.12　　墙和柱的允许自由高度（m）

墙（柱）厚（mm）	砌体密度＞1600（kg/m³）风载（kN/m²）			砌体密度 1300～1600（kg/m³）风载（kN/m²）		
	0.3（约7级风）	0.4（约8级风）	0.5（约9级风）	0.3（约7级风）	0.4（约8级风）	0.5（约9级风）
190	—	—	—	1.4	1.1	0.7
240	2.8	2.1	1.4	2.2	1.7	1.1
370	5.2	3.9	2.6	4.2	3.2	2.1
490	8.6	6.5	4.3	7.0	5.2	3.5
620	14.0	10.5	7.0	11.4	8.6	5.7

注　1. 本表适用于施工处相对标高 H 在 10m 范围的情况。如 10m＜H≤15m，15m＜H≤20m 时，表中的允许自由高度应分别乘以 0.9、0.8 的系数；如 H＞20m 时，应通过抗倾覆验算确定其允许自由高度；

　　2. 当所砌筑的墙有横墙或其他结构与其连接，而且间距小于表中相应墙、柱的允许自由高度的 2 倍时，砌筑高度可不受本表的限制；

　　3. 当砌体密度小于 1300kg/m³ 时，墙和柱的允许自由高度应另行验算确定。

【条文说明】表 3.0.12 的数值系根据 1956 年《建筑安装工程施工及验收暂行技术规范》第二篇中表一规定推算而得。验算时，为偏安全计，略去了墙或柱底部砂浆与楼板（或下部墙体）间的粘结作用，只考虑墙体的自重和风荷载进行倾覆验算。经验算，安全系数在 1.1~1.5 之间。为了比较切合实际和方便查对，将原表中的风压值改为 0.3、0.4、0.5kN/m² 三种，并列出风的相应级数。

施工处标高可按式（3-1）计算：

$$H = H_0 + h/2 \qquad (3-1)$$

式中　H——施工处的标高；

　　　H_0——起始计算自由高度处的标高；

　　　h——表 3.0.12 内相应的允许自由高度。

对于设置钢筋混凝土圈梁的墙或柱，其砌筑高度未达圈梁位置时，h 应从地面（或楼面）算起；超过圈梁时，h 可从最近的一道圈梁算起，但此时圈梁混凝土的抗压强度应达到 5N/mm² 以上。

3.0.13　砌筑完基础或每一楼层后，应校核砌体的轴线和标高。在允许偏差范围内，轴线偏差可在基础顶面或楼面上校正，标高偏差宜通过调整上部砌体灰缝厚度校正。

3.0.14　搁置预制梁、板的砌体顶面应平整，标高一致。

【条文说明】为保证混凝土结构工程施工中预制梁、板的安装施工质量而提出的相应规定。对原条文内容中的安装时应坐浆及砂浆的规定予以删除，原因是考虑该部分内容不属砌体结构工程施工的内容。

3.0.15　砌体施工质量控制等级分为三级，并应按表 3.0.15 划分。

表 3.0.15　施工质量控制等级

项目	施工质量控制等级		
	A	B	C
现场质量管理	监督检查制度健全，并严格执行；施工方有在岗专业技术管理人员，人员齐全，并持证上岗	监督检查制度基本健全，并能执行；施工方有在岗专业技术管理人员，人员齐全，并持证上岗	有监督检查制度；施工方有在岗专业技术管理人员
砂浆、混凝土强度	试块按规定制作，强度满足验收规定，离散性小	试块按规定制作，强度满足验收规定，离散性较小	试块按规定制作，强度满足验收规定，离散性大
砂浆拌合	机械拌合；配合比计量控制严格	机械拌合；配合比计量控制一般	机械或人工拌合；配合比计量控制较差
砌筑工人	中级工以上，其中，高级工不少于 30%	高、中级工不少于 70%	初级工以上

注　1. 砂浆、混凝土强度离散性大小根据强度标准差确定。

　　2. 配筋砌体不得为 C 级施工。

【条文说明】在采用以概率理论为基础的极限状态设计方法中，材料的强度设计值系由材料标准值除以材料性能分项系数确定，而材料性能分项系数与材料质量和施工水平相关。对于施工水平，由于在砌体的施工中存在大量的手工操作，所以，砌体结构的施工质量在很大程度上取决于人的因素。

在国际标准中，施工水平按质量监督人员、砂浆强度试验及搅拌、砌筑工人技术熟练程度等情况分为三级，材料性能分项系数也相应取为不同的数值。

为与国际标准接轨，在 1998 年颁布实施的国家标准《砌体工程施工及验收规范》（GB 50203—1998）中就参照国际标准，已将施工质量控制等级纳入规范中。随后，国家标准《砌体结构设计规范》（GB 50003—2001）在砌体强度设计值的规定中，也考虑了砌体施工质量控制等级对砌体强度设计值的影响。

砂浆和混凝土的施工（生产）质量，可按强度离散性大小分为"优良""一般"和"差"三个等级。强度离散性分为"离散性小""离散性较小"和"离散性大"三个等次，其划分系按照砂浆、混凝土强度标准差确定。根据现行行业标准《砌筑砂浆配合比设计规程》（JGJ/T 98）及原国家标准《混凝土检验评定标准》（GBJ 107—1987），砂浆、混凝土强度标准差可参见表3-2及表3-3。

表 3 - 2   砌 筑 砂 浆 质 量 水 平

强度标准差（MPa） 质量水平	M5	M7.5	M10	M15	M20	M30
优良	1.00	1.50	2.00	3.00	4.00	6.00
一般	1.25	1.88	2.50	3.75	5.00	7.50
差	1.50	2.25	3.00	4.50	6.00	9.00

表 3 - 3   混 凝 土 质 量 水 平

评定标准	质量水平 强度等级 生产单位	优良		一般		差	
		<C20	≥C20	<C20	≥C20	<C20	≥C20
强度标准差（MPa）	预拌混凝土厂	≤3.0	≤3.5	≤4.0	≤5.0	>4.0	>5.0
	集中搅拌混凝土的施工现场	≥3.5	≤4.0	≤4.5	≤5.5	>4.5	>5.5
强度等于或大于混凝土强度等级值的百分率（%）	预拌混凝土厂、集中搅拌混凝土的施工现场	≥95		>85		≤85	

对A级施工质量控制等级，砌筑工人中高级工的比例由原规范"不少于20％"提高到"不少于30％"，是考虑为适应近年来砌体结构工程施工中的新结构、新材料、新工艺、新设备不断增加，保证施工质量的需要。

3.0.16 砌体结构中钢筋（包括夹心复合墙内外叶墙间的拉结件或钢筋）的防腐，应符合设计规定。

【条文说明】从建筑物的耐久性考虑，现行国家标准《砌体结构设计规范》（GB 50003）根据砌体结构的环境类别，对设置在砂浆中和混凝土中的钢筋规定了相应的防护措施。

3.0.17 雨天不宜在露天砌筑墙体，对下雨当日砌筑的墙体应进行遮盖。继续施工时，应复核墙体的垂直度，如果垂直度超过允许偏差，应拆除重新砌筑。

3.0.18 砌体施工时，楼面和屋面堆载不得超过楼板的允许荷载值。当施工层进料口处施工荷载较大时，楼板下宜采取临时支撑措施。

【条文说明】在楼面上进行砌筑施工时，常常出现以下几种超载现象：一是集中堆载；二是抢进度或遇停电时，提前多备料；三是采用井架或门架上料时，接料平台高出楼面有坎，造成运料车对楼板产生较大的振动荷载。这些超载现象常使楼板底产生裂缝，严重时会导致安全事故。

3.0.19 正常施工条件下，砖砌体、小砌块砌体每日砌筑高度宜控制在1.5m或一步脚手架高度内；石砌体不宜超过1.2m。

【条文说明】本条系新增加条文。对墙体砌筑每日砌筑高度的控制，其目的是保证砌体的砌筑质量和生产安全。

3.0.20 砌体结构工程检验批的划分应同时符合下列规定：

（1）所用材料类型及同类型材料的强度等级相同；

（2）不超过250m³砌体；

（3）主体结构砌体一个楼层（基础砌体可按一个楼层计）；填充墙砌体量少时可多个楼层合并。

【条文说明】本条系新增加条文。针对砌体结构工程的施工特点，将现行国家标准《建筑工程施工质量验收统一标准》（GB 50300）对检验批的规定具体化。

3.0.21 砌体结构工程检验批验收时，其主控项目应全部符合本规范的规定；一般项目应有80%及以上的抽检处符合本规范的规定；有允许偏差的项目，最大超差值为允许偏差值的1.5倍。

【条文说明】现行国家标准《建筑工程施工质量验收统一标准》GB 50300在制定检验批抽样方案时，对生产方和使用方风险概率提出了明确的规定。该标准经修订后，对于计数抽样的主控项目、一般项目规定了正常检查一次、二次抽样判定规定。本规范根据上述标准并结合砌体工程的实际情况，采用一次抽样判定。

其中，对主控项目应全部符合合格标准；对一般项目应有80%及以上的抽检处符合合格标准，均比国家标准《建筑工程施工质量验收统一标准》的要求略严，且便于操作。

本条文补充了对一般项目中的最大超差值规定，其值为允许偏差值1.5倍。这是从工程实际的现状考虑的，在这种施工偏差下，不会造成结构安全问题和影响使用功能及观感效果。

3.0.22 砌体结构分项工程中检验批抽检时，各抽检项目的样本最小容量除有特殊要求外，按不应小于5确定。

【条文说明】本条为增加条文。为使砌体结构工程施工质量抽检更具有科学性，在本次规范修订中，遵照现行国家标准《建筑工程施工质量验收统一标准》（GB 50300）的要求，对原规范条文抽检项目的抽样方案作了修改，即将抽检数量按检验批的百分数（一般规定为10%）抽取的方法修改为按现行国家标准《逐批检查计数抽样程序及抽样表》（GB 2828）对抽样批的最小容量确定。抽样批的最小容量的规定引用现行国家标准《建筑结构检测技术标准》（GB/T 50344）第3.3.13条表3.3.13，但在本规范引用时作了以下考虑：检验批的样本最小容量在检验批容量90及以下不再细分。针对砌体结构工程实际，检验项目的检验批容量一般不大于90，故各抽检项目的样本最小容量除有特殊要求（如砖砌体和混凝土小型空心砌块砌体的承重墙、柱的轴线位移应全数检查；外墙阳角数量小于5时，垂直度检查应为全部阳角；填充墙后植锚固钢筋的抽检最小容量规定等）外，按不应小于5确定，以便于检验批的统计和质量判定。

3.0.23 在墙体砌筑过程中，当砌筑砂浆初凝后，块体被撞动或需移动时，应将砂浆清除后再铺浆砌筑。

3.0.24 分项工程检验批质量验收可按本规范附录A各相应记录表填写。

4 砌 筑 砂 浆

4.0.1 水泥使用应符合下列规定：

（1）水泥进场时应对其品种、等级、包装或散装仓号、出厂日期等进行检查，并应对其强度、安定性进行复验，其质量必须符合现行国家标准《通用硅酸盐水泥》（GB 175）的有关规定；

（2）当在使用中对水泥质量有怀疑或水泥出厂超过三个月（快硬硅酸盐水泥超过一个月）时，应复查试验，并按复验结果使用；

（3）不同品种的水泥，不得混合使用。

抽检数量：按同一生产厂家、同品种、同等级、同批号连续进场的水泥，袋装水泥不超过200t为一批，散装水泥不超过500t为一批，每批抽样不少于一次。

检验方法：检查产品合格证、出厂检验报告和进场复验报告。

【条文说明】水泥的强度及安定性是判定水泥质量是否合格的两项主要技术指标，因此在水泥使用前应进行复验。

由于各种水泥成分不一，当不同水泥混合使用后有可能发生材性变化或强度降低现象，引起工程质量问题。

本条文参照现行国家标准《混凝土结构工程施工质量验收规范》（GB 50204）的相关规定对原规范条文进行了个别文字修改。

4.0.2 砂浆用砂宜采用过筛中砂，并应满足下列要求：

（1）不应混有草根、树叶、树枝、塑料、煤块、炉渣等杂物；

（2）砂中含泥量、泥块含量、石粉含量、云母、轻物质、有机物、硫化物、硫酸盐及氯盐含量（配筋砌体砌筑用砂）等应符合现行行业标准《普通混凝土用砂、石质量及检验方法标准》（JGJ 52）的有关规定；

（3）人工砂、山砂及特细砂，应经试配能满足砌筑砂浆技术条件要求。

【条文说明】砂中草根等杂物，含泥量、泥块含量、石粉含量过大，不但会降低砌筑砂浆的强度和均匀性，还导致砂浆的收缩值增大，耐久性降低，影响砌体质量。砂中氯离子超标，配制的砌筑砂浆、混凝土会对其中钢筋的耐久性产生不良影响。砂含泥量、泥块含量、石粉含量及云母、轻物质、有机物、硫化物、硫酸盐、氯盐含量应符合表3-4的规定。

表3-4　　　　砂杂质含量（%）

项　目	指标	项　目	指标
泥	≤5.0	有机物（用比色法试验）	合格
泥块	≤2.0	硫化物及硫酸盐（折算成SO₃按重量计）	≤1.0
云母	≤2.0	氯化物（以氯离子计）	≤0.06
轻物质	≤1.0		

注　含量按质量计。

4.0.3 拌制水泥混合砂浆的粉煤灰、建筑生石灰、建筑生石灰粉及石灰膏应符合下列规定：

（1）粉煤灰、建筑生石灰、建筑生石灰粉的品质指标应符合现行行业标准《粉煤灰在混凝土及砂浆中应用技术规程》（JGJ 28）、《建筑生石灰》（JC/T 479）、《建筑生石灰粉》（JC/T 480）的有关规定；

（2）建筑生石灰、建筑生石灰粉熟化为石灰膏，其熟化时间分别不得少于7d和2d；沉淀池中储存的石灰膏，应防止干燥、冻结和污染，严禁采用脱水硬化的石灰膏；建筑生石灰粉、消石灰粉不得替代石灰膏配制水泥石灰砂浆；

（3）石灰膏的用量，应按稠度120mm±5mm计量，现场施工中石灰膏不同稠度的换算系数，可按表 4.0.3 确定。

表 4.0.3   石灰膏不同稠度的换算系数

稠度(mm)	120	110	100	90	80	70	60	50	40	30
换算系数	1.00	0.99	0.97	0.95	0.93	0.92	0.90	0.88	0.87	0.86

【条文说明】脱水硬化的石灰膏、消石灰粉不能起塑化作用又影响砂浆强度，故不应使用。建筑生石灰粉由于其细度有限，在砂浆搅拌时直接干掺起不到改善砂浆和易性及保水的作用。建筑生石灰粉的细度依照现行行业标准《建筑生石灰粉》（JC/T 480）列于表 3-5 中，由表看出，建筑生石灰粉的细度远不及水泥的细度（0.08mm 筛的筛余不大于 10%）。

表 3-5   建筑生石灰粉的细度

项　目		钙质生石灰粉			镁质生石灰粉		
		优等品	一等品	合格品	优等品	一等品	合格品
细度	0.90mm 筛的筛余（%）不大于	0.2	0.5	1.5	0.2	0.5	1.5
	0.125mm 筛的筛余（%）不大于	7.0	12.0	18.0	7.0	12.0	18.0

为使石灰膏计量准确，根据原标准《砌体工程施工及验收规范》（GB 50203 —98）引入表 4.0.3。

4.0.4 拌制砂浆用水的水质，应符合现行行业标准《混凝土用水标准》（JGJ 63）的有关规定。

【条文说明】当水中含有有害物质时，将会影响水泥的正常凝结，并可能对钢筋产生锈蚀作用。

4.0.5 砌筑砂浆应进行配合比设计。当砌筑砂浆的组成材料有变更时，其配合比应重新确定。砌筑砂浆的稠度宜按表 4.0.5 的规定采用。

表 4.0.5   砌 筑 砂 浆 的 稠 度

砌 体 种 类	砂浆稠度（mm）
烧结普通砖砌体 蒸压粉煤灰砖砌体	70～90
混凝土实心砖、混凝土多孔砖砌体 普通混凝土小型空心砌块砌体 蒸压灰砂砖砌体	50～70
烧结多孔砖、空心砖砌体 轻骨料小型空心砌块砌体 蒸压加气混凝土砌块砌体	60～80
石砌体	30～50

注 1. 采用薄灰砌筑法砌筑蒸压加气混凝土砌块砌体时，加气混凝土粘结砂浆的加水量按照其产品说明书控制；

2. 当砌筑其他块体时，其砌筑砂浆的稠度可根据块体吸水特性及气候条件确定。

【条文说明】砌筑砂浆通过配合比设计确定的配合比，是使施工中砌筑砂浆达到设计强度等级，符合砂浆试块合格验收条件，减小砂浆强度离散性的重要保证。砌筑砂浆的稠度选择是否合适，将直接影响砌筑的难易和质量，表 4.0.5 砌筑砂浆稠度范围的规定主要是考虑了块体吸水特性、铺砌面有无孔洞及气候条件的差异。

4.0.6 施工中不应采用强度等级小于M5水泥砂浆替代同强度等级水泥混合砂浆，如需替代，应将水泥砂浆提高一个强度等级。

【条文说明】该条内容系根据新修订的国家标准《砌体结构设计规范》GB 50003的下述规定编写：当砌体用强度等级小于M5的水泥砂浆砌筑时，砌体强度设计值应予降低，其中抗压强度值乘以0.9的调整系数；轴心抗拉、弯曲抗拉、抗剪强度值乘以0.8的调整系数；当砌筑砂浆强度等级大于和等于M5时，砌体强度设计值不予降低。

4.0.7 在砂浆中掺入的砌筑砂浆增塑剂、早强剂、缓凝剂、防冻剂、防水剂等砂浆外加剂，其品种和用量应经有资质的检测单位检验和试配确定。所用外加剂的技术性能应符合国家现行有关标准《砌筑砂浆增塑剂》（JG/T 164）、《混凝土外加剂》（GB 8076）、《砂浆、混凝土防水剂》（JC 474）的质量要求。

【条文说明】由于在砌筑砂浆中掺用的砂浆增塑剂、早强剂、缓凝剂、防冻剂等产品种类繁多，性能及质量也存在差异，为保证砌筑砂浆的性能和砌体的砌筑质量，应对外加剂的品种和用量进行检验和试配，符合要求后方可使用。对砌筑砂浆增塑剂，2004年国家已发布、实施了行业标准《砌筑砂浆增塑剂》（JG/T 164），在技术性能的型式检验中，包括掺用该外加剂砂浆砌筑的砌体强度指标检验，使用时应遵照执行。

本条文由原规范的强制性条文修改为非强制性条文，是为了更方便地执行该条文的要求。

4.0.8 配制砌筑砂浆时，各组分材料应采用质量计量，水泥及各种外加剂配料的允许偏差为±2%；砂、粉煤灰、石灰膏等配料的允许偏差为±5%。

【条文说明】砌筑砂浆各组成材料计量不精确，将直接影响砂浆实际的配合比，导致砂浆强度误差和离散性加大，不利于砌体砌筑质量的控制和砂浆强度的验收。为确保砂浆各组分材料的计量精确，本条文增加了质量计量的允许偏差。

4.0.9 砌筑砂浆应采用机械搅拌，搅拌时间自投料完起算应符合下列规定：

（1）水泥砂浆和水泥混合砂浆不得少于120s；

（2）水泥粉煤灰砂浆和掺用外加剂的砂浆不得少于180s；

（3）掺增塑剂的砂浆，其搅拌方式、搅拌时间应符合现行行业标准《砌筑砂浆增塑剂》（JG/T 164）的有关规定；

（4）干混砂浆及加气混凝土砌块专用砂浆宜按掺用外加剂的砂浆确定搅拌时间或按产品说明书采用。

【条文说明】为了降低劳动强度和克服人工拌制砂浆不易搅拌均匀的缺点，规定砌筑砂浆应采用机械搅拌。同时，为使物料充分拌合，保证砂浆拌合质量，对不同品种砂浆分别规定了搅拌时间的要求。

4.0.10 现场拌制的砂浆应随拌随用，拌制的砂浆应在3h内使用完毕；当施工期间最高气温超过30℃时，应在2h内使用完毕。预拌砂浆及蒸压加气混凝土砌块专用砂浆的使用时间应按照厂方提供的说明书确定。

【条文说明】根据以前规范编制组所进行的试验和收集的国内资料分析，在一般气候情况下，水泥砂浆和水泥混合砂浆在3h和4h使用完，砂浆强度降低一般不超过20%，虽然对砌体强度有所影响，但降低幅度在10%以内，又因为大部分砂浆已在之前使用完毕，故对整个砌体的影响只局限于很小的范围。当气温较高时，水泥凝结加速，砂浆拌制后的使用时间应予缩短。

近年来，设计中对砌筑砂浆强度普遍提高，水泥用量增加，因此将砌筑砂浆拌合后的使用时间作了一些调整，统一按照水泥砂浆的使用时间进行控制，这对施工质量有利，又便于记忆和控制。

4.0.11 砌体结构工程使用的湿拌砂浆，除直接使用外必须储存在不吸水的专用容器内，并根据气候条件采取遮阳、保温、防雨雪等措施，砂浆在储存过程中严禁随意加水。

4.0.12 砌筑砂浆试块强度验收时其强度合格标准应符合下列规定：

（1）同一验收批砂浆试块强度平均值应大于或等于设计强度等级值的 1.10 倍；

（2）同一验收批砂浆试块抗压强度的最小一组平均值应大于或等于设计强度等级值的 85%。

注：1）砌筑砂浆的验收批，同一类型、强度等级的砂浆试块不应少于 3 组；同一验收批砂浆只有 1 组或 2 组试块时，每组试块抗压强度平均值应大于或等于设计强度等级值的 1.10 倍；对于建筑结构的安全等级为一级或设计使用年限为 50 年及以上的房屋，同一验收批砂浆试块的数量不得少于 3 组；

2）砂浆强度应以标准养护，28d 龄期的试块抗压强度为准；

3）制作砂浆试块的砂浆稠度应与配合比设计一致。

抽检数量：每一检验批且不超过 250m³ 砌体的各类、各强度等级的普通砌筑砂浆，每台搅拌机应至少抽检一次。验收批的预拌砂浆、蒸压加气混凝土砌块专用砂浆，抽检可为 3 组。

检验方法：在砂浆搅拌机出料口或在湿拌砂浆的储存容器出料口随机取样制作砂浆试块（现场拌制的砂浆，同盘砂浆只应作 1 组试块），试块标养 28d 后作强度试验。预拌砂浆中的湿拌砂浆稠度应在进场时取样检验。

【条文说明】我国近年颁布实施的现行国家标准《建筑结构可靠度设计标准》（GB 50068）要求："质量验收标准宜在统计理论的基础上制定"。现行国家标准《建筑工程施工质量验收统一标准》（GB 50300—2001）第 3.0.5 条规定，主控项目合格质量水平的生产方风险（或错判概率 α）和使用方风险（或漏判概率 β）均不宜超过 5%。这些要求和规定都是编制建筑工程施工质量验收规范应遵循的原则。

国家标准《砌体工程施工质量验收规范》（GB 50203）关于砌筑砂浆试块强度验收条件引自原《建筑安装工程质量检验评定标准 建筑工程》（TJ 301—1974），并已执行多年。经分析发现，上述砌筑砂浆试块强度验收条件的确定较缺乏科学性，具体表现在以下几方面：

1）20 世纪 70 年代我国尚未采用极限状态设计方法，因此，对砌筑砂浆质量的评定也未考虑结构的可靠度原则。

2）当同一验收批砌筑砂浆试块抗压强度平均值等于设计强度等级所对应的立方体抗压强度时，其满足设计强度的概率太低，仅为 50%。

3）当砌筑砂浆试块强度等于设计强度等级所对应的立方体抗压强度的 75% 时，砌体强度较设计值小 9%～13%，这将对结构的安全使用产生不良影响。

根据结构可靠度分析，当砌筑砂浆质量水平一般，即砂浆试块强度统计的变异系数为 0.25，验收批砌筑砂浆试块抗压强度平均值为设计强度的 1.10 倍时，砌筑砂浆强度达到和超过设计强度的统计概率为 65.5%，砌体强度达到 95% 规范值的统计概率为 78.8%；砌筑砂浆试块强度最小值为 85% 设计强度时，砌体强度值只较规范设计值降低 2%～8%，砌筑砂浆抗压强度等于和大于 85% 设计强度的统计概率为 84.1%。还应指出，当砌筑砂浆试块改为带底试模制作后，砂浆试块强度统计的变异系数将较砖底试模减小，这对砌筑砂浆质量的提高和砌体质量是有利的。此外，砌体强度除与块体、砌筑砂浆强度直接相关外，尚与施工过程的质量控制有关，如砌筑砂浆的拌制质量及强度的离散性、块体砌筑前浇水湿润程度、砌筑手法、灰缝厚度及砂浆饱满度等。因此欲保证砌体的强度，除应使块体和砌筑砂浆合格外，尚应加强施工过程控制，这是保证砌体施工质量的综合措施。

鉴于上述分析，同时考虑砂浆拌制后到使用时存在的时间间隔对其强度的不利影响，本次规范修订中对砌筑砂浆试块抗压强度合格验收条件较原规范作了一定提高。砌筑砂浆拌制后随时间延续的强度变化规律是：在一般气温（低于30℃）情况下，砂浆拌制2～6h后，强度降低20%～30%，10h降低50%以上，24h降低70%以上。以上试验大多采用水泥混合砂浆。对水泥砂浆而言，由于水泥用量较多，砂浆的保水性又较水泥混合砂浆差，其影响程度会更大。当气温较高（高于30℃）情况下，砂浆强度下降幅度也将更大一些。

当砂浆试块数量不足3组时，其强度的代表性较差，验收也存在较大风险，如只有1组试块时，其错判概率至少为30%。因此，为确保砌体结构施工验收的可靠性，对重要房屋一个验收批砂浆试块的数量规定为不得少于3组。

试验表明，砌筑砂浆的稠度对试块立方体抗压强度有一定影响，特别是当采用带底试模时，这种影响将十分明显。为如实反映施工中砌筑砂浆的强度，制作砂浆试块的砂浆稠度应与配合比设计一致，在实际操作中应注意砌筑砂浆的用水量控制。此外，根据现行行业标准《预拌砂浆》（JC/T 230）规定，预拌砂浆中的湿拌砂浆在交货时应进行稠度检验。

对工厂生产的预拌砂浆、加气混凝土专用砂浆，由于其材料稳定，计量准确，砂浆质量较好，强度值离散性较小，故可适当减少现场砂浆试块的制作数量，但每验收批各类、各强度等级砂浆试块不应少于3组。

根据统计学原理，抽检子样容量越大则结果判定越准确。对砌体结构工程施工，通常在一个检验批留置的同类型、同强度等级的砂浆试块数量不多，故在砌筑砂浆试块抗压强度验收时，为使砂浆试块强度具有更好的代表性，减小强度评定风险，宜将多个检验批的同类型、同强度等级的砌筑砂浆作为一个验收批进行评定验收；当检验批的同类型、同强度等级砌筑砂浆试块组数较多时，砂浆强度验收也可按检验批进行，此时的砌筑砂浆验收批即等同于检验批。

4.0.13 当施工中或验收时出现下列情况，可采用现场检验方法对砂浆或砌体强度进行实体检测，并判定其强度：

（1）砂浆试块缺乏代表性或试块数量不足；

（2）对砂浆试块的试验结果有怀疑或有争议；

（3）砂浆试块的试验结果，不能满足设计要求；

（4）发生工程事故，需要进一步分析事故原因。

【条文说明】施工中，砌筑砂浆强度直接关系砌体质量。因此，规定了在一些非正常情况下应测定工程实体中的砂浆或砌体的实际强度。其中，当砂浆试块的试验结果已不能满足设计要求时，通过实体检测以便于进行强度核算和结构加固处理。

5 砖砌体工程

5.1 一般规定

5.1.1 本章适用于烧结普通砖、烧结多孔砖、混凝土多孔砖、混凝土实心砖、蒸压灰砂砖、蒸压粉煤灰砖等砌体工程。

【条文说明】本条所列砖是指以传统标准砖基本尺寸240mm×115mm×53mm为基础，适当调整尺寸，采用烧结、蒸压养护或自然养护等工艺生产的长度不超过240mm，宽度不超过190mm，厚度不超过115mm的实心或多孔（通孔、半盲孔）的主规格砖及其配砖。

5.1.2 用于清水墙、柱表面的砖，应边角整齐，色泽均匀。

5.1.3　砌体砌筑时，混凝土多孔砖、混凝土实心砖、蒸压灰砂砖、蒸压粉煤灰砖等块体的产品龄期不应小于28d。

【条文说明】混凝土多孔砖、混凝土普通砖、蒸压灰砂砖、蒸压粉煤灰砖早期收缩值大，如果这时用于墙体上，很容易出现收缩裂缝。为有效控制墙体的这类裂缝产生，在砌筑时砖的产品龄期不应小于28d，使其早期收缩值在此期间内完成大部分。实践证明，这是预防墙体早期开裂的一个重要技术措施。此外，混凝土多孔砖、混凝土普通砖的强度等级进场复验也需产品龄期为28d。

5.1.4　有冻胀环境和条件的地区，地面以下或防潮层以下的砌体，不应采用多孔砖。

【条文说明】有冻胀环境和条件的地区，地面以下或防潮层以下的砌体，常处于潮湿的环境中，对多孔砖砌体的耐久性能有不利影响。因此，现行国家标准《砌体结构设计规范》（GB 50003）对多孔砖的使用作出了以下规定，"在冻胀地区，地面以下或防潮层以下的砌体，不宜采用多孔砖，如采用时，其孔洞应用水泥砂浆灌实。"鉴于多孔砖孔洞小且量大，施工中用水泥砂浆灌实费工、耗材、不易保证质量，故作本条规定。

5.1.5　不同品种的砖不得在同一楼层混砌。

【条文说明】不同品种砖的收缩特性的差异容易造成墙体收缩裂缝的产生。

5.1.6　砌筑烧结普通砖、烧结多孔砖、蒸压灰砂砖、蒸压粉煤灰砖砌体时，砖应提前1～2d适度湿润，严禁采用干砖或处于吸水饱和状态的砖砌筑，块体湿润程度宜符合下列规定：

（1）烧结类块体的相对含水率60%～70%；

（2）混凝土多孔砖及混凝土实心砖不需浇水湿润，但在气候干燥炎热的情况下，宜在砌筑前对其喷水湿润。其他非烧结类块体的相对含水率40%～50%。

【条文说明】试验研究和工程实践证明，砖的湿润程度对砌体的施工质量影响较大：干砖砌筑不仅不利于砂浆强度的正常增长，大大降低砌体强度，影响砌体的整体性，而且砌筑困难；吸水饱和的砖砌筑时，会使刚砌的砌体尺寸稳定性差，易出现墙体平面外弯曲，砂浆易流淌，灰缝厚度不均，砌体强度降低。

砖含水率对砌体抗压强度的影响，湖南大学曾通过试验研究得出两者之间的相关性，即砌体的抗压强度随砖含水率的增加而提高，反之亦然。根据砌体抗压强度影响系数公式得到，含水率为零的烧结黏土砖的砌体抗压强度仅为含水率为15%砖的砌体抗压强度的77%。

砖含水率对砌体抗剪强度的影响，国内外许多学者都进行过这方面的研究，试验资料较多，但结论并不完全相同。可以认为，各国（地）砖的性质不同，是试验结论不一致的主要原因。一般来说，砖砌体抗剪强度随着砖的湿润程度增加而提高，但是如果砖浇得过湿，砖表面的水膜将影响砖和砂浆间的粘结，对抗剪强度不利。美国Robert等在专著中指出：砖的初始吸水速率是影响砌体抗剪强度的重要因素，并指出，初始吸水速率大的砖，必须在使用前预湿水，使其达到较佳范围时方能砌筑。苏联学者认为，黏土砖的含水率对砌体粘结强度的影响还与砂浆的种类及砂浆稠度有关，砖含水率在一定范围时，砌体的抗剪强度得以提高。近年来，长沙理工大学等单位通过试验获取的数据和收集的国内诸多学者研究成果撰写的研究论文指出，非烧结砖的上墙含水率对砌体抗剪强度影响，存在着最佳相对含水率，其范围是43%～55%，并从试验结果看出，蒸压粉煤灰砖在绝干状态和吸水饱和状态时，抗剪强度均大大降低，约为最佳相对含水率的30%～40%。

鉴于上述分析，考虑各类砌筑用砖的吸水特性，如吸水率大小、吸水和失水速度快慢等的差异（有时存在十分明显的差异，例如从资料收集中得到，我国各地生产的烧结普通黏土砖的吸水率变化范围为13.2%～21.4%），砖砌筑时适宜的含水率也应有所不同。因此，需要在砌筑前对砖预湿的程度采用含水率控制是不适宜的，为了便于在施工中对适宜含水率有更清晰的了解和控制，块体砌筑时的适宜含水率宜采用相对含水率表示。根据国内外学者的试验研究成果和施工实践经验，以及国家标准《砌体工程施工质量验收规范》（GB 50203—2002）的相关规定，本次规范修订按照块体吸水、失水速度快慢对烧结类、非烧结类块体的预湿程度采用相对含水率控制，并对适宜相对含水率范围分别作了规定。

5.1.7　采用铺浆法砌筑砌体，铺浆长度不得超过 750mm；当施工期间气温超过 30℃时，铺浆长度不得超过 500mm。

【条文说明】砖砌体砌筑宜随铺砂浆随砌筑。采用铺浆法砌筑时，铺浆长度对砌体的抗剪强度影响明显，陕西省建筑科学研究院的试验表明，在气温 15℃时，铺浆后立即砌砖和铺浆后 3min 再砌砖，砌体的抗剪强度相差 30％。气温较高时砖和砂浆中的水分蒸发较快，影响工人操作和砌筑质量，因而应缩短铺浆长度。

5.1.8　240mm 厚承重墙的每层墙的最上一皮砖，砖砌体的阶台水平面上及挑出层的外皮砖，应整砖丁砌。

【条文说明】从有利于保证砌体的完整性、整体性和受力的合理性出发，强调本条所述部位应采用整砖丁砌。

5.1.9　弧拱式及平拱式过梁的灰缝应砌成楔形缝，拱底灰缝宽度不宜小于 5mm，拱顶灰缝宽度不应大于 15mm，拱体的纵向及横向灰缝应填实砂浆；平拱式过梁拱脚下面应伸入墙内不小于 20mm；砖砌平拱过梁底应有 1％ 的起拱。

【条文说明】平拱式过梁是弧拱式过梁的一个特例，是矢高极小的一种拱形结构，拱底应有一定起拱量，从砖拱受力特点及施工工艺考虑，必须保证拱脚下面伸入墙内的长度，并保持楔形灰缝形态。

5.1.10　砖过梁底部的模板及其支架拆除时，灰缝砂浆强度不应低于设计强度的 75％。

【条文说明】过梁底部模板是砌筑过程中的承重结构，只有砂浆达到一定强度后，过梁部位砌体方能承受荷载作用，才能拆除底模。本次经修订的规范将砖过梁底部的模板及其支架拆除时对灰缝砂浆强度进行了提高，是为了更好地保证安全。

5.1.11　多孔砖的孔洞应垂直于受压面砌筑。半盲孔多孔砖的封底面应朝上砌筑。

【条文说明】多孔砖的孔洞垂直于受压面，能使砌体有较大的有效受压面积，有利于砂浆结合层进入上下砖块的孔洞中产生"销键"作用，提高砌体的抗剪强度和砌体的整体性。此外，孔洞垂直于受压面砌筑也符合砌体强度试验时试件的砌筑方法。

5.1.12　竖向灰缝不应出现瞎缝、透明缝和假缝。

【条文说明】竖向灰缝砂浆的饱满度一般对砌体的抗压强度影响不大，但是对砌体的抗剪强度影响明显。根据四川省建筑科学研究院、南京新宁砖瓦厂等单位的试验结果得到：当竖缝砂浆很不饱满甚至完全无砂浆时，其对角加载砌体的抗剪强度约降低 30％。

此外，透明缝、瞎缝和假缝对房屋的使用功能也会产生不良影响。

5.1.13　砖砌体施工临时间断处补砌时，必须将接槎处表面清理干净，洒水湿润，并填实砂浆，保持灰缝平直。

【条文说明】砖砌体的施工临时间断处的接槎部位是受力的薄弱点，为保证砌体的整体性，必须强调补砌时的要求。

5.1.14　夹心复合墙的砌筑应符合下列规定：

（1）墙体砌筑时，应采取措施防止空腔内掉落砂浆和杂物；

（2）拉结件设置应符合设计要求，拉结件在叶墙上的搁置长度不应小于叶墙厚度的 2/3，并不应小于 60mm；

（3）保温材料品种及性能应符合设计要求。保温材料的浇注压力不应对砌体强度、变形及外观质量产生不良影响。

5.2 主控项目

5.2.1 砖和砂浆的强度等级必须符合设计要求。

抽检数量：每一生产厂家，烧结普通砖、混凝土实心砖每 15 万块，烧结多孔砖、混凝土多孔砖、蒸压灰砂砖及蒸压粉煤灰砖每 10 万块各为一验收批，不足上述数量时按 1 批计，抽检数量为 1 组。砂浆试块的抽检数量执行本规范第 4.0.12 条的有关规定。

检验方法：查砖和砂浆试块试验报告。

【条文说明】在正常施工条件下，砖砌体的强度取决于砖和砂浆的强度等级，为保证结构的受力性能和使用安全，砖和砂浆的强度等级必须符合设计要求。

烧结普通砖、混凝土实心砖检验批的数量，系参考砌体检验批划分的基本数量（250m³ 砌体）确定；烧结多孔砖、混凝土多孔砖、蒸压灰砂砖及蒸压粉煤灰砖检验批数量根据产品的特点并参考产品标准作了适当调整。

5.2.2 砌体灰缝砂浆应密实饱满，砖墙水平灰缝的砂浆饱满度不得低于 80％；砖柱水平灰缝和竖向灰缝饱满度不得低于 90％。

抽检数量：每检验批抽查不应少于 5 处。

检验方法：用百格网检查砖底面与砂浆的粘结痕迹面积，每处检测 3 块砖，取其平均值。

【条文说明】水平灰缝砂浆饱满度不小于 80％的规定沿用已久，根据四川省建筑科学研究院试验结果，当砂浆水平灰缝饱满度达到 73％时，则可达到设计规范所规定的砌体抗压强度值。砖柱为独立受力的重要构件，为保证其安全性，在本次规范修订中对水平灰缝砂浆饱满度的要求有所提高，并增加了对竖向灰缝饱满度的规定。

5.2.3 砖砌体的转角处和交接处应同时砌筑，严禁无可靠措施的内外墙分砌施工。在抗震设防烈度为 8 度及 8 度以上地区，对不能同时砌筑而又必须留置的临时间断处应砌成斜槎，普通砖砌体斜槎水平投影长度不应小于高度的 2/3，多孔砖砌体的斜槎长高比不应小于 1/2。斜槎高度不得超过一步脚手架的高度。

抽检数量：每检验批抽查不应少于 5 处。

检验方法：观察检查。

【条文说明】砖砌体转角处和交接处的砌筑和接槎质量，是保证砖砌体结构整体性能和抗震性能的关键之一，地震震害充分证明了这一点。根据陕西省建筑科学研究院对交接处同时砌筑和不同留槎形式接槎部位连接性能的试验分析，同时砌筑的连接性能最佳；留踏步槎（斜槎）的次之；留直槎并按规定加拉结钢筋的再次之；仅留直槎不加设拉结钢筋的最差。上述不同砌筑和留槎形式试件的水平抗拉力之比为 1.00、0.93、0.85、0.72。因此，对抗震设防烈度 8 度及 8 度以上地区，不能同时砌筑时应留斜槎。对抗震设计烈度为 6 度、7 度地区的临时间断处，允许留直槎并按规定加设拉结钢筋，这主要是从实际出发，在保证施工质量的前提下，留直槎加设拉结钢筋时，其连接性能较留斜槎时降低有限，对抗震设计烈度不高的地区允许采用留直槎加设拉结钢筋是可行的。

多孔砖砌体斜槎长高比明确为不小于 1/2，是从多孔砖规格尺寸、组砌方法及施工实际出发考虑的。多孔砖砌体根据砖规格尺寸，留置斜槎的长高比一般为 1∶2。

斜槎高度不得超过一步脚手架高度的规定，主要是为了尽量减少砌体的临时间断处对结构整体性的不利影响。

5.2.4　非抗震设防及抗震设防烈度为6度、7度地区的临时间断处，当不能留斜槎时，除转角处外，可留直槎，但直槎必须做成凸槎，且应加设拉结钢筋，拉结钢筋应符合下列规定：

（1）每120mm墙厚放置1φ6拉结钢筋（120mm厚墙应放置2φ6拉结钢筋）；

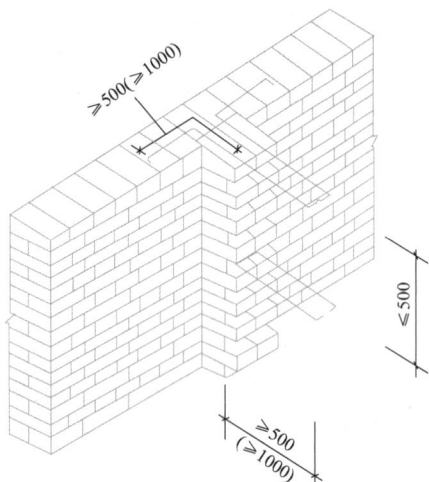

图5.2.4　直槎处拉结钢筋示意图

（2）间距沿墙高不应超过500mm，且竖向间距偏差不应超过100mm；

（3）埋入长度从留槎处算起每边均不应小于500mm，对抗震设防烈度6度、7度的地区，不应小于1000mm；

（4）末端应有90°弯钩（图5.2.4）。

抽检数量：每检验批抽查不应少于5处。

检验方法：观察和尺量检查。

【条文说明】砖砌体转角处和交接处的砌筑和接槎质量，是保证砖砌体结构整体性能和抗震性能的关键之一，地震震害充分证明了这一点。根据陕西省建筑科学研究院对交接处同时砌筑和不同留槎形式接槎部位连接性能的试验分析，同时砌筑的连接性能最佳；留踏步槎（斜槎）的次之；留直槎并按规定加拉结钢筋的再次之；仅留直槎不加设拉结钢筋的最差。上述不同砌筑和留槎形式试件的水平抗拉力之比为1.00、0.93、0.85、0.72。因此，对抗震设防烈度8度及8度以上地区，不能同时砌筑时应留斜槎。对抗震设计烈度为6度、7度地区的临时间断处，允许留直槎并按规定加设拉结钢筋，这主要是从实际出发，在保证施工质量的前提下，留直槎加设拉结钢筋时，其连接性能较留斜槎时降低有限，对抗震设计烈度不高的地区允许采用留直槎加设拉结钢筋是可行的。

多孔砖砌体斜槎长高比明确为不小于1/2，是从多孔砖规格尺寸、组砌方法及施工实际出发考虑的。多孔砖砌体根据砖规格尺寸，留置斜槎的长高比一般为1∶2。

斜槎高度不得超过一步脚手架高度的规定，主要是为了尽量减少砌体的临时间断处对结构整体性的不利影响。

5.3　一般项目

5.3.1　砖砌体组砌方法应正确，内外搭砌，上、下错缝。清水墙、窗间墙无通缝；混水墙中不得有长度大于300mm的通缝，长度200mm～300mm的通缝每间不超过3处，且不得位于同一面墙体上。砖柱不得采用包心砌法。

抽检数量：每检验批抽查不应少于5处。

检验方法：观察检查。砌体组砌方法抽检每处应为3m～5m。

【条文说明】本条是从确保砌体结构整体性和有利于结构承载出发，对组砌方法提出的基本要求，施工中应予满足。砖砌体的"通缝"系指相邻上下两皮砖搭接长度小于25mm的部位。本次规范修订对混水墙的最大通缝长度作了限制。此外，参考原国家标准《建筑工程质量检验评定标准》（GBJ 301—1988）第6.1.6条对砖砌体上下错缝的规定，将原规范"混水墙中长度大于或等于300mm的通缝每间不超过3处，且不得位于同一面墙体上"修改为"混水墙中不得有长度大于300mm的通缝，长度200mm～300mm的通缝每间不得超过3处，且不得位于同一面墙体上"。采用包心砌法的砖柱，质量难以控制和检查，往往会形成空心柱，降低了结构安全性。

5.3.2　砖砌体的灰缝应横平竖直，厚薄均匀，水平灰缝厚度及竖向灰缝宽度宜为 10mm，但不应小于 8mm，也不应大于 12mm。

抽检数量：每检验批抽查不应少于 5 处。

检验方法：水平灰缝厚度用尺量 10 皮砖砌体高度折算；竖向灰缝宽度用尺量 2m 砌体长度折算。

【条文说明】灰缝横平竖直，厚薄均匀，不仅使砌体表面美观，又使砌体的变形及传力均匀。此外，灰缝增厚砌体抗压强度降低，反之则砌体抗压强度提高；灰缝过薄将使块体间的粘结不良，产生局部挤压现象，也会降低砌体强度。湖南大学曾研究砌体灰缝厚度对砌体抗压强度的影响，经对国内外的一些试验数据进行回归分析后得出影响系数公式。根据该公式分析，对普通砖砌体而言，与标准水平灰缝厚度 10mm 相比较，12mm 水平灰缝厚度砌体的抗压强度降低 5.4％；8mm 水平灰缝厚度砌体的抗压强度提高 6.1％。对多孔砖砌体，其变化幅度还要大些，与标准水平灰缝厚度 10mm 相比较，12mm 水平灰缝厚度砌体的抗压强度降低 9.1％；8mm 水平灰缝厚度砌体的抗压强度提高 11.1％。

砌体竖向灰缝宽度过宽或过窄不仅影响观感质量，而且易造成灰缝砂浆饱满度较差，影响砌体的使用功能、整体性及降低砌体的抗剪强度。因此，在本次规范修订中增加了砖砌体竖向灰缝宽度的规定。

5.3.3　砖砌体尺寸、位置的允许偏差及检验应符合表 5.3.3 的规定。

表 5.3.3　　　　　　　　　　砖砌体尺寸、位置的允许偏差及检验

项次	项目			允许偏差（mm）	检验方法	抽检数量
1	轴线位移			10	用经纬仪和尺或用其他测量仪器检查	承重墙、柱全数检查
2	基础、墙、柱顶面标高			±15	用水准仪和尺检查	不应少于 5 处
3	墙面垂直度	每层		5	用 2m 托线板检查	不应少于 5 处
		全高	≤10m	10	用经纬仪、吊线和尺或用其他测量仪器检查	外墙全部阳角
			>10m	20		
4	表面平整度	清水墙、柱		5	用 2m 靠尺和楔形塞尺检查	不应少于 5 处
		混水墙、柱		8		
5	水平灰缝平直度	清水墙		7	拉 5m 线和尺检查	不应少于 5 处
		混水墙		10		
6	门窗洞口高、宽（后塞口）			±10	用尺检查	不应少于 5 处
7	外墙上下窗口偏移			20	以底层窗口为准，用经纬仪或吊线检查	不应少于 5 处
8	清水墙游丁走缝			20	以每层第一皮砖为准，用吊线和尺检查	不应少于 5 处

【条文说明】本条所列砖砌体一般尺寸偏差，对整个建筑物的施工质量、建筑美观和确保有效使用面积均会产生影响，故施工中对其偏差应予以控制。

对于钢筋混凝土楼、屋盖整体现浇的房屋，其结构整体性良好；对于装配整体式楼、屋盖结构，国家标准《砌体结构设计规范》（GB 50003—2001）经修订后，加强了楼、屋盖结构的整体性

规定：在抗震设防地区，预制钢筋混凝土板板端应有伸出钢筋相互有效连接，并用混凝土浇筑成板带，其板端支承长度不应小于60mm，板带宽不小于80mm，混凝土强度等级不应低于C20。另外，根据工程实践及调研结果看到，实际工程中砌体的轴线位置和墙面垂直度的偏差值均不大，但有时也会出现略大于《砌体工程施工质量验收规范》（GB 50203—2002）允许偏差值的规定，这不符合主控项目的验收要求，如要返工将十分困难。鉴于上述分析，墙体轴线位置和墙面垂直度尺寸的最大偏差值按表中允许偏差控制施工质量（允许有20％及以下的超差点的最大超差值为允许偏差值的1.5倍），墙体的受力性能和楼、屋盖的安全性是能保证的。

本次规范修订中，通过工程调查将门窗洞口高、宽（后塞口）的允许偏差由原规范的±5mm增加为±10mm。

6 混凝土小型空心砌块砌体工程

6.1 一般规定

6.1.1 本章适用于普通混凝土小型空心砌块和轻骨料混凝土小型空心砌块（以下简称小砌块）等砌体工程。

6.1.2 施工前，应按房屋设计图编绘小砌块平、立面排块图，施工中应按排块图施工。

【条文说明】编制小砌块平、立面排块图是施工准备的一项重要工作，也是保证小砌块墙体施工质量的重要技术措施。在编制时，宜由水电管线安装人员与土建施工人员共同商定。

6.1.3 施工采用的小砌块的产品龄期不应小于28d。

【条文说明】小砌块龄期达到28d之前，自身收缩速度较快，其后收缩速度减慢，且强度趋于稳定。为有效控制砌体收缩裂缝，检验小砌块的强度，规定砌体施工时所用的小砌块，产品龄期不应小于28d。本次规范修订时，考虑到在施工中有时难于确定小砌块的生产日期，因此将本条文修改为非强制性条文。

6.1.4 砌筑小砌块时，应清除表面污物，剔除外观质量不合格的小砌块。

6.1.5 砌筑小砌块砌体，宜选用专用小砌块砌筑砂浆。

【条文说明】专用的小砌块砌筑砂浆是指符合现行行业标准《混凝土小型空心砌块和混凝土砖砌筑砂浆》（JC 860）的砌筑砂浆，该砂浆可提高小砌块与砂浆间的粘结力，且施工性能好。

6.1.6 底层室内地面以下或防潮层以下的砌体，应采用强度等级不低于C20（或Cb20）的混凝土灌实小砌块的孔洞。

【条文说明】用混凝土填小砌块砌体一些部位的孔洞，属于构造措施，主要目的是提高砌体的耐久性及结构整体性。现行国家标准《砌体结构设计规范》（GB 50003）有如下规定："在冻胀地区，地面以下或防潮层以下的砌体……当采用混凝土砌块砌体时，其孔洞应采用强度等级不低于Cb20的混凝土灌实"。

6.1.7 砌筑普通混凝土小型空心砌块砌体，不需对小砌块浇水湿润，如遇天气干燥炎热，宜在砌筑前对其喷水湿润；对轻骨料混凝土小砌块，应提前浇水湿润，块体的相对含水率宜为40％～50％。雨天及小砌块表面有浮水时，不得施工。

【条文说明】普通混凝土小砌块具有吸水率小和吸水、失水速度迟缓的特点，一般情况下砌墙时可不浇水。轻骨料混凝土小砌块的吸水率较大，吸水、失水速度较普通混凝土小砌块快，应提前对其浇水湿润。

6.1.8 承重墙体使用的小砌块应完整、无破损、无裂缝。

【条文说明】小砌块为薄壁、大孔且块体较大的建筑材料，单个块体如果存在破损、裂缝等质量缺陷，对砌体强度将产生不利影响；小砌块的原有裂缝也容易发展并形成墙体新的裂缝。条文经改动后较原规范条文"承重墙体严禁使用断裂小砌块"更全面。

6.1.9　小砌块墙体应孔对孔、肋对肋错缝搭砌。单排孔小砌块的搭接长度应为块体长度的1/2；多排孔小砌块的搭接长度可适当调整，但不宜小于小砌块长度的1/3，且不应小于90mm。墙体的个别部位不能满足上述要求时，应在灰缝中设置拉结钢筋或钢筋网片，但竖向通缝仍不得超过两皮小砌块。

【条文说明】确保小砌块砌体的砌筑质量，可简单归纳为六个字：对孔、错缝、反砌。所谓对孔，即在保证上下皮小砌块搭砌要求的前提下，使上皮小砌块的孔洞尽量对准下皮小砌块的孔洞，使上、下皮小砌块的壁、肋可较好传递竖向荷载，保证砌体的整体性及强度；所谓错缝，即上、下皮小砌块错开砌筑（搭砌），以增强砌体的整体性，这属于砌筑工艺的基本要求；所谓反砌，即小砌块生产时的底面朝上砌筑于墙体上，易于铺放砂浆和保证水平灰缝砂浆的饱满度，这也是确定砌体强度指标的试件的基本砌法。

6.1.10　小砌块应将生产时的底面朝上反砌于墙上。

【条文说明】确保小砌块砌体的砌筑质量，可简单归纳为六个字：对孔、错缝、反砌。所谓对孔，即在保证上下皮小砌块搭砌要求的前提下，使上皮小砌块的孔洞尽量对准下皮小砌块的孔洞，使上、下皮小砌块的壁、肋可较好传递竖向荷载，保证砌体的整体性及强度；所谓错缝，即上、下皮小砌块错开砌筑（搭砌），以增强砌体的整体性，这属于砌筑工艺的基本要求；所谓反砌，即小砌块生产时的底面朝上砌筑于墙体上，易于铺放砂浆和保证水平灰缝砂浆的饱满度，这也是确定砌体强度指标的试件的基本砌法。

6.1.11　小砌块墙体宜逐块坐（铺）浆砌筑。

【条文说明】小砌块砌体相对于砖砌体，小砌块块体大，水平灰缝坐（铺）浆面窄小，竖缝面积大，砌筑一块费时多，为缩短坐（铺）浆后的间隔时间，减少对砌筑质量的不良影响，特作此规定。

6.1.12　在散热器、厨房和卫生间等设备的卡具安装处砌筑的小砌块，宜在施工前用强度等级不低于C20（或Cb20）的混凝土将其孔洞灌实。

6.1.13　每步架墙（柱）砌筑完后，应随即刮平墙体灰缝。

【条文说明】灰缝经过刮平，将对表层砂浆起到压实作用，减少砂浆中水分的蒸发，有利于保证砂浆强度的增长。

6.1.14　芯柱处小砌块墙体砌筑应符合下列规定：

（1）每一楼层芯柱处第一皮砌块应采用开口小砌块；

（2）砌筑时应随砌随清除小砌块孔内的毛边，并将灰缝中挤出的砂浆刮净。

【条文说明】凡有芯柱之处均应设清扫口，一是用于清扫孔洞底撒落的杂物，二是便于上下芯柱钢筋连接。

芯柱孔洞内壁的毛边、砂浆不仅使芯柱断面缩小，而且混入混凝土中还会影响其质量。

6.1.15　芯柱混凝土宜选用专用小砌块灌孔混凝土。浇筑芯柱混凝土应符合下列规定：

（1）每次连续浇筑的高度宜为半个楼层，但不应大于1.8m；

（2）浇筑芯柱混凝土时，砌筑砂浆强度应大于1MPa；

（3）清除孔内掉落的砂浆等杂物，并用水冲淋孔壁；

（4）浇筑芯柱混凝土前，应先注入适量与芯柱混凝土成分相同的去石砂浆；

（5）每浇筑400mm～500mm高度捣实一次，或边浇筑边捣实。

【条文说明】小砌块灌孔混凝土系指符合现行行业标准《混凝土砌块（砖）砌体用灌孔混凝土》（JC 861）的专用混凝土，该混凝土性能好，对保证砌体施工质量和结构受力十分有利。

5·12汶川地震的震害表明，在遭遇地震时芯柱将发挥重要作用，在地震烈度较高的地区，芯柱破坏较为严重，而破坏的芯柱多数都存在浇筑不密实的情况。由于芯柱混凝土较难以浇筑密实，因此，本次规范修订特别补充了芯柱的施工质量控制要求。

6.1.16　小砌块复合夹心墙的砌筑应符合本规范第5.1.14条的规定。

6.2　主控项目

6.2.1　小砌块和芯柱混凝土、砌筑砂浆的强度等级必须符合设计要求。

抽检数量：每一生产厂家，每1万块小砌块为一验收批，不足1万块按一批计，抽检数量为1组；用于多层以上建筑的基础和底层的小砌块抽检数量不应少于2组。砂浆试块的抽检数量应执行本规范第4.0.12条的有关规定。

检验方法：检查小砌块和芯柱混凝土、砌筑砂浆试块试验报告。

【条文说明】在正常施工条件下，小砌块砌体的强度取决于小砌块和砌筑砂浆的强度等级；芯柱混凝土强度等级也是砌体力学性能能否满足要求最基本的条件。因此，为保证结构的受力性能和使用安全，小砌块和芯柱混凝土、砌筑砂浆的强度等级必须符合设计要求。

6.2.2　砌体水平灰缝和竖向灰缝的砂浆饱满度，按净面积计算不得低于90%。

抽检数量：每检验批抽查不应少于5处。

检验方法：用专用百格网检测小砌块与砂浆粘结痕迹，每处检测3块小砌块，取其平均值。

【条文说明】小砌块砌体施工时对砂浆饱满度的要求，严于砖砌体的规定。究其原因：一是由于小砌块壁较薄，肋较窄，小砌块与砂浆的粘结面不大；二是砂浆饱满度对砌体强度及墙体整体性影响远较砖砌体大，其中，抗剪强度较低又是小砌块的一个弱点；三是考虑了建筑物使用功能（如防渗漏）的需要。竖向灰缝饱满度对防止墙体裂缝和渗水至关重要，故在本次修订中，将垂直灰缝的饱满度要求由原来的80%提高至90%。

6.2.3　墙体转角处和纵横交接处应同时砌筑。临时间断处应砌成斜槎，斜槎水平投影长度不应小于斜槎高度。施工洞口可预留直槎，但在洞口砌筑和补砌时，应在直槎上下搭砌的小砌块孔洞内用强度等级不低于C20（或Cb20）的混凝土灌实。

抽检数量：每检验批抽查不应少于5处。

检验方法：观察检查。

【条文说明】墙体转角处和纵横墙交接处同时砌筑可保证墙体结构整体性，其作用效果参见本规范5.2.3条文说明。由于受小砌块块体尺寸的影响，临时间断处斜槎长度与高度比例不同于砖砌体，故在修订时对斜槎的水平投影长度进行了调整。

本次经修订的规范允许在施工洞口处预留直槎，但应在直槎处的两侧小砌块孔洞中灌实混凝土，以保证接槎处墙体的整体性。该处理方法较设置构造柱简便。

6.2.4　小砌块砌体的芯柱在楼盖处应贯通，不得削弱芯柱截面尺寸；芯柱混凝土不得漏灌。

抽检数量：每检验批抽查不应少于5处。

检验方法：观察检查。

【条文说明】芯柱在楼盖处不贯通将会大大削弱芯柱的抗震作用。芯柱混凝土浇筑质量对小砌块建筑的安全至关重要，根据5·12汶川地震震害调查分析，在小砌块建筑墙体中芯柱较普遍存在混凝土不密实的情况，甚至有的芯柱存在一段中缺失混凝土（断柱），从而导致墙体开裂、错位破坏较为严重。故在本次规范修订时增加了对芯柱混凝土浇筑质量的要求。

6.3 一般项目

6.3.1 砌体的水平灰缝厚度和竖向灰缝宽度宜为 10mm，但不应小于 8mm，也不应大于 12mm。

抽检数量：每检验批抽查不应少于 5 处。

检验方法：水平灰缝厚度用尺量 5 皮小砌块的高度折算；竖向灰缝宽度用尺量 2m 砌体长度折算。

【条文说明】小砌块水平灰缝厚度和竖向灰缝宽度的规定，可参阅本规范第 5.3.2 条说明，经多年施工经验表明，此规定是合适的。

6.3.2 小砌块砌体尺寸、位置的允许偏差应按本规范第 5.3.3 条的规定执行。

7 石砌体工程

7.1 一般规定

7.1.1 本章适用于毛石、毛料石、粗料石、细料石等砌体工程。

7.1.2 石砌体采用的石材应质地坚实，无裂纹和无明显风化剥落；用于清水墙、柱表面的石材，尚应色泽均匀；石材的放射性应经检验，其安全性应符合现行国家标准《建筑材料放射性核素限量》（GB 6566）的有关规定。

【条文说明】对砌体所用石材的质量作出规定，以满足砌体的强度，耐久性及美观的要求。为了避免石材放射性物质对环境造成污染和人体造成的伤害，增加了对石材放射性进行检验的要求。

7.1.3 石材表面的泥垢、水锈等杂质，砌筑前应清除干净。

7.1.4 砌筑毛石基础的第一皮石块应坐浆，并将大面向下；砌筑料石基础的第一皮石块应用丁砌层坐浆砌筑。

【条文说明】为使毛石基础和料石基础与地基或基础垫层结合紧密，保证传力均匀和石块平稳，故要求砌筑毛石基础时的第一皮石块应坐浆并将大面向下，砌筑料石基础时的第一皮石块应用丁砌层坐浆砌筑。

7.1.5 毛石砌体的第一皮及转角处、交接处和洞口处，应用较大的平毛石砌筑。每个楼层（包括基础）砌体的最上一皮，宜选用较大的毛石砌筑。

【条文说明】毛石砌体中一些重要受力部位用较大的平毛石砌筑，是为了加强该部位砌体的整体性。同时，为使砌体传力均匀及搁置的梁、楼板（或屋面板）平稳牢固，要求在每个楼层（包括基础）砌体的顶面，选用较大的毛石砌筑。

7.1.6 毛石砌筑时，对石块间存在较大的缝隙，应先向缝内填灌砂浆并捣实，然后再用小石块嵌填，不得先填小石块后填灌砂浆，石块间不得出现无砂浆相互接触现象。

【条文说明】石砌体砌筑时砂浆是否饱满，是影响砌体整体性和砌体强度的一个重要因素。由于毛石形状不规则，棱角多，砌筑时容易形成空隙，为了保证砌筑质量，施工中应特别注意防止石块间无浆直接接触或有空隙的现象。

7.1.7 砌筑毛石挡土墙应按分层高度砌筑，并应符合下列规定：

（1）每砌 3 皮～4 皮为一个分层高度，每个分层高度应将顶层石块砌平；

（2）两个分层高度间分层处的错缝不得小于 80mm。

【条文说明】规定砌筑毛石挡土墙时，由于毛石大小和形状各异，因此应每砌 3 皮～4 皮石块作为一个分层高度，并通过对顶层石块的砌平，即大致平整（为避免理解不准确，用"砌平"替代原规范的"找平"要求），及时发现并纠正砌筑中的偏差，以保证工程质量。

7.1.8 料石挡土墙，当中间部分用毛石砌筑时，丁砌料石伸入毛石部分的长度不应小于200mm。

【条文说明】从挡土墙的整体性和稳定性考虑，对料石挡土墙，当设计未作具体要求时，从经济出发，中间部分可填砌毛石，但应使丁砌料石伸入毛石部分的长度不小于200mm，以保证其整体性。

7.1.9 毛石、毛料石、粗料石、细料石砌体灰缝厚度应均匀，灰缝厚度应符合下列规定：

（1）毛石砌体外露面的灰缝厚度不宜大于40mm；

（2）毛料石和粗料石的灰缝厚度不宜大于20mm；

（3）细料石的灰缝厚度不宜大于5mm。

【条文说明】石砌体的灰缝厚度按本条规定进行控制，经多年实践是可行的，既便于施工操作，又能满足砌体强度和稳定性要求。本次规范修订中，增加的毛石砌体外露面的灰缝厚度规定，系根据原规范对毛石挡土墙的相应规定确定的。

7.1.10 挡土墙的泄水孔当设计无规定时，施工应符合下列规定：

（1）泄水孔应均匀设置，在每米高度上间隔2m左右设置一个泄水孔；

（2）泄水孔与土体间铺设长宽各为300mm、厚200mm的卵石或碎石作疏水层。

【条文说明】为了防止地面水渗入而造成挡土墙基础沉陷，或墙体受附加水压作用产生破坏或倒塌，因此要求挡土墙设置泄水孔，同时给出了泄水孔的疏水层的要求。

7.1.11 挡土墙内侧回填土必须分层夯填，分层松土厚度宜为300mm。墙顶土面应有适当坡度使流水流向挡土墙外侧面。

【条文说明】挡土墙内侧回填土的质量是保证挡土墙可靠性的重要因素之一；挡土墙顶部坡面便于排水，不会导致挡土墙内侧土含水量和墙的侧向土压力明显变化，以确保挡土墙的安全。

7.1.12 在毛石和实心砖的组合墙中，毛石砌体与砖砌体应同时砌筑，并每隔4皮～6皮砖用2皮～3皮丁砖与毛石砌体拉结砌合；两种砌体间的空隙应填实砂浆。

【条文说明】据本条规定毛石和实心砖的组合墙中，毛石砌体与砖砌体应同时砌筑，是为了确保砌体的整体性。每隔4皮～6皮砖用2皮～3皮丁砖与毛石砌体拉结砌合。这样既可保证拉结良好，又便于砌筑。

7.1.13 毛石墙和砖墙相接的转角处和交接处应同时砌筑。转角处、交接处应自纵墙（或横墙）每隔4皮～6皮砖高度引出不小于120mm，与横墙（或纵墙）相接。

【条文说明】据调查，一些地区有时为了就地取材和适应建筑要求，而采用砖和毛石两种材料分别砌筑纵墙和横墙。为了加强墙体的整体性和便于施工，故参照砖墙的留槎规定和本规范7.1.12条对毛石和实心砖的组合墙的连接要求，作出本条规定。

7.2 主控项目

7.2.1 石材及砂浆强度等级必须符合设计要求。

抽检数量：同一产地的同类石材抽检不应少于1组。砂浆试块的抽检数量执行本规范第4.0.12条的有关规定。

检验方法：料石检查产品质量证明书，石材、砂浆检查试块试验报告。

【条文说明】在正常施工条件下，石砌体的强度取决于石材和砌筑砂浆强度等级，为保证结构的受力性能和使用安全，石材和砌筑砂浆的强度等级必须符合设计要求。

7.2.2 砌体灰缝的砂浆饱满度不应小于80%。

抽检数量：每检验批抽查不应少于5处。

检验方法：观察检查。

【条文说明】砌体灰缝砂浆的饱满度，将直接影响石砌体的力学性能、整体性能和耐久性能。

7.3　一般项目

7.3.1　石砌体尺寸、位置的允许偏差及检验方法应符合表 7.3.1 的规定。

表 7.3.1　　　　　　　　　　　石砌体尺寸、位置的允许偏差及检验方法

项次	项目		允许偏差（mm）						检验方法
			毛石砌体		料石砌体				
					毛料石		粗料石		细料石	
			基础	墙	基础	墙	基础	墙	墙、柱	
1	轴线位置		20	15	20	15	15	10	10	用经纬仪和尺检查，或用其他测量仪器检查
2	基础和墙砌体顶面标高		±25	±15	±25	±15	±15	±15	±10	用水准仪和尺检查
3	砌体厚度		+30	+20 −10	+30	+20 −10	+15	+10 −5	+10 −5	用尺检查
4	墙面垂直度	每层	—	20	—	20	—	10	7	用经纬仪、吊线和尺检查，或用其他测量仪器检查
		全高	—	30	—	30	—	25	10	
5	表面平整度	清水墙、柱	—	—	—	20	—	10	5	细料石用 2m 靠尺和楔形塞尺检查，其他用两直尺垂直于灰缝拉 2m 线和尺检查
		混水墙、柱	—	—	—	20	—	15		
6	清水墙水平灰缝平直度		—	—	—	—	—	10	5	拉 10m 线和尺检查

抽检数量：每检验批抽查不应少于 5 处。

【条文说明】根据工程实践及调研结果，将原规范主控项目中的轴线位置和墙面垂直度尺寸允许偏差检验纳入本条文，条文说明参阅本规范第 5.3.3 条。砌体厚度项目中的毛石基础、毛料石基础和粗料石基础的一般尺寸允许偏差下限为"0"控制，即不允许出现负偏差，这一规定将有利于基础工程的安全可靠性。本次规范修订中考虑毛石墙砌体表面平整度难于检验，故删去了允许偏差的规定。毛石墙砌体表面平整情况可通过规感检查作出评价。

7.3.2　石砌体的组砌形式应符合下列规定：

（1）内外搭砌，上下错缝，拉结石、丁砌石交错设置；

（2）毛石墙拉结石每 0.7m² 墙面不应少于 1 块。

抽检数量：每检验批抽查不应少于 5 处。

检验方法：观察检查。

【条文说明】本条规定是为了加强砌体内部的拉结作用，保证砌体的整体性。

8　配筋砌体工程

8.1　一般规定

8.1.1　配筋砌体工程除应满足本章要求和规定外，尚应符合本规范第 5 章及第 6 章的要求和规定。

【条文说明】为避免重复，本章在"一般规定""主控项目""一般项目"的条文内容上，尚应符合本规范第 5 章及第 6 章的规定。

8.1.2　施工配筋小砌块砌体剪力墙，应采用专用的小砌块砌筑砂浆砌筑，专用小砌块灌孔混凝土浇筑芯柱。

【条文说明】参见本规范第 6.1.5 及 6.1.15 条条文说明。

8.1.3　设置在灰缝内的钢筋，应居中置于灰缝内，水平灰缝厚度应大于钢筋直径 4mm 以上。

【条文说明】砌体水平灰缝中钢筋居中放置有两个目的：一是对钢筋有较好的保护；二是有利于钢筋的锚固。

8.2　主控项目

8.2.1　钢筋的品种、规格、数量和设置部位应符合设计要求。

检验方法：检查钢筋的合格证书、钢筋性能复试试验报告、隐蔽工程记录。

【条文说明】配筋砌体中的钢筋品种、规格、数量和混凝土、砂浆的强度直接影响砌体的结构性能，因此应符合设计要求。

8.2.2　构造柱、芯柱、组合砌体构件、配筋砌体剪力墙构件的混凝土及砂浆的强度等级应符合设计要求。

抽检数量：每检验批砌体，试块不应少于 1 组，验收批砌体试块不得少于 3 组。

检验方法：检查混凝土和砂浆试块试验报告。

8.2.3　构造柱与墙体的连接应符合下列规定：

（1）墙体应砌成马牙槎，马牙槎凹凸尺寸不宜小于 60mm，高度不应超过 300mm，马牙槎应先退后进，对称砌筑；马牙槎尺寸偏差每一构造柱不应超过 2 处；

（2）预留拉结钢筋的规格、尺寸、数量及位置应正确，拉结钢筋应沿墙高每隔 500mm 设 2φ6，伸入墙内不宜小于 600mm，钢筋的竖向移位不应超过 100mm，且竖向移位每一构造柱不得超过 2 处；

（3）施工中不得任意弯折拉结钢筋。

抽检数量：每检验批抽查不应少于 5 处。

检验方法：观察检查和尺量检查。

【条文说明】构造柱是房屋抗震设防的重要措施，为保证构造柱与墙体的可靠连接，使构造柱能充分发挥其作用而提出了施工要求。外露的拉结钢筋有时会妨碍施工，必要时进行弯折是可以的，但不应随意弯折，以免钢筋在灰缝中产生松动和不平直，影响其锚固性能。

8.2.4　配筋砌体中受力钢筋的连接方式及锚固长度、搭接长度应符合设计要求。

抽检数量：每检验批抽查不应少于 5 处。

检验方法：观察检查。

【条文说明】本条文为原规范第 8.1.3、8.3.5 条条文的合并及修改，因受力钢筋的连接方式及锚固、搭接长度对其受力至关重要，为保证配筋砌体的结构性能将该修改条文纳入主控项目。

8.3　一般项目

8.3.1　构造柱一般尺寸允许偏差及检验方法应符合表 8.3.1 的规定。

表 8.3.1　　　　　　　　　　构造柱一般尺寸允许偏差及检验方法

项次	项　　目			允许偏差 （mm）	检　验　方　法
1	中心线位置			10	用经纬仪和尺检查或用其他测量仪器检查
2	层间错位			8	用经纬仪和尺检查或用其他测量仪器检查
3	垂直度	每层		10	用 2m 托线板检查
		全高	≤10mm	15	用经纬仪、吊线和尺检查或用其他测量仪器检查
			>10mm	20	

抽检数量：每检验批抽查不应少于5处。

【条文说明】构造柱位置及垂直度的允许偏差系根据《设置钢筋混凝土构造柱多层砖房抗震技术规范》（JGJ/T 13）的规定而确定的，经多年工程实践，证明其尺寸允许偏差是适宜的。因构造柱位置及垂直度在允许偏差情况下不会明显影响结构安全，故将其由原规范"主控项目"修改为"一般项目"进行质量验收。

8.3.2 设置在砌体灰缝中钢筋的防腐保护应符合本规范第3.0.16条的规定，且钢筋防护层完好，不应有肉眼可见裂纹、剥落和擦痕等缺陷。

抽检数量：每检验批抽查不应少于5处。

检验方法：观察检查。

8.3.3 网状配筋砖砌体中，钢筋网规格及放置间距应符合设计规定。每一构件钢筋网沿砌体高度位置超过设计规定一皮砖厚不得多于一处。

抽检数量：每检验批抽查不应少于5处。

检验方法：通过钢筋网成品检查钢筋规格，钢筋网放置间距采用局部剔缝观察，或用探针刺入灰缝内检查，或用钢筋位置测定仪测定。

8.3.4 钢筋安装位置的允许偏差及检验方法应符合表8.3.4的规定。

表 8.3.4　　　　　　　　　　　　钢筋安装位置的允许偏差和检验方法

项　　目		允许偏差（mm）	检 验 方 法
受力钢筋保护层厚度	网状配筋砌体	±10	检查钢筋网成品，钢筋网放置位置局部剔缝观察，或用探针刺入灰缝内检查，或用钢筋位置测定仪测定
	组合砖砌体	±5	支模前观察与尺量检查
	配筋小砌块砌体	±10	浇筑灌孔混凝土前观察与尺量检查
配筋小砌块砌体墙凹槽中水平钢筋间距		±10	钢尺量连续三档，取最大值

抽检数量：每检验批抽查不应少于5处。

【条文说明】本条项目内容系引用现行国家标准《砌体结构设计规范》（GB 50003）的相关规定。

9 填充墙砌体工程

9.1 一般规定

9.1.1 本章适用于烧结空心砖、蒸压加气混凝土砌块、轻骨料混凝土小型空心砌块等填充墙砌体工程。

9.1.2 砌筑填充墙时，轻骨料混凝土小型空心砌块和蒸压加气混凝土砌块的产品龄期不应小于28d，蒸压加气混凝土砌块的含水率宜小于30%。

【条文说明】轻骨料混凝土小型空心砌块，为水泥胶凝增强的块体，以28d强度为标准设计强度，且龄期达到28d之前，自身收缩较快；蒸压加气混凝土砌块出釜后虽然强度已达到要求，但出釜时含水率大多在35%～40%，根据有关实验和资料介绍，在短期（10d～30d）制品的含水率下降一般不会超过10%，特别是在大气湿度较高地区。为有效控制蒸压加气混凝土砌块上墙时的含水率和墙体收缩裂缝，对砌筑时的产品龄期进行了规定。

另外，现行行业标准《蒸压加气混凝土建筑应用技术规程》（JGJ/T 17—2008）第3.0.4条规定"加气混凝土制品砌筑或安装时的含水率宜小于30％"，本规范对此条规定予以引用。

9.1.3 烧结空心砖、蒸压加气混凝土砌块、轻骨料混凝土小型空心砌块等的运输、装卸过程中，严禁抛掷和倾倒；进场后应按品种、规格堆放整齐，堆置高度不宜超过2m。蒸压加气混凝土砌块在运输及堆放中应防止雨淋。

【条文说明】用于填充墙的空心砖、蒸压加气混凝土砌块、轻骨料混凝土小型空心砌块强度不高，碰撞易碎，应在运输、装卸中做到文明装卸，以减少损耗和提高砌体外观质量。蒸压加气混凝土砌块吸水率可达70％，为降低蒸压加气混凝土砌块砌筑时的含水率，减少墙体的收缩，有效控制收缩裂缝产生，蒸压加气混凝土砌块出釜后堆放及运输中应采取防雨措施。

9.1.4 吸水率较小的轻骨料混凝土小型空心砌块及采用薄灰砌筑法施工的蒸压加气混凝土砌块，砌筑前不应对其浇（喷）水湿润；在气候干燥炎热的情况下，对吸水率较小的轻骨料混凝土小型空心砌块宜在砌筑前喷水湿润。

【条文说明】块体砌筑前浇水湿润，是为了增强与砌筑砂浆的粘结和砌筑砂浆强度增长的需要。

本条系修改条文，主要修改内容为：一是对原规范条文中"蒸压加气混凝土砌块砌筑时，应向砌筑面适量浇水"的规定分为薄灰砌筑法砌筑和普通砌筑砂浆砌筑或蒸压加气混凝土砌块砌筑砂浆两种情况。其中，当采用薄灰砌筑法施工时，由于使用与其配套的专用砂浆，故不需对砌块浇（喷）水湿润；当采用普通砌筑砂浆或蒸压加气混凝土砌块砌筑砂浆砌筑时，应在砌筑当天对砌块砌筑面喷水湿润。二是考虑轻骨料小型空心砌块种类多，吸水率有大有小，因此对吸水率大的小砌块应提前浇（喷）水湿润。三是砌筑前对块体浇喷水湿润程度作出规定，并用块体的相对含水率表示，这更为明确和便于控制。

9.1.5 采用普通砌筑砂浆砌筑填充墙时，烧结空心砖、吸水率较大的轻骨料混凝土小型空心砌块应提前1d～2d浇（喷）水湿润。蒸压加气混凝土砌块采用蒸压加气混凝土砌块砌筑砂浆或普通砌筑砂浆砌筑时，应在砌筑当天对砌块砌筑面喷水湿润。块体湿润程度宜符合下列规定：

（1）烧结空心砖的相对含水率60％～70％；

（2）吸水率较大的轻骨料混凝土小型空心砌块、蒸压加气混凝土砌块的相对含水率40％～50％。

【条文说明】块体砌筑前浇水湿润，是为了增强与砌筑砂浆的粘结和砌筑砂浆强度增长的需要。

本条系修改条文，主要修改内容为：一是对原规范条文中"蒸压加气混凝土砌块砌筑时，应向砌筑面适量浇水"的规定分为薄灰砌筑法砌筑和普通砌筑砂浆砌筑或蒸压加气混凝土砌块砌筑砂浆两种情况。其中，当采用薄灰砌筑法施工时，由于使用与其配套的专用砂浆，故不需对砌块浇（喷）水湿润；当采用普通砌筑砂浆或蒸压加气混凝土砌块砌筑砂浆砌筑时，应在砌筑当天对砌块砌筑面喷水湿润。二是考虑轻骨料小型空心砌块种类多，吸水率有大有小，因此对吸水率大的小砌块应提前浇（喷）水湿润。三是砌筑前对块体浇喷水湿润程度作出规定，并用块体的相对含水率表示，这更为明确和便于控制。

9.1.6 在厨房、卫生间、浴室等处采用轻骨料混凝土小型空心砌块、蒸压加气混凝土砌块砌筑墙体时，墙底部宜现浇混凝土坎台，其高度宜为150mm。

【条文说明】经多年的工程实践，当采用轻骨料混凝土小型空心砌块或蒸压加气混凝土填充墙施工时，除多水房间外可不需要在墙底部另砌烧结普通砖或多孔砖、普通混凝土小型空心砌块、现浇混凝土坎台等，因此本次规范修订将原规范条文进行了修改。

浇筑一定高度混凝土坎台的目的，主要是考虑有利于提高多水房间填充墙墙底的防水效果。混凝土坎台高度由原规范"不宜小于200mm"的规定修改为"宜为150mm"，是考虑踢脚线（板）便于遮盖填充墙底有可能产生的收缩裂缝。

9.1.7　填充墙拉结筋处的下皮小砌块宜采用半盲孔小砌块或用混凝土灌实孔洞的小砌块；薄灰砌筑法施工的蒸压加气混凝土砌块砌体，拉结筋应放置在砌块上表面设置的沟槽内。

9.1.8　蒸压加气混凝土砌块、轻骨料混凝土小型空心砌块不应与其他块体混砌，不同强度等级的同类块体也不得混砌。注：窗台处和因安装门窗需要，在门窗洞口处两侧填充墙上、中、下部可采用其他块体局部嵌砌；对与框架柱、梁不脱开方法的填充墙，填塞填充墙顶部与梁之间缝隙可采用其他块体。

【条文说明】在填充墙中，由于蒸压加气混凝土砌块砌体，轻骨料混凝土小型空心砌块砌体的收缩较大，强度不高，为防止或控制砌体干缩裂缝的产生，作出不应混砌的规定，以免不同性质的块体组砌在一起易引起收缩裂缝产生。对于窗台处和因构造需要，在填充墙底、顶部及填充墙门窗洞口两侧上、中、下局部处，采用其他块体嵌砌和填塞时，由于这些部位的特殊性，不会对墙体裂缝产生附加的不利影响。

9.1.9　填充墙砌体砌筑，应待承重主体结构检验批验收合格后进行。填充墙与承重主体结构间的空（缝）隙部位施工，应在填充墙砌筑14d后进行。

【条文说明】本条文中"填充墙砌体的施工应待承重主体结构检验批验收合格后进行"系增加要求，这既是从施工实际出发，又对施工质量有保证；填充墙砌筑完成到与承重主体结构间的空（缝）隙进行处理的间隔时间由至少7d修改为14d。这些要求有利于承重主体结构施工质量不合格的处理，减少混凝土收缩对填充墙砌体的不利影响。

9.2　主控项目

9.2.1　烧结空心砖、小砌块和砌筑砂浆的强度等级应符合设计要求。

抽检数量：烧结空心砖每10万块为一验收批，小砌块每1万块为一验收批，不足上述数量时按一批计，抽检数量为1组。砂浆试块的抽检数量执行本规范第4.0.12条的有关规定。

检验方法：查砖、小砌块进场复验报告和砂浆试块试验报告。

【条文说明】为加强质量控制和验收，将原规范条文对砖、砌块的强度等级只检查产品合格证书、产品性能检测报告修改为查砖、小砌块强度等级的进场复验报告，并规定了抽检数量。

9.2.2　填充墙砌体应与主体结构可靠连接，其连接构造应符合设计要求，未经设计同意，不得随意改变连接构造方法。每一填充墙与柱的拉结筋的位置超过一皮块体高度的数量不得多于一处。

抽检数量：每检验批抽查不应少于5处。

检验方法：观察检查。

【条文说明】汶川5·12大地震震害表明：当填充墙与主体结构间无连接或连接不牢，墙体在水平地震荷载作用下极易破坏和倒塌；填充墙与主体结构间的连接不合理，例如当设计中不考虑填充墙参与水平地震力作用，但由于施工原因导致填充墙与主体结构共同工作，使框架柱常产生柱上部的短柱剪切破坏，进而危及房屋结构的安全。

经修订的现行国家标准《砌体结构设计规范》（GB 50003）规定，填充墙与框架柱、梁的连接构造分为脱开方法和不脱开方法两类。鉴于此，本次规范修订时对条文进行了相应修改。

9.2.3　填充墙与承重墙、柱、梁的连接钢筋，当采用化学植筋的连接方式时，应进行实体检测。锚固钢筋拉拔试验的轴向受拉非破坏承载力检验值应为 6.0kN。抽检钢筋在检验值作用下应基材无裂缝、钢筋无滑移宏观裂损现象；持荷 2min 期间荷载值降低不大于 5%。检验批验收可按本规范表 B.0.1 通过正常检验一次、二次抽样判定。填充墙砌体植筋锚固力检测记录可按本规范表 C.0.1 填写。

　　抽检数量：按表 9.2.3 确定。

　　检验方法：原位试验检查。

表 9.2.3　　　　　　　　　　检验批抽检锚固钢筋样本最小容量

检验批的容量	样本最小容量	检验批的容量	样本最小容量
≤90	5	281～500	20
91～150	8	501～1200	32
151～280	13	1201～3200	50

　　【条文说明】近年来，填充墙与承重墙、柱、梁、板之间的拉结钢筋，施工中常采用后植筋，这种施工方法虽然方便，但常常因锚固胶或灌浆料质量问题，钻孔、清孔、注胶或灌浆操作不规范，使钢筋锚固不牢，起不到应有的拉结作用。同时，对填充墙植筋的锚固力检测的抽检数量及施工验收无相关规定，从而使填充墙后植拉结筋的施工质量验收流于形式。因此，在本次规范修订中修编组从确保工程质量考虑，增加应对填充墙的后植拉结钢筋进行现场非破坏性检验。检验荷载值系根据现行行业标准《混凝土结构后锚固技术规程》（JGJ 145）确定，并按式（3-2）计算：

$$N_t = 0.90 A_s f_{yk} \tag{3-2}$$

式中　N_t——后植筋锚固承载力荷载检验值；

　　　　A_s——锚筋截面面积（以钢筋直径 6mm 计）；

　　　　f_{yk}——锚筋屈服强度标准值。

　　填充墙与承重墙、柱、梁、板之间的拉结钢筋锚固质量的判定，系参照现行国家标准《建筑结构检测技术标准》（GB/T 50344）计数抽样检测时对主控项目的检测判定规定。

9.3　一般项目

9.3.1　填充墙砌体尺寸、位置的允许偏差及检验方法应符合表 9.3.1 的规定。

表 9.3.1　　　　　　　　填充墙砌体尺寸、位置的允许偏差及检验方法

项次	项　　　目		允许偏差（mm）	检　验　方　法
1	轴线位移		10	用尺检查
2	垂直度（每层）	≤3mm	5	用 2m 托线板或吊线、尺检查
		>3mm	10	
3	表面平整度		8	用 2m 靠尺和楔形尺检查
4	门窗洞口高、宽（后塞口）		±10	用尺检查
5	外墙上、下窗口偏移		20	用经纬仪或吊线检查

　　抽检数量：每检验批抽查不应少于 5 处。

　　【条文说明】本次规范修订中，通过工程调查将门窗洞口高、宽（后塞口）的允许偏差由原规范的 ±5mm 增加为 ±10mm。

9.3.2 填充墙砌体的砂浆饱满度及检验方法应符合表9.3.2的规定。

表9.3.2　　　　　　　　　　填充墙砌体的砂浆饱满度及检验方法

砌体分类	灰缝	饱满度及要求	检验方法
空心砖砌体	水平	≥80%	采用百格网检查块体底面或侧面砂浆的粘结痕迹面积
	垂直	填满砂浆，不得有透明缝、瞎缝、假缝	
蒸压加气混凝土砌块、轻骨料混凝土小型空心砌块砌体	水平	≥80%	
	垂直	≥80%	

抽检数量：每检验批抽查不应少于5处。

【条文说明】填充墙体的砂浆饱满度虽不会涉及结构的重大安全，但会对墙体的使用功能产生影响，应予规定。砂浆饱满度的具体规定是参照本规范第5章、第6章的规定确定的。

9.3.3 填充墙留置的拉结钢筋或网片的位置应与块体皮数相符合。拉结钢筋或网片应置于灰缝中，埋置长度应符合设计要求，竖向位置偏差不应超过一皮高度。

抽检数量：每检验批抽查不应少于5处。

检验方法：观察和用尺量检查。

9.3.4 砌筑填充墙时应错缝搭砌，蒸压加气混凝土砌块搭砌长度不应小于砌块长度的1/3；轻骨料混凝土小型空心砌块搭砌长度不应小于90mm；竖向通缝不应大于2皮。

抽检数量：每检验批抽查不应少于5处。

检验方法：观察检查。

【条文说明】错缝搭砌及竖向通缝长度的限制是增强砌体整体性的需要。

9.3.5 填充墙的水平灰缝厚度和竖向灰缝宽度应正确，烧结空心砖、轻骨料混凝土小型空心砌块砌体的灰缝应为8mm～12mm；蒸压加气混凝土砌块砌体当采用水泥砂浆、水泥混合砂浆或蒸压加气混凝土砌块砌筑砂浆时，水平灰缝厚度和竖向灰缝宽度不应超过15mm；当蒸压加气混凝土砌块砌体采用蒸压加气混凝土砌块粘结砂浆时，水平灰缝厚度和竖向灰缝宽度宜为3mm～4mm。

抽检数量：每检验批抽查不应少于5处。

检验方法：水平灰缝厚度用尺量5皮小砌块的高度折算；竖向灰缝宽度用尺量2m砌体长度折算。

【条文说明】蒸压加气混凝土砌块尺寸比空心砖、轻骨料混凝土小型空心砌块大，故当其采用普通砌筑砂浆时，砌体水平灰缝厚度和竖向灰缝宽度的规定要稍大一些。灰缝过厚和过宽，不仅浪费砌筑砂浆，而且砌体灰缝的收缩也将加大，不利于砌体裂缝的控制。当蒸压加气混凝土砌块砌体采用加气混凝土粘结砂浆进行薄灰砌筑法施工时，水平灰缝厚度和竖向灰缝宽度可以大大减薄。

10 冬 期 施 工

10.0.1 当室外日平均气温连续5d稳定低于5℃时，砌体工程应采取冬期施工措施。

注 （1）气温根据当地气象资料确定；

（2）冬期施工期限以外，当日最低气温低于0℃时，也应按本章的规定执行。

【条文说明】室外日平均气温连续5d稳定低于5℃时，作为划定冬期施工的界限，其技术效果和经济效果均比较好。若冬期施工期规定得太短，或者应采取冬期施工措施时没有采取，都会导致技术上的失误，造成工程质量事故；若冬期施工期规定得太长，将增加冬期施工费用和工程造价，并给施工带来不必要的麻烦。

10.0.2　冬期施工的砌体工程质量验收除应符合本章要求外，尚应符合现行行业标准《建筑工程冬期施工规程》（JGJ/T 104）的有关规定。

【条文说明】砌体工程冬期施工，由于气温低，必须采取一些必要的冬期施工措施来确保工程质量，同时又要保证常温施工情况下的一些工程质量要求。因此，质量验收除应符合本章规定外，尚应符合本规范前面各章的要求及现行行业标准《建筑工程冬期施工规程》（JGJ/T 104）的规定。

10.0.3　砌体工程冬期施工应有完整的冬期施工方案。

【条文说明】砌体工程在冬期施工过程中，只有加强管理，制定完整的冬期施工方案，才能保证冬期施工技术措施的落实和工程质量。

10.0.4　冬期施工所用材料应符合下列规定：

（1）石灰膏、电石膏等应防止受冻，如遭冻结，应经融化后使用；

（2）拌制砂浆用砂，不得含有冰块和大于 10mm 的冻结块；

（3）砌体用块体不得遭水浸冻。

【条文说明】石灰膏、电石膏等若受冻使用，将直接影响砂浆强度。砂中含有冰块和大于 10mm 的冻结块，将影响砂浆的均匀性、强度增长和砌体灰缝厚度的控制。

遭水浸冻的砖或其他块体，使用时将降低它们与砂浆的粘结强度，并因它们的温度较低而影响砂浆强度的增长，因此规定砌体用块体不得遭水浸冻。

10.0.5　冬期施工砂浆试块的留置，除应按常温规定要求外，尚应增加 1 组与砌体同条件养护的试块，用于检验转入常温 28d 的强度。如有特殊需要，可另外增加相应龄期的同条件养护的试块。

【条文说明】为了解冬期施工措施（如掺用防冻剂或其他措施）的效果及砌筑砂浆的质量，应增留与砌体同条件养护的砂浆试块，测试检验所需龄期和转入常温 28d 的强度。

10.0.6　地基土有冻胀性时，应在未冻的地基上砌筑，并应防止在施工期间和回填土前地基受冻。

【条文说明】实践证明，在冻胀基土上砌筑基础，待基土解冻时会因不均匀沉降造成基础和上部结构破坏；施工期间和回填土前如地基受冻，会因地基冻胀造成砌体胀裂或因地基土解冻造成砌体损坏。

10.0.7　冬期施工中砖、小砌块浇（喷）水湿润应符合下列规定：

（1）烧结普通砖、烧结多孔砖、蒸压灰砂砖、蒸压粉煤灰砖、烧结空心砖、吸水率较大的轻骨料混凝土小型空心砌块在气温高于 0℃ 条件下砌筑时，应浇水湿润，在气温低于、等于 0℃ 条件下砌筑时，可不浇水，但必须增大砂浆稠度；

（2）普通混凝土小型空心砌块、混凝土多孔砖、混凝土实心砖及采用薄灰砌筑法的蒸压加气混凝土砌块施工时，不应对其浇（喷）水湿润；

（3）抗震设防烈度为 9 度的建筑物，当烧结普通砖、烧结多孔砖、蒸压粉煤灰砖、烧结空心砖无法浇水湿润时，如无特殊措施，不得砌筑。

【条文说明】烧结普通砖、烧结多孔砖、蒸压灰砂砖、蒸压粉煤灰砖、烧结空心砖、蒸压加气混凝土砌块、吸水率较大的轻骨料混凝土小型空心砌块的湿润程度对砌体强度的影响较大，特别对抗剪强度的影响更为明显，故规定在气温高于0℃条件下砌筑时，应浇水湿润。在气温低于、等于0℃条件下砌筑时如再浇水，水将在块体表面结成冰薄膜，会降低与砂浆的粘结，同时也给施工操作带来诸多不便。此时，应适当增加砂浆稠度，以便施工操作、保证砂浆强度和增强砂浆与块体间的粘结效果。普通混凝土小型空心砌块、混凝土砖因吸水率小和初始吸水速度慢在砌筑施工中不需浇（喷）水湿润。

抗震设防烈度为9度的地区，因地震时产生的地震反应十分强烈，故对施工提出严格要求。

10.0.8　拌合砂浆时水的温度不得超过80℃，砂的温度不得超过40℃。

【条文说明】这是为了避免砂浆拌合时因水和砂过热造成水泥假凝而影响施工。

10.0.9　采用砂浆掺外加剂法、暖棚法施工时，砂浆使用温度不应低于5℃。

【条文说明】根据国家现有经济和技术水平，北方地区已极少采用冻结法施工，因此，正在修订的行业标准《建筑工程冬期施工规程》（JGJ/T 104）取消了砌体冻结施工。所以，本规范也相应删去砌体冻结法施工的内容。

修订的行业标准《建筑工程冬期施工规程》（JGJ/T 104）将氯盐砂浆法纳入外加剂法，为了统一，不再单提氯盐砂浆法。

砂浆使用温度的规定主要是考虑在砌筑过程中砂浆能保持良好的流动性，从而保证灰缝砂浆的饱满度和粘结强度。

10.0.10　采用暖棚法施工，块体在砌筑时的温度不应低于5℃，距离所砌的结构底面0.5m处的棚内温度也不应低于5℃。

【条文说明】主要目的是保证砌体中砂浆具有一定温度以利其强度增长。

10.0.11　在暖棚内的砌体养护时间，应根据暖棚内温度，按表10.0.11确定。

表10.0.11　　　　　　　　　　　　　暖棚法砌体的养护时间

暖棚的温度（℃）	5	10	15	20
养护时间（d）	≥6	≥5	≥4	≥3

【条文说明】为有利于砌体强度的增长，暖棚内应保持一定的温度。表中最少养护期是根据砂浆强度和养护温度之间的关系确定的。砂浆强度达到设计强度的30%，即达到砂浆允许受冻临界强度值后，拆除暖棚后遇到负温度也不会引起强度损失。

10.0.12　采用外加剂法配制的砌筑砂浆，当设计无要求，且最低气温等于或低于－15℃时，砂浆强度等级应较常温施工提高一级。

【条文说明】本条文根据修订的行业标准《建筑工程冬期施工规程》（JGJ/T 104）相应规定进行了修改，以保证工程质量。有关研究表明，当气温等于或低于－15℃时，砂浆受冻后强度损失约为10%～30%。

10.0.13　配筋砌体不得采用掺氯盐的砂浆施工。

【条文说明】掺氯盐的砂浆氯离子含量较大，为避免氯离子对钢筋的腐蚀，确保结构的耐久性，作此规定。

11　子分部工程验收

11.0.1　砌体工程验收前，应提供下列文件和记录：

（1）设计变更文件；

（2）施工执行的技术标准；

（3）原材料出厂合格证书、产品性能检测报告和进场复验报告；

（4）混凝土及砂浆配合比通知单；

（5）混凝土及砂浆试件抗压强度试验报告单；

（6）砌体工程施工记录；

（7）隐蔽工程验收记录；

（8）分项工程检验批的主控项目、一般项目验收记录；

（9）填充墙砌体植筋锚固力检测记录；

（10）重大技术问题的处理方案和验收记录；

（11）其他必要的文件和记录。

11.0.2 砌体子分部工程验收时，应对砌体工程的观感质量作出总体评价。

11.0.3 当砌体工程质量不符合要求时，应按现行国家标准《建筑工程施工质量验收统一标准》（GB 50300）有关规定执行。

11.0.4 有裂缝的砌体应按下列情况进行验收：

（1）对不影响结构安全性的砌体裂缝，应予以验收，对明显影响使用功能和观感质量的裂缝，应进行处理；

（2）对有可能影响结构安全性的砌体裂缝，应由有资质的检测单位检测鉴定，需返修或加固处理的，待返修或加固处理满足使用要求后进行二次验收。

【条文说明】砌体中的裂缝常有发生，且又涉及工程质量的验收。因此，本条分两种情况，对裂缝是否影响结构安全性作了不同的验收规定。

附录 A　砌体工程检验批质量验收记录

A.0.1　为统一砌体结构工程检验批质量验收记录用表，特列出表 A.0.1-1～表 A.0.1-5，以供质量验收采用。

A.0.2　对配筋砌体工程检验批质量验收记录，除应采用表 A.0.1-4 外，尚应配合采用表 A.0.1-1 或表 A.0.1-2。

A.0.3　对表 A.0.1-1～表 A.0.1-5 中有数值要求的项目，应填写检测数据。

表 A.0.1-1　　　　　　　　　　　砖砌体工程检验批质量验收记录

工程名称			分项工程名称						验收部位				
施工单位									项目经理				
施工执行标准名称及编号									专业工长				
分包单位									施工班组组长				
	质量验收规范的规定			施工单位检查评定记录						监理（建设）单位验收记录			
主控项目	1. 砖强度等级	设计要求 MU											
	2. 砂浆强度等级	设计要求 M											
	3. 斜槎留置	5.2.3 条											
	4. 转角、交接处	5.2.3 条											
	5. 直槎拉结钢筋及接槎处理	5.2.4 条											
	6. 砂浆饱满度	≥80%（墙）											
		≥90%（柱）											
一般项目	1. 轴线位移	≤10mm											
	2. 垂直度（每层）	≤5mm											
	3. 组砌方法	5.3.1 条											
	4. 水平灰缝厚度	5.3.2 条											
	5. 竖向灰缝宽度	5.3.2 条											
	6. 基础、墙、柱顶面标高	±15mm 以内											
	7. 表面平整度	≤5mm（清水）											
		≤8mm（混水）											
	8. 门窗洞口高、宽（后塞口）	±10mm 以内											
	9. 窗口偏移	≤20mm											
	10. 水平灰缝平直度	≤7mm（清水）											
		≤10mm（混水）											
	11. 清水墙游丁走缝	≤20mm											
施工单位检查评定结果		项目专业质量检查员：　　　　　　　项目专业质量（技术）负责人： 　　　　　　　　　　　　　　　　　　　　　　　年　　月　　日											
监理（建设）单位验收结论		监理工程师（建设单位项目工程师）： 　　　　　　　　　　　　　　　　　　　　　　　年　　月　　日											

注　本表由施工项目专业质量检查员填写，监理工程师（建设单位项目技术负责人）组织项目专业质量（技术）负责人等进行验收。

表 A.0.1-2 混凝土小型空心砌块砌体工程检验批质量验收记录

			工程名称		分项工程名称		验收部位	
			施工单位				项目经理	
			施工执行标准名称及编号				专业工长	
			分包单位				施工班组组长	
		质量验收规范的规定			施工单位检查评定记录		监理（建设）单位验收记录	
主控项目	1. 小砌块强度等级		设计要求 MU					
	2. 砂浆强度等级		设计要求 M					
	3. 混凝土强度等级		设计要求 C					
	4. 转角、交接处		6.2.3 条					
	5. 斜槎留置		6.2.3 条					
	6. 施工洞口砌法		6.2.3 条					
	7. 芯柱贯通楼盖		6.2.4 条					
	8. 芯柱混凝土灌实		6.2.4 条					
	9. 水平缝饱满度		≥90％					
	10. 竖向缝饱满度		≥90％					
一般项目	1. 轴线位移		≤10mm					
	2. 垂直度（每层）		≤5mm					
	3. 水平灰缝厚度		8mm～12mm					
	4. 竖向灰缝宽度		8mm～12mm					
	5. 顶面标高		±15mm 以内					
	6. 表面平整度		≤5mm（清水）					
			≤8mm（混水）					
	7. 门窗洞口		±10mm 以内					
	8. 窗口偏移		≤20mm					
	9. 水平灰缝平直度		≤7mm（清水）					
			≤10mm（混水）					
施工单位检查评定结果			项目专业质量检查员：　　　　　项目专业质量（技术）负责人： 　　　　　　　　　　　　　　　　　　　　　年　　月　　日					
监理（建设）单位验收结论			监理工程师（建设单位项目工程师）： 　　　　　　　　　　　　　　　　　　　　　年　　月　　日					

注 本表由施工项目专业质量检查员填写，监理工程师（建设单位项目技术负责人）组织项目专业质量（技术）负责人等进行验收。

表 A.0.1-3 石砌体工程检验批质量验收记录

工程名称		分项工程名称		验收部位	
施工单位				项目经理	
施工执行标准名称及编号				专业工长	
分包单位				施工班组组长	

续表

	质量验收规范的规定		施工单位检查评定记录	监理（建设）单位验收记录
主控项目	1. 石材强度等级	设计要求 MU		
	2. 砂浆强度等级	设计要求 M		
	3. 砂浆饱满度	≥80％		
一般项目	1. 轴线位移	7.3.1 条		
	2. 砌体顶面标高	7.3.1 条		
	3. 砌体厚度	7.3.1 条		
	4. 垂直度（每层）	7.3.1 条		
	5. 表面平整度	7.3.1 条		
	6. 水平灰缝平直度	7.3.1 条		
	7. 组砌形式	7.3.2 条		
施工单位检查评定结果	项目专业质量检查员：　　　　　　　　项目专业质量（技术）负责人： 　　　　　　　　　　　　　　　　　　　　　年　　月　　日			
监理（建设）单位验收结论	监理工程师（建设单位项目工程师）： 　　　　　　　　　　　　　　　　　　　　　年　　月　　日			

注　本表由施工项目专业质量检查员填写，监理工程师（建设单位项目技术负责人）组织项目专业质量（技术）负责人等进行验收。

表 A.0.1-4　　　　　　　　　　　**配筋砌体工程检验批质量验收记录**

工程名称		分项工程名称		验收部位	
施工单位				项目经理	
施工执行标准名称及编号				专业工长	
分包单位				施工班组组长	

	质量验收规范的规定		施工单位检查评定记录	监理（建设）单位验收记录
主控项目	1. 钢筋品种、规格、数量和设置部位	8.2.1 条		
	2. 混凝土强度等	设计要求 C		
	3. 马牙槎尺寸	8.2.3 条		
	4. 马牙槎拉结筋	8.2.3 条		
	5. 钢筋连接	8.2.4 条		
	6. 钢筋锚固长度	8.2.4 条		
	7. 钢筋搭接长度	8.2.4		
一般项目	1. 构造柱中心线位置	≤10mm		
	2. 构造柱层间错位	≤8mm		
	3. 构造柱垂直度（每层）	≤10mm		
	4. 灰缝钢筋防腐	8.3.2 条		
	5. 网状配筋规格	8.3.3 条		
	6. 网状配筋位置	8.3.3 条		
	7. 钢筋保护层厚度	8.3.4 条		
	8. 凹槽中水平钢筋间距	8.3.4 条		

续表

施工单位检查 评定结果	项目专业质量检查员：　　　　　项目专业质量（技术）负责人： 　　　　　　　　　　　　　　　　　　　　　　年　　月　　日
监理（建设）单位 验收结论	监理工程师（建设单位项目工程师）： 　　　　　　　　　　　　　　　　　　　　　　年　　月　　日

注　本表由施工项目专业质量检查员填写，监理工程师（建设单位项目技术负责人）组织项目专业质量（技术）负责人等进行验收。

表 A.0.1-5　　　　　　　　　　填充墙砌体工程检验批质量验收记录

工程名称			分项工程名称		验收部位	
施工单位					项目经理	
施工执行标准名称及编号					专业工长	
分包单位					施工班组组长	

		质量验收规范的规定		施工单位检查评定记录								监理（建设）单位 验收记录
主控项目	1. 块体强度等级		设计要求 MU									
	2. 砂浆强度等级		设计要求 M									
	3. 与主体结构连接		9.2.2条									
	4. 植筋实体检测		9.2.3条	见填充墙砌体植筋锚固力检测记录								
一般项目	1. 轴线位移		≤10mm									
	2. 墙面垂直度（每层）	≤3m	≤5mm									
		>3m	≤10mm									
	3. 表面平整度		≤8mm									
	4. 门窗洞口		±10mm									
	5. 窗口偏移		≤20mm									
	6. 水平缝砂浆饱满度		9.3.2条									
	7. 竖缝砂浆饱满度		9.3.2条									
	8. 拉结筋、网片位置		9.3.3条									
	9. 拉结筋、网片埋置长度		9.3.3条									
	10. 搭砌长度		9.3.4条									
	11. 灰缝厚度		9.3.5条									
	12. 灰缝宽度		9.3.5条									

施工单位检查 评定结果	项目专业质量检查员：　　　　　项目专业质量（技术）负责人： 　　　　　　　　　　　　　　　　　　　　　　年　　月　　日
监理（建设）单位 验收结论	监理工程师（建设单位项目工程师）： 　　　　　　　　　　　　　　　　　　　　　　年　　月　　日

注　本表由施工项目专业质量检查员填写，监理工程师（建设单位项目技术负责人）组织项目专业质量（技术）负责人等进行验收。

附录 B　填充墙砌体植筋锚固力检验抽样判定

B.0.1　填充墙砌体植筋锚固力检验抽样判定应按表 B.0.1、表 B.0.2 判定。

表 B.0.1 正常一次性抽样的判定

样本容量	合格判定数	不合格判定数	样本容量	合格判定数	不合格判定数
5	0	1	20	2	3
8	1	2	32	3	4
13	1	2	50	5	6

表 B.0.2 正常二次性抽样的判定

抽样次数与样本容量	合格判定数	不合格判定数	抽样次数与样本容量	合格判定数	不合格判定数
(1)—5	0	2	(1)—20	1	3
(2)—10	1	2	(2)—40	3	4
(1)—8	0	2	(1)—32	2	5
(2)—16	1	2	(2)—64	6	7
(1)—13	0	3	(1)—50	3	6
(2)—26	3	4	(2)—100	9	10

注　本表应用参照现行国家标准《建筑结构检测技术标准》（GB/T 50344—2004）第 3.3.14 条条文说明。

附录C 填充墙砌体植筋锚固力检测记录

C.0.1 填充墙砌体植筋锚固力检测记录应按表C.0.1填写。

表C.0.1 填充墙砌体植筋锚固力检测记录

工程名称		分项工程名称		植筋日期	
施工单位		项目经理			
分包单位		施工班组组长		检测日期	
检测执行标准及编号					

试件编号	实测荷载 （kN）	检测部位		检测结果	
		轴线	层	完好	不符合要求情况
监理（建设）单位 验收结论					
备注	1. 植筋埋置深度（设计）：　　　mm； 2. 设备型号：　　　； 3. 基材混凝土设计强度等级为（C　）； 4. 锚固钢筋拉拔承载力检验值：6.0kN				

本规范用词说明

1. 为便于在执行本规范条文时区别对待，对要求严格程度不同的用词说明如下：

（1）表示很严格，非这样做不可的用词：正面词采用"必须"，反面词采用"严禁"；

（2）表示严格，在正常情况下均应这样做的用词：正面词采用"应"，反面词采用"不应"或"不得"；

（3）表示允许稍有选择，在条件许可时首先应这样做的用词：正面采用"宜"，反面词采用"不宜"；

（4）表示有选择，在一定条件下可以这样做的用词，采用"可"。

2. 条文中指明应按其他有关标准、规范执行的写法为"应符合……规定（或要求）"或"应按……执行"。

引用标准名录

1.《建筑工程施工质量验收统一标准》（GB 50300）

2.《通用硅酸盐水泥》(GB 175)

3.《建筑材料放射性核素限量》(GB 6566)

4.《混凝土外加剂》(GB 8076)

5.《粉煤灰在混凝土及砂浆中应用技术规程》(JGJ 28)

6.《普通混凝土用砂、石质量及检验方法标准》(JGJ 52)

7.《混凝土用水标准》(JGJ 63)

8.《建筑工程冬期施工规程》(JGJ/T 104)

9.《砌筑砂浆增塑剂》(JG/T 164)

10.《砂浆、混凝土防水剂》(JC 474)

11.《建筑生石灰》(JC/T 479)

12.《建筑生石灰粉》(JC/T 480)

建筑内部装修设计防火规范
（GB 50222—2017）

前　言

本规范是根据原建设部《关于印发〈2007 年工程建设标准规范制订、修订计划（第一批）〉的通知》（建标〔2007〕125 号）的要求，由中国建筑科学研究院会同公安部四川消防研究所等单位对国家标准《建筑内部装修设计防火规范》（GB 50222—1995）进行修订而成。

本规范在修订过程中，规范编制组遵循国家有关消防工作方针，深刻吸取火灾事故教训，深入调研工程建设发展中出现的新情况、新问题和规范执行过程中遇到的疑难问题，认真总结工程实践经验，吸收借鉴国外相关技术标准和消防科研成果，广泛征求意见，最终经审查定稿。

本规范共分 6 章，主要内容包括总则、术语、装修材料的分类和分级、特别场所、民用建筑、厂房仓库。

本规范修订的主要内容是：

（1）增加了术语；

（2）将民用建筑及工业建筑中的特别场所进行合并，单列一章；

（3）对民用建筑及场所的名称进行调整和完善，补充、调整了民用建筑及场所的装修防火要求，新增了展览性场所装修防火要求；

（4）补充了住宅的装修防火要求；

（5）细化了工业厂房的装修防火要求；

（6）新增了仓库装修防火要求。

本规范中以黑体字标志的条文为强制性条文，必须严格执行。

本规范由住房城乡建设部负责管理和对强制性条文的解释，由公安部负责日常管理，由中国建筑科学研究院负责具体技术内容的解释。执行过程中如有意见或建议，请寄送中国建筑科学研究院（地址：北京市北三环东路 30 号，邮政编码：100013），以便修订时参考。

本规范主编单位、参编单位、主要起草人和主要审查人：

主编单位：中国建筑科学研究院

参编单位：公安部四川消防研究所

　　　　　中国建筑装饰协会

　　　　　北京市公安消防总队

　　　　　上海市公安消防总队

　　　　　中国建筑设计研究院

　　　　　苏州金螳螂建筑装饰股份有限公司

　　　　　上海阿姆斯壮建筑制品有限公司

主要起草人：李引擎　王金平　刘激扬　沈　纹　张　磊　马道贞　张新立　卢国建

　　　　　　王本明　周敏莉　李　风　谈星火　王卫东　杨安明　张　健

主要审查人：倪照鹏　程志军　朱　江　刘正勤　饶良修　郑　实　晁海鸥　衣学群

　　　　　　张耀泽　钱力航　沈奕辉　李　悦　赵仲毅

目　次

1 总 则

1.0.1 为规范建筑内部装修设计，减少火灾危害，保护人身和财产安全，制定本规范。

【条文说明】本条规定了制定本规范的目的和依据。本规范的制定是为了保障建筑内部装修的消防安全，防止和减少建筑物火灾的危害。要求设计、建设和消防监督部门的人员密切配合，在装修设计中，认真、合理地使用各种装修材料，并积极采用先进的防火技术，做到"防患于未然"，从积极的方面预防火灾的发生和蔓延。这对减少火灾损失，保障人民生命财产安全，保证经济建设的顺利进行具有极其重要的意义。

本规范是依照现行国家标准《建筑设计防火规范》（GB 50016）、《人民防空工程设计防火规范》（GB 50098）等的有关规定和对近年来我国新建的中、高档饭店，宾馆，影剧院，体育馆，综合性大楼等实际情况进行调查总结，结合建筑内部装修设计的特点和要求，并参考了一些先进国家有关建筑物设计防火规范中对内部装修防火要求的内容，结合国情而编制的。

1.0.2 本规范适用于工业和民用建筑的内部装修防火设计，不适用于古建筑和木结构建筑的内部装修防火设计。

【条文说明】本条规定了本规范的适用范围和不适用范围。

本规范适用于工业和民用建筑的内部装修设计。

随着人民生活水平的提高，室内装修发展很快，其中住宅量大面广，装修水平相差甚远。其中一部分住宅的装修是由建设单位负责统一设计和施工完成的。为了保障居民的生命安全，凡由建设单位负责统一设计和施工的室内装修均应执行本规范。

1.0.3 建筑内部装修设计应积极采用不燃性材料和难燃性材料，避免采用燃烧时产生大量浓烟或有毒气体的材料，做到安全适用，技术先进，经济合理。

【条文说明】根据中国消防协会编辑出版的《火灾案例分析》，许多火灾都是起因于装修材料的燃烧，有的是烟头点燃了床上织物；有的是窗帘、帷幕着火后引起了火灾；还有的是由于吊顶、隔断采用木制品，着火后很快就被烧穿。因此要求正确处理装修效果和使用安全的矛盾，积极选用不燃材料和难燃材料，对于达不到难燃材料的可燃或易燃材料，可以通过阻燃处理的方式提高燃烧性能等级，选用上述材料可参照现行国家标准《公共场所阻燃制品及组件燃烧性能要求和标识》（GB 20286）等规范。

本条文中所指不燃性材料和难燃性材料对应于现行国家标准《建筑材料及制品燃烧性能分级》（GB 8624）中的相关级别材料。

近年来，建筑火灾中由于烟雾和毒气致死的人数迅速增加。如英国在 1956 年死于烟毒窒息的人数占火灾死亡总数的 20％，1966 年上升为 40％，至 1976 年则高达 50％；日本"千日"百货大楼火灾死亡 118 人，其中因烟毒致死的为 93 人，占死亡人数的 78.8％；1986 年 4 月天津市某居民楼火灾中，有 4 户 13 人全部遇难。其实大火并没有烧到他们的家，甚至其中一户门外 2m 处放置的一只满装的石油气瓶事后仍安然无恙。夺去这 13 条生命的不是火，而是烟雾和毒气；2000 年河南省洛阳市某商场发生特大火灾，死亡 309 人都是因有毒气体窒息而死；2015 年武汉某住宅小区电缆井起火，死亡的 7 人皆为逃生途中烟雾窒息而死。

人们逐渐认识到火灾中烟雾和毒气的危害性，有关部门已进行了一些模拟试验的研究，在火灾中产生烟雾和毒气的室内装修材料主要是有机高分子材料和木材。常见的有毒有害气体包括一氧化碳、二氧化碳、二氧化硫、硫化氢、氯化氢、氰化氢、光气等。由于内部装修材料品种繁多，它们燃烧时产生的烟雾毒气数量种类各不相同，目前要对烟密度、能见度和毒性进行定量控制还有一定的困难，但随着社会各方面工作的进一步开展，此问题会得到很好地解决。为了引起设计人员和消防监督部门对烟雾毒气的重视，在本条中对产生大量浓烟或有毒气体的内部装修材料提出"避免采用"这一基本原则。

1.0.4 建筑内部装修防火设计除执行本规范的规定外，尚应符合国家现行有关标准的规定。

【条文说明】建筑内部装修设计是建筑设计工作中的一部分，各类建筑物首先应符合有关设计防火规范规定的防火要求，内部装修设计防火要求应与之相配合。同时，由于建筑内部装修设计涉及的范围较广，本规范不能全部包括进来。故规定除执行本规范的规定外，尚应符合现行的有关国家设计标准、规范的要求。

2 术 语

2.0.1 建筑内部装修（interior decoration of buildings）

为满足功能需求，对建筑内部空间所进行的修饰、保护及固定设施安装等活动。

2.0.2 装饰织物（decorative fabric）

满足建筑内部功能需求，由棉、麻、丝、毛等天然纤维及其他合成纤维制作的纺织品，如窗帘、帷幕等。

2.0.3 隔断（partition）

建筑内部固定的、不到顶的垂直分隔物。

2.0.4 固定家具（fixed furniture）

与建筑结构固定在一起或不易改变位置的家具。如建筑内部的壁橱、壁柜、陈列台、大型货架等。

3 装修材料的分类和分级

3.0.1 装修材料按其使用部位和功能，可划分为顶棚装修材料、墙面装修材料、地面装修材料、隔断装修材料、固定家具、装饰织物、其他装修装饰材料七类。

注：其他装修装饰材料系指楼梯扶手、挂镜线、踢脚板、窗帘盒、暖气罩等。

【条文说明】建筑用途、场所、部位不同，所使用装修材料的火灾危险性不同，对装修材料的燃烧性能要求也不同。为了便于对材料的燃烧性能进行测试和分级，安全合理地根据建筑的规模、用途、场所、部位等规定去选用装修材料，按照装修材料在内部装修中的部位和功能将装修材料分为七类。

3.0.2 装修材料按其燃烧性能应划分为四级，并应符合本规范表 3.0.2 的规定。

表 3.0.2 装修材料燃烧性能等级

等 级	装修材料燃烧性能	等 级	装修材料燃烧性能
A	不燃性	B_2	可燃性
B_1	难燃性	B_3	易燃性

【条文说明】按现行国家标准《建筑材料及制品燃烧性能分级》（GB 8624），将内部装修材料的燃烧性能分为四级，以利于装修材料的检测和本规范的实施。

为方便设计单位借鉴采纳，本规范对常用建筑内部装修材料燃烧性能等级划分进行了举例。表 3-6 中列举的材料大致分为两类，一类是天然材料，一类是人造材料或制品。天然材料的燃烧性能等级划分是建立在大量试验数据积累的基础上形成的结果；人造材料或制品是在常规生产工艺和常规原材料配比下生产出的产品，其燃烧性能的等级划分同样是在大量试验数据积累的基础上形成的，划分结果具有普遍性。

表 3-6　　　　　　　　　常用建筑内部装修材料燃烧性能等级划分举例

材料类别	级别	材料举例
各部位材料	A	花岗石、大理石、水磨石、水泥制品、混凝土制品、石膏板、石灰制品、黏土制品、玻璃、瓷砖、马赛克、钢铁、铝、铜合金、天然石材、金属复合板、纤维石膏板、玻镁板、硅酸钙板等
顶棚材料	B₁	纸面石膏板、纤维石膏板、水泥刨花板、矿棉板、玻璃棉装饰吸声板、珍珠岩装饰吸声板、难燃胶合板、难燃中密度纤维板、岩棉装饰板、难燃木材、铝箔复合材料、难燃酚醛胶合板、铝箔玻璃钢复合材料、复合铝箔玻璃棉板等
墙面材料	B₁	纸面石膏板、纤维石膏板、水泥刨花板、矿棉板、玻璃棉板、珍珠岩板、难燃胶合板、难燃中密度纤维板、防火塑料装饰板、难燃双面刨花板、多彩涂料、难燃墙纸、难燃墙布、难燃仿花岗岩装饰板、氯氧镁水泥装配式墙板、难燃玻璃钢平板、难燃 PVC 塑料护墙板、阻燃模压木质复合板材、彩色难燃人造板、难燃玻璃钢、复合铝箔玻璃棉板等
	B₂	各类天然木材、木制人造板、竹材、纸制装饰板、装饰微薄木贴面板、印刷木纹人造板、塑料贴面装饰板、聚酯装饰板、复塑装饰板、塑纤板、胶合板、塑料壁纸、无纺贴墙布、墙布、复合壁纸、天然材料壁纸、人造革、实木饰面装饰板、胶合竹夹板等
地面材料	B₁	硬 PVC 塑料地板、水泥刨花板、水泥木丝板、氯丁橡胶地板、难燃羊毛地毯等
	B₂	半硬质 PVC 塑料地板、PVC 卷材地板等
装饰织物	B₁	经阻燃处理的各类难燃织物等
	B₂	纯毛装饰布、经阻燃处理的其他织物等
其他装修装饰材料	B₁	难燃聚氯乙烯塑料、难燃酚醛塑料、聚四氟乙烯塑料、难燃脲醛塑料、硅树脂塑料装饰型材、经难燃处理的各类织物等
	B₂	经阻燃处理的聚乙烯、聚丙烯、聚氨酯、聚苯乙烯、玻璃钢、化纤织物、木制品等

有些材料或制品，虽然用途广、用量大，但因材质特点和生产过程中工艺、原材料配比的变化，会导致材料或制品的燃烧性能发生较大变化，这些材料的燃烧性能必须通过试验确认，因此大多数的阻燃制品、高分子材料、高分子复合材料未列入表 3-6。

3.0.3　装修材料的燃烧性能等级应按现行国家标准《建筑材料及制品燃烧性能分级》（GB 8624）的有关规定，经检测确定。

【条文说明】选定材料的燃烧性能测试方法和建立材料燃烧性能分级标准，是编制有关设计防火规范性能指数的依据和基础。建筑内部装修材料种类繁多，各类材料的测试方法和标准也不尽相同，依据现行国家标准《建筑材料及制品燃烧性能分级》（GB 8624），分别根据各类材料测试的结果，将材料划分为相应的燃烧性能等级。

任何两种测试方法之间获得的结果很难取得完全一致的对应关系。本规范划分的材料燃烧性能等级虽然代号相同，但测试方法是按材料类别分别规定的，不同的测试方法获得的燃烧性能等级之间不存在完全对应的关系，因此应按材料分类规定的测试方法确认燃烧性能等级。

3.0.4　安装在金属龙骨上燃烧性能达到 B₁ 级的纸面石膏板、矿棉吸声板，可作为 A 级装修材料使用。

【条文说明】纸面石膏板、矿棉吸声板按我国现行建材防火检测方法检测，大部分不能列入 A 级材料。但是如果认定它们只能作为 B₁ 级材料，则又有些不尽合理，尚且目前还没有更好的材料可替代它们。

考虑到纸面石膏板、矿棉吸声板用量极大这一客观实际，以及建筑设计防火规范中，认定贴在金属龙骨上的纸面石膏板为不燃材料这一事实，特规定如纸面石膏板、矿棉吸声板安装在金属龙骨上，可将其作为 A 级材料使用。但矿棉装饰吸声板的燃烧性能与黏结剂有关，只有达到 B_1 级时才可执行本条。

3.0.5 单位面积质量小于 $300g/m^2$ 的纸质、布质壁纸，当直接粘贴在 A 级基材上时，可作为 B_1 级装修材料使用。

【条文说明】单位面积质量小于 $300g/m^2$ 的纸质、布质壁纸热分解产生的可燃气体少、发烟小，被直接粘贴在 A 级基材上时，在试验过程中，几乎不出现火焰蔓延的现象，为此确定直接贴在 A 级基材上的这类壁纸可作为 B_1 级装修材料来使用。

3.0.6 施涂于 A 级基材上的无机装修涂料，可作为 A 级装修材料使用；施涂于 A 级基材上，湿涂覆比小于 $1.5kg/m^2$，且涂层干膜厚度不大于 1.0mm 的有机装修涂料，可作为 B_1 级装修材料使用。

【条文说明】涂料在室内装修中量大面广，一般室内涂料涂覆比小，涂料中的颜料、填料多，火灾危险性不大。法国规范中规定，油漆或有机涂料的湿涂覆比为 $0.5kg/m^2 \sim 1.5kg/m^2$，施涂于不燃性基材上时可划为难燃性材料。一般室内涂料湿涂覆比不会超过 $1.5kg/m^2$，但是当涂料中含有较多轻质填料时，即使湿涂覆比小于 $1.5kg/m^2$，其涂层厚度也会比较大，此时复合体的燃烧性能会发生很大的变化，不宜作为 B_1 级装修材料使用。

3.0.7 当使用多层装修材料时，各层装修材料的燃烧性能等级均应符合本规范的规定。复合型装修材料的燃烧性能等级应进行整体检测确定。

【条文说明】当使用不同装修材料分几层装修同一部位时，各层的装修材料只有贴在等于或高于其耐燃等级的材料上，这些装修材料燃烧性能等级的确认才是有效的。但有时会出现一些特殊的情况，如一些隔音、保温材料与其他不燃、难燃材料复合形成一个整体的复合材料时，对此不宜简单地认定这种组合做法的耐燃等级，应进行整体试验，合理验证。

4 特 别 场 所

4.0.1 建筑内部装修不应擅自减少、改动、拆除、遮挡消防设施、疏散指示标志、安全出口、疏散出口、疏散走道和防火分区、防烟分区等。

【条文说明】在原规范的基础上，遵循了由重要到次要的原则，对其中的条文进行了重新编排。

建筑物内部消防设施是根据国家现行有关规范的要求设计安装的，平时应加强维修管理，以便一旦需要使用时，操作起来迅速、安全、可靠。但是有些单位为了追求装修效果，随意减少安全出口、疏散出口和疏散走道的宽度和数量，擅自改变消防设施的位置。还有的任意增加隔墙，影响了消防设施的有效保护范围。为保证消防设施和疏散指示标志的使用功能，特将本条作为强制性条文。确需变更的建筑防火设计，除执行国家有关标准的规定外，尚应遵循法律法规，按规定程序执行。

4.0.2 建筑内部消火栓箱门不应被装饰物遮掩，消火栓箱门四周的装修材料颜色应与消火栓箱门的颜色有明显区别或在消火栓箱门表面设置发光标志。

【条文说明】建筑内部设置的消火栓箱门一般都设在比较显眼的位置，颜色也比较醒目。通过对大量装修工程的调研，发现许多高档酒店、办公楼的公共区域等场所为了体现装修效果，把消火栓箱门罩在木柜里面；还有的单位把消火栓箱门装修得几乎与墙面一样，仅仅在其表面设置红色的汉字标示，且跟随不同装修风格，其字体、大小、位置也各不相同，不到近处看不出来。这些做法给消火栓的及时取用造成了障碍，也不利于规范化管理。为了充分发挥消火栓在火灾扑救中的作用，特修订本条规定，并将其列为强制性条文。

4.0.3 疏散走道和安全出口的顶棚、墙面不应采用影响人员安全疏散的镜面反光材料。

【条文说明】本条为强制性条文。进行建筑装修设计时要保证疏散指示标志和安全出口易于辨认，以免人员在紧急情况下发生疑问和误解，因此不能在疏散走道和安全出口附近采用镜面、玻璃等反光材料进行装饰。同时考虑到普通镜面反光材料在高温烟气作用下容易炸裂，而热烟气一般悬浮于建筑内上空，故顶棚也限制使用此类材料。

4.0.4 地上建筑的水平疏散走道和安全出口的门厅，其顶棚应采用 A 级装修材料，其他部位应采用不低于 B₁ 级的装修材料；地下民用建筑的疏散走道和安全出口的门厅，其顶棚、墙面和地面均应采用 A 级装修材料。

【条文说明】本条为强制性条文。建筑物各层的水平疏散通道和安全出口门厅是火灾中人员逃生的主要通道，因而对装修材料的燃烧性能做出规定。由于地下民用建筑的火灾特点及疏散走道部位在火灾疏散时的重要性，因此燃烧性能等级要求还要高。

4.0.5 疏散楼梯间和前室的顶棚、墙面和地面均应采用 A 级装修材料。

【条文说明】本条为强制性条文。本条主要考虑建筑物内纵向疏散通道在火灾中的安全。火灾发生时，各楼层人员都需要经过纵向疏散通道。尤其是高层建筑，如果纵向通道被火封住，对受灾人员的逃生和消防人员的救援都极为不利。另外，对高层建筑的楼梯间一般无装修美观的要求。

4.0.6 建筑物内设有上下层相连通的中庭、走马廊、开敞楼梯、自动扶梯时，其连通部位的顶棚、墙面应采用 A 级装修材料，其他部位应采用不低于 B₁ 级的装修材料。

【条文说明】本条为强制性条文。本条主要考虑建筑物内上下层相连通部位的装修。这些部位空间高度很大，有的上下贯通几层甚至十几层。一旦发生火灾，能起到烟囱一样的作用，使火势无阻挡地向上蔓延，很快充满整幢建筑物，给人员疏散造成很大困难。

4.0.7 建筑内部变形缝（包括沉降缝、伸缩缝、抗震缝等）两侧基层的表面装修应采用不低于 B₁ 级的装修材料。

【条文说明】规定本条的基本理由与第 4.0.6 条相同。变形缝上下贯通整个建筑物，嵌缝材料也具有一定的燃烧性，为防止火势纵向蔓延，要求变形缝表面使用 B₁ 级以上装修材料，同时可以满足墙面装修的整体效果。

4.0.8 无窗房间内部装修材料的燃烧性能等级除 A 级外，应在表 5.1.1、表 5.2.1、表 5.3.1、表 6.0.1、表 6.0.5 规定的基础上提高一级。

【条文说明】本条为强制性条文。无窗房间发生火灾时有几个特点：火灾初起阶段不易被发觉，发现起火时，火势往往已经较大；室内的烟雾和毒气不能及时排出；消防人员进行火情侦察和施救比较困难。因此，将无窗房间室内装修的要求强制性提高一级。

4.0.9 消防水泵房、机械加压送风排烟机房、固定灭火系统钢瓶间、配电室、变压器室、发电机房、储油间、通风和空调机房等，其内部所有装修均应采用 A 级装修材料。

【条文说明】本条为强制性条文。本条主要考虑建筑物内各类动力设备用房。这些设备的正常运转对火灾的监控和扑救是非常重要的，故强制要求全部使用 A 级材料装修。

4.0.10 消防控制室等重要房间，其顶棚和墙面应采用 A 级装修材料，地面及其他装修应采用不低于 B₁ 级的装修材料。

【条文说明】本条为强制性条文。本条所指设备为管理中枢，设备失火后影响面大，会造成重大损失，其内装修材料防火等级须作强制要求。

4.0.11　建筑物内的厨房，其顶棚、墙面、地面均应采用 A 级装修材料。

【条文说明】本条为强制性条文。厨房内火源较多，对装修材料的燃烧性能应严格要求。一般来说，厨房的装修以易于清洗为主要目的，多采用瓷砖、石材、涂料等材料，对本条的要求是可以做到的。

4.0.12　经常使用明火器具的餐厅、科研试验室，其装修材料的燃烧性能等级除 A 级外，应在表 5.1.1、表 5.2.1、表 5.3.1、表 6.0.1、表 6.0.5 规定的基础上提高一级。

【条文说明】本条为强制性条文。随着我国旅游业的发展，各地兴建了许多高档宾馆和风味餐馆。有的餐馆经营各式火锅，有的风味餐馆使用带有燃气灶的流动餐车。宾馆、餐馆人员流动大，管理不便，使用明火增加了引发火灾的危险性，因而在室内装修材料上比同类建筑物的要求高一级。

4.0.13　民用建筑内的库房或贮藏间，其内部所有装修除应符合相应场所规定外，且应采用不低于 B$_1$ 级的装修材料。

【条文说明】本条为强制性条文。民用建筑如酒店、商场、办公楼等均设有库房或贮藏间，存有各类可燃物，由于平时无专人看管，存在较大的火灾危险性，所以本条对装修材料的防火等级做出强制要求。

4.0.14　展览性场所装修设计应符合下列规定：

（1）展台材料应采用不低于 B$_1$ 级的装修材料。

（2）在展厅设置电加热设备的餐饮操作区内，与电加热设备贴邻的墙面、操作台均应采用 A 级装修材料。

（3）展台与卤钨灯等高温照明灯具贴邻部位的材料应采用 A 级装修材料。

【条文说明】本条为针对展览性场所新增条款。近年来，展览经济发展很快，展览性场所具有临时性、多变性的独特之处，所以对其装修防火专门列出强制性条文。

（1）展示区域的布展设计，包括搭建、布景等，采用大量的装修、装饰材料，为减少火灾荷载，对用以展示展品的展台做了要求。

（2）展厅内设置电加热设备的餐饮操作区可与展厅不做防火分隔，其电加热设备贴邻的墙面及操作台面应采用 A 级材料，目的是为了防止引发火灾和火灾的蔓延扩大。

（3）展厅具有人员密集、布展可燃物较多、用电量大、电气火灾风险大等特点，一旦引发火灾将造成很大损失。为防止卤钨灯等高温照明灯具产生的火花、电弧或高温引燃周围的可燃物，故规定与其贴邻的材料应采用 A 级材料。

4.0.15　住宅建筑装修设计尚应符合下列规定：

（1）不应改动住宅内部烟道、风道。

（2）厨房内的固定橱柜宜采用不低于 B$_1$ 级的装修材料。

（3）卫生间顶棚宜采用 A 级装修材料。

（4）阳台装修宜采用不低于 B$_1$ 级的装修材料。

【条文说明】住宅建筑作为民用建筑的重要一类，本规范此次添加了一条对其装修防火的规定。

（1）户内装修是住宅装饰装修的重点，也是突出个性化的场所。住宅楼内的烟道、风道是重要的功能设施，并关系到整栋建筑的消防安全，在装修设计时不得拆改。

（2）厨房内常用明火，也是容易发生火灾的重点部位，故应使用燃烧性能优良的材料，顶棚、地面、墙面都应参照本规范规定采用 A 级材料。其固定橱柜火灾危险性大，应注意其材料燃烧等级。

（3）卫生间室内湿度大，顶棚上如安装浴霸等取暖、排风设备时，容易产生电火花，同时这类取暖设备使用时会产生很高热量，易引燃周围可燃材料，故顶棚建议采用A级材料装修。若顶棚装修使用非A级材料时，应在浴霸、通风设备周边进行隔热绝缘处理，以提高防火安全性。

（4）阳台往往兼具观景、存放杂物、晾晒衣物等功能，火灾发生时，阳台可防止其竖向蔓延，另有特殊危急情况下，阳台外可设置云梯等消防疏散设备连接外界，临时用作人员纵向疏散通道，对其装修材料做出要求，增强阳台的使用安全性。

4.0.16 照明灯具及电气设备、线路的高温部位，当靠近非A级装修材料或构件时，应采取隔热、散热等防火保护措施，与窗帘、帷幕、幕布、软包等装修材料的距离不应小于500mm；灯饰应采用不低于B_1级的材料。

【条文说明】由照明灯具、电加热器具等引发火灾的案例很多。如1985年5月某研究所微波暗室发生火灾。该暗室的内墙和顶棚均贴有一层可燃的吸波材料，由于长期与照明用的白炽灯泡相接触，引起吸波材料过热，阴燃起火；又如1986年10月某市塑料工业公司经营部发生火灾。其主要原因是日光灯的镇流器长时间通电过热，引燃四周紧靠的可燃物，并延烧到胶合板木龙骨的顶棚。根据实践经验，对卤钨灯、白炽灯等高温照明灯具和电加热设备产生的高温辐射热采取一定的隔热措施，远离易燃物品，即可以大大减少火灾危害。

由于室内装修逐渐向高档化发展，各种类型的灯具应运而生，灯饰更是花样繁多。制作灯饰的材料包括金属、玻璃等不燃材料，但更多的是硬质塑料、塑料薄膜、棉织品、丝织品、竹木、纸类等可燃材料。灯饰往往靠近热源，故对B_2级和B_3级材料加以限制。如果由于装饰效果的要求必须使用B_2、B_3级材料，应进行阻燃处理使其达到B_1级。

4.0.17 建筑内部的配电箱、控制面板、接线盒、开关、插座等不应直接安装在低于B_1级的装修材料上；用于顶棚和墙面装修的木质类板材，当内部含有电器、电线等物体时，应采用不低于B_1级的材料。

【条文说明】自20世纪80年代以来，由电气设备引发的火灾占各类火灾的比例日趋上升。1976年电气火灾仅占全国火灾总次数的4.9%，1980年为7.3%，1985年为14.9%，到1988年上升到38.6%，近年来我国电气火灾更是占据火灾起因的首位。但是日本等发达国家人均用电量是我国的5倍以上，而电气火灾仅占火灾总数的2%～3%。我国电气火灾日益严重的原因是多方面的：电线陈旧老化，违反用电安全规定，电器设计或安装不当，家用电器设备大幅度增加。另外，由于室内装修采用的可燃材料越来越多，增加了电气设备引发火灾的危险性，必须对此做出防范。

配电箱、控制面板、接线盒、开关、插座等产生的火花、电弧或高温熔珠容易引燃周围的可燃物，电气装置也会产热引燃装修材料，在装修防火设计上可采取一定隔离措施，防止危险发生。

4.0.18 当室内顶棚、墙面、地面和隔断装修材料内部安装电加热供暖系统时，室内采用的装修材料和绝热材料的燃烧性能等级应为A级。当室内顶棚、墙面、地面和隔断装修材料内部安装水暖（或蒸汽）供暖系统时，其顶棚采用的装修材料和绝热材料的燃烧性能应为A级，其他部位的装修材料和绝热材料的燃烧性能不应低于B_1级，且尚应符合本规范有关公共场所的规定。

【条文说明】近年来，采用电加热供暖系统的室内场所，如汗蒸房等已发生多起火灾，这些场所中的电加热供暖系统一般沿顶棚、墙面或地面安装，该系统的绝热层、填充层和饰面层往往采用可燃材料，当电加热设备因故障异常发热或起火后，极易引燃周围的可燃物，导致人员伤亡。2017年2月5日浙江省台州市天台县一家足浴中心的汗蒸房发生火灾，造成18人死亡、18人受伤的惨痛事故。为吸取这类火灾事故教训，本条对此类场所加热设备周围材料的燃烧性能提出严格要求。

4.0.19　建筑内部不宜设置采用 B₃ 级装饰材料制成的壁挂、布艺等，当需要设置时，不应靠近电气线路、火源或热源，或采取隔离措施。

【条文说明】在建筑中，经常将壁挂、布艺等作为内装修设计的内容之一，为了避免这些饰物引发的火灾，特制定本条规定。

4.0.20　本规范未明确规定的场所，其内部装修应按本规范有关规定类比执行。

5　民　用　建　筑

5.1　单层、多层民用建筑

5.1.1　单层、多层民用建筑内部各部位装修材料的燃烧性能等级，不应低于本规范表 5.1.1 的规定。

表 5.1.1　单层、多层民用建筑内部各部位装修材料的燃烧性能等级

序号	建筑物及场所	建筑规模、性质	装修材料燃烧性能等级							
			顶棚	墙面	地面	隔断	固定家具	窗帘	帷幕	其他装修装饰材料
1	候机楼的候机大厅、贵宾候机室、售票厅、商店、餐饮场所等	—	A	A	B₁	B₁	B₁	B₁	—	B₁
2	汽车站、火车站、轮船客运站的候车（船）室、商店、餐饮场所等	建筑面积＞10 000m²	A	A	B₁	B₁	B₁	B₁		B₂
		建筑面积≤10 000m²	A	B₁	B₁	B₁	B₁	B₂		B₂
3	观众厅、会议厅、多功能厅、等候厅等	每个厅建筑面积＞400m²	A	A	B₁	B₁	B₁	B₁	B₁	B₁
		每个厅建筑面积≤400m²	A	B₁	B₁	B₂	B₂	B₁	B₁	B₂
4	体育馆	＞3000 座位	A	A	B₁	B₁	B₁	B₁	B₁	B₂
		≤3000 座位	A	B₁	B₁	B₂	B₂	B₂	B₁	B₂
5	商店的营业厅	每层建筑面积＞1500m² 或总建筑面积＞3000m²	A	B₁	B₁	B₁	B₂	B₁	—	B₂
		每层建筑面积≤1500m² 或总建筑面积≤3000m²	A	B₁	B₁	B₂	B₂	B₁	—	—
6	宾馆、饭店的客房及公共活动用房等	设置送回风道（管）的集中空气调节系统	A	B₁	B₁	B₁	B₂	B₂	—	B₂
		其他	B₁	B₁	B₂	B₂	B₂	B₂	—	B₂
7	养老院、托儿所、幼儿园的居住及活动场所	—	A	A	B₁	B₁	B₂	B₁	—	B₂
8	医院的病房区、诊疗区、手术区	—	A	A	B₁	B₁	B₂	B₁	—	B₂
9	教学场所、教学实验场所	—	A	B₁	B₂	B₂	B₂	B₂	B₂	B₂

续表

序号	建筑物及场所	建筑规模、性质	顶棚	墙面	地面	隔断	固定家具	窗帘	帷幕	其他装修装饰材料
10	纪念馆、展览馆、博物馆、图书馆、档案馆、资料馆等的公众活动场所	—	A	B₁	B₁	B₁	B₂	B₁	—	B₂
11	存放文物、纪念展览物品、重要图书、档案、资料的场所	—	A	A	B₁	B₁	B₂	B₁	—	B₂
12	歌舞娱乐游艺场所	—	A	B₁	B₁	B₁	B₁	B₁	B₁	B₁
13	A、B级电子信息系统机房及装有重要机器、仪器的房间	—	A	A	B₁	B₁	B₁	B₁	B₁	B₁
14	餐饮场所	营业面积＞100m²	A	B₁	B₁	B₁	B₂	B₁	—	B₂
		营业面积≤100m²	B₁	B₁	B₁	B₂	B₂	B₂	—	B₂
15	办公场所	设置送回风道（管）的集中空气调节系统	A	B₁	B₁	B₁	B₂	B₂	—	B₂
		其他	B₁	B₁	B₂	B₂	B₂	—	—	—
16	其他公共场所	—	B₁	B₁	B₂	B₂	B₂	—	—	—
17	住宅	—	B₁	B₁	B₁	B₁	B₂	B₂	—	B₂

【条文说明】 本条为强制性条文。表 5.1.1 中给出的装修材料燃烧性能等级是允许使用材料的基准级制，按此等级规范装修材料的选用，能减少火灾危害。

（1）候机楼的主要防火部位是候机大厅、售票厅、商店、餐饮场所、贵宾候机室等，人员密集，危险性较大，对其装修材料防火等级做出要求。

（2）汽车站、火车站和轮船码头这类建筑数量较多，本规范根据其规模大小分为两类。由于汽车站、火车站和轮船码头有相同的功能，所以把它列为同一类别。建筑面积大于 10 000m² 的，一般指大城市的车站、码头，如北京站、上海站、上海码头等。建筑面积等于或小于 10 000m² 的，一般指中、小城市及县城的车站、码头。上述两类建筑物基本上按装修材料燃烧性能两个等级要求做出规定。

（3）观众厅、会议厅、多功能厅、等候厅等属人员密集场所，内装修要求相对较高，随着人民生活水平不断提高，影剧院的功能也逐步增加，如深圳大剧院功能多样，舞台面积近 3000m²。影剧院火灾危险性大，如新疆克拉玛依某剧院在演出时因光柱灯距纱幕太近，引燃成火灾；另有电影院因吊顶内电线短路打出火花，引燃可燃吊顶起火。

根据这些建筑物的每个厅建筑面积将它们分为两类。考虑到这类建筑物的窗帘和幕布火灾危险性较大，均要求采用 B₁ 级材料的窗帘和幕布，比其他建筑物要求略高一些。

（4）体育馆亦属人员密集场所，根据规模将其划分为两类，此处体育馆装修材料限制针对馆内所有场所。

（5）商店的主要部位是营业厅，本规范仅指其买卖互动区，该部位货物集中，人员密集，且人员流动性大。全国各类商店数不胜数，商店两个类别的划分参照现行国家标准《建筑设计防火规范》GB 50016。此处商店指候机楼、汽车站、火车站、轮船客运站以外的商店。

上海 1990 年曾发生某百货商场火灾事故，该商场建筑面积为 14 000m²，电器火灾引燃了大量商品，损失达数百万元；2004 年吉林市某商厦发生特大火灾，造成 53 人死亡。顶棚是个重要部位，故要求选用 A 级。

（6）国内多层饭店、宾馆数量大，情况比较复杂，这里将其划为两类。设置有送回风道（管）的集中空气调节系统的一般装修要求高、危险性大。宾馆部位较多，这里主要指两个部分，即客房、公共场所。

（7）养老院、托儿所、幼儿园的居住及活动场所，其使用人员大多缺乏独立疏散能力。

（8）医院的病房区、诊疗区、手术区一般为病人、老年人居住，疏散能力亦很差，因此须提高装修材料的燃烧性能等级。考虑到这些场所高档装修少，一般顶棚、墙面和地面都能达到规范要求，故特别着重提高窗帘等织物的燃烧性能等级。对窗帘等织物有较高的要求，这是此类建筑的重点所在。

（9）在各类建筑中用于存放图书、资料和文物的房间，图书、资料、档案等本身为易燃物，一旦发生火灾，火势发展迅速。有些图书、资料、档案文物的保存价值很高，一旦被焚，不可重得，损失更大。

（10）近年来，歌舞娱乐游艺场所屡屡发生一次死亡数十人或数百人的火灾事故，其中一个重要的原因是这类场所使用大量可燃装修材料，发生火灾时，这些材料产生大量有毒烟气，导致人员在很短的时间内窒息死亡。因此对这类场所的室内装修材料做出相应规定。

（11）电子信息系统机房的划分，按照现行国家标准《电子信息系统机房设计规范》（GB 50174）的规定确定。

（12）餐饮场所一般处于繁华的市区临街地段，且人员的密度较大，情况比较复杂，加之设有明火操作间和很强的灯光设备，因此引发火灾的危险概率高，火灾造成的后果严重，故对它们提出了较高的要求。此处餐饮场所指候机楼、汽车站、火车站、轮船客运站以外的餐饮场所。

5.1.2　除本规范第 4 章规定的场所和本规范表 5.1.1 中序号为 11～13 规定的部位外，单层、多层民用建筑内面积小于 $100m^2$ 的房间，当采用耐火极限不低于 2.00h 的防火隔墙和甲级防火门、窗与其他部位分隔时，其装修材料的燃烧性能等级可在本规范表 5.1.1 的基础上降低一级。

【条文说明】本条主要考虑到一些建筑物大部分房间的装修材料均可满足规范的要求，而在某一局部或某一房间因特殊要求，要采用的可燃装修不能满足规定，并且该部位又无法设立自动报警和自动灭火系统时所做的适当放宽要求。但必须控制面积不得超过 $100m^2$，并采用耐火极限在 2.00h 以上的防火隔墙，甲级防火门、窗与其他部位隔开，即使发生火灾，也不至于波及其他部位。

但是本规范第 4 章规定中的场所，由于其重要性和特殊性，其室内装修材料燃烧性能等级仍不降级。

5.1.3　除本规范第 4 章规定的场所和本规范表 5.1.1 中序号为 11～13 规定的部位外，当单层、多层民用建筑需做内部装修的空间内装有自动灭火系统时，除顶棚外，其内部装修材料的燃烧性能等级可在本规范表 5.1.1 规定的基础上降低一级；当同时装有火灾自动报警装置和自动灭火系统时，其装修材料的燃烧性能等级可在本规范表 5.1.1 规定的基础上降低一级。

【条文说明】考虑到一些建筑物装修标准要求较高，需要采用可燃材料进行装修，为了满足现实需要，又不降低整体安全性能，故规定设置消防设施以弥补装修材料燃烧等级不够的问题。美国标准《人身安全规范》（NFPA101）中规定，如采取自动灭火措施，所用装修材料的燃烧性能等级可降低一级。本条是参照上述规定制定的。

5.2　高层民用建筑

5.2.1　高层民用建筑内部各部位装修材料的燃烧性能等级，不应低于本规范表 5.2.1 的规定。

表 5.2.1　　　　　　　　　　　　　　高层民用建筑内部各部位装修材料的燃烧性能等级

序号	建筑物及场所	建筑规模、性质	顶棚	墙面	地面	隔断	固定家具	窗帘	帷幕	床罩	家具包布	其他装修装饰材料
1	候机楼的候机大厅、贵宾候机室、售票厅、商店、餐饮场所等	—	A	A	B_1	B_1	B_1	B_1	—	—	—	B_1
2	汽车站、火车站、轮船客运站的候车（船）室、商店、餐饮场所等	建筑面积>10 000m²	A	A	B_1	B_1	B_1	B_1	—	—	—	B_2
		建筑面积≤10 000m²	A	B_1	B_1	B_1	B_2	B_1	—	—	—	B_2
3	观众厅、会议厅、多功能厅、等候厅等	每个厅建筑面积>400m²	A	A	B_1	B_1	B_1	B_1	B_1	—	B_1	B_1
		每个厅建筑面积≤400m²	A	B_1	B_1	B_1	B_2	B_1	B_1	—	B_1	B_1
4	商店的营业厅	每层建筑面积>1500m²或总建筑面积>3000m²	A	B_1	B_1	B_1	B_1	B_1	—	—	B_2	B_1
		每层建筑面积≤1500m²或总建筑面积≤3000m²	A	B_1	B_1	B_1	B_2	B_1	—	—	B_2	B_2
5	宾馆、饭店的客房及公共活动用房等	一类建筑	A	B_1	B_1	B_2	B_1	B_1	—	B_1	B_2	B_1
		二类建筑	A	B_1	B_1	B_2	B_2	B_2	—	B_2	B_2	B_2
6	养老院、托儿所、幼儿园的居住及活动场所	—	A	A	B_1	B_1	B_2	B_1	—	B_2	B_2	B_1
7	医院的病房区、诊疗区、手术区	—	A	A	B_1	B_1	B_2	B_1	—	B_2	B_1	B_1
8	教学场所、教学实验场所	—	A	B_1	B_1	B_2	B_1	B_2	—	B_2	B_1	B_2
9	纪念馆、展览馆、博物馆、图书馆、档案馆、资料馆等的公众活动场所	一类建筑	A	B_1	B_1	B_2	B_1	B_1	—	B_1	B_2	B_1
		二类建筑	A	B_1	B_1	B_2	B_2	B_2	—	B_2	B_2	B_2
10	存放文物、纪念展览物品、重要图书、档案、资料的场所	—	A	A	B_1	B_1	B_2	B_1	—	—	B_1	B_2
11	歌舞娱乐游艺场所	—	A	B_1	B_1	B_1	B_1	B_1	B_1	B_1	B_1	B_1
12	A、B 级电子信息系统机房及装有重要机器、仪器的房间	—	A	A	B_1	B_1	B_1	B_1	B_1	—	B_1	B_1
13	餐饮场所	—	A	B_1	B_1	B_1	B_2	B_1	—	—	B_1	B_2
14	办公场所	一类建筑	A	B_1	B_1	B_2	B_1	B_1	—	—	B_1	B_1
		二类建筑	A	B_1	B_1	B_2	B_2	B_2	—	—	B_2	B_2
15	电信楼、财贸金融楼、邮政楼、广播电视楼、电力调度楼、防灾指挥调度楼	一类建筑	A	A	B_1	B_1	B_1	B_1	—	—	B_1	B_1
		二类建筑	A	B_1	B_1	B_2	B_2	B_2	—	—	B_2	B_2
16	其他公共场所	—	A	B_1	B_1	B_2	B_2	B_2	—	B_2	B_2	B_2
17	住宅	—	A	B_1	B_1	B_1	B_1	B_1	—	B_1	B_2	B_1

【条文说明】本条为强制性条文。表 5.2.1 中建筑物类别、场所及建筑规模是根据现行国家标准《建筑设计防火规范》（GB 50016）有关内容结合室内设计情况划分的。其内部装修材料防火等级强制执行，以规范高层民用建筑的材料使用，减少火灾发生。

高层民用建筑中内含的观众厅、会议厅等按照每个厅建筑面积划分成两类。

宾馆、饭店的划分，参照现行国家标准《建筑设计防火规范》（GB 50016）的规定，将其分为两类。

餐饮场所设在高层建筑内时，其自身引发火灾危险性较大，高层建筑上风速较大，疏散及火灾扑救困难，对其装修材料燃烧性能等级要求较高。

电信、财贸、金融等建筑均为国家和地方政府政治经济要害部门，以其重要特性划为一类。

5.2.2 除本规范第 4 章规定的场所和本规范表 5.2.1 中序号为 10～12 规定的部位外，高层民用建筑的裙房内面积小于 500m² 的房间，当设有自动灭火系统，并且采用耐火极限不低于 2.00h 的防火隔墙和甲级防火门、窗与其他部位分隔时，顶棚、墙面、地面装修材料的燃烧性能等级可在本规范表 5.2.1 规定的基础上降低一级。

【条文说明】高层建筑裙房的使用功能比较复杂，其内装修与整栋高层取同为一个水平，在实际操作中有一定的困难。考虑到裙房与主体高层之间有防火分隔并且裙房的层数有限，所以特规定了本条。

5.2.3 除本规范第 4 章规定的场所和本规范表 5.2.1 中序号为 10～12 规定的部位外，以及大于 400m² 的观众厅、会议厅和 100m 以上的高层民用建筑外，当设有火灾自动报警装置和自动灭火系统时，除顶棚外，其内部装修材料的燃烧性能等级可在本规范表 5.2.1 规定的基础上降低一级。

【条文说明】100m 以上的高层建筑与高层建筑内大于 400m² 的会议厅、观众厅均属特殊范围。观众厅等不仅人员密集，采光条件也较差，万一发生火灾，人员伤亡会比较严重，对人的心理影响也要超过物质因素，所以在任何条件下都不应降低内装修材料的燃烧性能等级。

5.2.4 电视塔等特殊高层建筑的内部装修，装饰织物应采用不低于 B₁ 级的材料，其他均应采用 A 级装修材料。

【条文说明】电视塔等特殊高耸建筑物，其建筑高度越来越大，且允许公众在高空中观赏和进餐。因为建筑形式所限，人员在危险情况下的疏散十分困难，所以特对此类建筑做出十分严格的要求。现正在使用中的电视塔内均不同程度地存在一些装饰织物，要求它们全部达到 A 级显然不可能，但应不低于 B₁ 级，其他装修材料均应达到 A 级。

5.3 地下民用建筑

5.3.1 地下民用建筑内部各部位装修材料的燃烧性能等级，不应低于本规范表 5.3.1 的规定。

表 5.3.1　　　　　地下民用建筑内部各部位装修材料的燃烧性能等级

序号	建筑物及场所	装修材料燃烧性能等级						
		顶棚	墙面	地面	隔断	固定家具	装饰织物	其他装修装饰材料
1	观众厅、会议厅、多功能厅、等候厅等，商店的营业厅	A	A	A	B₁	B₁	B₁	B₂
2	宾馆、饭店的客房及公共活动用房等	A	B₁	B₁	B₁	B₁	B₁	B₂
3	医院的诊疗区、手术区	A	A	B₁	B₁	B₁	B₁	B₂
4	教学场所、教学实验场所	A	A	B₁	B₂	B₂	B₁	B₂
5	纪念馆、展览馆、博物馆、图书馆、档案馆、资料馆等的公众活动场所	A	A	B₁	B₁	B₁	B₁	B₁

序号	建筑物及场所	装修材料燃烧性能等级						
		顶棚	墙面	地面	隔断	固定家具	装饰织物	其他装修装饰材料
6	存放文物、纪念展览物品、重要图书、档案、资料的场所	A	A	A	A	A	B₁	B₁
7	歌舞娱乐游艺场所	A	A	B₁	B₁	B₁	B₁	B₁
8	A、B级电子信息系统机房及装有重要机器、仪器的房间	A	A	B₁	B₁	B₁	B₁	B₁
9	餐饮场所	A	A	B₁	B₁	B₁	B₁	B₂
10	办公场所	A	B₁	B₁	B₁	B₁	B₂	B₂
11	其他公共场所	A	B₁	B₂	B₂	B₂	B₂	B₂
12	汽车库、修车库	A	A	B₁	A	A	—	—

注 地下民用建筑系指单层、多层、高层民用建筑的地下部分，单独建造在地下的民用建筑以及平战结合的地下人防工程。

【条文说明】本条为强制性条文。本条结合地下民用建筑的特点，按建筑类别、场所和装修部位分别规定了装修材料的燃烧性能等级。

人员比较密集的观众厅、商店营业厅、餐饮场所以及火灾荷载较高的各类库房，选用装修材料燃烧性能等级应严格。

宾馆、饭店客房以及各类建筑的办公场所等房间使用面积较小且经常有管理人员值班，场所内人员一般具有一定的活动能力，选用装修材料燃烧性能等级可稍宽。

本条的注解说明了地下民用建筑的范围。地下民用建筑也包括半地下民用建筑，半地下民用建筑的定义按有关防火规范执行。

5.3.2 除本规范第4章规定的场所和本规范表5.3.1中序号为6～8规定的部位外，单独建造的地下民用建筑的地上部分，其门厅、休息室、办公室等内部装修材料的燃烧性能等级可在本规范表5.3.1的基础上降低一级。

【条文说明】本条是指单独建造的地下民用建筑的地上部分。单层、多层民用建筑地上部分的装修材料燃烧性能等级在本规范第5.1节中已有明确规定。单独建造的地下民用建筑的地上部分，相对使用面积小且建在地上，火灾危险性和疏散扑救比地下建筑部分容易，故本条可按相关规定降低一级。

6 厂 房 仓 库

6.0.1 厂房内部各部位装修材料的燃烧性能等级，不应低于本规范表6.0.1的规定。

表6.0.1　厂房内部各部位装修材料的燃烧性能等级

序号	厂房及车间的火灾危险性和性质	建筑规模	装修材料燃烧性能等级						
			顶棚	墙面	地面	隔断	固定家具	装饰织物	其他装修装饰材料
1	甲、乙类厂房 丙类厂房中的甲、乙类生产车间 有明火的丁类厂房、高温车间	—	A	A	A	A	A	B₁	B₁
2	劳动密集型丙类生产车间或厂房 火灾荷载较高的丙类生产车间或厂房 洁净车间	单、多层	A	A	B₁	B₁	B₁	B₂	B₂
		高层	A	A	A	B₁	B₁	B₁	B₁

序号	厂房及车间的火灾危险性和性质	建筑规模	装修材料燃烧性能等级						
			顶棚	墙面	地面	隔断	固定家具	装饰织物	其他装修装饰材料
3	其他丙类生产车间或厂房	单、多层	A	B_1	B_2	B_2	B_2	B_2	B_2
		高层	A	B_1	B_1	B_1	B_1	B_1	B_1
4	丙类厂房	地下	A	A	A	B_1	B_1	B_1	B_1
5	无明火的丁类厂房 戊类厂房	单、多层	B_1	B_2	B_2	B_2	B_2	B_2	B_2
		高层	B_1	B_2	B_2	B_2	B_2	B_1	B_1
		地下	A	A	B_1	B_1	B_1	B_1	B_1

【条文说明】本条为强制性条文。在对工业厂房进行分类时，主要参考了现行国家标准《建筑设计防火规范》（GB 50016）的规定，根据生产的火灾危险性，将厂房分为甲、乙、丙、丁、戊五类。

根据现行国家标准《建筑设计防火规范》（GB 50016）的有关要求，当符合下述条件之一时，可按不同工段分别确定内部装修材料：

（1）不同工段之间采用了有效的防火分隔措施可确保发生火灾事故时不足以蔓延到相邻部位，且各工段内均有一独立的安全出口或各工段均设有两个及以上直通公共疏散走道的出口；

（2）符合现行国家标准《建筑设计防火规范》（GB 50016）中相关规定可按较小火灾危险性部分确定其生产火灾危险性的车间。

工业建筑装修对本身美观的要求一般并不是很高，但现代化的工业厂房，特别是一些劳动密集型的生产加工厂房，如制衣、制鞋、玩具及电子产品装配等轻工行业，在不同程度上考虑到工人劳动的舒适度问题，且有些厂房内的生产材料本身已是易燃或可燃材料，因此在进行装修时，应尽量减少或避免使用易燃、可燃材料，按本规范表6.0.1的要求强制性执行选用装修材料。

本条中劳动密集型的生产车间主要指：生产车间员工总数超过1000人或者同一工作时段员工人数超过200人的服装、鞋帽、玩具、木制品、家具、塑料、食品加工和纺织、印染、印刷等劳动密集型企业。

火灾荷载较高的丙类生产车间或厂房是指卷烟、木器加工、泡沫塑料、棉纺、麻纺等行业中可燃物量大的车间，如卷烟车间内可燃物多、产品价值大，且一般不设自动灭火设施，故应提高装修材料燃烧性能的标准；家具等木器生产及泡沫塑料的预发、成型、切片、压花车间，棉纺厂的开包、清花及麻纺厂的分级、梳麻车间等，都应按照表6.0.1的规定严格注意装修材料的选用。

参考现行国家标准《洁净厂房设计规范》（GB 50073），微电子产业、航天航空和医药产业等行业对环境要求较高，许多产品的制造过程都要求在洁净厂房中进行。洁净厂房吊顶空间内管道密布，检修困难，火灾隐情不易发现。洁净区面积大、结构密闭、室内迂回曲折、生产中危险源较多并且部分工艺特殊，导致火灾发生概率高，火灾排烟、消防通信、人员疏散、灭火救援困难，所以对洁净厂房的装修材料燃烧性能严格控制。

6.0.2　除本规范第4章规定的场所和部位外，当单层、多层丙、丁、戊类厂房内同时设有火灾自动报警和自动灭火系统时，除顶棚外，其装修材料的燃烧性能等级可在本规范表6.0.1规定的基础上降低一级。

【条文说明】现行国家标准《建筑设计防火规范》（GB 50016）针对工业建筑设置了自动灭火系统和火灾自动报警系统的条款，实际工程案例中，这些自动消防设施发挥了很好的作用，故在工业建筑中也强调自动设施的设置，可降低装修材料的选用等级。顶棚的火灾危险性要大于墙面和地面，因此不能降低。

6.0.3　当厂房的地面为架空地板时，其地面应采用不低于 B₁ 级的装修材料。

【条文说明】从火灾的发展过程考虑，一般来说，对顶棚的防火性能要求最高，其次是墙面，地面要求最低。但如果地面为架空地板时，情况有所不同，万一失火，沿架空地板蔓延较快，受到的损失也大。故对其地面装修材料的燃烧性能做出了要求。

6.0.4　附设在工业建筑内的办公、研发、餐厅等辅助用房，当采用现行国家标准《建筑设计防火规范》（GB 50016）规定的防火分隔和疏散设施时，其内部装修材料的燃烧性能等级可按民用建筑的规定执行。

【条文说明】该类建筑用途与民用建筑相同，进行了规定的防火分隔后，火势不易蔓延，很难引发大型火灾，因此可视为民用建筑。

6.0.5　仓库内部各部位装修材料的燃烧性能等级，不应低于本规范表 6.0.5 的规定。

表 6.0.5　　　　　　　　　　仓库内部各部位装修材料的燃烧性能等级

序号	仓库类别	建筑规模	装修材料燃烧性能等级			
			顶棚	墙面	地面	隔断
1	甲、乙类仓库	—	A	A	A	A
2	丙类仓库	单层及多层仓库	A	B₁	B₁	B₁
		高层及地下仓库	A	A	A	A
		高架仓库	A	A	A	A
3	丁、戊类仓库	单层及多层仓库	A	B₁	B₁	B₁
		高层及地下仓库	A	A	A	B₁

【条文说明】仓库装修一般较为简单，装修部位为顶棚、墙面、地面和隔断。仓库虽非人员聚集场所，但由于其储存物品，可燃物较多，火灾荷载大，物资昂贵，一旦发生火灾，燃烧时间较长，造成物质损失较大，因而对其装修材料应严格控制，作为强制性条文执行。

高架仓库货架高度一般超过 7m，仓库内排架之间距离近，内部通道窄，火灾荷载大，并且使用现代化计算机技术控制搬运、装卸操作，线路复杂，火灾因素通常较多，极易引起电气火灾。起火后容易迅速蔓延扩大，排烟、疏散、扑救非常困难。故对其内部装修材料从严要求。

本规范用词说明

1. 为便于在执行本规范条文时区别对待，对要求严格程度不同的用词说明如下：

（1）表示很严格，非这样做不可的：正面词采用"必须"，反面词采用"严禁"；

（2）表示严格，在正常情况下均应这样做的：正面词采用"应"，反面词采用"不应"或"不得"；

（3）表示允许稍有选择，在条件许可时首先应这样做的：正面词采用"宜"，反面词采用"不宜"；

（4）表示有选择，在一定条件下可以这样做的，采用"可"。

2. 条文中指明应按其他有关标准执行的写法为："应符合……的规定"或"应按……执行"。

引用标准名录

1.《建筑设计防火规范》（GB 50016）

2.《建筑材料及制品燃烧性能分级》（GB 8624）

第二节　变电电气工程

1000kV 高压电器（GIS、HGIS、隔离开关、避雷器）施工及验收规范
（GB 50836—2013）

前　言

本规范是根据住房和城乡建设部《关于印发〈2010 年工程建设标准规范制订、修订计划〉的通知》（建标〔2010〕43 号）的要求，由中国电力企业联合会、国家电网公司会同有关单位共同编制而成。

规范编制组经广泛调查研究，总结我国 500kV、750kV 变电工程及 1000kV 晋东南—南阳—荆门特高压交流试验示范工程高压电器（GIS、HGIS、隔离开关、避雷器）施工经验，依据有关设计文件和产品技术文件，并在广泛征求意见的基础上，经审查定稿。

本规范共分 6 章，主要内容包括：总则、术语、基本规定、气体绝缘金属封闭开关设备（GIS）、隔离开关、避雷器。

本规范中以黑体字标志的条文为强制性条文，必须严格执行。本规范由住房和城乡建设部负责管理和对强制性条文的解释，由中国电力企业联合会负责日常管理，由国家电网公司交流建设分公司负责具体技术内容的解释。执行过程中如有意见或建议，请寄送国家电网公司交流建设分公司（地址：北京市宣武区南横东街 8 号都城大厦，邮政编码：100052），以供今后修订时参考。

本规范主编单位、参编单位、主要起草人和主要审查人：

主编单位：中国电力企业联合会
　　　　　国家电网公司
参编单位：冀北电力有限公司
　　　　　北京送变电公司
　　　　　山东送变电工程公司
　　　　　江苏省送变电公司
　　　　　河南送变电建设公司
　　　　　湖北省输变电工程公司
主要起草人：李　波　吕志瑞　张建坤　孙　岗　蔡新华　王进弘　项玉华　戴荣中
　　　　　　宋国贵
主要审查人：刘永东　邱　宁　阎国增　王　坤　田　晓　李仲秋　杨爱民　杨仁花
　　　　　　李　强　王可华　杨孝森　魏　军　禄长德　王兆飞　伍志元

目 次

1 总 则

1.0.1 为了保证1000kV高压电器的施工质量，确保设备安全运行，制定本规范。

1.0.2 本规范适用于1000kV气体绝缘金属封闭开关设备（GIS）、复合电器（HGIS）、隔离开关及避雷器的施工及验收。

【条文说明】根据目前特高压设备发展现状和趋势，1000kV高压电器设备主要包括气体绝缘金属封闭开关设备（GIS）、复合电器（HGIS）、隔离开关及避雷器等。

1.0.3 1000kV高压电器的施工及验收除应符合本规范规定外，尚应符合国家现行有关标准的规定。

2 术 语

2.0.1 复合电器（HGIS，hybrid GIS）

复合电器是指气体绝缘金属封闭开关设备（GIS）与敞开式高压电器的组合，例如汇流母线、电压互感器、避雷器等采用敞开式，而其他电器采用GIS。

2.0.2 产品技术文件（technical documentation of product）

产品技术文件是指所签订的设备合同的技术部分以及制造厂提供的产品说明书、试验记录、合格证明文件及安装图纸等。

2.0.3 器材（equipment and material）

器材是指器械和材料的总称。

3 基 本 规 定

3.0.1 1000kV高压电器（以下简称"设备"）的施工与验收应按已批准的施工图纸和产品技术文件规定执行。

3.0.2 设备和器材的运输、保管应符合本规范和产品技术文件要求。

3.0.3 设备及器材在施工前的保管期限应符合产品技术文件要求，在产品技术文件没有规定时，不应超过一年。当需长期保管时，应通知设备厂家并应征求其意见。

【条文说明】长期保管是指下列两种情况：

（1）制造厂未规定时，保管期限超过一年；

（2）保管期限超过制造厂所规定的保管时间。

3.0.4 设备及器材均应符合国家现行有关标准的规定，同时应满足所签订的订货技术条件的要求，并应有合格证明文件。设备应有铭牌，气体绝缘金属封闭开关设备（GIS）、复合电器（HGIS）设备汇控柜上应标示一次接线模拟图、气室分隔示意图，气体绝缘金属封闭开关设备（GIS）、复合电器（HGIS）气室分隔点应在设备上标示。

【条文说明】本条所指的国家现行有关标准包括：《1000kV交流系统用套管技术规范》（GB/Z 24840）、《1000kV交流系统用无间隙金属氧化物避雷器技术规范》（GB/Z 24845）、《1100kV气体绝缘金属封闭开关设备技术规范》（GB/Z 24836）等。规定设备汇控柜上标示一次接线模拟图、气室分隔示意图以及在设备上标出气室分隔点等，是为便于运行、检修人员了解一次设备的位置情况。

3.0.5 设备及器材到达现场后，应及时检查，并应符合下列要求：

（1）包装应无破损，密封应良好；

（2）到货数量与规格应与合同、装箱清单和设计要求相符，无损伤、变形及锈蚀；

（3）瓷件及绝缘件应无裂纹及破损；

（4）产品的技术文件应齐全，并应符合合同规定；

（5）应检查设备外观。

【条文说明】设备到达现场后及时进行检查，以便发现设备存在的缺陷和问题，并及时处理，为顺利施工提供条件；也是设备交接、责任转移的环节。

3.0.6　设备施工前应编制施工方案。所编制的施工方案应符合本规范和其他国家现行有关标准及产品技术文件的规定。

【条文说明】本条所指的其他国家现行有关标准同第3.0.4条。

3.0.7　与设备安装有关的建筑工程，应符合下列要求：

（1）与设备安装有关的建筑物和构筑物的施工质量，应符合国家现行标准《混凝土结构工程施工质量验收规范》（GB 50204）、《钢结构工程施工质量验收规范》（GB 50205）、《电力建设施工质量验收及评定规程　第1部分：土建工程》（DL/T 5210.1）的有关规定和设计图的要求。当设备及设计有特殊要求时，应符合特殊要求。

（2）设备安装前，建筑工程应具备下列条件：

1）预埋件及预留孔应符合设计要求，预埋件应牢固；预埋件的接地应良好。

2）混凝土基础及构支架应达到允许安装的强度和刚度。

3）无关的施工设施及杂物应清除干净，并应有足够的施工场地，施工道路应通畅。

4）高层构架的走道板、栏杆、平台及爬梯等应齐全、牢固。

5）基坑应已回填并应夯实。

6）混凝土基础及构支架等建筑工程应验收合格，并应办理交付安装的交接手续。

（3）设备投入运行前，建筑工程应验收合格。带电后无法进行的工作以及影响运行安全的工作应施工完毕。

【条文说明】由于国家现行的有关建筑工程施工及验收规范中的一些规定不完全适合电气设备施工的要求，所以对电气设备的特殊要求会在电气设计图中标出，建筑工程中予以满足。但建筑工程中的其他质量标准，在电气设计中不可能全部标出，则应符合国家现行的建筑工程施工及验收规范的有关规定。设备施工前建筑工程应具备的条件是文明施工的基本条件，也是保证设备施工质量和设备安全的必要条件。

3.0.8　设备安装前，主接地网应施工完毕。设备的接地应符合设计、产品技术文件和现行国家标准《电气装置安装工程　接地装置施工及验收规范》（GB 50169）的有关规定。

3.0.9　所有外露的螺栓、螺母等紧固件外表面应热镀锌、渗锌或采取其他有效的防腐措施；电器接线端子用的紧固件应符合现行国家标准《变压器、高压电器和套管的接线端子》（GB/T 5273）的有关规定。

【条文说明】设备施工用的紧固件，从使用情况看，户外电镀锌紧固件普遍锈蚀严重。为防止锈蚀给以后的安全运行和设备检修拆卸带来困难，对紧固件防腐作出规定。

3.0.10　设备的瓷件质量应符合现行国家标准《高压绝缘子瓷件　技术条件》（GB/T 772）、《标称电压高于1000V系统用户内和户外支柱绝缘子　第1部分：瓷或玻璃绝缘子的试验》（GB/T 8287.1）、《标称电压高于1000V系统用户内和户外支柱绝缘子　第2部分：尺寸与特性》（GB/T 8287.2）及所签订技术协议的有关规定。

3.0.11　复合电器（HGIS）的施工与验收应按照本规范第4章的规定执行。

3.0.12 均压环表面应光滑、无划痕和变形，安装应牢固、正确；均压环易积水部位最低点宜钻排水孔。

【条文说明】均压环施工质量不好是电晕产生的原因之一，故作此规定。结冰区曾发生因均压环存水而冻裂的现象，故规定均压环宜打排水孔。

4 气体绝缘金属封闭开关设备 （GIS）

4.1 一般规定

4.1.1 1000kV气体绝缘金属封闭开关设备（GIS）的施工及验收应符合本章的要求。

4.1.2 气体绝缘金属封闭开关设备（GIS）在运输和装卸过程中不得倒置、倾翻、碰撞和受到剧烈的振动。

4.1.3 现场卸车应符合下列要求：

（1）应按产品包装的重量选择起重机械；

（2）应仔细阅读并执行说明书的注意事项及包装上的指示要求，并应避免包装及产品受到损伤；

（3）断路器单元卸车和就位应符合设备安装的方向和顺序。

【条文说明】由于1000kV气体绝缘金属封闭开关设备（GIS）的断路器单元较重，需用大吨位的起重设备吊运。从设备保护和经济方面考虑，工程实践中一般在卸车时，创造条件将断路器一次就位。

4.1.4 气体绝缘金属封闭开关设备（GIS）运到现场后的检查除应符合本规范第3.0.5条规定外，尚应符合下列要求：

（1）充有干燥气体的运输单元或部件的压力值应符合产品技术文件的要求；

【条文说明】在工程实践中，为避免单元或部件内部受潮，设备充入干燥气体进行运输和保管，一般断路器和隔离开关单元充入六氟化硫气体，其他单元充入干燥空气或氮气。

（2）安装有冲击记录仪的元件的冲击加速度不应大于3g或满足产品技术文件要求，并应将记录移交存档；

（3）支架应无变形、损伤、锈蚀和锌层脱落；地脚螺栓应满足设计及产品技术文件要求。

4.1.5 气体绝缘金属封闭开关设备（GIS）运到现场后的保管应符合下列要求：

（1）应按原包装放置于平整、坚实、无积水、无腐蚀性气体的场地，对有防雨要求的设备应有防雨措施；

（2）组装用O形圈、吸附剂等有防潮要求的附件、备件、专用工器具及设备专用材料应置于干燥的室内；

（3）充干燥气体的运输单元应按产品技术文件要求定期检查压力值，并应做好记录，有异常情况时应及时采取措施；

【条文说明】为避免充气的单元在保管期间因漏气造成内部受潮，故作此规定。

（4）套管保管应符合产品技术文件要求；

（5）所有运输用临时防护罩在安装前应保持完好，不得取下；

（6）对于非充气元件应加强现场的保管，防止受潮。控制箱、机构箱在超出产品规定的保存时间时，应按产品技术文件的规定采取防潮措施。

4.2 安装与调整

4.2.1 施工场地应符合下列要求：

（1）起重机械工作场地应平整、坚实；

（2）应满足起重机械的最大工作半径；

（3）应满足设备防尘要求，不应有扬尘及产生扬尘的环境。

【条文说明】设备安装过程对场地和周围环境要求较高，为确保安装质量，故作此规定。

4.2.2　设备基础及预埋件的接地应良好。设备基础及预埋件的施工质量应符合下列要求：

（1）混凝土强度应达到设备安装要求；

（2）基础标高误差应符合产品技术文件要求；

（3）断路器 x、y 轴线误差不应大于 5mm；

（4）预埋件与预留孔应符合设计要求，预埋件安装应牢固，预埋件表面标高误差：相邻埋件不应大于 2mm，全部埋件不应大于 5mm；

（5）预埋螺栓中心线的误差不应大于 2mm；

（6）当设备及设计有特殊要求时，应符合特殊要求。

4.2.3　气体绝缘金属封闭开关设备（GIS）元件装配前，应进行下列检查：

（1）元件的所有部件应完整、无损；

（2）充气运输单元的压力值和含水量应符合产品技术文件要求；

（3）元件的接线端子、插接件及载流部分应光洁、无锈蚀，镀银层应无脱落；

（4）各元件的紧固螺栓应齐全、无松动；

（5）绝缘件应无受潮、变形及破损。当套管采用瓷外套时，瓷套与金属法兰胶装部位应牢固、密实，并应涂以性能良好的防水胶，瓷套外观不得有裂纹、损伤；当套管采用硅橡胶外套时，外观不得有裂纹、损伤、变形；套管的金属法兰结合面应平整、无外伤或铸造砂眼；

（6）各连接件、附件的材质、规格及数量应符合产品技术文件要求；

（7）组装用的密封垫（圈）、清洁剂、润滑剂、密封脂和擦拭材料应符合产品技术文件要求；

（8）压力表和密度继电器应有产品合格证明及设备厂家检验报告，压力表和密度继电器现场检验应符合现行国家标准《1000kV 系统电气装置安装工程电气设备交接试验标准》（GB/T 50832）的规定；

（9）电流互感器二次绕组排列次序及变比、极性、级次等应符合设计要求；

（10）母线和母线筒内壁应平整、无毛刺；各单元母线的长度应符合产品技术文件要求；

（11）防爆膜或其他防爆装置应完好，配置应符合产品技术文件要求，相关出厂证明资料应齐全；

（12）支架及接地引线应无锈蚀或损伤。

【条文说明】本条总结工程实践经验，对装配前的检查做出规定。

4.2.4　当设备厂家已装配好的各运输单元在现场组装时，不宜解体检查；当需要在现场解体时，应经设备厂家同意，并在设备厂家技术人员指导下进行。

【条文说明】由于设备厂家在出厂前已进行了相关单元的检查和试验，且由于现场工作条件不如工厂内，一般只要运输和装卸等过程正常，不建议在现场解体检查。如怀疑有问题，可根据实际情况再确定检查、处理方案。

4.2.5　气体绝缘金属封闭开关设备（GIS）的现场安装应在设备厂家技术人员指导下进行，并应符合下列要求：

（1）应在无风沙、无雨雪、空气相对湿度小于 80% 的条件下进行，并应采取有效的防尘、防潮措施；所搭建的防尘室应符合产品技术文件要求；

（2）应按产品技术文件要求进行内检，参加内检的人员着装应符合产品技术文件要求；

（3）应按产品技术文件要求选用吊装器具及吊点；

（4）基座、支架的安装应符合设计和产品技术文件要求；

（5）应按设备厂家的编号和规定的程序进行元件安装，不得混装；元件安装前及安装过程中的试验进度应满足安装需要；

（6）预充氮气的箱体必须先经排氮，然后充露点低于−40℃的干燥空气，且必须在检测氧气含量达到18％以上时，方可进入；

（7）所有单元的开盖、内检及连接工作应在防尘室内进行，防尘室内及安装单元应按产品要求充入经过滤尘的干燥空气。安装单元在工作间断时应及时封闭并充入经过滤尘的干燥空气，并应保持微正压；

（8）盆式绝缘子应完好，表面应清洁；内接等电位连接应可靠；

（9）气室内运输用临时支撑在拆除前应无位移、无磨损；

（10）检查设备厂家已装配好的母线、母线筒内壁及其他附件表面应平整、无毛刺，涂漆的漆层应完好；

（11）导电部件镀银状况应良好，表面应光滑、无脱落；

（12）连接插件的触头中心应对准插口，不得出现卡阻，插入深度应符合产品技术文件要求；接触电阻应符合产品技术文件要求；

（13）应按产品技术文件要求更换吸附剂；

（14）应按产品技术文件要求进行除尘；

（15）已用过的密封垫（圈）不得再用；密封槽面应清洁、无划伤，密封垫（圈）应无损伤；涂密封脂时，不得使其流入密封垫（圈）内侧与六氟化硫气体接触；

（16）螺栓连接和紧固应对称均匀用力，其紧固力矩值应符合产品技术文件要求；

（17）伸缩节的安装应符合产品技术文件要求；

（18）套管的导体插入深度应符合产品技术文件要求；套管轴线与垂直线夹角应符合产品技术文件要求；

（19）气管的现场加工工艺、曲率半径及支架布置应符合产品技术文件要求，气体配管安装前内部应清洁；

（20）在每次内检、安装和试验工作结束后，应清点用具、用品，应检查确认无遗留物后方可封盖；

（21）在产品的安装、检测及试验工作全部完成后，应按产品技术文件要求对产品进行密封。

【条文说明】在设备厂家技术人员指导下进行设备安装，是经工程实践证明的一种非常有效的保证质量的措施。

第（1）条，为满足现场安装需要，设备厂家往往根据安装单元的尺寸、形状和进度要求，设计几种规格的防尘室。其内部一般配有测尘装置、除湿装置、空气调节器、干湿度计等装置，并在地面铺设防尘垫；

第（3）条，有的设备厂家对起吊使用的吊具及吊点有严格的规定。如规定吊绳要用干净的专用吊带或有保护层的钢丝绳，以防止损伤设备和由于污染影响法兰面的密封性能。

第（5）条，由于有些元件做完试验后要采取较复杂的保护措施存放，故一般试验合格后马上进行安装。本款规定是为了提醒要协调好试验与安装的配合工作。

第（6）条，本款为强制性条款。为确保进入充氮气的箱体内部进行检查的人员人身安全，作此规定。

第（9）条，曾发生过临时支撑由于运输原因造成磨损的事件，故作此规定。

第（13）条，吸附剂是控制六氟化硫气体含水量的有效措施。

第（15）条，本款规定是确保六氟化硫年漏气率符合要求的有效措施。

4.2.6 设备接线端子的镀银部分不得挫磨，接触表面应平整、清洁、无氧化膜及毛刺，并应涂以薄层电力复合脂；连接螺栓应齐全，紧固力矩值应符合产品技术文件的要求。在连接设备连线时，不应使设备接线端子受到超过允许的外加应力。

4.2.7 开关状态自动监测系统应符合产品技术文件的要求。

4.3 六氟化硫断路器的安装调整

4.3.1 所有部件的安装位置应正确。

4.3.2 六氟化硫断路器调整后的各项动作参数应符合产品技术文件的要求。

4.3.3 六氟化硫断路器和操动机构的联合动作应符合下列要求：

（1）在联合动作前，断路器内应充有额定压力的六氟化硫气体；

（2）位置指示器动作应正确、可靠，应与断路器的实际分、合位置一致。

【条文说明】六氟化硫断路器在未充足气体时就进行分合闸，可能会损坏断口及其他部件，故作此规定。

4.3.4 操动机构运到现场后的检查、保管除应符合本规范第 4.1.4 条及第 4.1.5 条的要求外，尚应符合下列要求：

（1）操动机构的所有零部件、附件及备件应齐全；

（2）操动机构的零部件、附件应无锈蚀、受损及受潮；

（3）充油、充气部件应无渗漏。

【条文说明】根据厂家资料，1000kV 电压等级的六氟化硫断路器的操动机构采用液压机构或液压弹簧机构。断路器的操动机构随断路器整间隔运输，制造厂在出厂前已调整好，现场的检查及可调整的项目较少。

4.3.5 操动机构的安装应符合下列要求：

（1）操动机构的零部件应齐全，各转动部分应涂以符合产品技术文件要求且适合当地气候条件的润滑脂；

（2）电动机转向应正确；

（3）各种接触器、继电器、微动开关、压力开关和辅助开关的动作应准确可靠，接点接触应良好，无烧损或锈蚀；

（4）分、合闸线圈的衔铁应动作灵活，无卡阻；

（5）控制元件及加热装置的绝缘应良好；

（6）断路器的油缓冲器油位应正常，并应采用适合当地气候条件的液压油。

4.3.6 液压机构及液压弹簧机构的安装除应符合本规范第 4.3.5 条的要求外，尚应符合下列要求：

（1）液压油的标号应符合产品技术文件要求，液压油应洁净、无杂质，油位指示应正确；

（2）连接处密封应良好，且应牢固、可靠；

（3）液压机构补充的氮气及其预充压力应符合产品技术文件要求。补充的氮气应采用高纯氮（纯度应大于 99.999%，含水量不应大于 $3\mu L/L$），高纯氮应符合现行国家标准《纯氮、高纯氮和超纯氮》（GB/T 8979）中对高纯氮的技术要求；

（4）液压弹簧机构弹簧位置应符合产品技术文件要求；

（5）液压回路在额定油压时，油面应正常，外观检查应无渗油；

（6）微动开关、接触器的动作应可靠，接触应良好；压力释放阀动作应可靠，关闭应严密；联动闭锁压力值应按产品技术文件要求进行整定；

（7）防止失压慢分装置应可靠。

4.3.7　汇控柜的安装应符合下列要求：

（1）汇控柜柜门应关闭严密，箱体内部应干燥、清洁，并有通风和防潮措施；

（2）控制和信号回路应正确，并符合现行国家标准《电气装置安装工程盘、柜及二次回路结线施工及验收规范》（GB 50171）的有关规定。

4.3.8　辅助开关的安装应符合下列要求：

（1）辅助开关应安装牢固，应防止因多次操作松动、变位；

（2）辅助开关接点转换应灵活、切换可靠、性能稳定；

（3）辅助开关与机构间的连接应转换灵活，并应满足通电时间的要求，连接锁紧螺帽应拧紧。

4.4　隔离开关和接地开关的安装调整

4.4.1　隔离开关和接地开关的操动机构零部件应齐全，所有固定连接部件应紧固，转动部分应涂以符合产品技术文件要求和适合当地气候的润滑脂。

4.4.2　隔离开关和接地开关中的传动装置的安装和调整，应符合产品技术文件要求；定位螺钉应按产品技术文件要求调整并加以固定。

4.4.3　操动机构的安装和调整除应符合产品技术文件要求外，尚应符合下列要求：

（1）在电动操作前，气室内六氟化硫气体压力值应符合产品技术文件要求；

（2）在电动操作前，应先进行3次～5次手动分、合闸，机构动作应正常；

（3）操动机构在进行手动操作时，应闭锁电动操作；

（4）电动机转向应正确，机构的分、合闸指示与设备的实际分、合闸位置应相符；

（5）机构动作应平稳，无卡阻、冲击等异常现象；

（6）限位装置应准确可靠，到达分、合极限位置时，应可靠切除电源。

4.4.4　弹簧机构的安装应符合下列要求：

（1）分、合闸闭锁装置动作应灵活，复位应准确而迅速，并应扣合可靠；

（2）机构合闸后，应能可靠地保持在合闸位置；

（3）弹簧机构缓冲器的行程应符合产品技术文件要求。

4.4.5　操动机构的机构箱的安装应符合本规范第4.3.5条的要求。

4.4.6　辅助开关的安装应符合本规范第4.3.8条的要求。

4.4.7　接地开关应与气体绝缘金属封闭开关设备（GIS）外壳绝缘并应连接牢固、可靠；绝缘水平及接地连接应符合产品技术文件要求。

4.4.8　隔离开关、接地开关、断路器的电气闭锁回路应动作正确、可靠。

4.5　六氟化硫气体管理及充注

4.5.1　六氟化硫气体的技术条件应符合表4.5.1的规定，六氟化硫新气充入设备前应按现行国家标准《工业六氟化硫》（GB/T 12022）和《1000kV系统电气装置安装工程电气设备交接试验标准》（GB/T 50832）的有关规定执行；进口新气验收应遵照产品技术文件要求执行。

表 4.5.1　　　　　　　　　　　　　六氟化硫气体的技术条件

指 标 项 目		指　标
六氟化硫（SF₆）的质量分数（%）		≥99.9
空气的质量分数（%）		≤0.04
四氟化碳（CF₄）的质量分数（%）		≤0.04
水分	水的质量分数（%）	≤0.0005
	露点（℃）	≤−49.7
酸度（以 HF 计）的质量分数（%）		≤0.000 02
可水解氟化物（以 HF 计）的质量分数（%）		≤0.0001
矿物油的质量分数（%）		≤0.0004
毒性		生物试验无毒

【条文说明】表 4.5.1 中的水分含量指标，如换算为体积比，可按式（3-3）换算：

$$体积比 = 重量比 / 0.123 \qquad (3-3)$$

4.5.2　新六氟化硫气体应有出厂试验报告及合格证明文件。运到现场后，每瓶应做含水量检验；新六氟化硫气体抽样比例应按表 4.5.2 进行全分析检验。检验结果有一项不符合表 4.5.1 要求时，则应以两倍量气瓶数重新抽样进行复验；复验结果仍有一项指标不符合要求时，则整批产品不得通过验收。

表 4.5.2　　　　　　　　　　　　　新六氟化硫气体抽样比例

每批气瓶数	选取的量少气瓶数	每批气瓶数	选取的量少气瓶数
1	1	41～70	3
2～40	2	71 以上	4

4.5.3　六氟化硫气瓶的搬运和保管应符合下列要求：

（1）六氟化硫气瓶的安全帽、防震圈应齐全，安全帽应拧紧；搬运时应轻装轻卸，不得抛掷、溜放；

（2）气瓶应存放在防晒、防潮和通风良好的场所；不得靠近热源和油污的地方，阀门上不得粘有水分和油污；

【条文说明】六氟化硫（SF₆）气体是无色、无味、无毒、不燃烧、也不助燃的非金属化合物，在常温（20℃）、常压（直至 2.1MPa）下呈气态。SF₆ 气体属惰性气体，是已知的质量最重的气体之一，密度约为空气的 5 倍，在通风条件不良的情况下可能造成窒息事故，故要注意通风。

（3）六氟化硫气瓶与其他气瓶不得混放。

4.5.4　六氟化硫气体的充注应符合下列要求：

（1）应采用专用的充注设备和管道，充气设备及管路应洁净、无水分、无油污；管路连接部分应无渗漏；充注前应排除管路中的空气；

（2）气体充注前应按产品技术要求对设备内部进行真空处理，真空度及保持时间应符合产品技术文件要求；真空机组应有防止突然停止或因误操作而引起真空泵油倒灌的措施；

（3）当气室已充有六氟化硫气体，且含水量检验合格时，可直接补气。

【条文说明】本条规定是确保六氟化硫气体充注质量的有效措施。

4.6　质量验收

4.6.1　气体绝缘金属封闭开关设备（GIS）验收时，应进行下列检查：

（1）安装应牢固、可靠，外表应清洁，动作性能应符合产品技术文件要求；

（2）螺栓紧固力矩值应符合产品技术文件的要求；

（3）电气连接应可靠，且接触应良好；

（4）断路器、隔离开关、接地开关及其传动机构的联动应正常，无卡阻；分、合闸指示应正确；辅助开关及闭锁动作应正确、可靠；

（5）密度继电器的报警、闭锁定值应符合产品技术文件规定，电气回路传动应正确；

（6）设备内六氟化硫气体年漏气率和含水量应符合现行国家标准《1000kV系统电气装置安装工程电气设备交接试验标准》（GB/T 50832）的有关规定和产品技术文件要求；

（7）带电显示装置应显示正确；

【条文说明】在设备安装带电显示装置时，带电显示装置可结合交流耐压试验进行检验。

（8）本体接线盒防雨、防潮效果应良好，本体电缆防护应良好；

（9）气体绝缘金属封闭开关设备（GIS）底座、机构箱和爬梯必须可靠接地；外接等电位连接必须可靠，并必须标识清晰；内接等电位连接必须可靠，并必须有隐蔽工程验收记录；

【条文说明】本款为强制性条款。本规定可确保人身、设备安全。

（10）交接试验应合格；

（11）油漆应完整，相色标识应正确。

4.6.2 气体绝缘金属封闭开关设备（GIS）验收时应提交下列资料：

（1）设计变更文件；

（2）制造厂提供的产品说明书、试验记录、装箱单、合格证明文件及安装图纸等技术文件；

（3）检验及评定资料；

（4）试验报告；

（5）备品、备件、专用工具及测试仪器清单。

5 隔 离 开 关

5.1 一般规定

5.1.1 1000kV敞开式隔离开关、接地开关（含与隔离开关安装在一起的接地开关）的施工与验收应符合本章要求。

5.1.2 应按照产品技术文件要求及设备运输箱标注要求装卸设备。

5.1.3 隔离开关、接地开关运到现场后，应按照运输单清点并检查设备运输箱外观无损伤和碰撞变形痕迹。

5.1.4 隔离开关、接地开关运到现场后的保管应符合下列要求：

（1）设备包装箱应按其保管要求置于室内或室外平整、坚实、无积水的场地。

（2）设备包装箱应按箱体标注安置稳妥；装有触头及操动机构等金属传动部件的箱子应有防潮措施。

5.1.5 隔离开关、接地开关开箱检查应符合下列要求：

（1）产品技术文件应齐全、完整；到货设备、附件、备品备件与装箱单应一致；设备型号、规格和数量与设计图纸相符；

（2）镀锌件应无变形、锈蚀、锌层脱落，色泽应一致，并应符合相关规范规定；

（3）瓷件应无裂纹、破损。瓷件与金属法兰胶装部位应牢固、密实并应涂以性能良好的防水胶；法兰结合面应平整，无外伤或铸造砂眼。

（4）设备应无损伤变形和锈蚀，导电部分可挠连接应无折损，接线端子表面镀银层应完好。隔离开关底座的传动部分、导电部分、操动机构的零部件应齐全。

5.2　安装与调整

5.2.1　安装前基础及支架的检查应符合下列要求：

（1）隔离开关、接地开关基础施工质量应符合现行行业标准《电力建设施工质量验收及评定规程　第1部分：土建工程》（DL/T 5210.1）的有关规定和设计要求；

（2）支架应无锈蚀，外形尺寸应符合产品技术文件和图纸要求。封顶板及其铁件应无变形、扭曲，水平度误差应符合产品技术文件要求；支架安装后，支架的同相轴线偏差、同相支架顶部标高和同相设备底座开孔间距离应符合设计和产品技术文件要求。

5.2.2　隔离开关、接地开关的安装应符合下列要求：

（1）支柱绝缘子应垂直于底座平面，且应连接牢固；同一绝缘子柱的各绝缘子中心线应在同一垂直线上；同相各绝缘子柱的中心线应在同一垂直平面内；

（2）绝缘子表面应清洁，无裂纹、破损等缺陷，瓷件与法兰胶装部位应牢固、密实。隔离开关的各支柱绝缘子间应连接牢固；

（3）接线端子及载流部分应清洁，接触应良好，触头镀银层应无脱落；

（4）所有安装部位螺栓的力矩值应符合产品技术文件要求。

5.2.3　传动装置的安装应符合以下要求：

（1）隔离开关、接地开关垂直连杆与隔离开关机构间连接部分应紧固、垂直，焊接部位应牢固、平整；

（2）轴承、连杆及拐臂等传动部件机械运动应灵活、垂直连杆应无变形，转动齿轮应啮合准确，操作轻便灵活；底座传动部分应无卡涩，动作应灵活。

【条文说明】在以往工程中出现过因垂直连杆刚度不够而导致变形，影响设备使用。

（3）隔离开关、接地开关平衡弹簧应调整到操作力矩最小，并应加以固定；

（4）所有转动部位应涂以适合当地气候的润滑脂；

（5）在接地开关垂直连杆上应按要求涂以黑色油漆标识。

5.2.4　操动机构的安装，应符合下列要求：

（1）操动机构应安装牢固，同一轴线上的操动机构安装位置应一致；

（2）电动操作前，应先进行3次～5次手动分、合闸，机构应轻便、灵活，无卡涩，动作应正常；

（3）操动机构在进行手动操作时，应闭锁电动操作；

（4）电动操作时，机构动作应平稳，无卡阻、冲击等异常情况；

（5）电动机的转向应正确，机构的分、合闸指示应与设备的实际分、合闸位置相符；

（6）限位装置应准确可靠，当达到规定分、合极限位置时，应可靠断开电源，辅助开关动作应与隔离开关动作一致，接触应准确、可靠；

（7）隔离开关过死点、动静触头间相对位置、备用行程及动触头状态应符合产品技术文件要求；

（8）当隔离开关处于分闸状态时，触头间的断口距离应符合产品技术文件要求；

（9）隔离开关分合闸定位螺钉应按产品技术文件要求进行调整，并应加以固定；

（10）具有引弧触头的隔离开关由分到合时，在动触头接触前，引弧触头应先接触；从合到分，触头的断开顺序相反。

【条文说明】由于分合过程中引起的电弧温度较高，而引弧触头耐温较高，为保护主触头不被电弧烧损，特作此规定。

5.2.5 隔离开关、接地开关触头间应接触紧密，接触尺寸和接触电阻值应符合产品技术文件的规定。

5.2.6 隔离开关的闭锁装置应动作灵活、准确可靠；带有接地刀的隔离开关，接地刀与主刀间的机械闭锁、电气闭锁应正确、可靠。

【条文说明】隔离开关防误操作的闭锁装置是防止误操作、确保安全运行的有效措施。

5.2.7 隔离开关、接地开关的底座和机构箱应可靠接地；接地开关的引流端子应直接接地；隔离开关、接地开关的垂直连杆应接地。

5.2.8 设备接线端子的接触表面应平整、清洁、无氧化膜及毛刺，并应涂以电力复合脂；镀银部分不得挫磨，连接螺栓应齐全、紧固，紧固力矩值应符合产品技术文件要求。在连接隔离开关、接地开关连线时，不应使设备端子受到超过允许的外加应力。

5.3 质量验收

5.3.1 在质量验收时，应进行下列检查：

（1）电动机构、转动装置、辅助开关及闭锁装置应安装牢固，动作应灵活可靠，位置指示应正确；机构箱密封应良好；

（2）当分闸时，断口距离应符合产品技术文件要求；

（3）触头接触应良好，接触尺寸应符合产品技术文件要求；

（4）隔离开关分合闸限位应正确；

（5）垂直连杆应无扭曲变形；机械闭锁应可靠、正确；

（6）螺栓紧固力矩应符合产品技术文件要求；

（7）交接试验应合格；

（8）油漆应完好，相位标识应正确，接地应可靠，设备应清洁。

5.3.2 在质量验收时，应提交下列资料：

（1）设计变更文件；

（2）制造厂提供的产品说明书、试验记录、装箱单、合格证明文件及安装图纸等技术文件；

（3）检验及评定资料；

（4）试验报告；

（5）备品、备件、专用工具及测试仪器清单。

6 避 雷 器

6.0.1 1000kV 瓷外套式金属氧化物避雷器的施工与验收应符合本章的要求。

6.0.2 避雷器不得任意拆开、破坏密封和损坏元件；避雷器在产品运输和存放时应立放，应避免冲击和碰撞；汽车运输速度应符合产品技术文件要求。

【条文说明】由于避雷器采用微正压结构，内部充有高纯度干燥氮气，且由于现场工作条件不如工厂，故作此规定。由于金属氧化物避雷器内部采用绝缘支架支撑避雷器阀片，避雷器在运输及保管过程中垂直立放、避免冲击，并控制运输速度可避免设备受损。

6.0.3 安装前应进行下列检查：

（1）瓷件应无裂纹、破损，瓷套与法兰间胶装部位应牢固，法兰泄水孔应通畅；

（2）避雷器元件应经试验合格，底座绝缘应良好；

（3）运输时用以保护避雷器防爆膜的防护罩应已拆除，防爆膜应完整无损；

（4）带自闭阀的避雷器压力值应符合产品技术文件要求。

【条文说明】为防止金属氧化物避雷器防爆片在运输过程中损坏，加装了临时防护罩，如安装时不将其取下，防爆片将起不到防爆作用。

6.0.4　避雷器应严格按照出厂编号进行安装。

【条文说明】避雷器出厂前均经配装试验合格，若现场安装时互换，将使特性改变，故规定应严格按照出厂编号安装。

6.0.5　避雷器吊装应符合产品技术文件要求。

6.0.6　并列安装的避雷器三相中心应在同一直线上；铭牌应位于易于观察的同一侧。

6.0.7　避雷器安装后，其垂直度应符合产品技术文件要求。

6.0.8　所有安装部位螺栓的力矩值应符合产品技术文件要求。

6.0.9　监测仪应密封良好、动作可靠，安装位置应一致，应便于观察，且应符合产品技术文件要求；监测仪接地应可靠，记数器应调至同一值。

【条文说明】为了便于判断设备工作情况，规定将监测仪记数器调至同一值。

6.0.10　避雷器的排气通道应通畅。

6.0.11　设备接线端子的接触表面应平整、清洁、无氧化膜及毛刺，并应涂以电力复合脂；连接螺栓应齐全、紧固。在连接避雷器连线时，不应使设备端子受到超过允许的外加应力。

6.0.12　在质量验收时，应进行下列检查：

（1）现场制作件应符合设计要求；

（2）避雷器密封应良好，外部应完整、无缺损；

（3）避雷器应安装牢固，其垂直度应符合产品技术文件要求；

（4）螺栓紧固力矩值应达到产品技术文件要求；

（5）监测仪密封应良好，绝缘垫及接地应良好、牢靠；

（6）当产品有压力检测要求时，压力检测应合格；

（7）相色标识应正确；

（8）交接试验应合格。

6.0.13　在质量验收时，应提交下列资料：

（1）设计变更文件；

（2）制造厂提供的产品说明书、试验记录、装箱单、合格证明文件及安装图纸等技术文件；

（3）检验及评定资料；

（4）试验报告；

（5）备品、备件、专用工具及测试仪器清单。

本规范用词说明

1. 为便于在执行本规范条文时区别对待，对要求严格程度不同的用词说明如下：

（1）表示很严格，非这样做不可的：正面词采用"必须"，反面词采用"严禁"；

（2）表示严格，在正常情况下均应这样做的：正面词采用"应"，反面词采用"不应"或"不得"；

（3）表示允许稍有选择，在条件许可时首先应这样做的：正面词采用"宜"，反面词采用"不宜"；

（4）表示有选择，在一定条件下可以这样做的，采用"可"。

2. 条文中指明应按其他有关标准执行的写法为："应符合……的规定"或"应按……执行"。

引用标准名录

1.《电气装置安装工程　接地装置施工及验收规范》（GB 50169）

2.《电气装置安装工程　盘、柜及二次回路结线施工及验收规范》（GB 50171）

3.《混凝土结构工程施工质量验收规范》（GB 50204）

4.《钢结构工程施工质量验收规范》（GB 50205）

5.《1000kV系统电气装置安装工程电气设备交接试验标准》（GB/T 50832）

6.《高压绝缘子瓷件　技术条件》（GB/T 772）

7.《变压器、高压电器和套管的接线端子》（GB/T 5273）

8.《标称电压高于1000V系统用户内和户外支柱绝缘子　第1部分：瓷或玻璃绝缘子的试验》（GB/T 8287.1）

9.《标称电压高于1000V系统用户内和户外支柱绝缘子　第2部分：尺寸与特性》（GB/T 8287.2）

10.《纯氮、高纯氮和超纯氮》（GB/T 8979）

11.《工业六氟化硫》（GB/T 12022）

12.《电力建设施工质量验收及评定规程　第1部分：土建工程》（DL/T 5210.1）

1000kV电力变压器、油浸电抗器、互感器施工及验收规范
（GB 50835—2013）

目　次

1 总 则

1.0.1 为保证 1000kV 油浸电力变压器、油浸电抗器、电容式电压互感器的施工质量，确保设备安全运行，制定本规范。

1.0.2 本规范适用于 1000kV 油浸电力变压器（以下简称变压器）、油浸电抗器（以下简称电抗器）及电容式电压互感器（以下简称互感器）的施工与验收。

1.0.3 变压器、电抗器、互感器的施工与验收除应符合本规范外，尚应符合国家现行有关标准的规定。

2 基 本 规 定

2.0.1 变压器、电抗器、互感器的施工与验收应按施工图和产品技术文件要求进行。

2.0.2 变压器及电抗器本体、附件及互感器均应符合国家现行有关标准及合同文件的规定，并应有铭牌、合格证件、安装使用说明书及出厂试验报告等资料。

【条文说明】本条所指的国家现行有关标准包括《1000kV 单相油浸式自耦电力变压器技术规范》（GB/Z 24843）、《1000kV 交流系统用油浸式并联电抗器技术规范》（GB/Z 24844）、《1000kV 交流系统用套管技术规范》（GB/Z 24840）和《1000kV 交流系统用电容式电压互感器技术规范》（GB/Z 24841）等。

2.0.3 变压器、电抗器附件和互感器到达现场后，应及时检查，并应符合下列规定：

（1）包装及密封应良好；

（2）到货数量与规格应与装箱清单和设计要求相符；

（3）产品的技术文件应齐全；

（4）应按本规范第 3.1.1 条和第 4.1.2 条的规定做外观检查。

【条文说明】设备到达现场后及时进行检查，以便发现设备存在的缺陷和问题，并及时处理，为顺利施工提供条件，这也是设备交接、责任转移的环节。

第（3）条产品的技术文件一般包括：每台设备（包括标准组件）全套的安装使用说明书、产品合格证书、出厂试验记录、产品外形尺寸图、运输尺寸图、产品拆卸件一览表、装箱单、铭牌或铭牌标志图及备件一览表等。

2.0.4 变压器、电抗器附件及互感器在施工前的保管应符合产品技术文件的规定。

【条文说明】设备保管的要求和措施因设备本身情况和保管时间的长短而有所不同，部分设备和材料有特殊的保管要求，如户内保管、竖立保管、通电保管等，产品技术文件中一般都有相应的保管规定。

2.0.5 变压器、电抗器、互感器的施工方案应符合本规范第 3 章和第 4 章的规定，并应符合国家现行有关标准的安全技术规定及产品技术文件的规定。

2.0.6 与变压器、电抗器、互感器施工有关的建筑工程应符合下列规定：

（1）与变压器、电抗器、互感器施工有关的建筑物和构筑物的质量，应符合国家现行标准《混凝土结构工程施工质量验收规范》（GB 50204）、《钢结构工程施工质量验收规范》（GB 50205）、《电力建设施工质量验收及评定规程 第 1 部分：土建工程》（DL/T 5210.1）的有关规定和设计图纸的要求。当设备及设计有特殊要求时，应符合特殊要求。

（2）变压器、电抗器、互感器施工前，建筑工程应具备下列条件：

1）混凝土基础及构支架施工与质量应符合设计要求，焊接构件的质量应符合现行国家标准

《钢结构工程施工质量验收规范》（GB 50205）的有关规定；

2）预埋件及预留孔应符合设计要求，预埋件应牢固；

3）建筑工程施工的临时设施应拆除；

4）施工用场地应清理干净，道路应通畅，并应符合施工方案的规定；

5）建筑工程应经过验收并应合格。

（3）设备施工完毕，投入运行前，建筑工程应符合下列规定：

1）场地应平整；

2）保护性网门和栏杆等安全设施应齐全；

3）变压器和电抗器的事故油池、蓄油池应清理干净，排油管应通畅，卵石应铺设完毕；

4）消防设施应齐全，应已通过消防主管部门验收，并应已取得合格证明文件；

5）带电后无法进行的工作以及影响运行安全的工作应施工完毕。

【条文说明】由于国家现行的有关建筑工程施工及验收规范中的一些规定不完全适合电气设备施工的要求，所以设计人员对电气设备的特殊要求会在电气设计图中标出，建筑工程中予以满足。但建筑工程中的其他质量标准在电气设计中不可能全部标出，还应符合国家现行的建筑工程施工及验收规范的有关规定。设备安装前建筑工程应具备的条件是文明施工的基本条件，也是保证设备安装质量和设备安全的必要条件。

根据电力变压器、电抗器、互感器施工前和投运前的实际需要，提出了要求建筑工程应完成的工作，以便确保设备安全顺利地施工和投运。

2.0.7 所有外露的螺栓和螺母等紧固件外表面应热镀锌、渗锌或采取其他有效的防腐措施。

【条文说明】设备安装用的紧固件，从使用情况看，户外电镀锌紧固件普遍锈蚀严重。为防止锈蚀给以后的安全运行和设备检修、拆卸带来困难，对紧固件防腐作出规定。

2.0.8 变压器、电抗器、互感器的瓷件表面质量应符合现行国家标准《高压绝缘子瓷件 技术条件》（GB/T 772）的有关规定及所签订的技术文件要求。

2.0.9 变压器、电抗器、互感器到达现场后，应及时验收，合格后应及时办理交接手续。

2.0.10 均压环表面应光滑、无划痕和变形，安装应牢固、正确；在结冰区，均压环易积水部位最低点宜钻排水孔。

【条文说明】均压环施工质量不好是电晕产生的原因之一，故作出本条规定。结冰区曾发生因均压环存水而冻裂的现象，故规定均压环易积水部位最低点宜钻排水孔。

3 电力变压器和油浸电抗器

3.1 检查与保管

3.1.1 变压器、电抗器到达现场后，应及时进行检查，并应符合下列规定：

（1）本体应无锈蚀及机械损伤，密封应良好，附件应齐全，包装应完好；

（2）油箱箱盖或钟罩法兰及封板的连接螺栓应齐全，紧固应良好，应无渗漏；充油或充干燥气体运输的附件应无渗漏，并应装设压力监视装置；

（3）套管运输方式应符合产品技术文件要求；包装应完好，无渗油；瓷体应无损伤；

（4）充干燥气体运输的变压器、电抗器，油箱内压力应保持在 0.01MPa～0.03MPa 范围内；现场应办理交接签证并移交压力监视记录；

（5）应检查冲击记录仪记录情况，并办理交接签证。三维冲击记录仪允许冲击加速度均不应大于 $3g$（g 为重力加速度，下同）。当合同技术条件有特殊要求时，应符合特殊要求。

【条文说明】由于1000kV变压器、电抗器重量大，一般充气进行运输。充气运输的设备，检查压力可以作为油箱是否密封良好的参考；装有冲击记录仪的设备，应检查并记录设备在运输和装卸过程中受冲击的情况，以判断内部是否有可能受损伤。

3.1.2　变压器、电抗器到达现场后的保管应符合下列规定：

（1）充干燥气体运输的变压器、电抗器，油箱内压力应保持在0.01～0.03MPa范围内，并应每天记录压力监视值；

（2）散热器、冷却器和连通管等应密封；

（3）气体继电器、测温装置以及绝缘材料等应放置于干燥的室内；

（4）充油或充干燥气体的出线装置及套管式电流互感器存放应采取防护措施，防止内部绝缘件受潮，不得倾斜或倒置存放；

（5）冷却装置等附件，其底部应垫高、垫平，不得水浸；

（6）浸油运输的附件应保持浸油保管，密封应良好；

（7）套管装卸和存放应符合产品技术文件要求。

3.1.3　变压器、电抗器到达现场后，当3个月内不能施工时，应按照产品长期保管要求进行保管，同时应满足下列规定。

（1）带油运输的变压器、电抗器：

1）油箱密封应良好；

2）变压器、电抗器内绝缘油应抽样试验，击穿电压应大于或等于60kV/2.5mm，含水量应小于或等于10mg/L，介质损耗因数$\tan\delta$应小于或等于0.5%（90℃）；

3）应安装储油柜及吸湿器，并应注以合格绝缘油至储油柜规定油位；或在未安装储油柜的情况下，上部抽真空后，充入露点低于−40℃的干燥气体，压力应达到0.01～0.03MPa，并应装设压力监视装置；

4）保管期间应每天巡视一次并记录压力值，压力应保持在0.01～0.03MPa范围内；每隔10d对变压器密封及外观进行检查，应无渗油，油位应正常，外表应无锈蚀。每隔30d从变压器内抽取油样进行试验，击穿电压应大于或等于60kV/2.5mm，含水量应小于或等于10mg/L。

（2）充气运输的变压器、电抗器应符合下列规定：

1）应安装储油柜及吸湿器，并应抽真空注入合格绝缘油至储油柜规定油位，保管期间应符合本条第1款第4项的规定；

2）当不能及时注油时，应每天至少巡查2次并做好记录；当发现漏气时应及时处理；每隔30d应进行一次本体内气体含水量测量，并应进行比对，气体含水量累计增加不应比出厂值增加1倍。

【条文说明】本条对变压器、电抗器的保管要求作出规定。

（1）本款对带油运输的变压器、电抗器的保管要求作出规定。

2）保管期间的油样试验耐压和含水量能够反映保管状态，选取的击穿电压和含水量指标是能满足变压器、电抗器的保管要求的。本规范所指的击穿电压、含水量的试验方法按照现行国家标准《1000kV系统电气装置安装工程电气设备交接试验标准》（GB/T 50832）执行。

（2）本款对充气运输的变压器、电抗器的保管要求作出规定。

2）本体内气体含水量测量比对可判断内部干燥程度；通过比对积累数据，本体内气体含水量如增加较大，则需采取相应的措施。

3.2　绝缘油

3.2.1　绝缘油的验收与保管应符合下列规定。

（1）绝缘油应采用密封、清洁的专用油罐或容器运输与保管。

（2）每批到达现场的绝缘油均应提交全分析试验报告。

（3）每批到达现场的绝缘油应取样进行简化分析试验，必要时应进行全分析试验，并应符合下列规定：

1）大罐绝缘油应每罐取样，小桶绝缘油取样数量应按表3.2.1的规定取样。

表3.2.1　　　　　　　　　　　　　　　绝缘油取样数量

每批油的桶数	取样桶数	每批油的桶数	取样桶数
1	1	51～100	7
2～5	2	101～200	10
6～20	3	201～400	15
21～50	4	401及以上	20

2）取样试验应符合现行国家标准《电力用油（变压器油、汽轮机油）取样方法》GB/T 7597的规定。

3）抽样试验的绝缘油应符合现行国家标准《变压器油》（GB 2536）的规定，并应符合击穿电压大于或等于35kV/2.5mm、介质损耗因数 $\tan\delta$ 小于或等于0.5%（90℃）的要求。

（4）放油时应目测检查；采用油罐车运输的绝缘油，放油前应在油罐的上部和底部各取一瓶油样目测检查，上部和底部的油样不应有异样；采用小桶运输的绝缘油，各桶上的标识应清晰、正确、一致，对小桶运输的绝缘油，气味应一致。

（5）到达现场的绝缘油首次抽取时宜使用压力式滤油机进行粗过滤。

【条文说明】绝缘油管理工作的好坏是保证设备质量的关键。国内厂家多用大型专用油罐运输绝缘油，进口绝缘油有时会用小桶运输，故分别对大罐绝缘油和小桶绝缘油取样作出规定。

3.2.2　绝缘油现场过滤应符合下列规定。

（1）储油罐应符合下列规定：

1）储油罐总容积应大于单台最大设备容积的120%；

2）储油罐顶部应设置进、出气阀，用于呼吸的进气口应安装干燥过滤装置；

3）储油罐应设置进油阀、出油阀、油样阀和残油阀；出油阀应位于罐的下部，距罐底约100mm，进油阀应位于罐的上部，油样阀应位于罐的中下部，残油阀应位于罐的底部；

4）储油罐顶部应设置人孔盖，并应能可靠密封；

5）储油罐应设置油位指示装置；

6）储油罐应设置专用起吊挂环和专用接地连接点，并应在存放点与接地网可靠连接。

（2）经过粗过滤的绝缘油应采用真空滤油机进行处理，真空滤油机主要指标应满足下列要求：

1）标称流量应达到6000L/h～12 000L/h；

2）应具有两级真空功能，真空泵能力宜大于1500L/min，机械增压泵能力宜大于280m³/h，运行真空宜小于或等于67Pa，加热器应分组；

3）运行油温应控制在20～80℃；

4）应在滤油机出口油样阀取油样试验；滤油机过滤能力宜达到击穿电压大于或等于75kV/2.5mm，含水量小于或等于5mg/L，含气量小于或等于0.1%，杂质小于或等于0.5μm；

（3）现场油务系统中所采用的储油罐及管道均应事先清理干净。

（4）现场应配备废油存放罐存放残油和清洗油，并应避免对储油罐内的绝缘油产生污染。

（5）每批绝缘油处理结束后，应对每个储油罐的绝缘油取样进行试验，击穿电压应大于或等于 70kV/2.5mm。

【条文说明】本条对绝缘油现场过滤作出规定。

（2）本款对真空滤油机主要指标作出规定。

4）击穿电压指标与油中含水量、含气量和杂质密切相关，击穿电压满足标准基本能反映油的品质；从储油罐取样进行全部项目试验存在分散性，而从真空滤油机出口取样比较方便和可靠。

3.3 本体检查与判断

3.3.1 当变压器、电抗器的三维冲击加速度均不大于 3g 时，应视为正常，可直接进行器身检查。

3.3.2 当变压器、电抗器的任一方向冲击加速度大于 3g 时，或冲击加速度监视装置出现异常时，应对运输、装卸和就位过程进行分析，明确相关责任，并应确定现场进行器身检查或返厂进行检查和处理。

【条文说明】由于冲击监视装置记录等原因，不能确定运输、装卸过程中冲击加速度符合产品技术规定要求时，要分析原因，确定检查方案并最终得出检查分析结论。

3.3.3 变压器、电抗器现场器身检查应符合下列规定。

（1）凡雨、雪、风（4 级以上）和相对湿度 75％以上的天气不得进行器身内检。

（2）充氮气运输的变压器、电抗器，应抽真空排氮，至真空残压小于 1000Pa 时，用露点低于 −40℃的干燥空气解除真空。

（3）变压器、电抗器在器身检查前，应用露点低于 −40℃的干燥空气充入本体内，补充干燥空气速率应符合产品技术文件要求。

（4）变压器、电抗器本体内部含氧量低于 18％时，检查人员严禁进入；在内检过程中必须向箱体内持续补充干燥空气，并必须保持内部含氧量不低于 18％。

（5）器身检查主要项目应符合下列规定：

1）铁芯对地、夹件对地、铁芯对夹件的绝缘电阻应符合产品技术文件要求。

2）器身定位件及绝缘件应无损坏、变形及松动。

3）铁芯拉带及接地线连接情况：绝缘应无损伤，紧固螺栓应无松动，拉带与夹件之间的绝缘套应无破损。

4）所有引线支撑件、导线夹件应无位移、损坏，紧固用的绝缘螺杆、螺母应无松动，引线外包绝缘应无损伤。

5）线圈及围屏应无明显的位移，围屏外边的绑带应无松动。

6）器身上部的压紧垫块应无位移、松动。

7）所有屏蔽接地应良好。

8）所有紧固件均应无松动。

9）运输用的临时防护装置及临时支撑应已拆除，并应做好记录。

10）油箱内部应擦拭干净，所有结构件表面应无尘污。

（6）内部检查人员应掌握内部检查的内容、要求及注意事项。

（7）打开的人孔应采取临时防尘措施，人孔旁应设专人进行信息传递。

（8）应根据器身检查结果确定运输是否正常，并应做好记录。

（9）器身检查结束，应抽真空并补充干燥空气直到内部压力达到 0.01～0.03MPa。

【条文说明】本条对变压器、电抗器现场器身检查作出规定。

（4）本款是强制性条款。本款规定是为了保证进入变压器、电抗器内部检查的人员生命安全，也可保证在设备内部检查过程中不会发生绝缘受潮。

3.4 附件安装前检查

3.4.1 附件开箱检查应在安装前进行，装箱运输的附件规格、数量应与装箱清单、图纸和合同相符，不应缺少或损坏；设备的出厂试验报告、合格证和安装使用说明书等应齐全。

【条文说明】由于变压器、电抗器附件较多，施工场地有限，且如高压套管等特殊附件在开箱后不便保管，在工程实践中，一般在附件开箱检查合格后及时安装。

3.4.2 附件开箱检查应通知设备厂家参加。

【条文说明】变压器、电抗器附件开箱检查通知设备厂家参加主要是核查附件的符合性和完整性，以便在发现问题时能及时解决，并分清责任。

3.4.3 附件开箱检查记录应完整。

3.5 附件安装

3.5.1 附件安装应符合下列规定。

（1）环境相对湿度应小于 80%，在安装过程中应向箱体内持续补充露点低于 -40℃ 的干燥空气，补充干燥空气的速率应符合产品技术文件要求。

（2）每次宜只打开 1 处封口，并应用塑料薄膜覆盖，器身连续露空时间不宜超过 8h。每天工作结束应抽真空补充干燥空气直到压力达到 0.01～0.03MPa，持续抽真空时间应符合产品技术文件要求；累计露空时间不宜超过 24h。

（3）为减少变压器、电抗器器身露空时间，散热器、储油柜等不需在露空状态安装的附件应先行安装完成，且在散热器及油管的安装过程中不得扳动或打开本体油箱的任一阀门或密封板。

【条文说明】本体露空安装附件时环境相对湿度应小于 80%，较以往吊罩检查小于 75% 有所放宽，主要考虑因为采取了适量补充干燥空气保持微正压措施。通过对 500kV 变压器安装过程跟踪、检测，在采取补充干燥空气 1m³/h 时，本体内相对湿度可以控制在 20% 以内。对于 1000kV 变压器、电抗器，为确保内部不受潮，规定补充干燥空气速率满足产品技术文件要求，连续露空时间不宜超过 8h，每天工作结束抽真空补充干燥空气压力达到 0.01～0.03MPa，都是为了确保绝缘不受潮。

3.5.2 密封处理应符合下列规定。

（1）所有法兰连接处应用耐油密封垫（圈）密封，密封垫（圈）应无扭曲、变形、裂纹和毛刺，法兰连接面应平整、清洁。

（2）安装部位的密封垫（圈）应更换新的垫（圈）；密封垫（圈）应擦拭干净，密封垫（圈）应与法兰面的尺寸相配合，安装位置应准确，搭接处的厚度应与原厚度相同，橡胶密封垫（圈）的压缩量应符合产品技术文件要求。

3.5.3 所有螺栓连接和紧固应对称、均匀用力，其紧固力矩值应符合产品技术文件要求。

3.5.4 冷却装置的安装应符合下列规定。

（1）冷却器安装前密封应良好。

（2）冷却器应平衡起吊，接口阀门密封、开启位置应预先检查合格。

（3）外接油管路在安装前，应进行彻底除锈并清洗干净。

（4）管路中的阀门操作应灵活，开闭位置应正确；阀门及法兰连接处密封应良好。

（5）风扇电动机及叶片安装应牢固，并应转动灵活，转向应正确。

【条文说明】运到现场的冷却装置，由于设备厂家已经进行过冷却器清洗和密封试验，在厂内将冷却器组装在本体上使用后拆下并密封运输，故现场检查密封良好时可以直接安装。

3.5.5　升高座的安装应符合下列规定：

（1）升高座安装前，应先完成电流互感器的交接试验，合格后方可进行安装；

（2）升高座法兰面应与本体法兰面平行就位。

【条文说明】升高座安装前的试验工作非常重要，以往曾出现过绝缘不好、变比错误、线圈排列错误等情况。

3.5.6　套管安装应符合下列规定：

（1）电容式套管应经试验合格，瓷套表面应无裂纹、伤痕；充油套管应无渗油，油位指示应正常；

（2）套管竖立和吊装应符合产品技术文件要求；

（3）套管顶部结构的密封垫安装应正确，密封应良好；当连接引线时，不应使顶部结构松扣；

（4）充油套管的油位指示应面向外侧，末屏连接应符合产品技术文件要求。

【条文说明】本条对套管安装作出规定。

（4）末屏或电压分压器连接方式不尽相同，按照产品技术文件正确连接对设备安全运行非常重要。

3.5.7　储油柜安装应符合下列规定：

（1）储油柜应按照产品技术文件要求进行检查、安装；

（2）油位表动作应灵活，指示应与储油柜的真实油位相符。油位表的信号接点位置应正确，绝缘应良好。

3.5.8　所有连接管道内部应清洁，连接处密封应良好。

3.5.9　压力释放装置的安装方向应正确，阀盖和升高座内部应清洁，密封应良好，电接点动作应准确、绝缘应良好，动作压力值应符合产品技术文件要求。

3.5.10　气体继电器的安装应符合下列规定：

（1）气体继电器安装前应检验合格，动作整定值应符合定值要求，并应解除运输用的固定措施；

（2）气体继电器应水平安装，顶盖上箭头标志应指向储油柜，连接密封应良好；

（3）集气盒内应充满绝缘油，密封应良好；

（4）气体继电器应具备防潮和防进水的功能，并应加装防雨罩；

（5）电缆引线在接入气体继电器处应有滴水弯，进线孔应封堵严密；

（6）观察窗的挡板应处于打开位置。

【条文说明】气体继电器按规定应进行检验，但个别设备厂家不同意现场送检，可以在合同谈判时协商检验问题。

3.5.11　测温装置安装应符合下列规定：

（1）温度计安装前应检验合格，信号接点动作应正确，导通应良好，就地与远传显示应符合产品技术文件规定；

（2）温度计应根据设备厂家的规定进行整定，并应报运行单位认可；

（3）顶盖上的温度计座内应注入绝缘油，密封应良好，应无渗油；闲置的温度计座应密封；

（4）膨胀式信号温度计的细金属软管不得压扁和急剧扭曲，其弯曲半径不得小于50mm。

【条文说明】本条对测温装置安装作出规定。

（1）温度计安装前按规定应进行检验，但个别制造厂不同意现场送检，或者送出检验有困难，可以在合同谈判时协商检验问题。

3.5.12　吸湿器与储油柜间的连接管密封应良好，吸湿剂应干燥，油封油位应在油面线以上。

3.5.13　变压器、电抗器本体电缆应排列整齐，并有保护措施；接线盒密封应良好。

3.5.14　控制箱安装应符合下列规定：

（1）冷却系统控制箱应有两路交流电源，且自动互投传动应正确、可靠；

（2）控制回路接线应排列整齐、清晰、美观，绝缘应良好、无损伤。接线宜采用铜质螺栓紧固，且应有防松装置；连接导线截面应符合设计要求，标志应清晰；

（3）控制箱及内部元件外壳、框架的接零或接地应符合现行国家标准《电气装置安装工程接地装置施工及验收规范》（GB 50169）的有关规定；

（4）内部断路器、接触器动作应灵活、无卡涩，触头接触应紧密、可靠，无异常声响；

（5）保护电动机用的热继电器的整定值应为电动机额定电流的 0.95 倍～1.05 倍；

（6）内部元件及转换开关各位置的命名应正确，并应符合设计要求；

（7）控制箱密封应良好，内外清洁、无锈蚀；端子排应清洁、无异物；驱潮装置工作应正常。

3.6　内部安装、连接

3.6.1　内部安装、连接应由设备厂家技术服务人员按照产品说明书要求完成，也可由设备厂家技术服务人员和施工人员共同完成。

3.6.2　内部安装、连接记录签证应完整。

3.7　抽真空

3.7.1　注油前本体应进行真空干燥处理。

3.7.2　抽真空方法应符合产品技术文件要求。

3.7.3　真空机组性能应符合下列规定：

（1）应采用真空泵加机械增压泵形式，极限真空残压宜小于或等于 0.5Pa；

（2）真空泵能力宜大于 10 000L/min，机械增压泵能力宜大于 2500m³/h，持续运行真空残压宜小于或等于 13Pa；

（3）宜有 1 个～3 个独立接口。

3.7.4　真空连接管道直径应大于或等于 50mm，连接长度不宜超过 20m，连接管道较长时应增加管道直径。

3.7.5　真空泄漏检查应符合产品技术文件要求。

3.7.6　真空残压和持续抽真空时间应符合产品技术文件要求；当无要求时，真空残压小于或等于 13Pa 的持续抽真空时间不得少于 48h，或真空残压小于或等于 13Pa 的累计抽真空时间不得少于 60h。计算累计时间时，抽真空间断次数不应超过 2 次，间断时间不应超过 1h。

【条文说明】变压器、电抗器产品技术文件一般对真空残压有具体要求，真空残压降低及真空时间的适当加长对内部真空干燥有明显效果。

3.7.7　当抽真空时，应监视并记录油箱的变形，其最大值不得超过油箱壁厚的 2 倍。

3.8　真空注油

3.8.1　真空注油前，应对绝缘油进行脱气和过滤处理，达到下列标准后，方可注入变压器、电抗器中：

（1）击穿电压应大于或等于 70kV/2.5mm；

（2）含水量应小于或等于 8mg/L；

（3）含气量应小于或等于 0.8%（应从滤油机取样阀取样）；

（4）介质损耗因数 tanδ 应小于或等于 0.5%（90℃）；

（5）颗粒度应小于或等于 1000 个/100mL（5μm～100μm），应无 100μm 以上颗粒。

【条文说明】为确保 1000kV 变压器、电抗器安装后的绝缘可靠，本条对真空注油过程中油的指标进行了规定，变压器油过滤处理方法通常采用变压器油全密封处理方法。

3.8.2　真空注油前，设备各接地点及连接管道必须可靠接地。

【条文说明】本条是强制性条文。为了确保注油过程中人身和设备的安全，故制订本条规定。

3.8.3　当变压器、电抗器注油时，宜从下部油阀进油；注油全过程应持续抽真空，真空残压应小于或等于 20Pa，注入油的油温宜高于器身温度，滤油机出口油温应在 55～65℃，注油速度不宜大于 100L/min。在真空注油全过程中，真空滤油机进、出油管不得在露空状态切换。

【条文说明】本条规定真空注油全过程中真空滤油机进、出油管不得露空状态切换，是为了确保注油质量。通常通过储油罐群管路的合理连接来实现持续真空注油。

3.8.4　胶囊式储油柜的变压器、电抗器应按产品技术文件要求进行注油、排气。

【条文说明】对采用胶囊式储油柜的变压器的注油、排气操作顺序，设备厂家均有规定。曾出现过个别单位由于未掌握注油方法，发生变压器跑油或假油位现象。

3.9　热油循环

3.9.1　当热油循环时，油温、油速以及热油循环的时间应按照产品技术文件要求进行控制。当产品技术文件无规定时，热油循环应符合下列规定。

（1）对本体及冷却器宜同时进行热油循环，如环境温度较低，可只开启一组冷却器的阀门，并每隔 4h 切换一次；当环境温度全天平均低于 10℃时，应对油箱采取保温措施，以保持器身温度；

（2）热油循环过程中，滤油机加热脱水缸中的温度应控制在 65℃±5℃范围内；

（3）当热油循环符合下列条件时，方可结束：

1）热油循环时间不应少于 48h，且热油循环油量不应少于 3 倍变压器（电抗器）总油量；

2）绝缘油试验应合格。

【条文说明】本条对热油循环作出规定。

（1）冷却器内的油与本体内的油同时进行热油循环，有利于变压器、电抗器冷却器中的残余气体排净。当环境温度较低时，为了维持油箱内的温度，可将阀门间断地开闭。

3.9.2　热油循环结束后，应关闭注油阀门，静置 48h 后开启变压器（电抗器）所有组件、附件及管路的放气阀多次排气，当有油溢出时，应立即关闭放气阀。

3.10　整体密封检查

3.10.1　整体密封检查应按照产品技术文件要求执行。

【条文说明】根据调研情况，各设备厂家进行密封检查的方法不尽相同，故作本条规定。

3.11　静置和电气试验

3.11.1　热油循环结束，静置 48h 后，取本体油样送检，油样试验主要指标应符合下列规定：

（1）击穿电压应大于或等于 70kV/2.5mm；

（2）含水量应小于或等于 8mg/L；

（3）含气量应小于或等于 0.8%。

3.11.2　变压器、电抗器注油完毕后，在施加电压前，静置时间不应少于 120h，且绝缘油合格；静置期间，应从变压器、电抗器的套管、升高座、冷却装置、气体继电器及压力释放装置等有关部位进行多次放气，并宜启动潜油泵，直至残余气体排尽。

【条文说明】变压器、电抗器注油静置后，油箱内残留气体以及绝缘油中的气泡不能立即全部逸出，往往逐渐积聚于各附件的高处，所以规定要多次放气，并启动潜油泵以便加速将冷却装置中的残留空气排出。

3.11.3　变压器、电抗器交接试验项目应符合现行国家标准《1000kV 系统电气装置安装工程电气设备交接试验标准》（GB/T 50832）的有关规定。

3.12　调压变压器施工

3.12.1　调压变压器的施工除应符合本节要求外，还应符合本章第 3.1 节～第 3.11 节及第 3.13 节的规定。

【条文说明】1000kV 变压器由于重量大，调压变压器一般采用独立的油箱结构，对每一相变压器来说，相当于由一台主变压器和一台调压变压器组成。对调压变压器和主变压器的施工要求基本一致，不同之处在于调压变压器有调压装置的安装要求。同时，在施工时应结合主变压器和调压变压器的相对位置及施工场地的实际情况，安排好主变压器和调压变压器就位及施工顺序。

3.12.2　调压变压器应按照产品技术文件要求对调压切换装置的接触和连接进行检查。

3.12.3　传动机构中的操作机构、传动齿轮和杠杆应固定牢固，连接位置应正确，且操作应灵活，无卡阻现象，传动机构的摩擦部分应涂以适合当地气候条件的润滑脂。

3.12.4　位置指示器动作应正常，指示应正确。

3.12.5　调压变压器油箱密封应良好。

3.12.6　调压变压器的交接试验应符合现行国家标准《1000kV 系统电气装置安装工程电气设备交接试验标准》（GB/T 50832）的有关规定。

3.13　验收

3.13.1　变压器、电抗器验收应符合下列规定：

（1）本体、冷却装置及所有附件应无缺陷、无渗油；

（2）设备上应无遗留物；

（3）事故排油设施应完好，消防设施应齐全；

（4）本体与附件上的所有阀门位置应正确；

（5）变压器、电抗器中性点必须有两根与主接地网的不同干线连接的接地引下线，规格必须符合设计要求；

（6）铁芯和夹件的接地引出套管、套管的末屏应接地良好；备用电流互感器二次端子应短接接地。套管顶部结构的接触及密封应良好；

（7）储油柜和充油套管的油位应正常；

（8）分接头的位置应符合运行要求，且指示位置应正确；

（9）变压器的相位及绕组的接线组别应符合并列运行要求；

（10）测温装置指示应正确，整定值应符合产品技术文件要求；

（11）冷却装置试运行应正常，联动应正确；强迫油循环的变压器、电抗器应启动全部冷却装置，循环时间应持续 4h 以上，并应排净残留空气；

（12）变压器、电抗器的全部电气试验应合格，保护装置整定值应符合调度规定，操作及联动试验应正确；

（13）局部放电测量前、后本体绝缘油色谱试验比对结果应合格；

（14）接地应符合现行国家标准《电气装置安装工程接地装置施工及验收规范》（GB 50169）的有关规定。

【条文说明】本条对变压器、电抗器的验收作出规定。

（5）本款是强制性条款。强调中性点接地连接是为了确保人身和设备的安全。

（6）大型变压器的铁芯和夹件都经过套管引出接地，故规定铁芯和夹件的接地套管应予接地。

3.13.2　验收时应提交下列资料：

（1）质量检验及评定资料、电气交接试验报告；

（2）施工图纸及设计变更文件；

（3）设备厂家的产品说明书、试验记录、合格证件及施工图纸等技术文件；

（4）备品、备件、专用工具及测试仪器清单。

4　电容式电压互感器

4.1　一般规定

4.1.1　互感器在运输、保管期间应防止受潮、倾倒或遭受机械损伤；互感器的运输和放置应符合产品技术文件要求。

4.1.2　互感器交接应做下列外观检查：

（1）互感器外观应完整，附件应齐全，无锈蚀或机械损伤；

（2）互感器密封应良好。

4.1.3　互感器应单节吊装，吊索应固定在规定的吊环上，不得利用瓷套起吊，并不得碰伤瓷套。

4.2　安装

4.2.1　互感器安装时应进行下列检查：

（1）二次接线板应完整，引线端子应连接牢固，绝缘良好，标志清晰，接线盒密封应良好；

（2）油位指示器、瓷套法兰连接处以及放油阀应无渗油。

4.2.2　互感器安装面应水平；当并列安装时，应排列整齐。

【条文说明】由于互感器的形式、规格不同，布置也不全相同，所以对施工水平误差不能作出具体规定，但其安装面应水平，对于同一种形式、同一种电压等级的互感器，当并列安装时，要求在同一水平面上，极性方向应一致，做到整齐美观。

4.2.3　互感器应根据产品成套供应的组件编号顺序进行单节安装，不得互换。各组件连接处的接触面应除去氧化层，并涂以适合当地气候条件的电力复合脂。

【条文说明】电容式电压互感器由于现场调试困难，设备厂家出厂时均已成套调试好后编号发运，本条规定可减少现场安装时出现质量问题。

各组件连接处的接触面除去氧化层之后涂以电力复合脂，是因为电力复合脂与中性凡士林相比较，具有熔点高（200℃以上）、不流淌、耐潮湿、抗氧化、理化性能稳定、能长期稳定地保持低接触电阻等优点。

4.2.4　具有保护间隙的互感器应按照产品技术文件规定调好距离。

【条文说明】有的互感器具有保护间隙，安装时按产品技术要求将保护间隙距离调整好，才能发挥间隙的保护作用。

4.2.5　互感器应按照产品技术文件要求接地。

【条文说明】各设备厂家对电容式电压互感器的接地规定有所不同，故制订本条规定。

4.2.6　当互感器电磁单元需补油时，应按照产品技术文件规定进行补油。

4.2.7　交接试验项目应符合现行国家标准《1000kV 系统电气装置安装工程电气设备交接试验标准》（GB/T 50832）的有关规定。

4.3　验收

4.3.1　验收时应进行下列检查：

（1）设备外观应完整、无缺损；

（2）互感器应无渗油，油位指示应正常；

（3）保护间隙的距离应符合规定；

（4）油漆应完整，相色应正确；

（5）接地应符合现行国家标准《电气装置安装工程接地装置施工及验收规范》（GB 50169）的有关规定。

4.3.2　验收时应提交下列资料：

（1）施工图纸及设计变更文件；

（2）设备厂家提供的产品说明书、试验记录、合格证件及施工图纸等技术文件；

（3）质量检验及评定资料、电气交接试验报告。

本规范用词说明

1. 为便于在执行本规范条文时区别对待，对要求严格程度不同的用词说明如下：

（1）表示很严格，非这样做不可的：正面词采用"必须"，反面词采用"严禁"；

（2）表示严格，在正常情况下均应这样做的：正面词采用"应"，反面词采用"不应"或"不得"；

（3）表示允许稍有选择，在条件许可时首先应这样做的：正面词采用"宜"，反面词采用"不宜"；

（4）表示有选择，在一定条件下可以这样做的，采用"可"。

2. 条文中指明应按其他有关标准执行的写法为："应符合……的规定"或"应按……执行"。

引用标准名录

1.《电气装置安装工程接地装置施工及验收规范》（GB 50169）

2.《混凝土结构工程施工质量验收规范》（GB 50204）

3.《钢结构工程施工质量验收规范》（GB 50205）

4.《1000kV 系统电气装置安装工程电气设备交接试验标准》（GB/T 50832）

5.《高压绝缘子瓷件 技术条件》（GB/T 772）

6.《变压器油》（GB 2536）

7.《电力用油（变压器油、汽轮机油）取样方法》（GB/T 7597）

8.《电力建设施工质量验收及评定规程　第 1 部分：土建工程》（DL/T 5210.1）

±800kV及以下换流站换流变压器施工及验收规范
（GB 50776—2012）

前　言

本规范是根据住房和城乡建设部《关于印发〈2010年工程建设标准规范制订、修订计划〉的通知》（建标〔2010〕43号）的要求，由国家电网公司直流建设分公司会同有关单位共同编制完成的。

本规范在编制过程中，编制组广泛调查研究，认真总结实践经验，参考有关国际标准和国外先进标准，经广泛征求意见，多次讨论修改，最后经审查定稿。

本规范共分12章，主要技术内容包括：总则、术语、基本规定、装卸与运输、安装前的检查与保管、排氮和内部检查、本体及附件安装、本体抽真空、真空注油、热油循环、整体密封检查和静置、工程交接验收。

本规范中以黑体字标志的条文为强制性条文，必须严格执行。

本规范由住房和城乡建设部负责管理和对强制性条文的解释，由中国电力企业联合会负责日常管理，由国家电网公司直流建设分公司负责具体技术内容的解释。在执行本规范过程中请各单位结合工程实践，认真总结经验，注意积累资料，随时将意见或建议寄送国家电网公司直流建设分公司（地址：北京市西城区南横东街8号都城大厦706室，邮政编码：100052），以便今后修订时参考。

本规范主编单位、参编单位、参加单位、主要起草人和主要审查人：

主编单位：国家电网公司直流建设分公司

参编单位：中国南方电网超高压输电公司

　　　　　黑龙江省送变电工程公司

　　　　　吉林省送变电工程公司

参加单位：特变电工股份有限公司

　　　　　西安西电变压器有限责任公司

　　　　　保定天威保变电气股份有限公司

主要起草人：种芝艺　白光亚　王茂忠　赵国鑫　张　峙　王露钢　胡　蓉　张雪波

　　　　　　王宝忠

主要审查人：梁言桥　丁一工　吴玉坤　袁太平　孙树波　聂三元　赵静月　刘　宁

　　　　　　蓝元良　张　敏　刘志文　罗廷胤　陈　谦　张　雷　高亚平

目　次

1 总　则

1.0.1　为保证换流站换流变压器安装工程的施工质量，促进安装施工水平的进步，确保设备安全运行，制定本规范。

1.0.2　本规范适用于±800kV 及以下换流站换流变压器的施工及验收。

【条文说明】本规范的适用范围含±800kV 及以下换流站换流变压器的施工及验收，因为各电压等级换流变压器安装的主要流程和关键节点基本一致，另本规范在各相关章节中列出了其有关参数的具体区别。

1.0.3　换流变压器的施工及验收，除应符合本规范外，尚应符合国家现行有关标准的规定。

2 术　语

2.0.1　换流站（converter station）

用于将交流电能通过阀组件转换为直流电能（整流）或将直流电能通过阀组件转换为交流电能（逆变）的变电工程实体。

2.0.2　换流变压器（converter transformer）

用于连接交流电网和换流阀，进行能量交换的设备。

2.0.3　全真空注油（total vacuum oil filling）

换流变压器油箱及充油附件同时进行抽真空和真空注油的方式。

3 基 本 规 定

3.0.1　换流变压器本体和附件，绝缘油的运输、装卸、保管，换流变压器的安装、调试，均应符合本规范和产品的技术规定。

3.0.2　施工中应采取控制施工现场的各种粉尘、废气、废油、废弃物、振动、噪声等对周围环境造成污染和危害的措施。

3.0.3　换流变压器本体、附件和绝缘油均应符合国家现行有关标准和订货技术条件的要求。

3.0.4　换流变压器安装前，换流变压器区域应具备下列条件：

（1）建（构）筑物已施工、验收完成；

（2）换流变压器基础、广场和运输轨道已达到允许安装的强度；

（3）预留孔及预埋件符合设计要求，预埋件牢固。

4 装 卸 与 运 输

4.0.1　换流变压器在装卸和运输的过程中不应有严重的冲撞和振动，三维冲击允许值水平和垂直冲击加速度不应大于 3g 或符合产品技术规定。在改变运输方式时应记录时间并签证。

【条文说明】目前，国内外厂家普遍认同冲撞加速度 3g 这一标准，因此，沿用现行国家标准《电气装置安装工程电力变压器、油浸电抗器、互感器施工及验收规范》（GB 50148）的要求，"三维冲击允许值水平和垂直冲击加速度不大于 3g"。不考虑其合成分量值。考虑到厂家对产品的规定，提出"或符合产品技术规定"。当换流变压器采用不同方式运输（船运、铁路、公路）时，会产生不同的运输合同方，为明确责任，也便于对后期数据进行有效的分析，本条提出改变运输方式时应对时间进行签证，以便与冲撞记录进行核对。

4.0.2　换流变压器吊装、顶推、顶升、牵引时应使用产品设计指定位置。起吊换流变压器时应使吊绳同时受力，吊绳与铅垂线间夹角不应大于30°。

【条文说明】当吊绳与铅垂线间夹角大于30°时应采用吊梁起吊方式解决。

4.0.3　利用千斤顶顶升过程中，应沿长轴方向前后交替进行起落，不应四点同时起落，两点起升与下降应操作协调，各点受力应均匀，并应及时垫好垫块，应采取防止千斤顶失压和打滑的措施。

【条文说明】考虑到换流变压器顶升和降落过程中的安全性，为保证其稳定性，要求不得四点同时顶升、降落。

4.0.4　运输、吊装、顶升过程中器身倾斜角度应满足产品的技术规定，无规定时不宜超过15°。

4.0.5　换流变压器在公路运输时的车速应符合产品的技术规定，路面有坡度及转弯时，应采取防滑、防溜措施。

【条文说明】由于各地情况不同，如路面、车辆等，各制造厂对产品的运输速度都有规定，故强调"当制造厂有规定时应符合厂规"。如制造厂无明确规定时，在高等级路面上不得超过20km/h，一级路面上不得超过15km/h，二级路面上不得超过10km/h，其余路面上和换流站内不得超过5km/h。

4.0.6　换流变压器在换流站内牵引前应对换流变压器移运轨道系统进行验收，轨距误差应符合设计及产品技术规定。移运小车在换流变压器运输轨道上空载运行时，应平滑无卡阻。换流变压器牵引过程中小车速度应符合产品技术规定，无规定时不应大于2m/min。牵引过程中两侧牵引点宜增加拉力仪器进行实时监测其卡阻情况。

【条文说明】试验证明，换流变压器牵引速度对其卡阻后产生的振动影响很大，目前普遍采用的速度均不大于2m/min，由于动荷载和轨道广场具体情况不同，为保证牵引安全并兼顾其效率，规定"无规定时不应大于2m/min"；针对目前普遍采用移运小车的形式，牵引过程中小车轮子与钢轨经常出现卡阻，如强行牵引将产生强烈振动或牵引系统故障，为保证及时发现并处理，所以本条建议"牵引过程中两侧牵引点宜增加拉力仪器进行实时监测其卡阻情况"。

4.0.7　换流变压器在站内牵引、就位、本体固定时均应符合产品技术规定，并应与防火墙、阀厅内设备位置按设计要求做好配合。

4.0.8　充干燥空气（或氮气）运输的换流变压器应设置压力监视和气体补偿装置，气体压力应保持为0.01～0.03MPa，露点应低于−40℃。

【条文说明】油箱内必须保持一定的正压，内部气体保持压力0.01～0.03MPa与环境温度是相对应的关系，通常规定在−10℃时，压力达到0.01MPa，在环境温度低于−10℃时能基本满足内部压力大于0MPa要求，在环境温度较高时内部气体压力也不宜超过0.03MPa。由于器身不装配露点检测仪，充气运输的换流变压器在运输过程中补充的气体应为厂家提供的合格气体，所以强调运输过程中备有气体补偿装置，发现压力降低时及时补充。

5　安装前的检查与保管

5.0.1　在换流变压器交接过程中，检查冲击记录仪在换流变压器运输和装卸中所受冲击应符合产品技术规定，无规定时纵向、横向、垂直三个方向均不应大于3g，油箱内干燥空气或氮气压力不应低于0.01MPa。

5.0.2　设备到达现场后应及时进行检查，并应符合下列规定：

（1）包装及密封状况应良好；

（2）产品规格与设计应一致；

（3）油箱及所有附件应齐全，应无锈蚀及机械损伤，密封应良好；

（4）油箱箱盖、罩法兰及封板的连接螺栓应齐全，应紧固良好，应无渗漏；浸入油中运输的附件应无渗油、漏油现象；

（5）充油套管的油位应正常，应无渗油，瓷体应无损伤；充气套管的压力值应符合产品技术规定；

（6）充气运输的换流变压器，油箱内应为正压，其压力应为0.01～0.03MPa；

（7）装有冲击记录仪的设备，记录值应符合产品技术规定；

（8）铁芯接地引出线对油箱绝缘情况应符合产品技术规定；

（9）附件、备品备件及专用工具等应与供货合同一致；

（10）产品的技术文件应齐全。

5.0.3 设备到达现场的保管应符合下列规定：

（1）冷却器、连通管应密封；

（2）表计、风扇、潜油泵、气体继电器、测温装置以及绝缘材料等，应放置于干燥的室内；

（3）本体、冷却装置等，其底部应垫高、垫平，不得水淹；

（4）浸油运输的附件应保持浸油状态保管，其油箱应密封；

（5）套管式电流互感器应按标志方向存放，不得倒置。

5.0.4 绝缘油的验收与保管应符合下列规定：

（1）绝缘油应储藏在密封清洁的专用油罐或容器内；

（2）每批到达现场的绝缘油均应有试验报告，并应取样进行简化分析，必要时应进行全分析；

（3）大罐油应每罐取样，小桶油的绝缘油取样数量应符合表5.0.4的规定；

表5.0.4 绝缘油取样数量

每批油的桶数	取样桶数	每批油的桶数	取样桶数
1	1	51～100	7
2～5	2	101～200	10
6～20	3	201～400	15
21～50	4	401及以上	20

（4）取样试验应按现行国家标准《电力用油（变压器油、汽轮机油）取样方法》（GB/T 7597）的有关规定执行。电气强度试验结果不小于35kV/2.5mm、含水量不大于20mg/L、$\tan\delta$不大于0.5%（90℃时）；

（5）不同标号、不同牌号的绝缘油，应分别储存，并应有明显牌号标志；不同牌号的绝缘油或同牌号的新油与运行过的油混合使用前，应做混油试验，试验结果应符合现行国家标准《电气装置安装工程电气设备交接试验标准》（GB 50150）的有关规定；

（6）抽油时应目测，用油罐车运输的绝缘油，油的上部和底部不应有异样，用小桶运输的绝缘油，应对每桶进行目测，并应辨别其气味、颜色，检查小桶上的标识应正确、一致。

【条文说明】绝缘油管理是换流变压器安装工作的重要内容之一，故对本条的规定说明如下：

（1）绝缘油到达现场，都应存放在密封清洁的专用油罐或容器内，不应使用储放过其他油类或不清洁的容器，以免影响绝缘油的性能；

（2）绝缘油到达现场时，若在设备制造厂已做过全分析，并有试验记录，只需取样进行简化分析；否则，必须取样进行全分析；

（6）绝缘油到达现场后，应进行目测验收，以免混入非绝缘油。

5.0.5　换流变压器运至现场后，应尽快进行安装工作。当3个月内不能安装时，应在1个月内进行下列工作：

（1）安装储油柜及吸湿器，注以合格的绝缘油至储油柜规定的油位；

（2）检查油箱的密封情况；

（3）至少1个月测量换流变压器内油的绝缘强度应符合规定；

（4）当充气运输的换流变压器本体不能及时注油时，应充气保管，充入气体的露点应低于—40℃，器身内压力应保持在0.01～0.03MPa，每天进行检查，做好记录；

（5）附件在保管期间，应经常检查。充油保管的附件应检查有无渗漏，油位是否正常，外表有无锈蚀，并每6个月检查一次油的绝缘强度；充气保管的附件应检查气体压力，至少一周检查一次，并做好记录。

5.0.6　换流变压器本体残油宜抽样做电气强度和微水试验，电气强度应符合产品技术规定或不低于40kV，微水不应大于20mg/L。

【条文说明】此条为器身出厂受潮还是安装中受潮的判据之一。当充气运输的换流变压器内油面低于放油嘴时，无法从放油嘴取油，现场经常在排氮或芯检前通过人孔直接取油，由于取油方式不当容易造成污染，如检验结果超过标准时，其结果只能作为参考依据，还需通过其他方式进行验证。所以规定"换流变压器本体残油宜抽样做电气强度和微水试验"。

5.0.7　换流变压器安装前，器身本体、储油罐、滤油机等应进行可靠接地。

6　排氮和内部检查

6.0.1　采用注油排氮时应符合下列规定：

（1）绝缘油应经过净化处理，注入换流变压器内的绝缘油应符合表6.0.1的规定；

表6.0.1　　　　　　　　　　注入换流变压器的油质标准

试验项目	换流站电压等级	标准值	备注
电气强度	±800kV	≥70kV	平板电极间隙
	±500kV	≥60kV	
含水量	±800kV	≤8mg/L	—
	±500kV	≤10mg/L	
介质损耗因数 tanδ（90℃）	—	≤0.5%	—
颗粒度	±800kV	≤1500/100mL（5μm～100μm颗粒）	无100μm以上颗粒
	±500kV	≤2000/100mL（5μm～100μm颗粒）	

（2）注油排氮前宜将油箱内的残油排尽；

（3）绝缘油应经脱气净油设备从换流变压器下部阀门注入油箱内，氮气应经顶部排出；油应注至油箱顶部将氮气排尽；

（4）芯检前排油时，应从上部注入露点低于—40℃的干燥空气平衡本体内部压力。

【条文说明】对本条的规定说明如下：

（1）由于换流变压器电压等级较多，工程中每个换流站的绝缘油质量标准也是统一的，所以

187

此表中绝缘油质量标准按换流站电压等级进行区分。±500kV及以下换流站的换流变压器按±500kV电压等级标准执行，±800kV及以下、±500kV以上换流站的换流变压器按±800kV等级标准执行；

（2）换流变压器的排油口高于油箱底面时造成打开人孔前无法排净残油，且现在生产的换流变压器在厂内试验用油与运行所用的油均是同牌号的油，如制造厂家有规定且绝缘油合格，可以不排残油，所以规定"注油排氮前，宜将油箱内的残油排尽"，未作硬性规定。

6.0.2　采用抽真空进行排氮时，排氮口应设置在空气流通处。破坏真空时应避免潮湿空气进入本体，应采用露点低于−40℃的干燥空气解除真空。

6.0.3　充干燥空气运输的本体，解除压力后可直接进入油箱检查，检查过程中应持续充入露点低于−40℃的干燥空气。

6.0.4　当油箱内含氧量未达到18%及以上时，人员不得进入油箱内。

【条文说明】本条为确保工作人员的安全和健康而列为强制性条文，必须严格执行。

6.0.5　换流变压器到场后，产品技术文件有规定时，可不进行器身检查。当设备在运输过程中有严重冲击或振动，三维冲击加速度大于规定值，或对冲撞记录持有怀疑时，应由厂家技术人员进行器身内部检查。

【条文说明】一般制造厂均将换流变压器油箱大盖焊死，在现场安装一般都不需吊罩或吊芯检查。对于安装施工现场进行器身检查，制造厂普遍认为在换流变压器正常运输条件下，现场安装一般不需要进行器身内部检查，故在换流变压器无异常情况时不要求进行器身检查。只有当运输途中冲击记录仪超过规定数值，对冲撞记录持怀疑态度，而厂家又不能作出合理解释时，现场各方协商一致后，由制造厂派技术人员从人孔处进入油箱进行内部检查，否则，应要求厂家出具现场不需进行器身内部检查的书面承诺。

6.0.6　器身检查时，应符合下列规定：

（1）凡雨、雪、风（4级以上）和相对湿度80%以上的天气不得进行内部检查；

（2）在内部检查过程中，应向本体内持续补充露点低于−40℃的干燥空气，补充干燥空气速率应符合产品技术文件规定，并应保证本体内空气压力值为微正压；

（3）进入油箱内部的检查人员不宜超过3人，检查人员应明确检查的内容、要求和注意事项；

（4）本体从打开密封盖板开始计算，持续暴露在空气中的时间应符合产品技术规定，当无规定时，宜符合下列规定：

1）当空气相对湿度小于80%且大于65%时，器身暴露在空气中的时间不得超过8h；

2）当空气相对湿度小于65%时，器身暴露在空气中的时间不得超过10h；

3）当换流变压器内部相对湿度小于20%时，器身暴露在空气中的时间不得超过16h。

（5）调压切换装置吊出检查或安装调整时，调压切换装置暴露在空气中的时间应符合表6.0.6的规定；

表6.0.6　　　　　　　　　　　　　　调压切换装置露空时间

环境温度	0℃以上	0℃以上	0℃以上	0℃以下
空气相对湿度	65%以下	65%～75%	75%～85%	不控制
持续时间不大于	24h	16h	10h	8h

（6）器身检查时，场地周围应清洁，应有防尘措施。

【条文说明】对本条的规定说明如下：

（4）露空时间强调了符合产品厂家规定，主要是因为施工现场普遍采用干燥空气注入，在芯检和安装时油箱内部有干燥空气能够形成微正压，故各制造厂对此指标都有不同程度的放宽。

6.0.7　器身检查项目应符合下列规定。

（1）运输支撑和器身各部位应无移动现象，运输用的临时防护装置及临时支撑件应予以拆除，应经过清点后做好记录。

（2）所有螺栓应紧固，并应有防松措施；绝缘螺栓应无损坏，防松绑扎应完好。

（3）铁芯检查应符合下列规定：

1）铁芯应无变形，铁轭与夹件间的绝缘垫应良好；

2）铁芯应无多点接地；

3）铁芯外引接地的换流变压器，拆开接地线后铁芯对地绝缘应良好；

4）铁芯拉板及铁轭拉带应紧固，绝缘良好。

（4）绕组检查应符合下列规定：

1）绕组绝缘层应完整，无缺损、变位现象；

2）各绕组应排列整齐，间隙均匀，油路无堵塞。

（5）绝缘围屏绑扎应牢固。

（6）引出线绝缘包扎应牢固，应无破损、拧弯现象；引出线应固定牢靠，应无移位变形；引出线的裸露部分应无毛刺或尖角，其焊接应良好；引出线与套管的连接应牢靠，接线应正确。

（7）绝缘屏障应完好，且固定应牢固，应无松动现象。

（8）检查强迫油循环管路与下轭绝缘接口部位的密封应完好。

（9）检查各部位应无油泥、水滴和金属屑末等杂物。

【条文说明】本条中由于围屏遮蔽而不能检查的项目，可不检查。

7　本体及附件安装

7.0.1　换流变压器本体及附件安装应符合下列规定：

（1）需打开密封盖板的换流变压器本体、升高座和套管等附件安装或其他作业时，应使用干燥空气发生器持续向本体内注入干燥空气，并应符合本规范第6.0.6条第2款的规定；

（2）套管的安装和内部引线的连接工作在一天内不能完成时，应封好各盖板后抽真空至133Pa以下，注入露点低于−40℃的干燥空气至0.01MPa～0.03MPa，并应保持此压力；

（3）连接螺栓应使用力矩扳手紧固，螺栓受力应均匀，其紧固力矩值应符合产品的技术规定。

【条文说明】对本条的规定说明如下：

（2）真空度应同时满足产品技术规定和133Pa以下的要求。

（3）如产品无规定，紧固力矩应符合现行国家标准《电气装置安装工程母线装置施工及验收规范》（GBJ 149）的规定。

7.0.2　密封处理应符合下列规定：

（1）所有法兰连接处应更换新的耐油密封垫（圈）密封；密封垫（圈）应无扭曲、变形、裂纹和毛刺，密封垫（圈）应与法兰面的尺寸相配合；

（2）法兰连接面应平整、清洁；密封垫圈应擦拭干净，安装位置应准确；其搭接处的厚度应与其原厚度相同，橡胶密封垫圈的压缩量不宜超过其厚度的1/3。

7.0.3　升高座的安装应符合下列规定：

（1）升高座安装前，其电流互感器试验应合格。电流互感器的变比、极性、排列应符合设计要求，出线端子对外壳绝缘应良好，其接线螺栓和固定件的垫块应紧固，端子板应密封良好，应无渗油现象；

（2）安装升高座时，放气塞位置应在升高座最高处；

（3）电流互感器和升高座的中心应一致；

（4）绝缘筒应安装牢固；

（5）阀侧升高座安装过程中应先调整好角度后再进行与器身的连接；

（6）阀侧出线装置安装应符合产品技术规定。

7.0.4　套管的安装应符合下列规定。

（1）套管安装前应进行下列检查：

1）套管表面应无裂缝、伤痕；

2）套管、法兰颈部及均压球内壁应擦拭清洁；

3）充油套管无渗油现象，油位指示正常；充气套管气体压力正常；

4）套管应经试验合格。

（2）套管起吊时，起吊部位、器具应符合产品的技术规定。

（3）套管吊起后，应使套管与升高座角度一致后再进行连接工作，套管顶部结构的密封垫应安装正确，密封应良好，引线连接应可靠，螺栓应达到紧固力矩值，套管端部导电杆插入尺寸应符合产品技术规定。

（4）充气套管应检测气体微水和泄漏率符合要求；充注气体过程中应检查各压力接点动作正确；安装后应检查套管油气分离室设置的释放阀无渗油或漏气现象，套管末屏应接地良好。

（5）充油套管的油标宜面向外侧，套管末屏应接地良好。

【条文说明】对本条的规定说明如下：

充气套管压力现场检验有困难时，可通过套管试验检验其是否渗漏、受潮损坏。

7.0.5　调压切换装置的安装应符合下列规定：

（1）传动机构中的操作机构、电动机、传动齿轮和连杆应固定牢靠，连接位置应正确，且操作应灵活，应无卡阻现象；传动机构的摩擦部分应涂以适合当地气候条件的润滑脂；

（2）切换装置的触头及其连接线应完整无损，且应接触良好，其限流电阻应完好，应无断裂现象；

（3）切换装置的工作顺序应符合产品出厂要求；切换装置在极限位置时，其机械联锁与极限开关的电气联锁动作应正确；

（4）位置指示器应动作正常，指示应正确；

（5）切换开关油室内应清洁，且应密封良好；注入油室中的绝缘油，其绝缘强度应符合产品的技术规定；

（6）在线滤油装置应符合产品技术规定，管道及滤网应清洗干净，并应试运正常。

7.0.6　冷却装置的安装应符合下列规定：

（1）在安装前应按产品技术规定的压力值用气压或油压进行密封试验，无规定时，应充入合格的干燥空气（或氮气）压力至 0.03MPa 持续 30min 无渗漏；

（2）外接管路在安装前应将残油排尽，宜根据其密封情况采用合格的绝缘油冲洗干净；

（3）吊装时宜采用四点起吊后调整安装角度，不应直接两点起吊将其潜油泵等部位作为起重支点；

（4）风扇电动机及叶片应安装牢固，并应转动灵活，应无卡阻；试转时应无振动、过热；叶片应无扭曲变形或与风筒碰擦等情况，转向应正确；电动机的电源配线应采用具有耐油性能的绝缘导线；

（5）管路中的阀门应操作灵活，开闭位置应正确；阀门及法兰连接处应密封良好；

（6）潜油泵转向应正确，转动时应无异常噪声、振动或过热现象；其密封应良好，应无渗油或进气现象；

（7）油流速继电器应经检查合格，且密封应良好，动作应可靠。

【条文说明】对本条的规定说明如下：

冷却装置在运输中容易发生损坏，某工程曾发生过由于冷却装置损坏，抽真空过程中突降大雨将雨水抽进器身造成绝缘受潮事件。故本条强调"在安装前应按产品技术规定的压力值用气压或油压进行密封试验"。但当冷却装置采用充气密封运输并有表计监测或充油运输无渗油现象时可不进行密封试验。

7.0.7　储油柜的安装应符合下列规定：

（1）安装前应将其中的残油放净；

（2）胶囊式储油柜中的胶囊或隔膜式储油柜中的隔膜应完整无破损，胶囊在缓慢充气胀开后检查应无漏气现象；

（3）胶囊沿长度方向应与储油柜的长轴保持平行，不应扭偏；胶囊口的密封应良好，呼吸应通畅；

（4）油位指示装置动作应灵活，指示应与储油柜的真实油位相符，不得出现假油位；指示装置的信号接点位置应正确，绝缘应良好。

7.0.8　气体继电器的安装应符合下列规定：

（1）气体继电器运输用的固定件应解除，应按要求整定并校验合格；

（2）气体继电器应水平安装，顶盖上标志的箭头应符合产品技术规定，与连通管的连接应密封良好；

（3）集气盒内应充满绝缘油，且密封应良好；

（4）气体继电器应有防雨罩，并应满足防水、防潮功能；

（5）电缆引线在接入气体继电器处应有滴水弯，进线孔处应封堵严密；

（6）两侧油管路的倾斜角度应符合产品技术规定。

7.0.9　导气管应清洁干净，其连接处应密封良好。

7.0.10　压力释放装置的安装方向应符合产品技术规定；阀盖和升高座内部应清洁、密封良好；电接点应动作准确，绝缘应良好。

7.0.11　吸湿器与储油柜间的连接管的密封应良好，管道应通畅，吸湿剂颜色应正常，油封油位应在油面线处或符合产品的技术要求。

7.0.12　测温装置的安装应符合下列规定：

（1）测温装置安装前应进行校验，信号接点应根据相关规定进行整定并动作正确，导通应良好；

（2）顶盖上的温度计座内应注以合格变压器油，密封应良好，应无渗油现象；闲置的温度计座应密封，不得进水；

（3）膨胀式信号温度计的细金属软管不得有压扁或急剧扭曲，其弯曲半径不得小于50mm。

7.0.13　靠近箱壁的绝缘导线，排列应整齐，应有保护措施；接线盒应密封良好。

7.0.14　控制箱的安装应符合现行国家标准《电气装置安装工程盘、柜及二次回路结线施工及验收规范》（GB 50171）的有关规定。

7.0.15 附件安装完成后，设备各接地点及油路联管应可靠接地。

8 本体抽真空

8.0.1 注油前换流变压器应进行真空干燥处理。

8.0.2 抽真空前应将在真空下不能承受机械强度的附件与油箱隔离，对允许抽真空的部件应同时抽真空。

8.0.3 真空泄漏率的检查应符合产品技术规定。当真空度达到规定值后，持续抽真空时间应符合产品技术规定且不应少于 48h。

【条文说明】无产品技术文件规定时，持续抽真空时间不得低于 48h。

8.0.4 真空残压应符合产品技术规定，无规定时，不应大于 133Pa。

8.0.5 抽真空时，应监视并记录油箱弹性变形，其最大值不得超过壁厚的 2 倍。

9 真 空 注 油

9.0.1 换流变压器应采用真空注油，注入换流变压器内的绝缘油应符合本规范表 6.0.1 的规定。

9.0.2 真空注油工作不宜在雨天或雾天进行。

【条文说明】真空注油工作应尽量避开雨天、雾天等湿度大的天气，但考虑其工作时间较长，期间下雨无法停止工作，所以提出"真空注油工作不宜在雨天或雾天进行"。

9.0.3 注油全过程应保持真空，注入油的油温宜高于器身温度。注油时宜从下部油阀注入，注油速度不宜大于 100L/min。

9.0.4 换流变压器宜采用全真空注油。注油过程中应通过补油口继续抽真空，应持续注油至产品技术文件规定位置。

【条文说明】施工现场普遍采用全真空注油方式。当产品不能进行全真空注油时，可采取油面距油箱顶达到产品规定且不小于 200mm 时停止注油，继续抽真空 2h 以上，用干燥气体解除真空，再通过补油口进行补油。

10 热 油 循 环

10.0.1 换流变压器真空注油后应进行热油循环，并应符合下列规定：

（1）热油循环前，应对循环系统管路注入合格的绝缘油冲洗并进行密封检查；

（2）应轮流开启冷却器组同时进行热油循环；

（3）热油循环过程中，滤油机出口绝缘油温度应符合产品技术规定或控制在（65±5）℃范围内；当环境温度全天平均低于 5℃时，应对油箱及金属管路采取保温措施。

【条文说明】冷却器内的绝缘油同样需要进行热油循环，几组冷却器同时开启将对油温有很大影响，应轮换开启，经验表明 4h 更换一组为宜。

10.0.2 热油循环时间应同时符合下列规定。

（1）滤油机出口油温达到规定温度后，热油循环时间应符合产品技术规定且不应少于 72h。

（2）热油循环要求通过滤油机的油量不应少于换流变压器总油量的 3 倍。

（3）经过热油循环处理的绝缘油，应符合本规范表 6.0.1 的规定，并应符合下列规定：

1）含气量不大于 1%；

2）油中溶解气体组分含量色谱分析符合现行国家标准《变压器油中溶解气体分析和判断导则》（GB/T 7252）的有关规定。

10.0.3　加注补充油时，应通过储油柜上专用的注油阀，并应经净油机注入，注油时应排放本体及附件内的空气。

11　整体密封检查和静置

11.0.1　换流变压器应进行整体密封性试验，宜通过储油柜呼吸器接口充入露点低于－40℃的干燥空气或氮气进行整体密封试验，充气压力应符合产品技术规定，无规定时应为 0.03MPa，持续 24h 应无渗漏。

【条文说明】采用气压检查是目前普遍应用的方式，如产品无规定且现场无条件时，也可采用油柱加压试验方式，由压力值计算油柱高度。

11.0.2　静置时间应符合产品技术规定且不应少于 72h。静置期间应从换流变压器的套管顶部、升高座顶部、储油柜顶部、冷却装置顶部、联管、压力释放装置等有关部位进行多次排气。

12　工　程　交　接　验　收

12.0.1　换流变压器在移交试运行前应进行全面检查，检查项目应符合下列规定：

（1）本体、冷却装置及所有附件应无缺陷和渗漏；

（2）本体固定装置应牢固；

（3）油漆应完好，相色标志应正确；

（4）换流变压器器身上应无遗留杂物；

（5）事故排油设施应完好，消防设施应齐全；

（6）储油柜、冷却装置等油系统的所有阀门位置应核对正确；

（7）铁芯和夹件的接地引出套管、套管的接地小套管及电压抽取装置不使用时，其抽出端子均应接地；备用电流互感器二次端子应短路接地；套管顶部结构的接触及密封应良好；

（8）接地引线不应使接地小套管承受超出其规定的应力；

（9）储油柜和充油套管的油位应正常；

（10）调压切换装置分接头应符合运行要求，远程操作应动作可靠，且指示位置应正确；

（11）测温装置指示应正确，整定值应符合要求；

（12）冷却装置试运行应正常，联动应正确，油流继电器动作及指示应正确；

（13）换流变压器的全部电气试验应合格；保护装置整定值应符合规定；操作及联动试验应正确；

（14）在线滤油装置油流方向应正确，工作应正常。

【条文说明】对本条的规定说明如下：

本条第（5）、（7）、（10）、（13）款是换流变压器投入前重点检查的项目，为了防止出现设备事故，威胁系统安全，有效保护换流变压器等设备安全，故作为强制性条款，必须严格执行。

12.0.2　换流变压器的全部电气试验均应符合现行国家标准《电气装置安装工程电气设备交接试验标准》（GB 50150）的有关规定。

12.0.3　交接验收应提供下列资料：

（1）施工图和工程变更文件；

（2）制造厂提供的产品说明书、安装图纸、装箱单、试验报告、产品合格证件等技术文件；

（3）安装技术记录、器身检查记录、干燥记录和试验报告；

（4）备品备件移交清单。

本规范用词说明

1. 为便于在执行本规范条文时区别对待，对要求严格程度不同的用词说明如下：

（1）表示很严格，非这样做不可的：正面词采用"必须"，反面词采用"严禁"；

（2）表示严格，在正常情况下均应这样做的：正面词采用"应"，反面词采用"不应"或"不得"；

（3）表示允许稍有选择，在条件许可时应首先这样做的：正面词采用"宜"，反面词采用"不宜"；

（4）表示有选择，在一定条件下可以这样做的，采用"可"。

2. 条文中指明应按其他有关标准执行的写法为："应符合……的规定"或"应按……执行"。

引用标准名录

1.《电气装置安装工程电气设备交接试验标准》（GB 50150）

2.《电气装置安装工程盘、柜及二次回路结线施工及验收规范》（GB 50171）

3.《变压器油中溶解气体分析和判断导则》（GB/T 7252）

4.《电力用油（变压器油、汽轮机油）取样方法》（GB/T 7597）

±800kV 及以下换流站换流阀施工及验收规范
（GB/T 50775—2012）

前　言

本规范是根据住房和城乡建设部《关于印发〈2010 年工程建设标准规范制订、修订计划〉的通知》（建标〔2010〕43 号）的要求，由国家电网公司直流建设分公司会同有关单位共同编制完成的。

本规范在编制过程中，编制组广泛调查研究，认真总结实践经验，参考有关国际标准和国外先进标准，经广泛征求意见，多次讨论修改，最后经审查定稿。

本规范共分 8 章，主要技术内容包括：总则，术语，设备的运输、装卸与保管，安装前对阀厅的要求，换流阀本体安装，阀避雷器安装，阀冷却系统安装，工程交接验收。

本规范由住房和城乡建设部负责管理和解释，由中国电力企业联合会负责日常管理，由国家电网公司直流建设分公司负责具体技术内容的解释。在执行过程中请各单位结合工程实践，认真总结经验，注意积累资料，随时将意见或建议寄送国家电网公司直流建设分公司（地址：北京市宣武区南横东街 8 号都城大厦 706 室，邮政编码：100052），以便今后修订时参考。

本规范主编单位、参编单位、参加单位、主要起草人和主要审查人：

主编单位：国家电网公司直流建设分公司

参编单位：中国南方电网超高压输电公司

湖南省送变电建设公司

上海送变电工程公司

参加单位：西安西电电力整流器有限责任公司

许继集团有限公司

中国电力科学研究院

主要起草人：袁清云　种芝艺　黄　杰　李　勇　赵国鑫　胡　蓉　徐　畅　曹　科
张雪波　张　雷

主要审查人：梁言桥　丁一工　吴玉坤　袁太平　孙树波　聂三元　赵静月　刘　宁
蓝元良　张　敏　刘志文　罗廷胤　陈　谦　张　峙　高亚平

目　次

1 总　则

1.0.1　为保证换流站换流阀及相关设备（阀避雷器、阀冷却系统等）的施工质量，促进换流站工程施工技术水平的提高，确保设备安全运行，制定本规范。

【条文说明】±800kV 直流输电工程是目前世界上电压等级最高直流输电工程，以前没有适用于±800kV 及以下换流站工程换流阀施工验收和质量检验及评定的国家标准。为此特制定本标准。

1.0.2　本规范适用于±800kV 及以下换流站换流阀的施工及验收。

【条文说明】本规范适用于±800kV 及以下换流站换流阀的施工及验收，因为各电压等级换流阀安装的主要流程和关键节点基本一致。

1.0.3　换流站换流阀的施工及验收，除应符合本规范外，尚应符合国家现行有关标准的规定。

【条文说明】本条规定了本规范与其他标准规范的关系。

2 术　语

2.0.1　晶体闸流管（thyristor）

由阳极、阴极和控制极构成，一种可控整流的半导体器件，简称晶闸管。

2.0.2　换流阀（converter valve）

直流输电系统中为实现换流所用的三相桥式换流器中作为基本单元设备的桥臂，又称为单阀。

2.0.3　阀电抗器（valve reactor）

与阀串联的电抗器。

2.0.4　阀组件（valve module）

构成阀的最小单元，由若干晶闸管及其触发、保护、均压元件和阀电抗器等组成，其电气性能与阀的电气性能相同，但其阻断能力为阀的若干分之一。

2.0.5　阀架（valve support）

安装阀组件，机械支撑阀的带电部分并将其对地电气绝缘。

2.0.6　多重阀单元（阀塔）（multiple valve unit）

由同一相的多个阀叠装而成的整体结构。

2.0.7　阀避雷器（valve arrester）

跨接在阀两端或跨接在阀及与阀串联的器件两端的避雷器。

2.0.8　阀基电子柜（valve base electronics）

提供地电位控制设备与阀电子电路或阀装置之间接口的电子设备。简称 VBE，又称阀控制单元。

2.0.9　阀冷却系统（valve cooling system）

对阀体上各元器件进行冷却的成套装置。分为内冷却系统和外冷却系统。

2.0.10　阀厅（valve hall）

安装换流阀的建筑物。

2.0.11　离子交换树脂（ion exchange resins）

具有离子交换功能的高分子材料。在溶液中它能将本身的离子与溶液中的同号离子进行交换。按交换基团性质的不同，离子交换树脂分为阳离子交换树脂和阴离子交换树脂。

2.0.12　离子交换器（ion exchange equipment）

使用离子交换树脂进行离子交换处理，除去水中离子态杂质的水处理装置。

2.0.13 去离子水（deionized water）

除去盐类及部分除去硅酸和二氧化碳等的纯水，又称深度脱盐水。

2.0.14 电导率（conductivity）

指通过离子运动运载电流的能力。水溶液的电导率与溶解杂质量浓度成正比，电导率随温度的升高而升高。

2.0.15 过滤器（filter）

采用过滤的方法除去水中悬浮物的水处理装置。

2.0.16 超滤装置（ultrafiltration equipment）

将若干超滤膜组件并联组合在一起，并配备相应的水泵、自动阀门、检测仪表、支撑框架和连接管路等附件，能够独立进行正常过滤、反冲洗、化学清洗等工作的水处理装置。

2.0.17 反渗透装置（reverse osmosis equipment）

将反渗透膜组件用管道按照一定排列方式组合、连接，构成组合式水处理单元，并配备保安过滤器、阻垢剂加药装置、高压泵、自动阀门、检测仪表、支撑框架和连接管路等附件，能够独立进行正常反渗透、化学清洗等工作的水处理装置。

2.0.18 树脂再生（resins rebirth）

利用再生剂对使用过的离子交换树脂进行洗涤，使其恢复到初始状态的过程。

2.0.19 反冲洗（reverse wash）

过滤的逆过程。通过反冲洗操作可清除过滤器中的截留物，恢复过滤性能。

3 设备的运输、装卸与保管

3.1 设备的运输、装卸

3.1.1 设备和器材在运输和装卸过程中不得倒置、倾翻、碰撞和受到剧烈的振动，换流阀各元件及所有电子元器件应有防潮措施。制造厂有特殊规定时，应按产品的技术规定装运。

【条文说明】现场转运换流阀各组件时，应平稳运输，减轻震动，避免包装箱内的元器件损坏。若厂家在运输设备过程中，装有三维冲击记录仪时，收货前施工单位应检查记录仪的冲击记录是否超过厂家规定的限值范围。若记录仪记录超过厂家规定限值，施工单位应及时通知厂家处理。

3.1.2 运输工具和起重设备应按产品的运输、装卸要求选择。

【条文说明】根据制造厂的要求和以往换流站工程的实践经验，为了满足换流阀现场安装的需要，针对不同的安装程序采用不同的运输方式。如：采取分层吊装程序安装换流阀时，制造厂提供专用的运输及吊装小车，运输、吊装安全、稳妥、可靠；采取散件组装程序安装换流阀时，则普遍使用人力型叉车运输。

3.2 设备的保管

3.2.1 除厂家规定可户外存放的设备和器材外，其他设备和器材应按原包装置于干燥清洁的室内保管，室内温度和空气相对湿度应符合产品的技术规定。

【条文说明】若将均压环及屏蔽罩置于露天、潮湿的环境中存放，会导致其表面氧化，光洁度变差，不能很好地起到均匀电场、防止放电的作用。

3.2.2 当保管期超过产品的技术规定时，应按产品技术要求进行处理。

【条文说明】设备和器材在安装前的存放期限，应为一年及以下。超过一年的，应按产品的技术规定进行抽样试验。

3.2.3 备品备件长期存放时应符合产品的技术规定。

3.2.4 换流阀安装前，元器件的内包装不应拆解。

3.2.5 开箱场地的环境条件应符合产品的技术规定。

【条文说明】开箱场地的环境条件应符合制造厂的具体要求。某厂家明确规定：开箱场地应避免设备和器材受潮、污染、强日光照射及其他伤害；装有干燥剂的内包装不宜在空气相对湿度超过60%的场地中拆解；若在空气相对湿度60%～85%的场地中拆解内包装，换流阀在带电前，应在空气相对湿度低于60%的环境中静置不少于100h。

3.2.6 开箱后未及时安装的设备存放环境应符合产品的技术规定。

4 安装前对阀厅的要求

4.0.1 阀厅应满足换流阀组的安装要求，悬吊换流阀组的桁架梁应按厂家安装手册要求进行连接和检测；换流阀组安装结束应对桁架梁连接接点进行复查，并应符合厂家安装手册的检测要求。

【条文说明】换流阀组安装结束，施工单位应依据厂家安装手册，检查桁架梁连接接点、桁架梁是否符合要求。

4.0.2 阀厅钢结构各部分的屏蔽接地应满足设计和产品的相关技术要求。

4.0.3 阀塔悬挂结构安装前应检查悬吊孔已加工完成且间距正确，阀塔悬挂结构安装应调整完成，并应可靠接地。

4.0.4 换流阀组安装之前所有辅助设施主体部分应安装完善。

【条文说明】换流阀对安装环境的洁净、温度及空气相对湿度有较高的要求。换流阀在安装期间遭到污染或受潮，其绝缘性能将会明显下降，影响设备安全、可靠运行。为了保证换流阀的安装质量，避免阀厅内的电气装置安装工程与建筑工程之间交叉作业，做到安全文明施工，本条对换流阀安装前阀厅应具备的必要条件作了规定。照明系统、空调暖通系统应经过验收，功能完善，可以投入使用。换流阀设备开始安装后，阀厅内要求不再有打孔、焊接、扬尘等工作。

4.0.5 阀厅应全封闭，套管伸入阀厅入口处应封闭良好；换流阀组安装之前应对阀厅进行全面清洁。

【条文说明】为了保证阀厅良好的封闭性，一是门窗安装到位，封闭良好；二是墙体上的预留孔洞和沟道口应做好临时封闭。换流阀安装工作最好是安排在换流变压器套管及直流穿墙套管伸入阀厅，且套管预留孔洞永久性封闭之后进行。但在实际施工中，可能存在换流变压器等设备不能按时到货或工期安排紧等原因，只能对套管（换流变压器套管及直流穿墙套管）预留孔洞做好临时封闭，换流阀具备安装条件先开工。在套管预留孔洞打开期间，应对已安装到位的阀组件做好包扎、密封等防尘措施。电气施工单位接收阀厅时应进行阀厅洁净度检查，宜检查阀厅顶部钢梁、侧墙钢结构、巡视道、门窗、地面、暖通风管内等部位是否洁净。

4.0.6 换流阀组安装期间环境应符合下列要求：

（1）阀厅内应清洁，洁净度应符合产品的技术规定；

（2）阀厅内空调暖通系统和照明系统应正常投运，阀厅内温度、湿度、照明应满足产品安装技术条件要求；

（3）阀厅内应保持微正压；

（4）进入阀厅内的人员及机械设备防护措施，应满足阀厅内洁净度要求。

【条文说明】对本条规定说明如下：

（3）通过投入通风及空调系统，来保证阀厅内的微正压力、温度及空气相对湿度符合设计要求和产品的技术规定。有厂家要求阀厅保持：微正压力为 5～50Pa，环境温度为 10～55℃，空气相对湿度不超过 60%，以保证阀体不受潮，表面不结露。

（4）在换流阀开始安装后，对于阀厅内使用的施工机械应严格控制，使用柴油、汽油等有排烟的施工机械不宜在阀厅内使用。

5　换流阀本体安装

5.0.1　换流阀安装前，应进行下列检查：

（1）元器件的内包装应无破损；

（2）安装所需元件、附件及专用工器具应齐全，无损伤、变形及锈蚀。施工前对阀组件吊装用的电动葫芦、升降平台应进行试车及操作培训；

（3）各连接件、附件及装置性材料的材质、规格、数量及安装编号，应符合产品的技术规定；

（4）电子元件及电路板应完整，并应无锈蚀、松动及脱落；

（5）光纤的外护层应完好，无破损；光纤端头应清洁，无杂物，临时端套应齐全；导通试验应合格；

（6）均压环及屏蔽罩表面应光滑，色泽均匀一致，无凹陷、裂纹、毛刺及变形；

（7）瓷件及绝缘件表面应光滑，无裂纹及破损；胶合处填料应完整，结合应牢固；

（8）阀组件的紧固螺栓应齐全，无松动；

（9）冷却水管的临时封堵件应齐全。

【条文说明】对本条规定说明如下：

（1）为了防止换流阀在运输、保管期间受潮、污染，出厂前制造厂对换流阀进行了双层包装，即木制的外包装箱和塑料膜密封的内包装。设备到达现场应及时检查外包装完好情况，当外包装破损时，应打开外包装检查内包装的密封情况。换流阀安装前，应确认内包装是否完好。厂家对内包装破损的通常做法是：检查封装的元器件，若无任何损伤，则更换或修复塑胶膜，放入新的干燥剂，再重新包装并密封。

（2）制造厂为现场提供了阀组件吊装用的专用吊具及安装机械，包括电动葫芦、阀组件专用吊具、吊装小车、升降平台等。这些吊具及安装机械是为了保证设备吊装安全和安装质量而专门为阀组件设计制作的。施工前应请厂家技术人员对专用吊具及安装机械的操作使用进行专门培训及试车，以保证安装过程中不因工机具原因发生安全、质量事故。

施工单位自备工机具也应进行检查、试车和培训。

5.0.2　换流阀安装应按制造厂的装配图、产品编号等产品技术资料进行，并应符合产品的技术规定。

【条文说明】安装前施工单位应按照厂家资料，结合施工现场实际情况，编制详细技术方案并进行施工人员全员交底。

换流阀现场安装程序的差异与阀塔结构的不同设计有关，如：散件组装程序，即：阀架组装—阀组件安装—冷却水管连接—光纤敷设—导体连接；分层吊装程序，即：层间阀组件吊装—层间冷却水管连接—光纤敷设—层间导体连接。

5.0.3　悬吊绝缘子的挂环、挂板及锁紧销之间应互相匹配；连接金具的防松螺母应紧固，闭口销应分开。

5.0.4　均压环及屏蔽罩的搬运、安装应防止磕碰、挤压而造成均压环及屏蔽罩表面凹陷、变形并产生裂纹，并应符合产品的技术规定。

5.0.5　安装过程中检查阀架的水平度和上下阀组件的间距应符合产品的技术规定。

5.0.6　导体和电器接线端子的接触表面应平整、清洁、无氧化膜，并应涂以满足产品技术要求的电力复合脂；镀银部分不得挫磨；载流部分表面应无凹陷及毛刺；连接螺栓受力应均匀并符合力矩要求，不应使导体和电器接线端子受到额外应力。

【条文说明】换流阀制造厂对不同材质和不同强度的连接螺栓、不同材料的搭接面均有不同的紧固力矩要求，具体要求见产品的技术规定。

5.0.7　阀电抗器组件的等电位连接应符合产品的技术规定。

【条文说明】阀电抗器组件等电位连接起到固定电位的作用。换流阀在过电压状态下，阀电抗器组件的带电部位与不带电部位之间将形成较大电位差而可能发生闪络，通过等电位连接则能较好地解决这个问题。

5.0.8　漏水检测装置的安装应符合产品的技术规定。

【条文说明】产品安装使用说明书对漏水检测装置的安装位置、方向、倾斜度及固定等均作了相应的规定。

5.0.9　阀体冷却水管的安装应符合下列要求：

（1）安装前应检查管道内壁及相关连接件清洁、无异物；

（2）安装过程应防止撞击、挤压和扭曲而造成水管变形、损坏；

（3）管道连接应严密，无渗漏；已用过的密封垫（圈）不得重复使用；

（4）等电位电极的安装及连线应符合产品的技术规定；

（5）水管应固定牢靠；

（6）连接螺栓应按厂家技术要求进行力矩紧固，并应做好标记。

【条文说明】对本条规定说明如下：

（4）制造厂对阀塔上不同部位的冷却水管根据需要设置了等电位电极，目的是尽可能减小因电压差而在水冷却回路设备表面形成电解电流。

内冷却循环水因电导率的存在，在高电压作用下，会在水冷却回路设备表面形成电解电流，容易引起设备腐蚀，影响换流阀的安全、可靠运行。电解电流 I 与水冷却回路进、出口的电压差 ΔU 和水回路电阻 R 有关，可用公式 $I=\Delta U/R$ 表示。要控制电解电流，可通过采用带均压电极的并联冷却回路来降低 ΔU，增加管道长度、减小管径、降低电导率来提高水回路电阻 R 来实现。

5.0.10　光纤施工应符合下列要求：

（1）光纤槽盒切割、安装应在光纤敷设前进行，切割后的锐边应处理；槽盒应固定牢靠，其转弯半径应满足光纤敷设的技术要求；

（2）光纤接入设备前，临时端套不得拆卸；光纤端头的清洁应符合产品的技术规定；

（3）光纤端头应按传输触发脉冲和回报指示脉冲两种型式用不同标识区别；光纤与晶闸管的编号应一一对应；光纤接入设备的位置及敷设路径应符合产品的技术规定；

（4）光纤敷设前核对光纤的规格、长度和数量应符合产品的技术规定，外观应完好、无损伤；

（5）光纤敷设沿线应按产品的技术规定进行包扎保护和绑扎固定，绑扎力度应适中，槽盒出口应采用阻燃材料封堵；

（6）阻燃材料在光纤槽盒内应固定牢靠，且距离光纤槽盒的固定螺栓及金属连接件不应小于 40mm；

（7）光纤敷设及固定后的弯曲半径应符合产品的技术规定，不得弯折和过度拉伸光纤，并应检测合格。

【条文说明】对本条规定说明如下：

（5）制造厂在光纤槽盒内铺设有阻燃材料，起到防火和保护光纤的作用；为防止光纤在槽盒内移动，应将光纤绑扎固定好。

（6）某换流站运行期间，在阀塔槽盒内敷设的光纤，出现了外护层高温碳化、龟裂及脱落的问题，光纤损坏部位均位于槽盒的固定螺栓及金属连接件附近，且阻燃包覆盖在固定螺栓及金属连接件上，阻燃包也因高温灼烧而损坏；凡阻燃包未与固定螺栓及金属连接件接触的部位，光纤及阻燃包均完好。经分析认定：固定螺栓及金属连接件因与阀塔的金属框架相连而处于高电位状态，当阻燃包与固定螺栓及金属连接件接触时，产生间歇性的放电，造成阻燃包及光纤受损。这次故障处理就是将阻燃材料与槽盒的固定螺栓及金属连接件之间保持不小于40mm的距离。本条文根据这次故障处理的经验，规定不应小于40mm。

（7）不同种类的光纤，转弯半径的要求不同，本规范不作具体规定，具体要求见产品的技术规定。光纤因脆性易折断，光纤过度拉伸会产生抗张应力，缩短光纤使用寿命，产品的技术规定禁止弯折和过度拉伸光纤。

6 阀避雷器安装

6.0.1 各连接处的金属接触表面应清洁，无氧化膜及油漆，并应涂以均匀薄层电力复合脂。

6.0.2 避雷器组装时，各节位置应符合产品出厂标志的编号；避雷器的排气通道应通畅，并不得喷及其他电气设备。

【条文说明】避雷器一般为多节组装避雷器，在现场组装时位置应严格按厂家标志的编号，切不可随意组装。

6.0.3 均压环安装应水平，与伞裙间隙应均匀一致。

6.0.4 动作计数器与阀避雷器的连接应符合产品的技术规定。

【条文说明】不同厂家的动作计数器与避雷器连接位置、要求不完全相同，应按产品的技术规定进行连接。

6.0.5 连接螺栓应按厂家技术要求进行力矩紧固，并应做好标记。

6.0.6 设备接地应可靠。

7 阀冷却系统安装

7.1 阀冷却设备及管道安装

7.1.1 泵的安装应符合下列要求：

（1）电动机与泵直接连接或通过联轴器连接时，均应以泵的轴线为基准找正；

（2）泵的纵向、横向安装水平误差应符合产品的技术规定；

（3）相互连接的法兰端面应平行，不应借法兰螺栓强行连接；

（4）电动机的引出线端子压接应良好，编号应齐全，裸露带电部分的电气间隙应符合国家现行有关产品标准的规定；

（5）各润滑部位加注润滑剂的规格和数量应符合产品的技术规定；

（6）泵应在有介质情况下进行试运转，试运转的介质或代用介质均应符合产品的技术规定。

7.1.2 离子交换器的安装应符合产品的技术规定，并应符合下列要求：

（1）离子交换树脂在装填前检查其理化性能报告，应符合阀冷设备厂家技术要求；

（2）离子交换器装料前检查内部的防腐层，应完好；

（3）装填离子交换树脂前应对离子交换树脂逐桶检查，并应核对牌号。装填过程中应防止标签、绳头、杂物落入树脂内。树脂装填高度应符合产品的技术规定。

【条文说明】对本条规定说明如下：

（1）离子交换树脂的理化性能检验项目包括交换容量、含水量、耐磨率、密度、颗粒度等指标。

7.1.3　过滤器的安装应符合产品的技术规定。填料及承托层材质的理化性能、级配、粒度、不均匀系数，应检查其出厂资料，满足阀冷设备厂家技术要求。

7.1.4　除氧装置的安装应符合产品的技术规定，除氧使用的氮气纯度检验应合格。

7.1.5　超滤装置的安装应符合产品的技术规定，并应符合下列要求：

（1）膜组件安装前应进行外观检查，膜组件不应有破损、粘污、老化、变色、封头开裂等现象，外壳表面应光滑均匀；

（2）膜组件安装前应按产品的技术规定对装置进行水压试验，进水水质应符合现行国家标准《生活饮用水卫生标准》（GB 5749）的有关规定。水压试验合格后，应进行水冲洗，并应确认无机械杂质残留在装置中；

（3）管道安装不应有额外应力。

7.1.6　反渗透装置的安装应符合产品的技术规定，并应符合下列要求：

（1）膜元件装入膜壳前应进行外观检查，有缺陷的膜元件不得使用。膜元件的长度和直径应与制造厂的生产标准相符。所有密封圈应完整，弹性应好，应无扭曲和永久性变形。两端的淡水管内壁和内端面应光滑，无突出物；

（2）膜元件装入膜壳前应按产品的技术规定对装置进行水压试验，进水水质应符合现行国家标准《生活饮用水卫生标准》（GB 5749）的有关规定。水压试验合格后，应进行水冲洗，并应确认无机械杂质残留在装置中；

（3）装膜时，应将膜元件逐支推入膜壳内进行串接，每支元件均应承插到位；

（4）多单元反渗透装置，膜组件框架基础的几何尺寸、膜组件在框架上的几何尺寸误差应满足产品安装要求；

（5）高压泵至膜组件间的法兰垫片应采用聚四氟乙烯等耐腐蚀性强的材料；

（6）保安过滤器至膜组件的管道内壁应保持清洁，必要时应采用化学清洗；

（7）管道安装不应有额外应力。

【条文说明】对本条的规定说明如下：

（5）除盐设备能否安全可靠地运行，做好防腐蚀工作是关键的一环。聚四氟乙烯耐腐蚀性强，强酸（如硫酸、盐酸、硝酸、王水等）、强碱、强氧化剂（如重铬酸钾、高锰酸钾等）均对它不起作用。聚四氟乙烯不溶于任何溶剂中，其化学稳定性超过了玻璃、陶瓷、不锈钢，甚至金、铂，有"塑料王"之称。

7.1.7　软化装置的安装应符合下列要求：

（1）离子交换器的安装应符合本规范第7.1.2条的规定；

（2）树脂再生装置的安装应符合产品的技术规定。

7.1.8　砂过滤器和加药装置的安装应符合产品的技术规定。

7.1.9　冷却塔的安装应符合下列要求：

（1）冷却塔安装应水平，单台冷却塔安装水平度和垂直度允许偏差均为2‰。同一冷却系统的多台冷却塔安装时，各台冷却塔的高度应一致，高差不应大于30mm；

（2）风机的各组隔振器承受荷载的压缩量应均匀，高度误差应小于2mm；

（3）调整风机皮带的张力应符合产品的技术规定。风机安装完毕，检查风机的转向和转速，应正常。

（4）冷却塔、冷却水池应清扫干净，塔体、冷却水池内应无杂物、垃圾和积尘，喷淋管道应无堵塞。

7.1.10　风冷式阀外冷设备安装应符合下列要求：

（1）散热器安装的水平度偏差不应大于散热器外形尺寸宽度的1/1000；

（2）散热器管束出口、进口法兰中心线与总基准中心线的许可偏离公差为±3mm；

（3）风机安装完成后，叶片角度应满足要求，允许公差为−0.5°；叶轮的旋转面应和主轴垂直，叶尖高度之差不得大于8mm；

（4）所有螺栓紧固力矩应按制造厂要求进行，并应做好标记。

7.1.11　冷却管道的安装应符合下列要求：

（1）管道应在工厂预制、现场组装；管道之间应采用法兰连接，不得现场焊接；

（2）管道安装前不得拆卸两端的临时封盖，不得用手触摸冷却管道内壁；管道内部及管端污染时，应按产品的技术规定清洗洁净；

（3）法兰连接应与管道同心，法兰间应保持平行，其偏差不得大于法兰外径的1.5‰，且不得大于2mm；严禁利用法兰螺栓强行连接；

（4）管道法兰密封面应无损伤；密封圈安装应正确，连接应严密、无渗漏；密封胶的使用应符合产品的技术规定；

（5）管道安装时，应及时进行支、吊架的固定和调整工作。支、吊架位置应正确，安装应平整、牢固。安装后，各支、吊架受力应均匀，无明显变形，且应与管道接触紧密。支、吊架间距应符合设计要求；

（6）穿墙及过楼板的管道，应加套管进行保护，套管应符合设计规定；当设计无要求时，穿墙套管长度不应小于墙厚，穿楼板套管宜高出楼面或地面50mm。管道与套管的空隙应按设计要求填塞；当设计无明确要求时，应用阻燃软质材料填塞；

（7）安装在户外场所的仪表应有防雨防潮措施；

（8）管道安装后，管道、阀门不得承受外加重力负荷；

（9）管道法兰间应采用跨接线连接；管道接地应可靠；

（10）管道应按规定对介质流向进行标识。

【条文说明】对本条的规定说明如下：

（2）为保证现场安装质量，制造厂在厂内已将冷却管道内壁清洗干净，并采用临时封盖将管道两端密封。为避免冷却管道内壁被污染，只有当管道安装时才能拆卸两端的临时封盖，并不得用手触摸内冷却管道内壁。内冷却管道内壁污染时，应采用去离子水、丙酮和无绒的清洁布进行清洗。外冷却管道应采用水质符合现行国家标准《生活饮用水卫生标准》（GB 5749）的自来水冲洗干净。

7.1.12　温度、压力、流量、液位、含氧量、电导率等检测仪表的安装，应符合产品的技术规定；检测仪表的检验报告应齐全、有效。

7.1.13　仪表线路的安装，应符合现行国家标准《自动化仪表工程施工及验收规范》（GB 50093）的有关规定。

7.1.14 电磁阀安装前应进行检查，铁芯应无卡涩现象，线圈与阀体间的绝缘电阻应合格。

7.1.15 阀门电动装置应进行下列检查：

（1）电气元件应齐全、完好，内部接线正确；

（2）行程开关、转矩开关及其传动机构动作应灵活、可靠；

（3）绝缘电阻应合格。

7.1.16 注入内冷却系统的原水应为去离子水，去离子水的电导率应符合产品的技术规定。在现场制水时，应使用水质符合现行国家标准《生活饮用水卫生标准》（GB 5749）规定的自来水，且经外配的离子交换器处理合格后再注入内冷却系统，不得使用内冷却系统的离子交换器处理自来水。原水采用混合液时，混合液的配比应符合设计规定。注入原水前，检查所有管道法兰的连接螺栓，应紧固，并应做好标识。

【条文说明】内冷却系统的离子交换器用于对内冷却循环水进行去离子处理，是内冷却系统中重要的水处理装置。若该离子交换器受到污染，制水性能将会下降。自来水的水质较内冷却循环水要差很多，为了保证该离子交换器的正常使用功能，不得使用它直接对自来水进行去离子处理。

7.2 阀冷却系统检查试验

7.2.1 内冷却设备、管道和阀体冷却水管安装完毕，外观检查合格后，应对内冷却管路进行整体密封试验。密封试验注入管路系统的去离子水或混合液的电导率，应符合本规范第7.1.16条的规定；管路系统内应注满水或混合液，在排气后不应含气泡。试验压力及持续时间应符合产品的技术规定，检查管路系统应无渗漏。

7.2.2 外冷却设备、管道安装完毕，外观检查合格后，应对外冷却管路进行密封试验。密封试验注入管路系统的自来水水质，应符合现行国家标准《生活饮用水卫生标准》（GB 5749）的有关规定；管路系统内应注满水，在排气后不应含气泡。试验压力及持续时间应符合产品的技术规定，检查管路系统应无渗漏。

8 工 程 交 接 验 收

8.0.1 验收时，应进行下列检查：

（1）换流阀及阀冷却系统应安装牢靠，外表应清洁、完整；

（2）电气连接应可靠，且接触应良好；

（3）阀冷却系统的转动机械运转应正常，无卡阻现象；温度、压力、流量、液位、含氧量、电导率等检测仪表的指示应正常；电气及水工设备应操作灵活；自动控制保护装置应工作正常；

（4）设备接地线连接应符合设计要求和产品的技术规定；接地应良好，且标识应清晰；

（5）设备支架及接地引线应无锈蚀和损伤；

（6）内冷却循环水的电导率、含氧量、pH 值应符合产品的技术规定；

（7）外冷却循环水的硬度、pH 值应符合产品的技术规定；

（8）阀冷却系统运行产生的工业污水对外排放时，应符合现行国家标准《污水综合排放标准》（GB 8978）及地方污水综合排放标准的规定；

（9）交接试验应合格。

8.0.2 验收时，应提交下列资料：

（1）施工图和工程变更文件；

（2）制造厂提供的产品说明书、安装图纸、装箱单、试验记录及产品合格证件等技术文件；

（3）安装技术记录；

（4）质量验收评定记录；

（5）交接试验报告；

（6）阀冷却系统试运行记录；

（7）备品备件、专用工具及测试仪器清单。

本规范用词说明

1. 为便于在执行本规范条文时区别对待，对要求严格程度不同的用词说明如下。

（1）表示很严格，非这样做不可的：正面词采用"必须"，反面词采用"严禁"；

（2）表示严格，在正常情况下均应这样做的：正面词采用"应"，反面词采用"不应"或"不得"；

（3）表示允许稍有选择，在条件许可时首先应这样做的：正面词采用"宜"，反面词采用"不宜"；

（4）表示有选择，在一定条件下可以这样做的，采用"可"。

2. 条文中指明应按其他有关标准执行的写法为："应符合……的规定"或"应按……执行"。

引用标准名录

1.《自动化仪表工程施工及验收规范》（GB 50093）

2.《生活饮用水卫生标准》（GB 5749）

3.《污水综合排放标准》（GB 8978）

1000kV 系统电气装置安装工程电气设备交接试验标准
（GB/T 50832—2013）

前　言

本标准是根据原建设部《关于印发〈2007 年工程建设标准规范制订、修订计划（第二批）〉的通知》（建标〔2007〕126 号）的要求，由国家电网公司会同有关单位编制而成。

本标准共分 17 章和 1 个附录，主要内容包括：总则，术语和符号，电力变压器，电抗器，电容式电压互感器，气体绝缘金属封闭电磁式电压互感器，套管式电流互感器，气体绝缘金属封闭开关设备，接地开关，套管，避雷器，悬式绝缘子、支柱绝缘子和复合绝缘子，绝缘油，SF_6 气体，二次回路，架空电力线路和接地装置等。

本标准由住房和城乡建设部负责管理，由中国电力企业联合会负责日常管理，由国家电网公司负责具体技术内容的解释。本标准在执行过程中，请各单位结合工程实践，认真总结经验，注意积累资料，随时将意见和建议反馈给国家电网公司（地址：北京市西城区西长安街 86 号，邮政编码：100031），以供今后修订时参考。

本标准主编单位、参编单位、主要起草人和主要审查人：

主编单位：国家电网公司

参编单位：中国电力科学研究院
　　　　　国网电力科学研究院
　　　　　国家电网公司交流建设分公司
　　　　　华北电力科学研究院有限责任公司

主要起草人：韩先才　伍志荣　王绍武　王晓琪　孙　岗　王保山　陈国强　吴士普
　　　　　　王晓宁　陈江波　王宁华　聂德鑫　吴义华　邓万婷　韩金华　胡晓岑
　　　　　　修　建　张国威　王培龙　李建建

主要审查人：凌　愍　付锡年　李启盛　王承玉　万　达　顾霓鸿　刘永东　胡惠然
　　　　　　崔景春　王梦云　刘兆林　连建华　阎　东　王莉英　杨凌辉　金　涛
　　　　　　邓　春

目　次

1　总　则

1.0.1　为提高 1000kV 系统电气装置安装工程电气设备交接试验水平，确保电气设备正常投入运营，制定本标准。

1.0.2　本标准适用于 1000kV 电压等级交流电气装置工程电气设备交接试验。

【条文说明】本条规定了本标准的适用范围。

（1）规定本标准适用于 1000kV 电压等级新安装的、按照国家相关出场试验标准试验合格的电气设备交接试验。

（2）其他电压等级的设备现场交接试验参照现行国家标准《电气装置安装工程　电气设备交接试验标准》（GB 50150）执行。

1.0.3　交接试验的检测数据应综合分析和比较，应对照制造厂例行试验结果，并应比较同类设备检测数据，经全面分析后应给出判断结果。

1.0.4　对于 1000kV 充油电气设备，在真空注油和热油循环后应静置不小于 168h，方可进行耐压试验。

【条文说明】本条对充油设备的静止时间的规定是参照国内外的安装、试验的实践经验，并结合特高压充油设备技术条件而制定。

1.0.5　在进行与温度和湿度有关的各种试验时，应同时测量被试品的温度和环境空气的温度与湿度。变压器油温测量应注意阳光照射对测量值的影响。在与制造厂例行试验数据比较时，可采取同类设备相互比较的方法。

1.0.6　进行绝缘试验时，应在良好天气、被试物及仪器周围温度不应低于 5℃、空气相对湿度不宜高于 80% 的条件下进行。

1.0.7　对试验系统有特殊要求，且技术难度大、要求高，被列为特殊试验项目的，应按本规范附录 A 进行试验。

1.0.8　1000kV 系统电气装置安装工程电气设备交接试验除应符合本规范外，尚应符合国家现行有关标准的规定。

2　术语和符号

2.1　术语

2.1.1　交接试验（acceptance test）

新的电气设备在现场安装后、调试期间所进行的检查和试验。某些设备的交接试验项目实际上在安装工程中已经开展，也属于交接试验范畴。

2.1.2　主体变压器（main transformer）

当 1000kV 变压器采用变压器本体与调压补偿变压器分箱布置时，变压器的本体部分。

2.1.3　调压补偿变压器（voltage regulating and compensating transformer）

与主体变压器分箱布置的变压器的调压补偿部分。补偿器的作用是在中性点调压过程中减小变压器第三绕组的电压波动。

2.1.4　主体变压器试验（test of main transformer）

单独对主体变压器进行的试验。

2.1.5　调压补偿变压器试验（test of voltage regulating and compensating transformer）

单独对调压补偿变压器进行的试验。

2.1.6　变压器整体试验（integral test of transformer）

把主体变压器和调压补偿变压器全部连接完成后进行的试验。

2.1.7　电压抽头（voltage tap）

是一个容易从套管外面接线，与法兰或其他紧固件绝缘并与电容式套管的一个外导电层相连的引线，用以在套管运行时提供一个电压源。

2.1.8　气体绝缘金属封闭电磁式电压互感器（gas-insulated metal-enclosed inductive voltage transformers）

采用六氟化硫（SF_6）气体作为绝缘介质，用于气体绝缘金属封闭开关设备（GIS）中的电磁式电压互感器。

2.2　符号

U_r———电气设备的额定电压；

I_r———电气设备的额定电流；

U_m———电气设备的最高工作电压；

$\tan\delta$———介质损耗因数。

3　电力变压器

3.0.1　1000kV 变压器交接试验应按主体变压器试验、调压补偿变压器试验和整体试验进行，并应包括下列试验内容。

（1）主体变压器试验项目应包括下列内容：

1）密封试验；

2）绕组连同套管的直流电阻测量；

3）绕组电压比测量；

4）引出线的极性检查；

5）绕组连同套管的绝缘电阻、吸收比和极化指数的测量；

6）绕组连同套管的介质损耗因数 $\tan\delta$ 和电容量的测量；

7）铁芯及夹件的绝缘电阻测量；

8）套管试验；

9）套管电流互感器的试验；

10）绝缘油试验；

11）油中溶解气体分析试验；

12）低电压空载试验；

13）绕组连同套管的外施工频耐压试验；

14）绕组连同套管的长时感应电压试验带局部放电测量；

15）绕组频率响应特性测量；

16）小电流下的短路阻抗测量。

（2）调压补偿变压器试验项目应包括下列内容：

1）密封试验；

2）绕组连同套管的直流电阻测量；

3）绕组所有分接头的电压比测量；

4）变压器引出线的极性检查；

5）绕组连同套管的绝缘电阻、吸收比和极化指数测量；

6）绕组连同套管的介质损耗因数 tanδ 和电容量的测量；

7）铁芯及夹件的绝缘电阻测量；

8）套管试验；

9）套管电流互感器的试验；

10）绝缘油性能试验；

11）油中溶解气体分析试验；

12）低电压空载试验；

13）绕组连同套管的外施工频耐压试验；

14）绕组连同套管的长时感应电压试验带局部放电测量；

15）绕组频率响应特性测量；

16）小电流下的短路阻抗测量。

（3）整体试验项目应包括以下内容：

1）绕组所有分接头的电压比测量；

2）引出线的极性和联接组别检查；

3）额定电压下的冲击合闸试验；

4）声级测量。

【条文说明】本条规定了电力变压器的试验项目，参照现行国家标准《电气装置安装工程 电气设备交接试验标准》（GB 50150）的要求并作出以下修改：

（1）根据 1000kV 交流特高压变压器的结构特点，将变压器的试验项目分为三部分：主体变压器的试验项目，调压补偿变压器的试验项目，整体试验项目。

（2）增加了密封试验，并作为第一个试验项目，主要考虑到变压器渗漏问题比较多，有必要增加此试验项目，将其放在第一个试验项目，可以利用变压器静置时间，先做密封试验，这样可以节约 24h。

（3）增加了变压器压空载试验、低电流短路阻抗试验项目，主要考虑到 380V 电压下的空载试验数据和 5A 电流下的负载试验数据可以方便获得，为以后变压器预防性试验与现场检修提供参考数据。

（4）由于 1000kV 交流特高压变压器为中性点无励磁调压，因此试验项目中并未设置分接开关的检查项目。

3.0.2　密封试验，应在变压器油箱储油柜油面上施加 0.03MPa 静压力，持续 24h 后，不应有渗漏及损伤。

【条文说明】本条参考现行国家标准《油浸式电力变压器技术参数和要求》（GB/T 6451）关于密封性的相关规定以及《晋东南—荆门 1000 千伏特高压变流试验示范工程晋东南变电站 1000 千伏变压器技术协议》《晋东南—荆门 1000 千伏特高压变流试验示范工程荆门变电站 1000 千伏变压器技术协议》，规定了密封试验的具体参数。

3.0.3　测量绕组连同套管的直流电阻应符合下列规定：

（1）测量应在所有分接位置上进行，1000kV 绕组测试电流不宜大于 2.5A，500kV 绕组测试电流不宜大于 5A，110kV 绕组测试电流不宜大于 20A；当测量调压补偿变压器直流电阻时，非测量绕组应至少有一端与其他回路断开；

（2）主体变压器、调压补偿变压器的直流电阻，各相测得值的相互差值应小于三相平均值的 2%；

（3）主体变压器、调压补偿变压器的直流电阻应与同温下产品例行试验数值比较，相应变化不应大于 2%；

（4）无励磁调压变压器直流电阻应在分接开关锁定后测量；

（5）测量温度应以油平均温度为准，不同温度下的电阻值应按式（3.0.3）换算：

$$R_2 = R_1 \times (T + t_2)/(T + t_1) \tag{3.0.3}$$

式中　R_1、R_2——分别为在温度 t_1、t_2 时的电阻值（Ω）；

　　　　T——电阻温度常数，铜导线取 235；

　　　　t_1、t_2——不同的测量温度（℃）。

【条文说明】本条规定了绕组连同套管的直流电阻测量的具体要求，参考现行国家标准《电气装置安装工程 电气设备交接试验标准》（GB 50150—2006）第 7.0.3 条的相关要求，并考虑了测试电流造成变压器铁芯剩磁对后续变压器试验的影响，增加了对高压、中压、低压绕组测试电流的要求。

3.0.4　测量绕组电压比应符合下列规定：

（1）各相应分接的电压比顺序应符合铭牌给出的电压比规律，应与铭牌数据相比无明显差别。调压补偿变压器电压比应与制造厂例行试验结果无明显差别；

（2）额定分接电压比的允许偏差应为 ±0.5%，其他分接电压比的允许偏差应为 ±1%。

3.0.5　应检查引出线的极性与联接组别。引出线的极性应与变压器铭牌上的符号和油箱上的标记相符，三相联接组别应与变电站设计要求一致。

3.0.6　测量绕组连同套管的绝缘电阻、吸收比和极化指数应符合下列规定：

（1）应使用 5000V 的绝缘电阻表测量；

（2）绝缘电阻值不宜低于例行试验值的 70%；

（3）测量温度应以油平均温度为准，测量时应在 10℃～40℃ 温度下进行。当测量温度与例行试验时的温度不同时，可换算到相同温度的绝缘电阻值进行比较，吸收比和极化指数不应进行温度换算。测试温度不同时，绝缘电阻值应按式（3.0.6）换算：

$$R_2 = R_1 \times 1.5^{(t_1 - t_2)/10} \tag{3.0.6}$$

（4）吸收比不应低于 1.3 或极化指数不低于 1.5，且与制造厂例行试验值进行比较时，应无明显变化；

（5）当绝缘电阻 R_{60s} 大于 10 000MΩ、吸收比及极化指数较低时，应根据绕组连同套管的介质损耗因数等数据进行综合判断。

【条文说明】本条规定了绕组连同套管的绝缘电阻测量的要求，参照现行国家标准《电气装置安装工程 电气设备交接试验标准》（GB 50150—2006）第 7.0.9 条的相关规定，并综合考虑到大容量变压器绝缘电阻高，泄漏电流小，绝缘材料和变压器油极化缓慢等因素，增加了对吸收比和极化指数未达到 1.3 和 1.5 时的要求。

3.0.7　测量绕组连同套管的介质损耗因数 tanδ 和电容量应符合下列规定：

（1）测量时非被试绕组应短路接地，被试绕组应短路接测试仪器，试验电压应为 10kV 交流电压；

（2）绕组连同套管的介质损耗因数 tanδ 值不应大于例行试验值的 130%，电容值与例行试验值相比应无明显变化；

（3）测量温度应以油平均温度为准，应在 10℃～40℃ 温度下进行测量。当测量温度与例行试验时的温度不同时，可换算到相同温度的 tanδ 值进行比较，应按式（3.0.7）换算：

$$\tan\delta_2 = \tan\delta_1 \times 1.3^{(t_2-t_1)/10}$$ （3.0.7）

式中　tanδ₁、tanδ₂——分别为温度 t_1、t_2 时的介质损耗因数。

【条文说明】本条参照现行国家标准《电气装置安装工程 电气设备交接试验标准》（GB 50150—2006）第 7.0.10 条的相关要求规定了测量绕组连同套管的 tanδ 和电容值的试验方法。未对绕组连同套管的 tanδ 和电容值提出绝对值要求，而是采用相对值比较的方法。考虑到现场换算的方便，对于不同温度下 tanδ 的换算，未采用现行国家标准《电气装置安装工程 电气设备交接试验标准》（GB 50150—2006）第 7.0.10 条规定的温度换算系数，而是依据现行国家标准《油浸式电力变压器技术参数和要求》（GB 6451—2008）第 11.3.9 条规定的公式进行换算。

3.0.8　测量铁芯及夹件的绝缘电阻应符合下列规定：

（1）应使用 2500V 绝缘电阻表进行测量，持续时间为 1min，应无异常；

（2）测量铁芯对油箱的绝缘电阻，绝缘电阻值与例行试验结果相比应无明显差异；

（3）测量夹件对油箱的绝缘电阻，并测量铁芯与夹件二者相互间的绝缘电阻，绝缘电阻值与例行试验结果相比应无明显差异。

【条文说明】本条参照现行国家标准《电气装置安装工程 电气设备交接试验标准》（GB 50150—2006）第 7.0.6 条的相关要求规定了铁芯及夹件的绝缘电阻的测量要求。

3.0.9　套管试验应按本标准第 10 章的规定进行。

3.0.10　套管式电流互感器的试验应按本标准第 7 章的规定进行。

3.0.11　绝缘油试验应按本标准第 13 章的规定进行。

3.0.12　油中溶解气体分析应符合下列规定：

（1）应在变压器注油前、静置 24h 后、外施交流耐压试验和局部放电试验 24h 后、冲击合闸后及额定电压运行 24h 及 168h 后各进行一次分析；

（2）试验应按现行国家标准《变压器油中溶解气体分析和判断导则》（GB/T 7252）的有关规定执行；

（3）油中溶解气体含量应无乙炔，且总烃小于或等于 20μL/L，氢气小于或等于 10μL/L；

（4）各次测得的数据应无明显差别，当气体组份含量有增长趋势时，可结合相对产气速率综合分析判断，必要时应缩短色谱分析取样周期进行追踪分析。

【条文说明】本条参照现行国家标准《电气装置安装工程 电气设备交接试验标准》（GB 50150）、《变压器油中溶解气体分析和判断导则》（GB/T 7252）的有关要求规定了油中溶解气体分析的试验要求，并增加了额定电压运行 168h 后取样进行油中溶解气体分析的规定。

3.0.13　低电压空载试验应符合下列规定：

（1）应测量变压器在 380V 电压下的空载损耗和空载电流，低电压空载试验宜在直流电阻试验前进行；

（2）380V 电压下测量的空载损耗和空载电流与例行试验时在相同电压下的测试值相比应无明显变化；

（3）三相间在 380V 电压下测量的空载损耗和空载电流应无明显差异。

【条文说明】本条规定了变压器低电压下空载电流的测量要求。增加此试验项目，主要考虑到 380V 下的空载数据可以方便获得，为以后变压器现场检修提供参考数据。试验方法可参考现行行业标准《电力变压器试验导则》（JB/T 501）的相关规定。

3.0.14　绕组连同套管的外施工频耐压试验应符合下列规定：

（1）变压器中性点及 110kV 绕组应进行外施交流耐压试验，并监测局部放电；

（2）试验电压应为例行试验电压值的 80％，外施耐压试验电压应符合表 3.0.14 的规定，耐压时间为 1min；

表 3.0.14　　　　　　　　　　　　外施耐压试验电压　　　　　　　　　　　单位：kV

施压位置	例行试验电压值	交接试验电压值
中性点	140	112
110kV 绕组	275	220

（3）试验电压应尽可能接近正弦波形，试验电压值应为测量电压的峰值除以 $\sqrt{2}$；

（4）试验过程中变压器应无异常现象。

【条文说明】本条参照现行国家标准《电气装置安装工程 电气设备交接试验标准》（GB 50150—2006）第 7.0.13 条，《电力变压器　第 3 部分：绝缘水平、绝缘试验和外绝缘空气间隙》（GB 1094.3），《晋东南—荆门 1000 千伏特高压交流试验示范工程晋东南变电站 1000 千伏变压器技术协议》，《晋东南—荆门 1000 千伏特高压交流试验示范工程荆门变电站 1000 千伏变压器技术协议》的有关要求规定了绕组连同套管的外施工频耐压试验的试验要求，并增加了在开展外施工频耐压试验时监测局部放电的规定。工频耐压试验作为重复试验，根据现行国家标准《电力变压器　第 3 部分：绝缘水平、绝缘试验和外绝缘空气间隙》（GB 1094.3）规定试验电压为出厂试验值的 80％。表 3.0.14 规定的试验电压，参照特高压变压器技术协议要求。

3.0.15　绕组连同套管的长时感应电压试验带局部放电测量应符合下列规定：

（1）应对主体变压器、调压补偿变压器分别进行绕组连同套管的长时感应电压试验带局部放电测量，试验前应考虑剩磁的影响；

（2）试验方法和判断方法应按现行国家标准《电力变压器　第 3 部分：绝缘水平、绝缘试验和外绝缘空气间隙》（GB 1094.3）的有关规定执行；

（3）进行局部放电试验时，施加电压应符合下列程序：

1）进行主体变压器局部放电试验时，U_m 为 1100kV，对地电压值应为：

$$U_1 = 1.5 U_m / \sqrt{3} \qquad (3.0.15 - 1)$$

$$U_2 = 1.3 U_m / \sqrt{3} \qquad (3.0.15 - 2)$$

式中　U_1——激发电压；

　　　U_2——测量电压。

2）进行调压补偿变压器局部放电试验时，U_m 应为 126kV，对地电压值应为：

$$U_1 = 1.7 U_m / \sqrt{3} \qquad (3.0.15 - 3)$$

$$U_2 = 1.5 U_m / \sqrt{3} \qquad (3.0.15 - 4)$$

3）在不大于 $U_2/3$ 的电压下接通电源；

4）电压上升到预加电压 $1.1 U_m / \sqrt{3}$，保持 5min；

5）电压上升到 U_2，保持 5min；

6）电压上升到 U_1，当试验电源频率等于或小于 2 倍额定频率时，试验持续时间应为 60s，当试验频率超过 2 倍额定频率时，试验持续时间应为 120×额定频率/试验频率（s），但不少于 15s；

7）电压不间断地降低到 U_2，并至少保持 60min，进行局部放电测量；

8）电压降低到 $1.1 U_m / \sqrt{3}$，保持 5min；

9）当电压降低到 $U_2/3$ 以下时，方可断开电源。

（4）局部放电的观察和评估应符合现行国家标准《局部放电测量》（GB/T 7354）的有关规定，并应满足下列要求：

1）应在所有绕组的线路端子上进行测量。对自耦联接的一对绕组的较高电压和较低电压的线路端子应同时测量。

2）接到每个所用端子的测量通道，都应在该端子与地之间施加重复的脉冲波来校准；当局部放电测量过程中出现异常放电脉冲时，增加局部放电超声波监测，并进行综合判定。

3）在施加试验电压的前后，应测量所有测量通道上的背景噪声水平。

4）在电压上升到 U_2 及由 U_2 下降的过程中，应记录可能出现的局部放电起始电压和熄灭电压。应在 $1.1U_\mathrm{m}/\sqrt{3}$ 下测量局部放电视在电荷量。

5）在电压 U_2 的第一个阶段中应读取并记录一个读数。对该阶段不规定其视在电荷量值。

6）在电压 U_1 期间内应读取并记录一个读数。对该阶段不规定其视在电荷量值。

7）在电压 U_2 的第二个阶段的整个期间，应连续地观察局部放电水平，并每隔 5min 记录一次。

（5）当满足下列要求时，应判定试验合格：

1）试验电压不产生突然下降。

2）在 U_2 的长时试验期间，主体变压器 1000kV 端子局部放电量的连续水平不应大于 100pC，500kV 端子的局部放电量的连续水平不应大于 200pC，110kV 端子的局部放电量的连续水平不应大于 300pC；调压补偿变压器 110kV 端子局部放电量的连续水平不应大于 300pC。

3）在 U_2 下，局部放电不呈现持续增加的趋势，偶然出现较高幅值的脉冲以及明显的外部电晕放电脉冲可以不计入。

4）在 $1.1U_\mathrm{m}/\sqrt{3}$ 下，视在电荷量的连续水平不应大于 100pC。

【条文说明】本条参照现行国家标准《电气装置安装工程 电气设备交接试验标准》（GB 50150—2006）第 7.0.14 条，《电力变压器 第 3 部分：绝缘水平、绝缘试验和外绝缘空气间隙》（GB 1094.3），《晋东南—荆门 1000 千伏特高压交流试验示范工程晋东南变电站 1000 千伏变压器技术协议》《晋东南—荆门 1000 千伏特高压交流试验示范工程荆门变电站 1000 千伏变压器技术协议》的相关要求规定了绕组连同套管的长时感应电压试验带局部放电试验要求，并作出如下修改：

（1）考虑到现场局部放电试验的难度，对主体变压器与调压补偿变压器分别实施绕组连同套管的长时感应电压带局部放电试验，不必对变压器本体连同调压补偿变压器联合进行整体试验。

（2）对于主体变压器局部放电试验的升压方案，综合考虑试验方案的实施可行性，对绝缘考核等因素，确定预加电压 $U_1=1.5U_\mathrm{m}/\sqrt{3}$，测量电压 $U_2=1.3U_\mathrm{m}/\sqrt{3}$；对于调压补偿变压器局部放电试验的升压方案与例行试验时的方案相同，预加电压 $U_1=1.7U_\mathrm{m}/\sqrt{3}$，测量电压 $U_2=1.5U_\mathrm{m}/\sqrt{3}$。

（3）局部放电量的规定参照了技术协议要求与现行国家标准《电力变压器 第 3 部分：绝缘水平、绝缘试验和外绝缘空气间隙》（GB 1094.3）。

（4）现场带局部放电测量的绕组连同套管长时感应电压试验的目的是检查变压器运输、现场安装后的绝缘情况，因此对于特高压变压器局部放电试验激发时间并未参照技术协议规定，而是依据现行国家标准《电力变压器 第 3 部分：绝缘水平、绝缘试验和外绝缘空气间隙》（GB 1094.3）的规定。

3.0.16　绕组频率响应特性测量应符合下列规定：

（1）应对变压器各绕组分别进行频率响应特性试验；

（2）同一组变压器中各台变压器对应绕组的频率响应特性曲线应基本相同。

【条文说明】本条规定了变压器绕组频率响应特性试验方法。变压器绕组变形试验应采用频率响应法进行测试，对各绕组分别进行测量。试验方法和判断依据应按现行行业标准《电力变压器绕组变形的频率响应法》（DL/T 911）执行。

3.0.17　小电流下的短路阻抗测量应符合下列规定：

（1）应测量变压器在 5A 电流下的短路阻抗；

（2）变压器在 5A 电流下测量的短路阻抗与例行试验时在相同电流下的测试值相比应无明显变化。

【条文说明】本条规定了变压器低电流短路阻抗的测量要求。增加此试验项目，主要考虑到 5A 电流下的短路阻抗数据可以方便获得，为以后变压器现场检修提供参考数据。试验方法可参考现行行业标准《电力变压器试验导则》（JB/T 501）的相关规定。

3.0.18　额定电压下的冲击合闸试验应符合下列规定：

（1）应在额定电压下对变压器进行冲击合闸试验，试验时变压器中性点应接地，分接位置应置于使用分接上；

（2）第 1 次冲击合闸后的带电运行时间不应少于 30min，而后每次合闸后的带电运行时间可逐次缩短，但不应少于 5min；

（3）冲击合闸时，应无异常声响等现象，保护装置不应动作；

（4）冲击合闸时，可测量励磁涌流及衰减时间。

【条文说明】本条规定了额定电压下的冲击合闸试验具体要求。对变压器冲击合闸主要考验变压器在冲击合闸时产生的励磁涌流是否会使变压器差动保护动作，并不是用冲击合闸来考核变压器绝缘性能。本条规定冲击合闸试验一般结合系统调试进行。

3.0.19　声级测量应符合下列规定：

（1）变压器开启所有工作冷却装置情况下，距主体变压器基准声发射面 2m 处，距调压补偿变压器基准声发射面 0.3m 处的噪声值应符合要求；

（2）测量方法和要求按现行国家标准《电力变压器　第 10 部分：声级测定》（GB/T 1094.10）的有关规定执行。

【条文说明】本条参照现行国家标准《电气装置安装工程 电气设备交接试验标准》（GB 50150—2006）第 7.0.17 条、《电力变压器　第 10 部分：声级测定》（GB/T 1094.10）以及特高压变压器技术协议的相关要求规定了声级测量要求。

4　电　抗　器

4.0.1　电抗器的交接试验应按 1000kV 并联电抗器、1000kV 并联电抗器配套用中性点电抗器分别进行，并应包含下列试验项目。

（1）1000kV 并联电抗器试验项目应包括下列内容：

1）密封试验；

2）绕组连同套管的直流电阻测量；

3）绕组连同套管的绝缘电阻、吸收比和极化指数测量；

4）绕组连同套管的介质损耗因数 tanδ 和电容量测量；

5）铁芯和夹件的绝缘电阻测量；

6）套管试验；

7）套管式电流互感器的试验；

8）绝缘油试验；

9）油中溶解气体分析；

10）绕组连同套管的外施工频耐压试验；

11）额定电压下的冲击合闸试验；

12）声级测量；

13）油箱的振动测量；

14）油箱表面的温度分布及引线接头的温度测量。

（2）1000kV并联电抗器配套用中性点电抗器试验项目应包括下列内容：

1）密封试验；

2）绕组连同套管的直流电阻测量；

3）绕组连同套管的绝缘电阻、吸收比和极化指数测量；

4）绕组连同套管的介质损耗因数 tanδ 和电容量测量；

5）绕组连同套管的外施工频耐压试验；

6）铁芯和夹件的绝缘电阻测量；

7）绝缘油的试验；

8）油中溶解气体分析；

9）套管试验；

10）套管式电流互感器的试验。

【条文说明】电抗器交接试验项目按 1000kV 并联电抗器和 1000kV 并联电抗器配套用中性点电抗器分别列出。中性点接地电抗器运行中很少带全电压，因此现场交接试验中不要求对噪声、振动和油箱表面温度分布及引线接头温度进行测量。

对于 1000kV 并联电抗器，以下 4 项试验在系统调试时进行：

（1）额定电压下的冲击合闸试验；

（2）测量电抗器的噪声；

（3）测量油箱的振动；

（4）测量油箱表面的温度分布及引线接头的温度。

电抗器的振动、噪声、油箱表面温升的最大限值是基本要求，如果合同规定的比本标准要求的高，按合同执行。

4.0.2　密封试验，应在 1000kV 并联电抗器和配套用中性点电抗器储油柜油面上施加 0.03MPa 静压力，试验时间连续 24h，不应有渗漏和损伤。

4.0.3　测量绕组连同套管的直流电阻应符合下列规定：

（1）各相绕组直流电阻相互间的差值不应大于三相平均值的 2%；

（2）实测值与例行试验值比较，换算到相同温度下的差值不应大于 2%；

（3）测量温度应以油平均温度为准。不同温度下的电阻值应按式（4.0.3）换算：

$$R_2 = R_1 \times (235 + t_2)/(235 + t_1) \tag{4.0.3}$$

4.0.4　测量绕组连同套管的绝缘电阻、吸收比和极化指数应符合下列规定：

（1）应使用 5000V 绝缘电阻表测量；

（2）测量温度应以油平均温度为准，测量时应在油温 10～40℃时进行，当测量温度与例行试验时的温度不同时，绝缘电阻值可按式（4.0.4）换算到相同温度下进行比较：

$$R_2 = R_1 \times 1.5^{(t_1-t_2)/10}$$ (4.0.4)

绝缘电阻值不宜低于例行试验值的70%；

（3）吸收比不应低于1.3或极化指数不应低于1.5，且与例行试验值相比应无明显差别；

（4）当绝缘电阻 R_{60s} 大于10 000MΩ、吸收比及极化指数较低时，应根据绕组连同套管的介质损耗正切值 tanδ 进行综合判断。

4.0.5 测量绕组连同套管的介质损耗因数 tanδ 和电容量应符合下列规定：

（1）试验电压应为10kV交流电压；

（2）绕组连同套管的介质损耗因数 tanδ 不应大于例行试验值的130%；

（3）测量温度应以油平均温度为准，测量时应在油温10～40℃时进行。当测量温度与例行试验时的温度不同时，可按式（4.0.5）换算到相同温度下的 tanδ 值进行比较：

$$\tan\delta_2 = \tan\delta_1 \times 1.3^{(t_2-t_1)/10}/10$$ (4.0.5)

（4）绕组连同套管的电容值与例行试验值相比应无明显变化。

4.0.6 测量铁芯和夹件的绝缘电阻应符合下列规定：

（1）应使用2500V绝缘电阻表进行测量，持续时间为1min，应无异常；

（2）分别测量铁芯对油箱、夹件对油箱、铁芯和夹件间的绝缘电阻，测量值与例行试验值相比应无明显差别。

4.0.7 套管试验应按本标准第10章的规定进行。

4.0.8 套管式电流互感器试验应按本标准第7章的规定进行。

4.0.9 绝缘油性能试验应按本标准第13章的规定进行。

4.0.10 油中溶解气体分析应符合下列规定：

（1）应在电抗器注油前、静置后24h、外施工频耐压试验后、冲击合闸后、额定电压运行24h后及168h后，各进行一次分析；

（2）试验应按现行国家标准《变压器油中溶解气体分析和判断导则》（GB/T 7252）的有关规定执行；

（3）油中溶解气体含量应无乙炔，且总烃小于或等于20μL/L，氢气小于或等于10μL/L；

（4）各次测得的数据应无明显差别，当气体组份含量有增长趋势时，可结合相对产气速率综合分析判断，必要时应缩短色谱分析取样周期进行追踪分析。

4.0.11 绕组连同套管的外施工频耐压试验应符合下列规定：

（1）试验电压按例行试验时中性点外施耐受电压值的80%进行，试验时间为1min；

（2）外施工频耐压试验过程中，试验电压应无突然下降、无放电声等异常现象；

（3）试验过程中应进行局部放电量监测，中性点电抗器不应进行局部放电量监测。

【条文说明】现场交接试验中进行绕组连同套管的外施交流耐压试验，只能按电抗器绕组中性点端的绝缘水平进行外施交流耐压，属于绝缘检查试验，而不是对绝缘的考核性试验。按末端的绝缘水平在现场进行交流耐压试验的试验电压应为例行试验电压的80%。试验接线是将电抗器绕组的高压套管和中性点套管短接后施加交流试验电压，电抗器油箱接地。外施交流试验可采用工频试验变压器加压，也可采用串联谐振装置进行。

4.0.12 额定电压下的冲击合闸试验应符合下列规定：

（1）冲击合闸试验应结合系统调试进行；

（2）冲击合闸时，应无异常声响等现象，保护装置不应动作；

（3）冲击合闸后 24h 应取油样进行油中溶解气体色谱分析，分析结果与冲击合闸前应无明显差别。

【条文说明】1000kV 电抗器与线路直接连接，因此冲击合闸是在带线路条件下进行，符合现行国家标准《电气装置安装工程 电气设备交接试验标准》（GB 50150）的要求。

4.0.13　电抗器声级测量应符合下列规定：

（1）测量方法和要求按现行国家标准《电力变压器　第 10 部分：声级测定》（GB/T 1094.10）的有关规定执行；

（2）电抗器运行中，噪声值不应大于合同规定值；

（3）当采用自然油循环自冷（ONAN）方式冷却时，测量点距基准发射面应为 0.3m；

（4）当采用自然油循环风冷（ONAF）方式冷却时，风扇投入运行时测量点距基准发射面应为 2m；

（5）当采用 ONAF 方式冷却且有隔音屏蔽时，基准发射面应将隔音室包括在内。

【条文说明】测量电抗器的噪声中，规定 ONAN 方式冷却的电抗器测量点距基准发射面应为 0.3m，ONAF 方式冷却的，风扇投入运行时测量点距基准发射面应为 2m，风扇停止运行时测量点距基准发射面 0.3m，这是参照现行国家标准《电力变压器　第 10 部分：声级测定》（GB/T 1094.10）的规定而制订的。1000kV 并联电抗器为限制噪声在 75dB（A）以下，可以增设隔音室，因此增加了带隔音室情况下的规定。

4.0.14　油箱的振动测量应符合下列规定：

（1）测量方法和要求应按现行国家标准《电抗器》（GB 10229）的有关规定执行；

（2）在额定工况下，油箱壁振动振幅双峰值不应大于 $100\mu m$，且与出厂试验数据相比无明显变化。

4.0.15　油箱表面的温度分布及引线接头的温度测量应符合下列规定：

（1）在运行中，使用红外测温仪进行油箱温度分布及引线接头温度测量；

（2）电抗器油箱表面局部热点的温升不应超过 80K；

（3）引线接头不应有过热现象。

5　电容式电压互感器

5.0.1　1000kV 电容式电压互感器的交接试验项目应包括下列内容：

（1）电容分压器低压端对地的绝缘电阻测量；

（2）分压电容器的介质损耗因数 $\tan\delta$ 和电容量测量；

（3）电容器分压的交流耐压试验；

（4）分压电容器渗漏油检查；

（5）电磁单元线圈部件的绕组直流电阻测量；

（6）电磁单元各部件的绝缘电阻测量；

（7）电磁单元各部件的连接检查；

（8）电磁单元的密封性检查；

（9）准确度（误差）测量；

（10）阻尼器检查。

5.0.2　电容分压器低压端对地的绝缘电阻测量应符合下列规定：

（1）应使用 2500V 绝缘电阻表测量；

（2）常温下的绝缘电阻不应低于1000MΩ。

5.0.3 分压电容器的介质损耗因数 tanδ 和电容量测量应符合下列规定：

（1）应在10kV电压下测量每节分压电容器的 tanδ 和电容量，中压臂电容应在额定电压下测量 tanδ 和电容量，tanδ 值不应大于0.2％；

（2）每节电容器的电容值及中压臂电容允许偏差应为额定值的－5％～＋10％；

（3）当 tanδ 值不符合要求时，可测量额定电压下的 tanδ 值，若额定电压下的 tanδ 满足上述要求，则可投运。

【条文说明】本条规定了分压电容器介质损耗因数 tanδ 和电容量的测量要求。

（1）1000kV电容式电压互感器（CVT）中压臂额定工作电压低于10kV，因此中压臂电容的 tanδ 和电容量测量电压以中压臂电容额定工作电压为准。

（3）在10kV条件下测量耦合电容器的 tanδ 和电容量易于现场操作，但是电容器绝缘介质的电场强度远远小于工作场强，测量结果不能完全发现可能存在的缺陷。当10kV条件下检测结果有疑问时，应提高试验电压进一步查找问题。此外，根据以往现场试验，误差测量结果偏大时，有可能是耦合电容器中的个别电容单元出现了击穿事故，因此当误差检测结果超差较大时，应考虑耦合电容器进行额定电压的 tanδ 和电容量测量。

5.0.4 电容分压器的交流耐压试验应符合下列规定：

（1）当怀疑绝缘有问题时，宜对电容分压器整体进行交流耐压试验；

（2）交流试验电压应为例行试验施加电压值的80％，时间1min；

（3）交流耐压试验前后应进行电容量和 tanδ 测量，两次测量结果不应有明显变化。

【条文说明】本条规定了开展电容分压器交流耐压试验的条件。

（1）受环境条件影响，现场进行1000kV柱式CVT电容分压器的工频耐压试验，只有在误差特性、tanδ 和电容量等试验发现问题时，才将耐压试验作为补充项目进行故障诊断用。局部放电试验在现场实施更加困难，因此不考虑。

（2）当施加额定电压下测量电容分压器 tanδ 和电容量检测结果仍然有疑问时，可以追加交流耐压试验，以便进一步核查问题所在。

5.0.5 分压电容器渗漏油检查应符合下列规定：

（1）用目视观察法进行检查；

（2）如果发现分压电容器有渗漏油痕迹，应停止使用并予以更换。

5.0.6 电磁单元线圈部件的绕组直流电阻测量应符合下列规定：

（1）中间变压器各绕组、补偿电抗器及阻尼器的直流电阻均应进行测量，其中中间变压器一次绕组和补偿电抗器绕组直流电阻可一并测量；

（2）绕组直流电阻值与换算到同一温度下的例行试验值比较，中间变压器及补偿电抗器绕组直流电阻偏差不宜大于10％，阻尼器直流电阻偏差不应大于15％。

【条文说明】本条规定了电磁单元线圈部件的绕组直流电阻的测量方法及要求。

（1）电磁单元线圈元件较多，进行线圈部件各绕组的直流电阻测量的主要目的是检查设备在运输过程中出现连接松动现象。

（2）由于是定性检查，直流电阻较大的绕组给出10％的偏差判别依据，直流电阻较小的绕组采用双臂电桥，测量值偏差取值5％。

5.0.7 电磁单元各部件的绝缘电阻测量应符合下列规定：

（1）应使用2500V绝缘电阻表。

（2）中间变压器各二次绕组间及对地的绝缘电阻、中间变压器一次绕组和补偿电抗器绕组对地的绝缘电阻及阻尼器对地的绝缘电阻不应低于1000MΩ。

5.0.8 电磁单元各部件的连接应符合设计要求，并应与铭牌标志相符。

5.0.9 电磁单元的密封性检查应符合下列规定：

（1）可用目视观察法进行检查；

（2）发现渗漏油应及时进行处理。

5.0.10 准确度（误差）测量应符合下列规定：

（1）关口计量用互感器应进行误差测量；

（2）用于互感器误差测量的方法应符合现行国家计量检定规程《测量用电压互感器》JJG 314的有关规定，不应用变比测试仪测量变比的方法替代误差测量；

（3）极性检查宜与误差试验同时进行，同时核对各接线端子标识是否正确；

（4）准确度（误差）测量可以采用差值法，也可采用测量电压系数的方法；

（5）试验应对每个二次绕组分别进行，除剩余绕组外，被检测绕组接入负荷应为25％～100％额定负荷，其他绕组负荷应为0～100％额定负荷，没有特殊规定时二次负荷的功率因数应为1；

（6）当测量0.2级、0.5级绕组时，应分别在80％、100％和105％的额定电压下进行；

（7）保护级绕组误差特性测量应分别在2％、5％和100％的额定电压下进行；

（8）测量时的高压引线布置应与实际使用情况接近。

【条文说明】本条规定了准确度（误差）检测的具体要求。

（1）CVT的主要功能之一是用于电能计量，原建设部制订的电气设备交接试验标准和国家技监局制订的电力互感器检定规程，都要求现场检测包括CVT在内的所有用于计量的计量器具，因此和其他电压等级一样，将1000kV柱式CVT误差特性检测纳入现场检测项目。

（2）试验示范工程采用的1000kV电压互感器均为柱式CVT，这种结构的CVT误差特性受环境因素影响较大，包括设备安装高度、高压引线连接方式、周边物体等因素。西北750kV柱式CVT现场检测结果表明，高压引线的影响可导致CVT误差曲线偏移0.3％。换句话说，由于CVT的结构特点，电压等级越高，柱式CVT误差特性例行试验数据和现场安装后的数据存在偏差的可能性越高。现场检测柱式CVT，可以为调节柱式CVT误差特性曲线符合误差限值要求提供参考依据，试验时高压引线应尽量接近于实际使用。

（3）本标准中没有直接说明不应采用阻容分压器测量电压互感器误差的方法，主要考虑具备承担特高压试验示范工程能力的试验机构基本上了解这种方法测得的数据不稳定，复现性差，很难将测量系统的测量不确定度控制在0.05％以内。

5.0.11 阻尼器的检查应符合下列规定：

（1）阻尼器的励磁特性和检测方法可按制造厂的规定进行；

（2）电容式电压互感器在投入前应检查阻尼器是否已接入规定的二次绕组端子。

6 气体绝缘金属封闭电磁式电压互感器

6.0.1 电磁式电压互感器交接试验项目应包括下列内容：

（1）绕组的绝缘电阻测量；

（2）交流耐压试验；

（3）绝缘介质性能试验；

（4）绕组的直流电阻测量；

（5）接线组别和极性检查；

（6）准确度（误差）测量；

（7）电磁式电压互感器的励磁特性测量；

（8）密封性能检查。

6.0.2　测量绕组的绝缘电阻应符合下列规定：

（1）绝缘电阻测量应使用 2500V 绝缘电阻表；

（2）测量一次绕组对二次绕组及外壳、各二次绕组间及其对外壳的绝缘电阻，绝缘电阻值不应低于 1000MΩ。

6.0.3　交流耐压试验应符合下列规定：

（1）交流耐压试验应与 GIS 耐压试验同时进行，试验电压应为例行试验的 80％，试验频率应满足制造厂要求；

（2）二次绕组间及其对外壳的工频耐压试验电压应为 3kV。

6.0.4　绝缘介质性能试验应符合本标准第 8 章的相关规定。

6.0.5　绕组直流电阻测量应符合下列规定：

（1）一次绕组直流电阻值与换算到同一温度下的例行试验值比较，相差不宜大于 10％；

（2）二次绕组直流电阻值与换算到同一温度下的例行试验值比较，相差不宜大于 15％。

6.0.6　检查互感器的接线组别和极性，应符合设计要求，并应与铭牌和标识相符。

6.0.7　准确度（误差）测量应满足下列规定：

（1）关口计量用互感器应进行误差测量；

（2）用于互感器误差测量的方法应符合现行国家计量检定规程《测量用电压互感器》（JJG 314）的有关规定，不应用变比测试仪测量变比的方法替代误差测量。

（3）极性检查宜与误差试验同时进行，同时核对各接线端子标识是否正确；

（4）准确度（误差）测量可以采用差值法，也可采用测量电压系数的方法；

（5）试验应对每个二次绕组分别进行，除剩余绕组外，被检测绕组接入负荷应为 25％～100％额定负荷，其他绕组负荷应为 0～100％额定负荷，没有特殊规定时二次负荷的功率因数应为 1；

（6）当测量 0.2 级、0.5 级绕组时，应分别在 80％、100％和 105％的额定电压下进行；

（7）保护级绕组误差特性测量应分别在 2％、5％和 100％的额定电压下进行。

6.0.8　电磁式电压互感器的励磁特性测量应符合下列规定：

（1）励磁特性曲线测量点为额定电压的 20％、50％、80％、100％；

（2）对于额定电压测量点，励磁电流不宜大于例行试验报告和型式试验报告的测量值的 30％，同批次、同型号、同规格电压互感器此点的励磁电流不宜相差 30％。

【条文说明】与电流互感器不同，同一电压等级、同型号、同规格的电压互感器没有那么多的变比、级次组合及负载的配置，其励磁曲线与例行试验检测结果及型式试验报告数据不应有较大分散性，否则就说明所使用的材料、工艺甚至设计和制造发生了较大变动，应重新进行型式试验来检验互感器的质量。如果励磁电流偏差太大，特别是成倍偏大，就要考虑是否有匝间绝缘损坏、铁芯片间短路或者是铁芯松动的可能。考虑到 1000kV 电磁式电压互感器现场施加电压的实际困难，励磁特性曲线测量点为额定电压的 20％、50％、80％、100％。

6.0.9　密封性能检查应符合本标准第 8 章的相关规定。

7　套管式电流互感器

7.0.1　电流互感器的交接试验项目应包括下列内容：

（1）绕组的绝缘电阻测量；

（2）绕组直流电阻测量；

（3）二次绕组短时工频耐压试验；

（4）准确度（误差）测量及极性检查；

（5）励磁特性测量。

7.0.2　测量绕组的绝缘电阻应符合下列规定：

（1）应使用 2500V 绝缘电阻表；

（2）二次绕组对地及绕组间的绝缘电阻应大于 1000MΩ。

7.0.3　测量绕组的直流电阻应符合下列规定：

（1）二次绕组的直流电阻测量值与换算到同一温度下的例行试验值比较，直流电阻相互间的差异不应大于 10％；

（2）同型号、同规格、同批次电流互感器二次绕组的直流电阻相互间的差异不宜大于 10％。

7.0.4　应进行二次绕组短时工频耐压试验。电流互感器二次绕组之间及对地的工频耐受试验电压应为方均根值 3kV，试验时间 1min。

7.0.5　准确度（误差）测量及极性检查应符合下列规定：

（1）用于 GIS 关口计量的互感器应进行误差测量；

（2）用于互感器误差测量的方法应符合互感器检定规程；

（3）极性检查可与误差测量同时进行，也可以采用直流法进行，同时核对各接线端子标识是否正确；

（4）对于多变比绕组，可以仅测量其中一个变比的全量限误差，其他变比可以仅复核 20％额定电流（I_r）点的误差。各绕组所有变比必须与铭牌参数相符；

（5）误差测量以直接差值法为准，如果施加电流达不到规定值，可采用间接法检测，使用间接法的前提条件是用直接法测量 20％I_r 点的误差。

【条文说明】本条对准确度（误差）测量及极性检查作出规定。

（1）准确度检测主要针对用于电能计量的电流互感器基本误差检测。目前用于电能计量的电流互感器铁芯材料多为微晶、超微晶，这种材料物理特性较脆弱，经过运输振动或系统投合冲击电流产生的电磁力作用有可能导致铁芯材料的磁性能发生改变，影响电流互感器误差特性。包括 500kV GIS 变电站在内的现场检测发现了大量的类似问题，电流互感器出现严重超差现象，特别是 GIS 变电站电流互感器现场检测的上限（额定电流 80％～120％范围）误差特性和例行试验数据有较大差异，有的 0.2 级电流互感器实测数据超出 1％。

（2）变压器、电抗器套管电流互感器不用于关口计量，现场也无法进行误差试验，因此仅进行变比测量。

（3）电流互感器直接法测量和间接法测量差异较大，在条件具备的情况下，应以直接测量结果为准。用直接法现场检测电流互感器，需要将一次回路试验电流施加到额定电流的 1.2 倍（如额定一次电流为 4kA 的电流互感器，试验电流应施加到 4.8kA），这对试验回路较大的 1000kV 试验回路而言，回路容量达到 2000kV·A～4000kV·A 左右，试验难度极大。由于试验回路主要消耗感性无功，如果试验回路对无功进行有效补偿，是可能将一次试验电流施加上去的。如果一次试验电流难以施加到规定值，可以采用间接法检测误差，但前提是要采用直接法在不低于额定电流 20％的条件下，用直接法测量误差，以保证被检电流互感器量值的溯源性。

7.0.6　当继电保护对电流互感器的励磁特性有要求时，应进行励磁特性曲线测量。当电流互感器为多抽头时，可在使用的抽头或最小变比的抽头测量，测量值应符合产品技术条件要求。当励磁特性曲线测量时施加的电压高于峰值电压 4.5kV 时，应降低试验电源频率。

8　气体绝缘金属封闭开关设备

8.0.1　气体绝缘金属开关设备交接试验项目应包括下列内容：

（1）检查与核实；

（2）控制及辅助回路绝缘试验；

（3）SF_6 气体含水量测量；

（4）SF_6 气体密封性试验；

（5）SF_6 气体纯度检测；

（6）主回路电阻测量；

（7）SF_6 气体密度继电器及压力表校验；

（8）断路器试验；

（9）隔离开关、接地开关试验；

（10）设备内部各配套元件的试验；

（11）主回路绝缘试验。

【条文说明】本条规定了气体绝缘金属封闭开关设备的试验项目。

（1）本标准中气体绝缘金属封闭开关设备交接试验项目是参照国家现行标准《电气装置安装工程 电气设备交接试验标准》（GB 50150）、《气体绝缘金属封闭开关设备现场交接试验规程》（DL/T 618）等的规定项目编制的。

（2）断口间并联电容器的电容量、$\tan\delta$ 等相关试验在现场不易进行，标准中未列出该项试验。

（3）气体绝缘金属封闭开关设备内各配套设备的试验包括罐式避雷器、套管、套管 TA 等设备的试验，各配套设备试验按各相关部分的规定进行试验。

8.0.2　检查与核实应符合下列规定：

（1）应检查气体绝缘金属封闭开关设备整体外观，包括油漆是否完好、有无锈蚀损伤、出线套管有无损伤等，所有安装应符合制造厂的图纸要求；

（2）应检查各种充气、充油管路，阀门及各连接部件的密封是否良好；阀门的开闭位置是否正确；管道的绝缘法兰与绝缘支架是否良好；

（3）应检查断路器、隔离开关及接地开关分、合闸指示器的指示是否正确，抄录动作计数器的数值；

（4）应检查和记录各种压力表数值，检查油位计的指示值是否正确；

（5）应检查汇控柜上各种信号指示、控制开关的位置是否正确；

（6）应检查各类箱、门的关闭情况是否良好，内部有无渗水；

（7）应检查隔离开关、接地开关连杆的螺丝是否紧固，检查波纹管螺丝位置是否符合制造厂的技术要求；

（8）应检查所有接地是否可靠。

8.0.3　控制及辅助回路绝缘试验应符合下列规定：

（1）控制回路和辅助回路应进行 2kV、1min 工频耐受试验，试验时电流互感器二次绕组应短路并与地绝缘；

（2）试验前应先检查辅助和控制回路的接线是否与接线图相符，信号装置、加热器和照明能否正确动作。

8.0.4　SF_6 气体含水量测量应在设备充气至额定压力 120h 后方可进行。有电弧气室含水量应小于 $150\mu L/L$，无电弧气室含水量应小于 $250\mu L/L$。

8.0.5　SF_6 气体密封性试验应符合下列规定：

（1）设备安装完毕，充入 SF_6 气体至额定压力 4h 后，采用局部包扎法对所有连接部位进行泄漏值的测量，测量设备灵敏度不应低于 $1\times10^{-2}Pa \cdot cm^3/s$；

（2）包扎 24h 后应进行泄漏值的测量，每个气室年漏气率应小于 0.5%。

【条文说明】气体密封性试验项目中只给出了定量测量的要求，每个气室年漏气率应小于 0.5%。采用局部包扎法测量。

8.0.6　SF_6 气体纯度检测应符合下列规定：

（1）气体绝缘金属封闭开关设备所用 SF_6 气体均应为新气，且应按本标准第 14 章的规定进行验收后方可使用；

（2）设备安装完毕，充入 SF_6 气体至额定压力 4h 后，从取样口抽取气体进行纯度检测，纯度应大于 97%。

8.0.7　主回路电阻测量应符合下列规定：

（1）主回路的回路电阻测量应在现场安装后进行；

（2）电阻测量应采用直流压降法，测量电流不应小于 300A；

（3）所测电阻值应符合技术条件规定并与例行试验值相比无明显变化，且不应超过型式试验中温升试验时所测电阻值的 1.2 倍。

【条文说明】主回路电阻测量按现行国家标准《高压开关设备和控制设备标准的共用技术要求》（GB/T 11022）规定的直流压降法，采用适于现场使用的回路电阻测试仪测试。由于 1000kV 特高压气体绝缘金属封闭开关设备的额定电流较大，且每次导电回路电阻测量中常包括接地开关、隔离开关等多个部件，为准确进行测量，推荐测试电流不小于 300A。主回路电阻值现场测试标准与出厂值相同。

8.0.8　SF_6 气体密度继电器及压力表均应进行校验，校验合格后方可使用。

8.0.9　断路器试验应满足下列规定。

（1）气体绝缘金属封闭开关设备中的断路器交接试验应符合现行国家标准《1100kV 高压交流断路器规范》（GB/Z 24838—2009）中第 12.2.1 条和《高压交流断路器》（GB 1984—2003）中第 10.2.101 条的规定，所测的值应符合技术条件规定，并应和例行试验值对比；

（2）应测量 SF_6 气体的分闸、合闸和重合闸的闭锁压力动作值和复位值，以及 SF_6 气体低压力报警值和报警解除值，所测值应符合产品技术条件；

（3）应测量液压操动机构的分闸、合闸和重合闸的闭锁压力动作值和复位值，以及低压力报警值和报警解除值，安全阀的动作值和复位值；

（4）应测量操作过程中的消耗。当各个储能装置处于泵装置的相应闭锁压力下时，切断油泵电源，分别进行分闸、合闸和"O—0.3s—CO"操作，测量压力损耗值并记录操作完成后的稳态压力值；

注：O 表示一次开断操作，CO 表示一次关合操作后立即进行开断操作，立即指无任何故意的时延。

（5）应验证额定操作顺序。各个储压缸处于重合闸闭锁压力下，泵装置处于工作状态，进行额定操作顺序"O—0.3s—CO—180s—CO"操作，验证泵装置能否满足要求；

注：O 表示一次开断操作，CO 表示一次关合操作后立即进行开断操作，立即指无任何故意的时延。

（6）时间参量测量应符合下列规定：

1）液压机构的操动试验应按照表 8.0.9 的要求进行，测量分闸、合闸和合分时间及同期性，其值应符合技术条件的规定。当操作电源低于 30％额定操作电压时，不应分、合闸；当操作电源大于 65％额定操作电压时，应可靠分闸；当操作电源大于 80％额定操作电压时，应可靠合闸。当带有脱扣线圈时，应对所有脱扣线圈进行试验并记录每一个的时间；

2）应测量控制和辅助触头的动作时间。当断路器进行分闸和合闸时，测量控制和辅助触头与主触头之间的动作配合时间，配合时间应符合技术条件要求；

3）应测量液压操动机构的储能时间和保压时间。应测量油泵零起打压至允许的最高压力的储能时间和从闭锁打压至合闸、分闸、重合闸解除闭锁所用的储能时间。将液压操动机构储能至额定压力，应记录 24h 内油泵的启动次数；测量并记录停泵 24h 后的压力降，应符合技术条件的规定。

（7）液压油和氮气的检查应符合下列规定：

1）液压操作机构所用的液压油和氮气的质量应符合技术条件的规定；

2）液压油的油位应符合技术条件要求，油的水分含量应在规定的范围内，以防止锈蚀；

3）储压缸中氮气的预充入压力应符合技术条件的规定，氮气的纯度应符合要求。

（8）应测量机械行程特性。断路器液压机构的操动试验应按表 8.0.9 的要求进行，应按照制造厂在例行试验时相同的测量方法记录机械行程特性曲线，并应与出厂试验时测得的特性曲线一致；

表 8.0.9 液压机构的操动试验

操作顺序	操作线圈端钮电压	操作液压	操作次数
合、分	额定	额定	5
合、分	最高	最高	5
合、分	最低	最低	5
合—分	额定	额定	5
分—0.3s—合分	额定	额定	5

（9）应校验防慢分、防跳跃和防非全相合闸功能。断路器应对防止失压后重新打压时发生慢分的功能是否可靠进行校验，同时应进行防跳跃和防非全相合闸功能的校验；

（10）应测量分、合闸电阻值。断路器如果装有合闸电阻或分闸电阻，应测量并联电阻的阻值，其值应满足技术条件的规定，并测量并联电阻的接入时间；

（11）应测量并联电容器的电容量和介质损耗因数。断路器如装有断口间的均压电容，应测量其电容量和介质损耗因数，并应满足技术条件的规定。

8.0.10 隔离开关、接地开关试验应符合下列规定：

（1）隔离开关、接地开关时间特性试验应满足制造厂要求；

（2）应进行机械操作试验。在额定电源电压、最低电源电压和最高电源电压下各进行 5 次合闸和分闸操作，并应对快速隔离开关和接地开关记录分、合闸时间和速度，确认辅助触头和主触头的动作配合、位置指示器的动作正确性。带有分、合闸电阻的隔离开关应测量电阻的接入时间；

（3）应进行联锁检验。进行分、合闸操作，检查隔离开关和接地开关、隔离开关和断路器之间的联锁装置是否可靠；检查手动操动和电动操动之间的联锁。

8.0.11　设备内部的避雷器、电流互感器、套管等配套元件的试验应按本标准的有关规定进行，对无法分开的设备可不单独进行试验。

8.0.12　电流互感器试验应按本标准第 7 章的规定进行。

8.0.13　出线套管试验除外观检查外，气体绝缘套管试验与气体绝缘金属封闭开关设备一起进行，试验项目应满足本标准第 10 章套管现场试验的要求。

8.0.14　罐式避雷器试验除应满足 GIS 常规试验外，还应进行下列试验：

（1）运行电压下的全电流和阻性电流测量；

（2）计数器检查。

8.0.15　主回路绝缘试验应符合下列规定：

（1）气体绝缘金属封闭开关设备安装完毕并通过其他交接试验后，应在充入额定气压的 SF_6 气体下，进行现场绝缘试验。对要求较高的充电电流元件、有限压元件，试验时可进行隔离；

（2）气体绝缘金属封闭开关设备进出线应断开，并保持足够的绝缘距离。应断开罐式避雷器与主回路的连接。对电磁式电压互感器应与制造厂沟通，确定是否参加主回路绝缘试验；

（3）气体绝缘金属封闭开关设备上所有电流互感器的二次绕组应短接并接地；

（4）应将气体绝缘金属封闭开关设备被试段内的所有隔离开关合闸、接地开关分闸，应将非被试段内的接地开关合闸；

（5）耐压试验前，应用不低于 2500V 绝缘电阻表测量每相导体对地绝缘电阻；

（6）交流耐压试验应满足下列规定：

1）试验程序可根据气体绝缘金属封闭开关设备状况和现场条件，由用户和制造厂商定；

2）试验电源可采用工频串联谐振装置和变频串联谐振装置，交流电压频率应在 10Hz～300Hz 范围内；

3）现场交流耐受电压值 U_f 应为例行试验电压的 80%，时间为 1min；

4）耐压试验前应先进行老练试验，老练试验加压程序为：从零电压升压至 $U_m/\sqrt{3}$，持续 10min，再升压至 $1.2U_m/\sqrt{3}$，持续 5min，老练试验结束。老练试验结束后进行耐压试验，电压应升至 U_f，持续 1min。耐压试验结束后降至 $1.1U_m/\sqrt{3}$，直接进行局部放电测试。主回路老练、耐压试验加压程序应按图 8.0.15 进行；

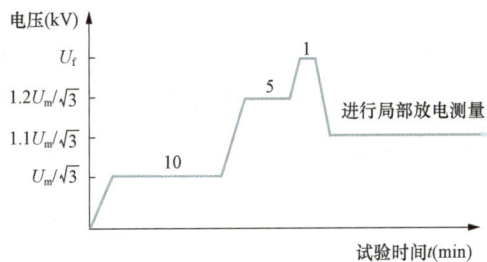

图 8.0.15　主回路老练、耐压试验
加压程序示意图

5）规定的试验电压应施加到每相导体和外壳之间，每次一相，其他的导体应与接地的外壳相连；

6）每个部件都至少加一次试验电压。在制订试验方案时，必须同时注意要尽可能减少固体绝缘的重复试验次数；

7）当怀疑断路器和隔离开关的断口在运输、安装过程中受损时，或者设备经历过解体，应做断口间的耐压试验；

8）如果气体绝缘金属封闭开关设备的每一部件均已按选定的试验程序耐受规定的试验电压而无击穿放电，则认为整个气体绝缘金属封闭开关设备通过试验；

9）在试验过程中如果发生击穿放电，应进行重复试验，如果设备还能经受规定的试验电压时，则认为是自恢复放电，耐压试验通过。如果重复耐压失败，则应解体设备，打开放电间隔，仔细检查损坏情况，采取必要的修复措施，再进行规定的耐压试验。

（7）局部放电测试可在耐压试验后进行，也可在老练试验期间进行。为了提高局部放电测试的效果，需尽量减少电源和环境干扰，避免高压引线电晕的发生。局部放电试验宜采用以下几种方法：

1）特高频法（UHF）。应通过检测GIS内部局部放电产生的电磁波发现GIS内部的缺陷。频率范围应为300～1000MHz。UHF电磁波信号由GIS内部传感器获得；

2）振动法。应通过放置在GIS外壳上的传感器接收放电产生的振动脉冲检测放电故障。测量频率应在10～30kHz范围内；

3）声测法。通过放置在GIS外壳上的声传感器接收放电产生的超声波信号，测量频率应在20kHz～100kHz范围内。

【条文说明】本条对主回路绝缘试验作出规定。

（1）交流耐压试验。耐压试验主要是考虑气体绝缘金属封闭开关设备外壳是接地的金属外壳，内部如遗留杂物、安装工艺不良或运输中引起内部零件移位，就可能会改变原设计的电场分布而造成薄弱环节和隐患。交流电压对检查自由导电微粒等杂质比较敏感。交流耐压试验方式可分为工频交流电压、工频交流串联谐振电压、变频交流串联谐振电压，按产品技术条件规定的试验电压值的80％作为现场试验的耐压试验标准。

如果进行断口间的耐压试验，则将对气体绝缘金属封闭开关设备的部分部位进行多次重复加压，可能对气体绝缘金属封闭开关设备产生不利影响，因此本标准中未列出断口间耐压试验。

（2）局部放电测量。局部放电测量有助于检查GIS内部多种绝缘缺陷，因而它是安装后耐压试验很好的补充。由于环境干扰，此项工作比较困难，试验结果的判断需要一定的经验。建议凡有条件和可能的地方，应进行局部放电试验。现场局部放电试验按照现行行业标准《气体绝缘金属封闭开关设备技术条件》（DL/T 617—2010）中有关条款的规定进行，局部放电试验应在耐压试验后进行，也可以在交流耐压试验的同时进行。为提高局部放电测试的效果，需尽量减少电源和环境干扰，避免高压引线电晕的发生（如GIS高压引入套管的屏蔽和采用无电晕的大直径导线等）。

（3）老练试验。老练试验不能代替交流耐压试验，除非其试验电压值升到交流耐压试验的电压规定值。老练试验应在现场耐压试验前进行，老练试验通过逐次增加电压达到下述两个目的：将设备中可能存在的活动微粒迁移到低电场区域；通过放电烧掉细小的微粒或电极上的毛刺、附着的尘埃等。

9 接 地 开 关

9.0.1 接地开关交接试验项目应包含下列内容：

（1）外观检查；

（2）控制及辅助回路的绝缘试验；

（3）机械操作试验；

（4）操动机构试验。

9.0.2 外观检查结果应符合技术条件要求。

9.0.3 控制及辅助回路的绝缘试验应符合下列规定：

（1）耐压试验前，用2000V绝缘电阻表测量，绝缘电阻值应大于2MΩ；

（2）控制及辅助回路应耐受2000V工频电压，时间1min。耐压试验后的绝缘电阻值不应降低。

9.0.4 机械操作试验应符合下列规定：

（1）试验应在主回路上无电压和无电流流过的情况下进行，应验证当其操动机构通电时接地开关能正确地分闸和合闸；

（2）试验期间，不应进行调整，且应操作无误。在每次操作循环中，应到达合闸位置和分闸位置，应有规定的指示和信号；

（3）试验后，接地开关的部件不应损坏；

（4）机械操作试验应在装配完整的设备上进行。

9.0.5　操动机构试验应符合下列规定：

（1）电动操动机构的电动机端子的电压应在其额定电压值的 85％～110％ 范围内，保证接地开关可靠地合闸和分闸；

（2）当二次控制线圈和电磁闭锁装置线圈接线端子的电压在其额定电压值的 80％～110％ 范围内时，应保证接地刀闸可靠地合闸或分闸；

（3）机械或电气闭锁装置应准确可靠。

10　套　管

10.0.1　1000kV 套管的交接试验应包括下列内容：

（1）油浸式套管试验项目：

1）外观检查；

2）套管主绝缘的绝缘电阻测量；

3）主绝缘介质损耗因数 $\tan\delta$ 和电容量测量；

4）末屏对地和电压抽头对地的绝缘电阻测量；

5）末屏对地的介质损耗因数 $\tan\delta$ 测量；

6）电压抽头对地耐压试验。

（2）SF_6 气体绝缘套管试验项目：

1）外观检查；

2）套管主绝缘的绝缘电阻测量；

3）SF_6 套管气体试验。

【条文说明】避雷器试验包括瓷外套避雷器和气体绝缘金属封闭开关设备用的罐式避雷器两部分，本章避雷器部分主要指瓷外套避雷器的交接试验，罐式避雷器交接试验项目在气体绝缘金属封闭开关设备部分以部件的试验给出。

10.0.2　套管应无破损、裂纹、划痕、鼓包、渗漏油，压力和油位正常。

10.0.3　测量套管主绝缘的绝缘电阻应符合下列规定：

（1）测量主绝缘的绝缘电阻，应使用 5000V 或 2500V 绝缘电阻表；

（2）主绝缘的绝缘电阻值不应低于 10 000MΩ；

（3）测量时电压抽头应和测量末屏一并接地。

10.0.4　测量主绝缘介质损耗因数 $\tan\delta$ 和电容量应符合下列规定：

（1）套管安装后，在 10kV 下测量变压器、电抗器用套管主绝缘的介质损耗因数 $\tan\delta$ 和电容量；测量时应采用"正接法"，电压抽头应与测量末屏短接；

（2）油浸式套管的实测电容值与产品铭牌数值相比，其偏差应小于 ±5％，$\tan\delta$ 值应无明显差别。

【条文说明】直流参考电压及 0.75 倍直流参考电压下漏电流测量，技术条件中要求 8mA 下直流参考电压不小于 1114kV，如现场对避雷器整体进行该项试验存在难度，可采用单节进行试验。

10.0.5　测量末屏对地和电压抽头对地的绝缘电阻应符合下列规定：

（1）测量末屏对地的绝缘电阻应使用 2500V 绝缘电阻表，其绝缘电阻值不应低于 1000MΩ，当低于该值时，应结合介质损耗因数 tanδ 综合判断；

（2）测量电压抽头对地的绝缘电阻，应使用 2500V 绝缘电阻表，其绝缘电阻值不应低于 2000MΩ，当低于该值时，应结合介质损耗因数 tanδ 综合判断。

【条文说明】测量金属氧化物避雷器在运行电压下的持续电流能有效地检查金属氧化物避雷器的质量状况，并作为以后运行过程中测试结果的基准值，因此规定其阻性电流和全电流值应符合要求。

10.0.6　测量末屏对地的介质损耗因数 tanδ 应符合下列规定：

（1）试验电压为 2kV，采用"反接法"，测量时电压抽头应处于屏蔽状态；

（2）末屏对地介质损耗因数 tanδ 应与制造厂试验值无明显差异。

10.0.7　电压抽头对地耐压试验应符合下列规定：

（1）电压抽头对地试验电压应为抽头额定工作电压的 2 倍，持续时间为 1min；

（2）如果运行中电压抽头处于接地状态，不应进行该项目。

10.0.8　SF_6 套管气体试验应符合下列规定：

（1）SF_6 水分含量在 20℃时的体积分数不应大于 250μL/L；

（2）定性检漏无泄漏点，当有怀疑时进行定量检漏，年泄漏率应小于 0.5%。

11　避　雷　器

11.0.1　1000kV 避雷器交接试验项目应包含以下内容：

（1）避雷器绝缘电阻测量；

（2）底座绝缘电阻测量；

（3）直流参考电压及 0.75 倍直流参考电压下的漏电流试验；

（4）运行电压下的全电流和阻性电流测量；

（5）避雷器用监测器检验。

11.0.2　避雷器绝缘电阻测量应符合下列规定：

（1）绝缘电阻测量应在避雷器元件上进行；

（2）绝缘电阻测量采用 5000V 绝缘电阻表，测得的绝缘电阻不应小于 2500MΩ。

11.0.3　底座绝缘电阻测量应采用 2500V 及以上绝缘电阻表，测得的绝缘电阻不应小于 2000MΩ。

11.0.4　直流参考电压及 0.75 倍直流参考电压下漏电流测量应符合下列规定：

（1）试验应在整只避雷器或避雷器元件上进行；

（2）整只避雷器直流 8mA 参考电压值不应低于 1114kV，但不应大于制造厂宣称的上限值，并记录直流 4mA 参考电压值；当试验在避雷器元件上进行时，整只避雷器直流参考电压应等于各元件之和；

（3）0.75 倍直流 8mA 参考电压下，避雷器或避雷器元件的漏电流不应大于 200μA。

11.0.5　运行电压下的全电流和阻性电流值不应大于制造厂额定值。

11.0.6　避雷器监测器检查应符合下列规定：

（1）放电计数器的动作应可靠；

（2）避雷器监视电流表指示应良好。

12 悬式绝缘子、支柱绝缘子和复合绝缘子

12.0.1 悬式绝缘子交接试验应满足下列要求：

（1）安装前应采用 5000V 绝缘电阻表测量每片悬式绝缘子绝缘电阻，不应低于 5000MΩ；

（2）应进行交流耐压试验，试验电压值应为 60kV。

12.0.2 支柱绝缘子交接试验应满足下列要求：

（1）安装前在运输单元上应进行绝缘电阻测量；

（2）绝缘电阻测量应使用 5000V 绝缘电阻表，测得绝缘电阻值不应小于 5000MΩ。

12.0.3 复合绝缘子安装前应逐只进行外观检查，伞裙不应有裂纹或缺陷，端部金具与芯棒联结处的封胶不得有开裂移位，均压环表面应光滑，不应有凹凸等缺陷。

13 绝 缘 油

13.0.1 1000kV 充油电气设备中绝缘油的试验项目及标准应满足表 13.0.1 的规定。

表 13.0.1　　　　　　　　　　1000kV 充油电气设备中绝缘油的试验项目及标准

序号	试验项目	标准	说　明
1	外观	透明、无杂质或悬浮物	目测：将油样注入试管冷却至 5℃，在光线充足的地方观察
2	凝点（℃）	符合技术条件	按现行国家标准《石油产品凝点测定法》（GB/T 510）的有关规定进行试验
3	闪点（闭口）（℃）	≥135	按现行国家标准《闪点的测定 宾斯基-马丁闭口杯法》（GB/T 261）的有关规定进行试验
4	界面张力（25℃）（mN/m）	≥35	按现行国家标准《石油产品油对水界面张力测定法（圆环法）》（GB 6541）的有关规定进行试验
5	酸值（mgKOH/g）	≤0.03	按现行国家标准《石油产品酸值测定法》（GB 264）或《变压器油、汽轮机油酸值测定法（BTB 法）》（GB/T 28552）的有关规定进行试验
6	水溶性酸 pH 值	≥5.4	按现行国家标准《运行中变压器油水溶性酸测定法》（GB/T 7598）的有关规定进行试验
7	油中颗粒含量	5μm～100μm 的颗粒度 ≤1000/100mL，无 100μm 以上颗粒	按现行行业标准《油中颗粒数及尺寸分布测量方法（自动颗粒计数仪法）》（SD 313）或《电力用油中颗粒污染度测量方法》（DL/T 432）的有关规定试验
8	体积电阻率（90℃）（Ω·m）	>6×10^10	按现行国家标准《液体绝缘材料 相对电容率、介质损耗因数和直流电阻率的测量》（GB/T 5654）的有关规定进行试验
9	击穿电压（kV）	≥70	按国家现行标准《绝缘油击穿电压测定法》（GB/T 507）或《电力系统油质试验方法 绝缘油介电强度测量法》（DL/T 429.9）的有关规定进行试验
10	$tan\delta$（90℃）（%）	注入设备前≤0.5，注入设备后≤0.7	按现行国家标准《液体绝缘材料 相对电容率、介质损耗因数和直流电阻率的测量》（GB/T 5654）的有关规定进行试验
11	油中水分含量（mg/L）	≤8	按现行国家标准《运行中变压器油水分含量测定法（库仑法）》（GB/T 7600）或《运行中变压器油、汽轮机油水分测定法（气相色谱法）》（GB/T 7601）的有关规定进行试验

序号	试验项目	标准	说　　明
12	油中含气量（V/V）（％）	≤0.8	按现行行业标准《绝缘油中含气量测定方法　真空压差法》（DL/T 423）或《绝缘油中含气量的测试方法（二氧化碳洗脱法）》（DL/T 450）的有关规定进行试验
13	油中溶解气体分析	见本标准的有关章节	按国家现行标准《绝缘油中溶解气体组分含量的气相色谱测定法》（GB/T 17623）、《变压器油中溶解气体分析和判断导则》（GB/T 7252）和《变压器油中溶解气体分析和判断导则》（DL/T 722）的有关要求进行试验

【条文说明】本条规定了绝缘油的试验项目及判断标准。

（1）闪点。新设备投运前应当测量绝缘油的闪点。变压器油的闪点降低表示油中有挥发性可燃物质产生，这些低分子碳氢化合物往往是由于电气设备存在局部故障后，造成过热使绝缘油在高温下裂解而产生的。测量油的闪点有类似于油色谱分析反映设备内部故障的功能，还可以及时发现是否混入了轻质馏分的油品。

（2）界面张力。绝缘油的界面张力是表示油与水所形成的表面张力。油水之间的界面张力是检查油中是否含有因老化而产生的可溶性杂质的一种有效方法。

（3）体积电阻率。体积电阻率是绝缘油的一个新的质量指标，测量油的体积电阻率可以用来判断变压器油的污染程度和裂化程度，油中的水分、杂质和酸性物质可以使油的体积电阻率降低。

（4）水溶性酸和酸值。变压器油中水溶性酸的增加，会加速变压器和电抗器等充油电气设备内部的纤维绝缘材料的老化，降低设备的绝缘强度，从而缩短设备的使用年限，水溶性酸用 pH 值表示。

（5）油的 tanδ。油的 tanδ 值对于判断变压器油的污染情况和裂化程度是很灵敏的，新变压器油中的极性杂质很少，tanδ 值也很小，仅为 0.01％～0.1％。但当油中混有水分、杂质或者油氧化、老化后，油的 tanδ 会增大。本标准规定测量油的 tanδ 的温度为 90℃。

13.0.2　电力变压器和电抗器的绝缘油应在注入设备前和注入设备后、热油循环结束静置后 24h 分别取油样进行试验，其结果均应满足本标准表 13.0.1 中第 7、9、10、11、12、13 项的要求。

14　SF₆ 气体

14.0.1　六氟化硫（SF₆）新气到货后，充入设备前应按现行国家标准《工业六氟化硫》（GB 12022）的有关规定验收，对气瓶的抽检率应为十分之一。同一批相同出厂日期的气体应按现行国家标准《工业六氟化硫》（GB 12022）的有关规定验收其中一个气样后，其他气样可只测定含水量和纯度。

14.0.2　六氟化硫（SF₆）新气的试验项目和要求应符合表 14.0.2 的规定：

表 14.0.2　　　　　　　六氟化硫（SF₆）新气的试验项目和要求

序号	项　目	要　求	说　　明
1	纯度（SF₆）（质量分数 m/m）（％）	≥99.9	按现行国家标准《工业六氟化硫》（GB 12022）进行
2	毒性	生物试验无毒	按现行行业标准《六氟化硫气体毒性生物试验方法》（DL/T 921 进行）

序号	项目		要　求	说　明
3	酸度（以 HF 计）的质量分数（%）		≤0.000 02	按现行行业标准《六氟化硫气体酸度测定法》（DL/T 916）进行
4	四氟化碳（质量分数 m/m）（%）		≤0.04	按现行行业标准《六氟化碳气体中空气、四氟化碳的气象色谱测定法》（DL/T 920）进行
5	空气（质量分数 m/m）（%）		≤0.04	按现行行业标准《六氟化碳气体中可水解氟化物含量测定法》（DL/T 918）进行
6	可水解氟化物（以 HF 计）（%）		≤0.0001	按现行行业标准《六氟化碳气体中可水解氟化物含量测定法》（DL/T 918）进行
7	矿物油的质量分数（%）		≤0.0004	按现行行业标准《六氟化硫气体中矿物油含量测定法（红外光谱分析法）》（DL/T 919）进行
8	水分	水的质量分数（%）	≤0.0005	按现行国家标准《工业六氟化硫》（GB 12022）进行
		露点（℃）	≤−49	

15　二　次　回　路

15.0.1　应对电气设备的操作、保护、测量、信号等回路中的操动机构的线圈、接触器、继电器、仪表等二次回路进行试验。

15.0.2　二次回路试验项目应包括下列内容：

（1）绝缘电阻测量；

（2）交流耐压试验。

15.0.3　测量绝缘电阻应满足下列要求：

（1）小母线在断开所有其他并联支路时，绝缘电阻不应小于 10MΩ；

（2）二次回路的每一支路和断路器、隔离开关的操动机构的电源回路等均不应小于 1MΩ。在比较潮湿的地方，可不小于 0.5MΩ。

15.0.4　交流耐压试验应符合下列规定：

（1）试验电压应为 1000V。当回路绝缘电阻在 10MΩ 以上时，可采用 2500V 绝缘电阻表代替，试验时间应持续 1min，或符合产品技术规定；

（2）回路中有电子元件设备的，试验时应将插件拔出或将其两端短接。

16　架空电力线路

16.0.1　架空电力线路的试验项目应包括下列内容：

（1）绝缘子和线路的绝缘电阻测量；

（2）线路的工频参数测量；

（3）相位检查；

（4）冲击合闸试验。

16.0.2　测量绝缘子和线路的绝缘电阻应满足下列要求：

（1）绝缘子绝缘电阻的试验应按本标准第 12 章的规定进行；

（2）测量并记录线路的绝缘电阻。

16.0.3 线路的工频参数测量可根据继电保护、过电压等专业的要求进行。

16.0.4 各相两侧相位应一致。

16.0.5 冲击合闸试验应满足下列要求：

（1）应在额定电压下对空载线路进行冲击合闸试验；

（2）冲击合闸试验应结合系统调试进行；

（3）合闸过程中线路绝缘不应有损坏。

17 接 地 装 置

17.0.1 接地装置的试验项目应包括以下内容：

（1）变电站、开关站接地装置接地阻抗测量；

（2）变电站、开关站接地引下线导通试验；

（3）接触电压试验；

（4）跨步电压试验；

（5）线路杆塔接地体的接地阻抗测量。

17.0.2 变电站、开关站接地装置的接地阻抗测量应满足下列要求：

（1）接地装置接地电阻测量应采用大电流法或异频法进行测量；

（2）测得的接地装置接地电阻应满足设计要求。

17.0.3 变电站、开关站接地引下线导通试验应满足下列要求：

（1）当采用接地导通测试仪逐级对设备引下线与地网主干线进行导通试验时，直流电阻值不应大于 0.2Ω；

（2）不应有开断、松脱现象，且必须符合设计要求。

17.0.4 接触电压试验可采用变频法测量再进行折算，结果不应超过设计值。

17.0.5 跨步电压试验可采用变频法测量再进行折算，结果不应超过设计值。

17.0.6 线路杆塔接地体的接地电阻测量应满足下列要求：

（1）测量时应将杆塔的接地体与杆塔主体断开；

（2）采用接地测试仪逐级对杆塔接地体进行测量；

（3）杆塔接地体接地电阻应满足设计要求。

附录 A 特殊试验项目表

表 A   特殊试验项目表

序号	条款	内 容
1	3.0.13	低电压空载试验
2	3.0.14	绕组连同套管的外施工频耐压试验
3	3.0.15	绕组连同套管的长时感应电压试验带局部放电测量
4	3.0.16	绕组频率响应特性试验
5	3.0.17	小电流下的短路阻抗测量
6	3.0.19	声级测量
7	4.0.11	绕组连同套管的外施工频耐压试验
8	4.0.13	电抗器声级测量
9	4.0.14	油箱的振动测量

序号	条款	内　　容
10	4.0.15	油箱表面的温度分布及引线接头的温度测量
11	5.0.10	准确度（误差）测量
12	6.0.3	交流耐压试验
13	6.0.7	准确度（误差）测量
14	7.0.5	准确度（误差）测量及极性检查
15	7.0.6	励磁特性曲线测量
16	8.0.15	主回路绝缘试验
17	11.0.4	直流参考电压及75％直流参考电压下泄漏电流测量
18	11.0.5	运行电压下的全电流和阻性电流测量
19	16.0.3	线路的工频参数测量
20	17.0.2	变电站、开关站接地装置接地阻抗测量

本标准用词说明

1. 为便于在执行本标准条文时区别对待，对要求严格程度不同的用词说明如下：

1）表示很严格，非这样做不可的：正面词采用"必须"，反面词采用"严禁"；

2）表示严格，在正常情况下均应这样做的：正面词采用"应"，反面词采用"不应"或"不得"；

3）表示允许稍有选择，在条件许可时首先应这样做的：正面词采用"宜"，反面词采用"不宜"；

4）表示有选择，在一定条件下可以这样做的，采用"可"。

2. 条文中指明应按其他有关标准执行的写法为："应符合……的规定"或"应按……执行"。

引用标准名录

1.《闪点的测定 宾斯基马丁闭口杯法》（GB/T 261）

2.《石油产品酸值测定法》（GB 264）

3.《绝缘油击穿电压测定法》（GB/T 507）

4.《石油产品凝点测定法》（GB/T 510）

5.《电力变压器 第3部分：绝缘水平、绝缘试验和外绝缘空气间隙》（GB 1094.3）

6.《电力变压器 第10部分：声级测定》（GB/T 1094.10）

7.《高压交流断路器》（GB 1984）

8.《液体绝缘材料 相对电容率、介质损耗因数和直流电阻率的测量》（GB/T 5654）

9.《石油产品油对水界面张力测定法（圆环法）》（GB 6541）

10.《变压器油中溶解气体分析和判断导则》（GB/T 7252）

11.《局部放电测量》（GB/T 7354）

12.《运行中变压器油水溶性酸测定法》（GB/T 7598）

13.《运行中变压器油水分含量测定法（库仑法）》（GB/T 7600）

14.《运行中变压器油、汽轮机油水分测定法（气相色谱法）》（GB/T 7601）

15.《电抗器》（GB 10229）

16. 《工业六氟化硫》（GB/T 12022）

17. 《绝缘油中溶解气体组分含量的气相色谱测定法》（GB/T 17623）

18. 《1100kV 高压交流断路器技术规范》（GB/Z 24838）

19. 《变压器油、汽轮机油酸值测定法（BTB 法）》（GB/T 28552）

20. 《绝缘油中含气量测定方法 真空压差法》（DL/T 423）

21. 《电力系统油质试验方法 绝缘油介电强度测量法》（DL/T 429.9）

22. 《电力用油中颗粒污染度测量方法》（DL/T 432）

23. 《绝缘油中含气量的测试方法（二氧化碳洗脱法）》（DL/T 450）

24. 《变压器油中溶解气体分析与判断导则》（DL/T 722）

25. 《六氟化硫气体酸度测定法》（DL/T 916）

26. 《六氟化硫气体中可水解氟化物含量测定法》（DL/T 918）

27. 《六氟化硫气体中矿物油含量测定法（红外光谱分析法）》（DL/T 919）

28. 《六氟化硫气体中空气、四氟化碳的气象色谱测定法》（DL/T 920）

29. 《六氟化硫气体毒性生物试验方法》（DL/T 921）

30. 《测量用电压互感器》（JJG 314）

31. 《油中颗粒数及尺寸分布测量方法（自动颗粒计数仪法）》（SD 313）

电气装置安装工程　高压电器施工及验收规范
（GB 50147—2010）

前　言

根据原建设部《关于印发〈2006 年工程建设标准规范制定、修订计划（第二批）〉的通知》（建标〔2006〕136 号）的要求，由中国电力科学研究院会同有关单位在《电气装置安装工程 高压电器施工及验收规范》（GBJ 147—90）的基础上修订完成的。

本规范共分 11 章，主要内容包括：总则，术语，基本规定，六氟化硫断路器，气体绝缘金属封闭开关设备，真空断路器和高压开关柜，断路器的操动机构，隔离开关、负荷开关及高压熔断器，避雷器和中性点放电间隙，干式电抗器和阻波器，电容器等。

与原规范相比较，本次修订的主要内容有：

（1）将本规范的适用范围由 500kV 电压等级扩大到 750kV 级。电压等级提高了，对安装各个环节施工技术、指标等要求的提高，在条文中都作了明确规定。

（2）在相应章节中增加了罐式断路器内检、高压开关柜和串联电容补偿装置安装的内容。

（3）删除了原规范中的如下内容：

1）空气断路器、油断路器安装的全部章节；

2）避雷器章节中有关普通阀式、磁吹阀式、排气式避雷器的安装；

3）电抗器章节中有关混凝土电抗器的安装。

本规范中以黑体字标志的条文为强制性条文，必须严格执行。

本规范由住房和城乡建设部负责管理和对强制性条文的解释，中国电力企业联合会负责日常管理，中国电力科学研究院负责具体技术内容的解释。本规范在执行过程中，请各单位结合工程实践，认真总结经验，如发现需要修改或补充之处，请将意见和建议寄中国电力科学研究院（地址：北京市宣武区南滨河路 33 号，邮政编码：100055，电话：010—63424285）。

本规范主编单位、参编单位、主要起草人及主要审查人：

主编单位：中国电力科学研究院（原国电电力建设研究所）
　　　　　广东省输变电工程公司

参编单位：华北电网北京超高压公司
　　　　　国网直流工程建设有限公司
　　　　　山东送变电工程公司

主要起草人：吕志瑞　张　诚　王进弘　何冠恒　荆　津　陈懿夫　刘冬根　李　波
　　　　　马学军

主要审查人：陈发宇　蔡新华　孙关福　吴克芬　项玉华　简翰成　李贵生　罗喜群
　　　　　谭昌友　姜　峰　周翌中　廖　薇　李文学　陈宏强

目　次

1 总 则

1.0.1 为保证高压电器的安装质量，促进安装技术进步，确保设备安全运行，制定本规范。

1.0.2 本规范适用于交流 3～750kV 电压等级的六氟化硫断路器、气体绝缘金属封闭开关设备（GIS）、复合电器（HGIS）、真空断路器、高压开关柜、隔离开关、负荷开关、高压熔断器、避雷器和中性点放电间隙、干式电抗器和阻波器、电容器等高压电器安装工程的施工及质量验收。

【条文说明】本规范 750kV 高压电器安装的内容，是在总结我国西北部地区 750kV 输变电示范工程施工、验收及运行经验的基础上编制的。

本规范中所明确高压电器的电压等级范围，参考了国家现行标准《高压交流断路器》（GB 1984）所规定的电压等级范围，最低电压为交流 3kV，最高为交流 750kV，具体的高压电器设备的电压等级在相应章节中进行了规定。

1.0.3 高压电器的施工及验收除应符合本规范外，尚应符合国家现行有关标准的规定。

2 术 语

2.0.1 高压断路器（high-voltage breaker）

它不仅可以切断或闭合高压电路中的空载电流和负荷电流，而且当系统发生故障时，通过继电保护装置的作用，切断过负荷电流和短路电流。它具有相当完善的灭弧结构和足够的断流能力。又称高压开关。

2.0.2 高压开关柜（high-voltage switchgear panel）

由高压断路器、负荷开关、接触器、高压熔断器、隔离开关、接地开关、互感器及站用电变压器，以及控制、测量、保护、调节装置，内部连接件、辅件、外壳和支持件等不同电气装置组成的成套配电装置，其内的空间以空气或复合绝缘材料作为介质，用作接受和分配电网的三相电能。本标准中，高压开关柜系指"金属封闭开关设备和控制设备（除外部连接外，全部装配完成并封闭在接地金属外壳内的开关设备和控制设备）。"

【条文说明】考虑到目前高压开关柜仍是一种通常叫法，在本标准中依然沿用，同时考虑技术进步，明确本标准中高压开关柜系指《3.6kV～40.5kV 交流金属封闭开关设备和控制设备》（GB 3906）中的"金属封闭开关设备和控制设备"。

2.0.3 金属封闭开关设备（metal-enclosed switchgear）

除进出线外，完全被接地的金属封闭的开关设备。

2.0.4 气体绝缘金属封闭开关设备（gas-insulated metal enclosed switchgear）

全部或部分采用气体而不采用处于大气压下的空气作绝缘介质的金属封闭开关设备，简称 GIS。

2.0.5 复合电器（HGIS，hybrid GIS）

复合电器（HGIS）是简化的 GIS，不含敞开式汇流母线等。

【条文说明】复合电器（HGIS）

（Hybrid GIS）在《气体绝缘金属封闭开关设备技术条件》（DL/T 617—1997）中的定义为：复合电器是指气体绝缘金属封闭开关设备（GIS）与敞开式高压电器的组合，例如汇流母线采用敞开式，而其他电器采用 GIS。在本规范中明确为"复合电器（HGIS）是简化的 GIS，不含敞开式汇流母线等"，也不含其他敞开式避雷器、电压互感器等。

2.0.6　伸缩节（flex section）

用于 GIS、HGIS 相邻两个外壳间相接部分的连接，用来吸收热伸缩及不均匀下沉等引起的位移，且具有波纹管等型式的弹性接头。

2.0.7　运输单元（transportation unit）

不需拆开而适合运输的 GIS、HGIS 的一部分。

2.0.8　元件（component）

在 GIS、HGIS 的主回路和与主回路连接的回路中担负某一特定功能的基本部件，例如断路器、隔离开关、负荷开关、接地开关、避雷器、互感器、套管和母线等。

2.0.9　套管（bushing）

供一个或几个导体穿过诸如墙壁或箱体等隔断，起绝缘或支撑作用的器件。

2.0.10　隔离开关（disconnecting switch）

在分位置时，触头间有符合规定要求的绝缘距离和明显的断开标识；在合位置时，能承载正常回路条件下的电流及在规定时间内异常条件下的电流的开关设备。

2.0.11　接地开关（earthing switch）

用于将回路接地的一种机械式开关装置。在异常条件（如短路）下，可在规定时间内承载规定的电流；但在正常回路条件下，不要求承载电流。接地开关可与隔离开关组合安装在一起。

2.0.12　操动机构（operating device）

操作开关设备合、分的装置。

2.0.13　避雷器（arrester）

是一种过电压限制器。当过电压出现时，避雷器两端子间的电压不超过规定值，使电气设备免受过电压损坏；过电压作用后，又能使系统迅速恢复正常状态。又称过电压限制器。

2.0.14　金属氧化物避雷器（metal-oxide surge arrester）

由金属氧化物电阻片相串联和（或）并联有或无放电间隙所组成的避雷器，包括无间隙和有串联、并联间隙的金属氧化物避雷器。

2.0.15　复合外套（compound shell）

分别由有机合成材料和高分子绝缘材料制成的绝缘套。

2.0.16　放电计数器（discharge counter）

记录避雷器的动作（放电）次数的一种装置。

2.0.17　电容器（capacitor）

用来提供电容的器件。

2.0.18　电力电容器（power capacitor）

用于电力网的电容器。

2.0.19　耦合电容器（coupling capacitor）

用在电力系统中借以传递信号的电容器。

2.0.20　干式电抗器（dry-type reactor）

绕组和铁芯（如果有）不浸于液体绝缘介质中的电抗器。包括：无铁芯的电抗器即空心电抗器、干式铁芯电抗器。

2.0.21　产品技术文件（technical documentation of product）

产品技术文件是指所签订的设备合同的技术部分以及制造厂提供的产品说明书、试验记录、合格证明文件及安装图纸等。

2.0.22 器材（equipment and material）

是指器械和材料的总称。

3 基 本 规 定

3.0.1 高压电器安装应按已批准的设计图纸和产品技术文件进行施工。

【条文说明】按设计及产品技术文件进行施工是现场施工的基本要求。

3.0.2 设备和器材的运输、保管，应符合本规范和产品技术文件要求。

【条文说明】由于高压电器设备的特殊性，运输和保管按产品技术文件（制造厂）进行是必要的。

3.0.3 设备及器材在安装前的保管，其保管期限应符合产品技术文件要求，在产品技术文件没有规定时应不超过1年。当需长期保管时，应通知设备制造厂并征求其意见。

【条文说明】设备及器材保管是安装前的一个重要前期工作，施工前做好设备及器材的保管有利于以后的施工。设备及器材保管的要求和措施，因其保管时间的长短而有所不同，故本规范明确为设备到达现场后安装前的保管，其保管期限不超过1年。通常情况下，产品技术文件对设备及器材保管的要求和措施都有具体规定。

本条所指的长期保管是指下列两种情况：

（1）制造厂未规定时，保管期限超过1年；

（2）保管期限超过制造厂所规定的保管时间。

3.0.4 设备及器材应符合国家现行技术标准的规定，同时应满足所签订的订货技术条件的要求，并应有合格证明文件。设备应有铭牌，GIS、HGIS设备汇控柜上应有一次接线模拟图，GIS、HGIS设备气室分隔点应在设备上标出。

【条文说明】GIS设备汇控柜上有一次接线模拟图以及在设备上标出气室分隔点等要求，便于运行、检修人员清楚一次设备的位置情况。

3.0.5 设备及器材到达现场后应及时作下列检查：

（1）包装及密封应良好；

（2）开箱检查清点，规格应符合设计要求，附件、备件应齐全；

（3）产品的技术资料应齐全。

（4）按本规范要求检查设备外观。

【条文说明】出厂的每台设备应附有产品合格证明书、装箱单和安装使用说明书、安装图纸等。断路器所附的产品合格证明还应包括出厂试验数据。出厂资料的份数应符合合同要求，厂家技术资料、备品备件宜单独装箱。

进口设备按相关商检要求进行。

3.0.6 施工前应编制施工方案。所编制的施工方案应符合本规范和其他相关国家现行标准的规定及产品技术文件的要求。

【条文说明】高压电器设备安装前应编制施工方案是基本要求，尤其是对于500kV和750kV电压等级高压电器设备的安装，如750kV GIS中的断路器部分达30t～40t，施工难度大，应根据现场具体条件，施工前必须制定包括安全技术措施的施工方案，安全技术措施在会审通过后才能执行。

3.0.7 与高压电器安装有关的建筑工程施工应符合下列规定：

（1）应符合设计及设备的要求；

（2）与高压电器安装有关的建筑工程质量，应符合现行国家标准《建筑工程施工质量验收统一标准》（GB/T 50300）的有关规定；

（3）设备安装前，建筑工程应具备下列条件：

1）屋顶、楼板应已施工完毕，不得渗漏；

2）配电室的门、窗应安装完毕；室内地面基层应施工完毕，并应在墙上标出地面标高；设备底座及母线构架安装后其周围地面应抹光；室内接地应按照设计施工完毕；

3）预埋件及预留孔应符合设计要求，预埋件应牢固；

4）进行室内装饰时有可能损坏已安装设备或设备安装后不能再进行装饰的工作应全部结束；

5）混凝土基础及构支架应达到允许安装的强度和刚度，设备支架焊接质量应符合现行国家标准《现场设备、工业管道焊接工程施工及验收规范》（GB 50236）的有关规定；

6）施工设施及杂物应清除干净，并应有足够的安装场地，施工道路应通畅；

7）高层构架的走道板、栏杆、平台及梯子等应齐全、牢固；

8）基坑应已回填夯实；

9）建筑物、混凝土基础及构支架等建筑工程应通过初步验收合格，并已办理交付安装的中间交接手续。

（4）设备投入运行前，应符合下列规定：

1）装饰工程应结束，地面、墙面、构架应无污染；

2）二次灌浆和抹面工作应已完成；

3）保护性网门、栏杆及梯子等应齐全、接地可靠；

4）室外配电装置的场地应平整；

5）室内、外接地应按设计施工完毕，并已验收合格；

6）室内通风设备应运行良好；

7）受电后无法进行或影响运行安全的工作应施工完毕。

【条文说明】与高压电器安装有关的建筑工程施工。

（3）为了减少现场施工时电气设备安装和建筑工程之间的交叉作业，同时高压电器设备本身尤其是 GIS、HGIS 安装，对作业现场的环境有严格要求，本条规定了设备安装前建筑工程应具备的一些具体要求，以便给安装工程创造必要的施工条件。

强调混凝土基础及构支架等建筑工程应经初步验收，建筑与安装单位办理交付安装的中间交接手续，以便明确职责及做好成品保护工作。

（4）为了避免工程结尾工作拖延而影响运行维护，特别是针对受电后无法进行的或影响运行安全的工作，本款明确了设备投入运行前建筑工程应完成的工作。

3.0.8　设备安装前，相应配电装置区的主接地网应完成施工。

3.0.9　设备安装用的紧固件应采用镀锌或不锈钢制品，户外用的紧固件采用镀锌制品时应采用热镀锌工艺；外露地脚螺栓应采用热镀锌制品；电气接线端子用的紧固件应符合现行国家标准《变压器、高压电器和套管的接线端子》（GB 5273）的有关规定。

【条文说明】设备安装用的紧固件在综合考虑加工精度以及材料性能情况下，对于小规格紧固件，无镀锌制品时，采用了不锈钢制品。有些制造厂提出一般 M12 规格以下紧固件采用不锈钢材料，M12 规格以上采用热镀锌制品。

3.0.10　高压电器的接地应符合现行国家标准《电气装置安装工程 接地装置施工及验收规范》（GB 50169）及设计、产品技术文件的有关规定。

3.0.11　高压电器的瓷件质量应符合现行国家标准《高压绝缘子瓷件技术条件》（GB/T772）、《标称电压高于1000V系统用户内和户外支柱绝缘子　第1部分：瓷或玻璃绝缘子的试验》（GB/T 8287.1）、《标称电压高于1000V系统用户内和户外支柱绝缘子　第2部分：尺寸与特性》（GB/T 8287.2）、《交流电压高于1000V的绝缘套管》（GB/T 4109）及所签订技术条件的有关规定。

3.0.12　高压电器设备的交接试验应按照现行国家标准《电气装置安装工程　电气设备交接试验标准》（GB 50150）的有关规定执行。

3.0.13　复合电器（HGIS）的施工及验收应按照本规范第5章气体绝缘金属封闭开关设备（GIS）的规定执行。

【条文说明】复合电器（HGIS）作为简化GIS，其所包括的元件较同电压等级的GIS要少，因此复合电器（HGIS）施工及验收应按照本规范第5章气体绝缘金属封闭开关设备（GIS）的相关规定执行。此外，近年来国外已研制成功、并已投入运行的插接式开关设备——简称PASS（Plug And Switch System），其主要特点是：将断路器、隔离开关、接地开关、电流/电压传感器组合在一个产品中，同时利用现代成熟的GIS技术与先进的电力电子技术相结合。除所涉及的电力电子技术外，PASS的安装要求同复合电器（HGIS）基本相同。

4　六氟化硫断路器

4.1　一般规定

4.1.1　本章适用于额定电压为3kV~750kV的支柱式和罐式六氟化硫断路器。

【条文说明】国家现行标准《高压交流断路器》GB 1984适用范围定为电压3kV及以上的高压交流断路器，本章规定的适用范围定为3kV~750kV。

有关文件和资料对SF₆断路器各部件的称呼不一，如对灭弧室，有的叫开断单元。本规范对支柱式断路器的灭弧室统称为灭弧室；对罐式断路器的灭弧室统称为罐体。

4.1.2　六氟化硫断路器在运输和装卸过程中，不得倒置、碰撞或受到剧烈振动。制造厂有特殊规定时，应按制造厂的规定装运。

【条文说明】对断路器的运输和装卸，国家相关标准中规定了其包装箱或柜上应有在运输、保管过程中必须注意事项的明显标志和符号，如上部位置、防潮、防雨、防震及起吊位置等，因此应注意按规定的标志进行装运。国家现行标准《高压开关设备和控制设备标准的共用技术要求》（GB/T 11022）的第10章对运输、储存有专门的规定，按照制造厂的说明书对开关设备和控制设备进行运输、储存和安装以及在使用中的运行和维修，是十分重要的。因此，制造厂应提供开关设备和控制设备的运输、储存、安装、运行和维修说明书，运输、储存说明书应在交货前的适当时间提供，而安装、运行和维修说明书最迟应在交货时提供。为了在运输、储存和安装中以及在带电前保护绝缘，以防由于雨、雪或凝露等原因而吸潮，采取特殊的预防措施可能是必要的。运输中的振动也应予以考虑。说明书中对此应给予适当的说明。

针对500kV、750kV断路器重量重、体积大的特点，本条专门对于现场卸车提出了要求。

4.1.3　现场卸车应符合下列规定：

（1）按产品包装的重量选择起重机；

（2）仔细阅读并执行说明书的注意事项及包装上的指示要求，应避免包装及产品受到损伤。

【条文说明】对断路器的运输和装卸，国家相关标准中规定了其包装箱或柜上应有在运输、保管过程中必须注意事项的明显标志和符号，如上部位置、防潮、防雨、防震及起吊位置等，因此应注意按规定的标志进行装运。国家现行标准《高压开关设备和控制设备标准的共用技术要求》

（GB/T 11022）的第10章对运输、储存有专门的规定，按照制造厂的说明书对开关设备和控制设备进行运输、储存和安装以及在使用中的运行和维修，是十分重要的。因此，制造厂应提供开关设备和控制设备的运输、储存、安装、运行和维修说明书，运输、储存说明书应在交货前的适当时间提供，而安装、运行和维修说明书最迟应在交货时提供。为了在运输、储存和安装中以及在带电前保护绝缘，以防由于雨、雪或凝露等原因而吸潮，采取特殊的预防措施可能是必要的。运输中的振动也应予以考虑。说明书中对此应给予适当的说明。

针对500kV、750kV断路器重量重、体积大的特点，本条专门对于现场卸车提出了要求。

4.1.4 六氟化硫断路器到达现场后的检查，应符合下列规定：

（1）开箱前检查包装应无残损；

（2）设备的零件、备件及专用工器具齐全，符合订货合同约定，无锈蚀、损伤和变形；

（3）绝缘件应无变形、受潮、裂纹和剥落；

（4）瓷件表面应光滑、无裂纹和缺损，铸件应无砂眼；

（5）充有六氟化硫等气体（或氮气、干燥空气）的部件，其压力值应符合产品技术文件要求；

（6）按产品技术文件要求应安装冲击记录仪的元件，其冲击加速度不应大于产品技术文件的要求，冲击记录应随安装技术文件一并归档；

（7）制造厂所带支架应无变形、损伤、锈蚀和锌层脱落；制造厂提供的地脚螺栓应满足设计及产品技术文件要求，地脚螺栓底部应加装锚固；

（8）出厂证件及技术资料应齐全，且应符合订货合同的约定。

【条文说明】设备到达现场后，应及时进行验收检查，发现问题及时处理。

（5）为避免潮气侵入SF_6断路器的灭弧室或罐体，应特别注意充有六氟化硫等气体的部件的气体压力是否符合要求。

（6）对于750kV电压等级的产品在制造厂或订货合同规定需要安装冲击记录仪时，应记录运输全过程冲击加速度，现场应对冲击记录进行检查签证，而且冲击记录应随安装技术文件一并归档。

（7）对于制造厂提供的支架、地角螺栓等制品应按本条进行检查。"｜"形地角螺栓埋设前在下部焊接"U"形钢筋作为锚固措施。

4.1.5 六氟化硫断路器到达现场后的保管应符合产品技术文件要求，且应符合下列规定：

（1）设备应按原包装置于平整、无积水、无腐蚀性气体的场地，并按编号分组保管，对有防雨要求的设备应有相应的防雨措施；

（2）充有六氟化硫等气体的灭弧室和罐体及绝缘支柱，应按产品技术文件要求定期检查其预充压力值，并做好记录，有异常情况时应及时采取措施；

（3）绝缘部件、专用材料、专用小型工器具及备品、备件等应置于干燥的室内保管；

（4）罐式断路器的套管应水平放置；

（5）瓷件应妥善安置，不得倾倒、互相碰撞或遭受外界的危害；

（6）对于非充气元件的保管应结合安装进度以及保管时间、环境做好防护措施。

【条文说明】六氟化硫断路器到达现场后的保管。

（1）设备运到现场的保管，通常采用原包装保管，在底部有受潮或进水的可能时，可采用底部垫枕木等抬高措施。

（2）现场尤其要注意定期检查有关部件的预充气体的压力值，并作好记录。如低于允许值时，应立即补充气体；泄漏严重时，应及时通知制造厂协商处理。

（4）由于罐式断路器的套管较长，为避免受损，应水平存放保管。

（6）非充气元件如套管、机构箱、汇控箱等应结合保管环境、保管时间的长短做好防雨、防潮等措施，防止由于存放时间较长、防护措施不当引起受潮事件的发生。控制箱、机构箱的保管时间超出产品规定时，按规定采取如给驱潮器接临时电源等防潮措施。

4.2　六氟化硫断路器的安装与调整

4.2.1　六氟化硫断路器的基础或支架的安装，应符合产品技术文件要求，并应符合下列规定：

（1）混凝土强度应达到设备安装要求；

（2）基础的中心距离及高度的偏差不应大于10mm；

（3）预留孔或预埋件中心线偏差不应大于10mm；基础预埋件上端应高出混凝土表面1～10mm；

（4）预埋螺栓中心线的偏差不应大于2mm。

【条文说明】为满足电气设备安装的要求与建筑工程质量实际能达到的可能性，提出了基础中心距离偏差不大于10mm的规定。预埋螺栓一般均由安装部门自行埋设，在二次灌浆时可仔细调整到2mm偏差范围内，以利于设备的安装。

4.2.2　六氟化硫断路器安装前应进行下列检查：

（1）断路器零部件应齐全、清洁、完好；

（2）灭弧室或罐体和绝缘支柱内预充的六氟化硫等气体的压力值和六氟化硫气体的含水量应符合产品技术文件要求；

（3）均压电容、合闸电阻应经现场试验，技术数值应符合产品技术文件的要求，均压电容器的检查应符合本规范第11章的有关规定；

（4）绝缘部件表面应无裂缝、无剥落或破损，绝缘应良好，绝缘拉杆端部连接部件应牢固可靠；

（5）瓷套表面应光滑无裂纹、缺损，外观检查有疑问时应探伤检验。套管采用瓷外套时，瓷套与金属法兰胶装部位应牢固密实并涂有性能良好的防水胶；套管采用硅橡胶外套时，外观不得有裂纹、损伤、变形；套管的金属法兰结合面应平整、无外伤或铸造砂眼。

【条文说明】瓷套有隐伤，法兰结合面不平整或不严密，会引起严重漏气甚至瓷套爆炸，在进行外表检查时应特别重视。SF_6断路器的支柱瓷套属高强度瓷套，在外观检查有疑问时可考虑经探伤试验。

根据反事故措施的要求增加了对于金属法兰与瓷瓶胶装部位涂有性能良好的防水胶的要求，这是因为一般采用混凝土粘接，防水胶能够起到隔绝空气和水分的作用，有利于避免或减缓混凝土的老化。

（6）操动机构零件应齐全，轴承应光滑无卡涩，铸件应无裂纹或焊接不良；

（7）组装用的螺栓、密封垫、密封脂、清洁剂和润滑脂等，应符合产品技术文件要求；

【条文说明】（7）SF_6断路器的密封是否良好，是考核其可靠性的主要指标之一。为防止水分渗入到断路器内，对密封材料有严格的要求，故强调了组装用的密封材料必须符合产品的技术规定。

（8）密度继电器和压力表应经检验，并应有产品合格证明和检验报告。密度继电器与设备本体六氟化硫气体管道的连接，应满足可与设备本体管路系统隔离，以便于对密度继电器进行现场校验。

【条文说明】六氟化硫压力表、密度继电器为断路器制造厂外购产品，往往忽略对其进行相应的检验，而只提供原厂的合格证明文件，本条明确规定设备出厂应对六氟化硫压力表、密度继电器进行检验并提供检验报告。

对于制造厂已安装完好的液压机构压力表和六氟化硫压力表、密度继电器，现场不宜进行拆卸校验。现场校验一般采用温度、压力校正法，该方法是目前现场校验使用最多的方法。它是利用 SF$_6$ 气体的放气过程对其进行检验，但不是利用 SF$_6$ 设备本体的气体，而是采用一种专用装置在现场进行。检验时，设备本体的专用阀门将 SF$_6$ 密度继电器与本体隔离，然后与 SF$_6$ 气体密度继电器检验设备连接，进行检验。在精确测量 SF$_6$ 气体密度继电器动作时的压力并同时记录环境温度，通过换算到 20℃ 时的动作压力作为检验结论的。

制造厂对六氟化硫压力表、密度继电器一般单独装箱，以利于现场的校验；同时，为了给今后运行维护（校验和更换）提供方便，密度继电器的连接宜满足不拆卸校验的要求。

（9）罐式断路器安装前，应核对电流互感器二次绕组排列次序及变比、极性、级次等是否符合设计要求。电流互感器的变比、极性等常规试验应合格。

【条文说明】罐式断路器安装前应对电流互感器进行本条所要求的核对和试验，以避免返工。

4.2.3 六氟化硫断路器的安装，应在无风沙、无雨雪的天气下进行；灭弧室检查组装时，空气相对湿度应小于 80%，并应采取防尘、防潮措施。

【条文说明】本条是针对 SF$_6$ 断路器的安装环境，强调灭弧室检查组装应在空气相对湿度小于 80% 的条件下进行。至于不受空气相对湿度影响的部件，只要求在无风沙、无雨雪的条件下进行组装。对灭弧室进行检查组装时，以及对在户外安装的罐式断路器更换吸附剂、对罐体进行内检、端盖密封面的处理等工作，要求细致而费时，一般规定在 120min 内处理好，且采取符合产品技术文件的规定的防尘防潮措施，这是因为即使在无风沙的天气下作业，空气中悬浮的尘埃也难免侵入罐体内。

某高压开关厂与日本三菱公司的合作产品 330kV 罐式断路器安装时所采取的防尘防潮措施，可供参考：

（1）在作业现场铺上草帘，并用水喷洒。

（2）利用周围的设备支架和构架，用帆布搭设成 4m 高的围栅，以高出罐体上的套管型电流互感器法兰孔为宜。

（3）在处理罐体两侧端盖密封面时，用塑料罩嵌入端盖面的内侧，这样最大限度地防止尘埃及潮气侵入罐体。

4.2.4 六氟化硫断路器不应在现场解体检查，当有缺陷必须在现场解体时，应经制造厂同意，并在厂方人员指导下进行，或由制造厂负责处理。

【条文说明】本条明确了不应在现场解体的规定。因为现场条件差，解体时需要进行气体回收、抽真空、充气等一连串复杂的工序，而且易受水分、尘埃的影响，所以非万不得已，不应在现场解体检查。

4.2.5 六氟化硫断路器的安装应在制造厂技术人员指导下进行，安装应符合产品技术文件要求，且应符合下列规定：

（1）应按制造厂的部件编号和规定顺序进行组装，不得混装；

（2）断路器的固定应符合产品技术文件要求且牢固可靠。支架或底架与基础的垫片不宜超过 3 片，其总厚度不应大于 10mm，各垫片尺寸应与基座相符且连接牢固；

（3）同相各支柱瓷套的法兰面宜在同一水平面上，各支柱中心线间距离的偏差不应大于 5mm，相间中心距离的偏差不应大于 5mm；

（4）所有部件的安装位置正确，并按产品技术文件要求保持其应有的水平或垂直位置；

（5）密封槽面应清洁，无划伤痕迹；已用过的密封垫（圈）不得重复使用，对新密封（垫）圈应检查无损伤；涂密封脂时，不得使其流入密封垫（圈）内侧而与六氟化硫气体接触；

（6）应按产品技术文件要求更换吸附剂；

（7）应按产品技术文件要求选用吊装器具、吊点及吊装程序；

（8）所有安装螺栓必须用力矩扳手紧固，力矩值应符合产品技术文件要求。

（9）应按产品技术文件要求涂抹防水胶。

【条文说明】制造厂提供的产品应是包含现场正确安装、试验合格的完整产品，因此六氟化硫断路器的组装明确应在制造厂技术人员的指导下进行。

SF_6 气体中的水分对开关性能的不利影响表现在对产品绝缘性能、开断性能的影响和对零部件的腐蚀作用三个方面。在现场组装时，必须严格控制水分含量，注意设备的密封工艺或采用吸附剂来吸收水分。

SF_6 气体中的水分对开关性能的不利影响表现在对产品绝缘性能、开断性能的影响和对零部件的腐蚀作用三个方面。在现场组装时，必须严格控制水分含量，注意设备的密封工艺或采用吸附剂来吸收水分。

断路器在开断过程中，SF_6 气体在电弧作用下，还会分解成 SF_4，并与潮气中的水分产生以下化学反应：

$$SF_4 + H_2O \longrightarrow SOF_2 + 2HF$$
$$SOF_2 + H_2O \longrightarrow SO_2 + 2HF$$

HF（即氢氟酸）会对含有大量 SiO_6 的绝缘材料起腐蚀作用。因此组装时，必须更换新的密封垫，并使用符合产品技术规定的清洁剂、润滑剂、密封脂等材料，为的是使各密封部位处于良好的密封状态，防止水分渗入断路器内。

因为有的密封脂含有 SiO_6 的成分，HF 对它的腐蚀将会造成断路器内杂质含量的增加，这对设备的安全运行是很不利的。故要求涂密封脂时应避免流入密封圈内侧与 SF_6 气体接触。

密封脂种类、规格以及使用方法，每个制造厂都有严格的规定，如安装时对需涂脂的密封圈进行涂脂操作以及组装完成后对注脂法兰的注脂操作等，现场应在厂家指导下严格参照执行。

（6）吸附剂的更换过程一般是：在开关组装完后，更换为活化后的重新开箱的吸附剂并立即封入开关内，然后进行抽真空作业，以去除水分。

（7）有的制造厂对起吊使用的器具及吊点有严格的规定。如吊绳要用干净的尼龙绳或有保护层的钢丝绳，以防止损伤设备和由于污染影响法兰面的密封性能。

（8）规定所有安装用、电气连接用螺栓均应用力矩扳手紧固，以便确保紧固时受力均匀且紧固到位。

4.2.6 六氟化硫罐式断路器的安装，除应符合本章第 4.2.5 条规定外，尚应符合下列规定：

（1）35kV～110kV 罐式断路器，充六氟化硫气体整体运输的，现场检测水分含量合格时可直接补充六氟化硫气体至额定压力，否则，应进行抽真空处理；分体运输的应按照产品技术文件要求或参照本条的要求进行组装；

（2）罐体在安装面上的水平允许偏差应为 0.5%，且最大允许值应为 10mm；相间中心距离允许偏差应为 5mm；

（3）220kV 及以上电压等级的罐式断路器在现场内检时，应征得制造厂同意，并在制造厂技术人员指导下进行。内检应符合产品技术文件要求，且符合下列规定：

1）内检应在无风沙、无雨雪且空气相对湿度应小于 80％的天气下进行，并应采取防尘、防潮措施；产品技术文件要求需要搭建防尘室时，所搭建的防尘室应符合产品技术文件要求；

2）产品允许露空安装时，露空时间应符合产品技术文件要求；

3）内检人员的着装应符合产品技术文件要求；

4）内检用工器具、材料使用前应登记，内检完成后应清点；

5）内检应结合套管安装工作进行，套管的安装应按照产品技术文件要求进行；

6）内检项目包括：罐体漆层完好、不得有异物和尖刺；屏蔽罩清洁、无损伤、变形；灭弧室压气缸内表面、导电杆等电气连接部分的镀银层应无起皮、脱落现象；套管内的导电杆与罐体内导电回路连接位置正确、接触可靠，导电杆表面光洁无毛刺；套管内部清洁无异物，检查导电杆的插入深度应符合产品技术文件要求；

7）内检完成后应清理干净。

【条文说明】在本规范中增加了对罐式断路器的内检要求，主要原因是罐式断路器较柱式断路器在现场的安装工序较多，露空时间也较长，安装质量较难控制。如近年来 500kV 罐式断路器多次在新品投运以及运行中发生内闪故障，虽然主要原因是制造厂产品质量存在问题，但是在现场安装过程中加强内检工作管理也是很有必要的。

（1）35kV～110kV 罐式断路器由于整体高度符合公路运输的规定，一般为充六氟化硫气体整体运输，现场可以直接就位。

（2）罐式断路器的罐体只按 0.5％罐体长度来控制罐体在安装面上的偏差，可能导致偏差太大。例如，750kV 罐式断路器的罐体长度为 6300mm，按 0.5％罐体长度计算的罐体在安装面上的水平偏差可高达 31.5mm。因此增加"最大允许值应为 10mm"的规定作为限制。

（3）220kV 及以上的罐式断路器一般采用套管、罐体分体运输，内检应结合套管安装工作进行。

4.2.7 六氟化硫断路器和操动机构的联合动作，应按照产品技术文件要求进行，并应符合下列规定：

（1）在联合动作前，断路器内应充有额定压力的六氟化硫气体；首次联合动作宜在制造厂技术人员指导下进行；

（2）位置指示器动作正确可靠，其分、合位置应符合断路器实际分、合状态；

（3）具有慢分、慢合装置者，在进行快速分、合闸前，应先进行慢分、慢合操作。

【条文说明】本条对断路器和操动机构的在现场的联合动作进行了要求。

（1）六氟化硫断路器在未充足气体时就进行分合闸，可能会损坏断口内的一些部件，故要求在联合动作前，断路器内必须充有额定压力的六氟化硫气体。在条件许可时，现场的首次操作应在制造厂技术人员指导下进行。

（3）采用液压操动机构的 SF_6 断路器，有可能产生慢速分、合闸，这种慢速分、合闸在带电操作时，将会造成断路器严重事故。故条文中规定，有慢分、合装置的条件时，在进行快速分、合闸操作前，先进行慢分、合操作，以检查断路器有无这方面的防卫功能。目前出厂的配有液压操动机构的断路器都具备防止失压慢分或失压后重新打压慢分的功能，这是对产品的基本要求。

采用气动机构或弹簧机构的 SF_6 断路器不存在慢分、慢合的问题。

4.2.8 断路器安装调整后的各项动作参数，应符合产品技术文件要求。

4.2.9 设备载流部分检查以及引下线连接应符合下列规定：

（1）设备载流部分的可挠连接不得有折损、表面凹陷及锈蚀；

（2）设备接线端子的接触表面应平整、清洁、无氧化膜，镀银部分不得挫磨；

（3）设备接线端子连接面应涂以薄层电力复合脂；

（4）连接螺栓应齐全、紧固，紧固力矩符合现行国家标准《电气装置安装工程 母线装置施工及验收规范》（GB 50149）的有关规定；

（5）引下线的连接不应使设备接线端子受到超过允许的承受应力。

【条文说明】设备载流部分检查以及引下线连接。

（3）设备接线端子的接触面涂了薄层电力复合脂后，没有必要在搭接处周围再涂密封脂。理由是我国目前已生产的电力复合脂的滴点可高达180～220℃，在运行中不会流淌。它既有导电性能，又有防腐性能，故没有必要再涂密封脂。另外，电力复合脂与中性凡士林相比，在相同的接触压力下，用电力复合脂的接触电阻小得多，所以对设备接线端子都规定用电力复合脂。

现场应注意电力复合脂的涂抹工艺，均匀且满足薄层要求。

（4）设备引线与接线端子连接的紧固力矩应符合国家现行标准《电气装置安装工程 母线装置施工及验收规范》（GB 50149）"母线与母线或母线与电器接线端子的螺栓搭接面的安装"中"钢制螺栓的紧固力矩值"的要求。见表3-7：

表3-7　　　　　　　　　　　钢制螺栓的紧固力矩值

螺栓规格（mm）	力矩值（N·m）	螺栓规格（mm）	力矩值（N·m）
N8	8.8～10.8	M16	78.5～98.1
M10	17.7～22.6	M18	98.0～127.4
M12	31.4～39.2	M20	156.9～196.2
M14	51.0～60.8	M24	274.6～343.2

（5）结合环境温度检查引下线松紧适当，引下线设备线夹应考虑设备端子的角度、方向和材质，不应使设备接线端子受到超过允许的承受应力。

4.2.10　均压环应无划痕、毛刺，安装应牢固、平整、无变形；均压环宜在最低处打排水孔。

【条文说明】均压环作为防止电晕的主要措施，要确保表面光滑、无划痕、毛刺。在北方地区，发生过均压环进水结冰后将均压环胀裂的事件，故要求宜在均压环最低处钻直径6～8mm的排水孔。

4.2.11　设备接地线连接应符合设计和产品技术文件要求，且应无锈蚀、损伤，连接牢靠。

4.3　六氟化硫气体管理及充注

4.3.1　六氟化硫气体的管理及充注，应符合本规范第5.5节的规定。

4.4　工程交接验收

4.4.1　在验收时，应进行下列检查：

（1）断路器应固定牢靠，外表应清洁完整；动作性能应符合产品技术文件的要求；

（2）螺栓紧固力矩应达到产品技术文件的要求；

（3）电气连接应可靠且接触良好；

（4）断路器及其操动机构的联动应正常，无卡阻现象；分、合闸指示应正确；辅助开关动作应正确可靠；

（5）密度继电器的报警、闭锁值应符合产品技术文件的要求，电气回路传动应正确；

（6）六氟化硫气体压力、泄漏率和含水量应符合现行国家标准《电气装置安装工程 电气设备交接试验标准》（GB 50150）及产品技术文件的规定；

（7）瓷套应完整无损，表面应清洁；

（8）所有柜、箱防雨防潮性能应良好，本体电缆防护应良好；

（9）接地应良好，接地标识清楚；

（10）交接试验应合格；

（11）设备引下线连接应可靠且不应使设备接线端子承受超过允许的应力；

（12）油漆应完整，相色标志应正确。

【条文说明】本条规定了工程竣工后，在交接时进行检查的项目及要求，把与设备安装紧密相关的交接试验项目列入其中，并把交接试验合格作为设备交接验收的前提条件。

本条第 4 款、第 5 款、第 6 款中，操动机构的联动，分、合闸指示，辅助开关动作，密度继电器的报警、闭锁值，电气回路传动，六氟化硫气体压力、泄漏率和含水量等，都直接涉及设备运行安全可靠性及人员生命安全，因此，将其列为强制性条文。

（12）油漆应完整，主要是对设备的补漆应注意美观，色泽协调，不一定要重新喷漆。

4.4.2　在验收时应提交下列技术文件：

（1）设计变更的证明文件；

（2）制造厂提供的产品说明书、装箱单、试验记录、合格证明文件及安装图纸等技术文件；

（3）检验及质量验收资料；

（4）试验报告；

（5）备品、备件、专用工具及测试仪器清单。

【条文说明】出厂的每台断路器应附有产品合格证明文件，包括出厂试验报告、装箱单和安装使用说明书，技术文件的份数，要符合设备订货合同的约定。

施工单位在进行交接验收时，应按本条规定提交技术文件，这是新设备的原始档案资料和运行及检修时的依据，移交的技术文件应齐全正确，其中在订货合同中明确的备品、备件、专用工具或仪器仪表，应移交给运行单位，以便于运行维护检修。

5　气体绝缘金属封闭开关设备

5.1　一般规定

5.1.1　本章适用于额定电压为 3kV～750kV 的气体绝缘金属封闭开关设备。

【条文说明】国家现行标准《额定电压 72.5kV 及以上气体绝缘金属封闭开关设备》（GB 7674）规定适用的额定电压等级范围为"72.5kV 及以上"。国家现行标准《3.6kV～40.5kV 交流金属封闭开关设备和控制设备》（GB 3906）规定"本标准适用于额定电压等级范围为 3.6kV～40.5kV，频率为 50Hz 户内或户外的金属封闭开关设备和控制设备。对于具有充气隔室的金属封闭开关设备和控制设备，设计压力不超过 0.3MPa（相对压力）时也适用；设计压力超过 0.3MPa（相对压力）的充气隔室应按照《额定电压 72.5kV 及以上气体绝缘金属封闭开关设备》（GB 7674）的规定进行设计和试验。额定压力 40.5kV 以上的金属封闭开关设备和控制设备，如果满足《高压开关设备和控制设备标准的共同技术要求》（GB/T 11022）规定的绝缘水平，本标准也适用。"

考虑到在我国 72.5kV 以下的气体绝缘金属封闭开关设备的应用日益广泛，不同电压等级气体绝缘金属封闭开关设备的主要差异在于其产品的设计及制造标准不同，而现场的施工工艺及其质量检验方法相同，相比较而言，72.5kV 以下的气体绝缘金属封闭开关设备外形尺寸较小，设备可以做到充气整体运输或相对整体运输，现场的安装调整工作量更小。因此，本章的适用范围定义为额定电压 3kV～750kV 的气体绝缘金属封闭开关设备产品。

5.1.2　GIS 在运输和装卸过程中不得倒置、倾翻、碰撞和受到剧烈的振动。

【条文说明】按照国家现行标准《72.5kV 及以上气体绝缘金属封闭开关设备》（GB 7674）、《高压开关设备和控制设备标准的共用技术要求》（GB/T 11022）的要求："按照制造厂给出的说明书对开关设备和控制设备进行运输、储存和安装以及在使用中的运行和维修，是十分重要的。因此，制造厂应提供开关设备和控制设备的运输、储存、安装、运行和维修说明书。运输和储存说明书应在交货前的适当时间提供，而安装、运行和维修说明书最迟应在交货时提供。"

5.1.3　现场卸车应符合下列规定：

（1）按产品包装的重量选择起重机；

（2）仔细阅读并执行说明书的注意事项及包装上的指示要求，避免包装及产品受到损伤；

（3）卸车应符合设备安装的方向和顺序。

【条文说明】GIS 的运输单元较多，GIS 的断路器运输单元较重，本条规定了对现场装卸的要求。卸车时应按设备包装的要求进行，同时应方便现场安装。通常情况下，设备制造厂应与施工单位就 GIS 单元的交付顺序提前协商。

5.1.4　GIS 运到现场后的检查应符合下列规定：

（1）包装应无残损；

（2）所有元件、附件、备件及专用工器具应齐全，符合订货合同约定，且应无损伤变形及锈蚀；

（3）瓷件及绝缘件应无裂纹及破损；

（4）充有干燥气体的运输单元或部件，其压力值应符合产品技术文件要求；

（5）按产品技术文件要求应安装冲击记录仪的元件，其冲击加速度应不大于满足产品技术文件的要求，且冲击记录应随安装技术文件一并归档；

（6）制造厂所带支架应无变形、损伤、锈蚀和锌层脱落；制造厂提供的地脚螺栓应满足设计及产品技术文件要求，地角螺栓底部应加锚固；

（7）出厂证件及技术资料应齐全，且应符合设备订货合同的约定。

【条文说明】参见本规范第 4.1.4 条条文说明。

在运输和保管过程中充有的干燥气体是指六氟化硫气体、干燥空气或氮气几种情况，干燥气体的露点应在－40℃以下。某公司 750kV GIS 产品运输中充有氮气压力为 0.02～0.05MPa。

由于某些 750kV GIS 产品元件内部结构的原因，产品技术文件可能对某些 GIS 元件（如断路器和避雷器单元）装运有特殊要求，需装设冲击记录仪，以便记录 GIS 元件内部结构受到冲击的情况，通常对于断路器单元其冲击加速度应小于 3g。

5.1.5　GIS 运到现场后的保管应符合产品技术文件要求，且应符合下列规定：

（1）GIS 应按原包装置于平整、无积水、无腐蚀性气体的场所，对有防雨要求的设备应采取相应的防雨措施；

（2）对于有防潮要求的附件、备件、专用工器具及设备专用材料应置于干燥的室内，特别是组装用"○"形圈、吸附剂等；

（3）充有干燥气体的运输单元，应按产品技术文件要求定期检查压力值，并做好记录，有异常情况时，应按产品技术文件要求及时采取措施；

（4）套管应水平放置；

（5）所有运输用临时防护罩在安装前应保持完好，不得取下；

（6）对于非充气元件的保管应结合安装进度、保管时间、环境做好防护措施。

【条文说明】参见本规范第 4.1.5 条条文说明。

GIS 在现场的保管是根据国家现行标准《额定电压 72.5kV 及以上气体绝缘金属封闭开关设备》（GB 7674）中第 13.1 条"运输、贮存和安装时的条件"的规定而制定的。保管时，对充气运输单元的气体压力值应定期检查和记录，当压力值低于制造厂运输规定时，可补充气体至要求值。如漏气严重时，应及时采取措施并与制造厂联系。

5.1.6　采用气体绝缘的金属封闭式高压开关柜应符合本章以及产品技术文件的规定，其柜体安装和检查还应符合本规范第 6.3 节的规定。

【条文说明】采用气体绝缘的金属封闭式高压开关柜可以看作是 GIS 与高压开关柜的组合，因此，本条规定其现场的安装调整除应符合产品技术文件的要求外，还应按照本章和第 6 章中相应的规定执行。

5.2　安装与调整

5.2.1　GIS 元件安装前及安装过程中的试验工作应满足安装需要。

5.2.2　GIS 设备基础混凝土强度应达到设备安装要求，预埋件接地应良好，符合设计要求。GIS 设备基础及预埋件的允许偏差，除应符合产品技术文件要求，尚应符合表 5.2.2 的规定：

表 5.2.2　　　　　　　　　　　　GIS 设备基础及预埋件的允许偏差（mm）

项　　目	基础标高允许偏差			预埋件允许偏差				轴线	
	基础标高	同相	相间	相邻埋件	全部埋件	高于基础表面	中心线	与其他设备 x、y	y 轴线
三相共一基础	≤2	—	—	—	—	—	—	—	—
每相独立基础时	—	≤2	≤2	—	—	—	—	—	—
相邻间隔基础	≤5	—	—	—	—	—	—	—	—
同组间	—	—	—	—	—	—	≤1	—	—
预埋件表面标高	—	—	—	≤2	≤1～10	—	—	—	—
预埋螺栓	—	—	—	—	—	—	≤2	—	—
室内安装时									
断路器各组中相	—	—	—	—	—	—	—	≤5	—
220kV 以下室内外设备基础	≤5	—	—	—	—	—	—	—	—
220kV 及以上室内外设备基础	≤10	—	—	—	—	—	—	—	—
室、内外设备基础	—	—	—	—	—	—	—	—	≤5

【条文说明】GIS 的安装分为室内、室外安装，还有三相共一个基础、单相一个基础安装等多种形式，而且基础上采用预埋件或预埋螺栓的方式，对于预埋件或预埋螺栓的检查尤为重要，每个 GIS 设备制造厂根据安装的不同形式对于基础或者埋件、预埋螺栓有专门的要求。如：某公司 750kV GIS 产品要求"所埋设的 H 型钢架的标高偏差不大于 2mm。"

同时，GIS 制造厂一般随产品均配置钢支架作为 GIS 设备的底座，制造厂对钢支架的正确安装也有严格要求，现场应严格执行。

5.2.3　GIS 元件装配前，应进行下列检查：

（1）GIS 元件的所有部件应完整无损。

（2）各分隔气室气体的压力值和含水量应符合产品技术文件要求。

（3）GIS 元件的接线端子、插接件及载流部分应光洁，无锈蚀现象。

（4）各元件的紧固螺栓应齐全、无松动。

（5）瓷件应无裂纹，绝缘件应无受潮、变形、剥落及破损。套管采用瓷外套时，瓷套与金属法兰胶装部位应牢固密实并涂有性能良好的防水胶；套管采用硅橡胶外套时，外观不得有裂纹、损伤、变形；套管的金属法兰结合面应平整、无外伤或铸造砂眼。

（6）各连接件、附件的材质、规格及数量应符合产品技术文件要求。

（7）组装用的螺栓、密封垫、清洁剂、润滑脂、密封脂和擦拭材料应符合产品技术文件要求。

（8）密度继电器和压力表应经检验，并应有产品合格证和检验报告。密度继电器与设备本体六氟化硫气体管道的连接，应满足可与设备本体管路系统隔离，以便于对密度继电器进行现场校验。

（9）电流互感器二次绕组排列次序及变比、极性、级次等应符合设计要求。

（10）母线和母线筒内壁应平整无毛刺；各单元母线的长度应符合产品技术文件要求。

（11）防爆膜或其他防爆装置应完好，配置应符合产品技术文件要求，相关出厂证明资料应齐全。

（12）支架及其接地引线应无锈蚀或损伤。

【条文说明】参见本规范第 4.2.2 条条文说明。

（10）实际发生过由于制造厂提供的各单元母线的长度超差，在安装以后造成母线和支柱绝缘子变形而引发事故，因此现场应进行测量。

（11）由于产品所装设的防爆装置现场无法检验，其出厂证明文件尤为重要。

5.2.4　安装场地应符合下列规定：

（1）室内安装的 GIS：GIS 室的土建工程宜全部完成，室内应清洁，通风良好，门窗、孔洞应封堵完成；室内所安装的起重设备应经专业部门检查验收合格。

（2）室外安装的 GIS：不应有扬尘及产生扬尘的环境，否则，应采取防尘措施；起重机停靠的地基应坚固。

（3）产品和设计所要求的均压接地网施工应已完成。

【条文说明】安装场地（环境）的检查是确保安装质量、施工安全的重要内容。

由于 SF_6 气体是已知的质量最重的气体之一，在通风条件不良的情况下可能造成窒息事故，因此，应检查 GIS 室内通风良好。

检查室外工地附近是否有沙尘、泥土等及产生沙尘、泥土的裸露地面，如有，应采取喷水等防尘措施；检查场地及其地基的承载应满足所选择起重机的作业要求。

5.2.5　制造厂已装配好的各电器元件在现场组装时，如需在现场解体，应经制造厂同意，并在制造厂技术人员指导下进行，或由制造厂负责处理。

【条文说明】参见本规范第 4.2.4 条条文说明。

5.2.6　基座、支架的安装应符合设计和产品技术文件要求。

【条文说明】GIS 均由若干气室组成，一些部件如母线筒等，固定在支架上，支架固定在基础或预埋件上，因此支架水平度（包括基础及预埋件的水平偏差）是保证 GIS 各元件组装质量的基本条件，各制造厂对其偏差值以及调整方式均有明确规定。现场组装通常从断路器主体开始进行。

5.2.7　GIS 元件的安装应在制造厂技术人员指导下按产品技术文件要求进行，并应符合下列要求：

（1）装配工作应在无风沙、无雨雪、空气相对湿度小于 80% 的条件下进行，并应采取防尘、防潮措施。

（2）产品技术文件要求搭建防尘室时，所搭建的防尘室应符合产品技术文件要求。

【条文说明】某制造厂750kV GIS产品要求所采取的防尘、防潮措施为搭建防尘室。防尘室尺寸应满足GIS设备最大不解体单元体积或设备技术文件要求，其内部应配备测尘装置、除湿装置、空气调节器、干湿度计等装置，地面铺设防尘垫，防尘室应能移动，防尘室内应保持微正压，测量粉尘度满足产品技术文件要求。

（3）应按产品技术文件要求进行内检，参加现场内检的人员着装应符合产品技术文件要求。

（4）应按产品技术文件要求选用吊装器具及吊点。

（5）应按制造厂的编号和规定程序进行装配，不得混装。

（6）预充氮气的箱体应先经排氮，然后充干燥空气，箱体内空气中的氧气含量必须达到18%以上时，安装人员才允许进入内部进行检查或安装。

【条文说明】对于制造厂预充氮气的箱体进行内部检查或安装时，必须先经排氮，然后充干燥空气，箱体内空气中的氧气含量必须达到18%以上时，安装人员才允许进入内部进行检查或安装是确保人身安全的需要。因此，将此条作为强制性条文。

（7）产品技术文件允许露空安装的单元，装配过程中应严格控制每一单元的露空时间，工作间歇应采取防尘、防潮措施。

（8）产品技术文件要求所有单元的开盖、内检及连接工作应在防尘室内进行时，防尘室内及安装单元应按产品技术文件要求充入经过滤尘的干燥空气；工作间断时，安装单元应及时封闭并充入经过滤尘的干燥空气，保持微正压。

（9）盆式绝缘子应完好，表面应清洁。

（10）检查气室内运输用临时支撑应无位移、无磨损，并应拆除。

【条文说明】发生过临时支撑由于运输原因造成磨损的事件，此时需要认真清理磨损遗留物。

（11）检查制造厂已装配好的母线、母线筒内壁及其他附件表面应平整无毛刺，涂漆的漆层应完好。

（12）检查导电部件镀银层应良好、表面光滑、无脱落。

【条文说明】运行设备发生过由于导电部件镀银层脱落造成事故，因此有必要对导电部件镀银层进行检查。

（13）连接插件的触头中心应对准插口，不得卡阻，插入深度应符合产品技术文件要求；接触电阻应符合产品技术文件要求，不宜超过产品技术文件规定值的1.1倍。

【条文说明】为了减小导体接触面的接触电阻，避免接头发热，在各元件安装时，应检查导电回路的各接触面，当不符合要求时，应与制造厂联系，采取必要措施。

《电气装置安装工程 电气设备交接试验标准》（GB 50150）的要求是：接触电阻不超过产品技术条件规定值的1.2倍。有的制造厂说明书中：接触电阻测量值与制造厂测量值比不超过1.1倍，与产品技术文件要求比不超过1.2倍。接触电阻超过产品技术文件规定值的1.1倍时，就应引起现场重视，分析原因。

（14）应按产品技术文件要求更换吸附剂。

（15）应按产品技术文件要求进行除尘。

（16）密封槽面应清洁、无划伤痕迹；已用过的密封垫（圈）不得重复使用；新密封垫应无损伤；涂密封脂时，不得使其流入密封垫（圈）内侧而与六氟化硫气体接触。

（17）螺栓连接和紧固应对称均匀用力，其力矩值应符合产品技术文件要求。

（18）伸缩节的安装长度应符合产品技术文件要求。

（19）套管的安装、套管的导体插入深度均应符合产品技术文件要求。

（20）气体配管安装前内部应清洁，气管的现场加工工艺、曲率半径及支架布置，应符合产品技术文件要求。气管之间的连接接头应设置在易于观察维护的地方。

（21）在每次内检、安装和试验工作结束后，应清点用具、用品，检查确认无遗留物后方可封盖。

（22）产品的安装、检测及试验工作全部完成后，应按产品技术文件要求对产品进行密封防水处理。

5.2.8　GIS中的避雷器、电压互感器单元与主回路的连接程序应考虑设备交流耐压试验的影响。

【条文说明】GIS中的电压互感器单元为电磁型，主设备交流耐压试验时必须将该单元与主回路隔离。在没有装设隔离开关时，该单元应在主设备交流耐压完成后连接；避雷器单元的连接应根据制造厂意见确定。电压互感器单元、避雷器单元的试验按照《电气装置安装工程 电气设备交接试验标准》（GB 50150）中的相关规定进行。

5.2.9　设备载流部分检查以及引下线的检查和安装，应按本规范第4.2.9条的规定进行。

5.2.10　均压环的检查和安装，应按本规范第4.2.10条的规定进行。

5.2.11　GIS中汇控柜、机构箱、二次接线箱等的安装，应符合本规范第7.2.2条的规定。

5.2.12　GIS辅助开关的安装，应符合本规范第7.2.6条的规定。

5.2.13　设备接地线连接，应符合设计和产品技术文件要求，并应无锈蚀和损伤，连接应紧固牢靠。

5.3　GIS中的六氟化硫断路器的安装

5.3.1　所有部件的安装位置正确，符合产品技术文件的要求。

5.3.2　GIS中断路器操动机构的检查、保管、安装和调整，应按照本规范第7章的规定进行。

【条文说明】GIS中断路器的操动机构随断路器整间隔运输，制造厂在出厂前已调整好，现场的检查及可调整的项目较少。运到现场后的保管要求，应注意汇控柜及零部件的防潮防锈。

5.3.3　GIS中断路器和操动机构的联合动作，应符合下列规定：

（1）在联合动作前，断路器内应充有额定压力的六氟化硫气体。

（2）位置指示器动作正确可靠，应与断路器的实际分、合位置一致。

【条文说明】六氟化硫断路器在未充足气体时就进行分合闸，可能会损坏断口内的一些部件，故要求在联合动作前，断路器内必须充有额定压力的六氟化硫气体。

5.3.4　GIS中断路器调整后的各项动作参数，应符合产品技术文件的要求。

5.4　GIS中的隔离开关和接地开关的安装

5.4.1　隔离开关和接地开关的操动机构零部件应齐全，所有固定连接部件应紧固，转动部分应涂以符合产品技术文件要求和适合当地气候的润滑脂。

5.4.2　隔离开关和接地开关中的传动装置的安装和调整，应符合产品技术文件要求；定位螺钉应按产品技术文件要求调整并加以固定。

5.4.3　操动机构的检查和调整，除应符合产品技术文件要求外，尚应符合下列规定：

（1）在电动操作前，气室内六氟化硫气体压力应符合产品技术文件要求。

（2）电动操作前，应先进行多次手动分、合闸，机构动作应正常。

（3）电动机转向应正确，机构的分、合闸指示与设备的实际分、合闸位置应相符。

（4）机构动作应平稳，无卡阻、冲击等异常现象。

（5）限位装置应准确可靠，到达分、合极限位置时，应可靠切除电源。

（6）操动机构在进行手动操作时，应闭锁电动操作。

【条文说明】不同 GIS 制造厂对于 GIS 中的隔离开关在电动操作时是否需要充满六氟化硫气体要求不同，制造厂明确在六氟化硫气体起缓冲作用时气室内必须充满额定压力的六氟化硫气体，本条中规定"在电动操作前，气室内六氟化硫气体压力应符合产品技术文件要求"。

5.4.4　采用弹簧机构时，弹簧机构的检查和调整应符合下列要求：

（1）分、合闸闭锁装置动作应灵活，复位应准确而迅速，并应扣合可靠。

（2）弹簧机构缓冲器的行程，应符合产品技术文件要求。

5.4.5　接地开关及外壳的接地连接应符合产品技术文件要求，且应连接牢固、可靠。

【条文说明】接地开关与 GIS 外壳绝缘，绝缘水平符合产品技术文件要求，接地连接按产品技术文件要求进行，宜采用软连接，运行时必须与外壳连接牢固可靠。

5.4.6　隔离开关、接地开关、断路器的电气闭锁回路应动作正确可靠。

5.5　六氟化硫气体管理及充注

5.5.1　六氟化硫气体的技术条件应符合表 5.5.1 的规定：

表 5.5.1　　　　　　　　　　　　　　六氟化硫气体的技术条件

指 标 项 目		指　　标
六氟化硫（SF_6）的质量分数（%）	$\geqslant$	99.9
空气的质量分数（%）	$\leqslant$	0.04
四氟化碳（CF_4）的质量分数（%）	$\leqslant$	0.04
水分	水的质量分数（%）　$\leqslant$	0.0005
	露点（℃）　$\leqslant$	-49.7
酸度（以 HF 计）的质量分数（%）	$\leqslant$	0.000 02
可水解氟化物（以 HF 计）（%）	$\leqslant$	0.0001
矿物油的质量分数（%）	$\leqslant$	0.0004
毒性		生物试验无毒

【条文说明】规范表 5.5.1 中的水分含量指标为重量比值，如换算为体积比，可按式（3-4）换算：

$$体积比 = 重量比 / 0.123 \tag{3-4}$$

5.5.2　新六氟化硫气体应有出厂检验报告及合格证明文件。运到现场后，每瓶均应作含水量检验；现场应进行抽样做全分析，抽样比例应按表 5.5.2 的规定执行。检验结果有一项不符合本规范表 5.5.1 要求时，应以两倍量气瓶数重新抽样进行复验。复验结果即使有一项不符合，整批产品不应验收。

表 5.5.2　　　　　　　　　　　　　　新六氟化硫气体抽样比例

每批气瓶数	选取的最少气瓶数	每批气瓶数	选取的最少气瓶数
1	1	41~70	3
2~40	2	71 以上	4

【条文说明】按照国家现行标准《六氟化硫电气设备中气体管理和检测导则》（GB/T 8905）第 7.6.1 条规定"六氟化硫制造厂应提供出厂产品的化学分析报告。报告中要包括 8 项指标：四氟化碳（CF_4）、空气（Air）、水（H_2O）、酸度、可水解氟化物、矿物油、纯度（SF_6）和生物试验无

毒合格证。"出厂报告应与每一批气瓶对应。

新气取样的瓶数（规范表5.5.2）取自国家现行标准《工业六氟化硫》（GB 12022）中第5.4.2条的规定。

5.5.3 六氟化硫气瓶的搬运和保管，应符合下列要求：

（1）六氟化硫气瓶的安全帽、防震圈应齐全，安全帽应拧紧；搬运时应轻装轻卸，严禁抛掷溜放。

（2）气瓶应存放在防晒、防潮和通风良好的场所；不得靠近热源和油污的地方，严禁水分和油污粘在阀门上。

（3）六氟化硫气瓶与其他气瓶不得混放。

【条文说明】SF_6 气体是无色、无味、无毒、不燃烧也不助燃的非金属化合物，在常温（20℃）、常压（直至2.1MPa）下呈气态。SF_6 气体属惰性气体，是已知的质量最重的气体之一，密度约为空气的5倍，在通风条件不良的情况下可能造成窒息事故。为此，运输、储存、验收检验的场所必须通风良好。在管理过程中，应注意分制造厂、分批次保存，将检验与未经检验的气瓶分开保管，经常检查气瓶的密封以防泄漏，还应注意防晒和防潮。严禁气瓶阀门上粘有油污或水分。

SF_6 气体临界温度为45.64℃，所以盛装 SF_6 气体的气瓶不允许在高于45℃的温度下运输、储存和使用，以防止气瓶爆炸。

5.5.4 六氟化硫气体的充注应符合下列要求：

（1）六氟化硫气体的充注应设专人负责抽真空和充注。

（2）充注前，充气设备及管路应洁净、无水分、无油污；管路连接部分应无渗漏。

（3）气体充入前应按产品技术文件要求对设备内部进行真空处理，真空度及保持时间应符合产品技术文件要求；真空泵或真空机组应有防止突然停止或因误操作而引起真空泵油倒灌的措施。

（4）当气室已充有六氟化硫气体，且含水量检验合格时，可直接补气。

（5）对柱式断路器进行充注时，应对六氟化硫气体进行称重，充入六氟化硫气体重量应符合产品技术文件要求。

（6）充注时应排除管路中的空气。

【条文说明】本条 SF_6 气体充注规定，依据为国家现行标准《六氟化硫电气设备中气体管理和检测导则》（GB/T 8905）中第7.2节"六氟化硫气体的充装"的下列相关规定，现列出供参考：

7.2.1 在充装作业时，为防止引入外来杂质，充气前所有管路、连接部件均需根据其可能残存的污物和材质情况用稀盐酸或稀碱浸洗，冲净后加热干燥备用。连接管路时操作人员应配带清洁、干燥的手套。接口处擦净吹干，管内用六氟化硫新气缓慢冲洗即可正式充气。

7.2.2 对设备抽真空是净化和检漏的重要手段。充气前设备应抽真空至规定指标，真空度为 $133×10^{-6}$ MPa，再继续抽气30min，停泵30min，记录真空度（A），再隔5h，读真空度（B），若（B）－（A）值＜$133×10^{-6}$MPa，则可认为合格，否则应进行处理并重新抽真空至合格为止。

7.2.3 设备充入六氟化硫新气前，应复检其湿度，当确认合格后，方可缓慢地充入。当六氟化硫气瓶压力降至0.1MPa表压时应停止充气。

7.2.4 充装完毕后，对设备密封外，焊缝以及管路接头进行全面检漏，确认无泄漏则可认为充装完毕。

7.2.5 充装完毕24h后，对设备中气体进行湿度测量，若超过标准，必须进行处理，直到合格。

（3）对设备可采用充高纯氮气（纯度为 99.999％）或抽真空来进行内部的净化和检漏。在采用普通真空泵时，为防止抽真空时因停电或误操作而引起真空泵油或麦式真空计的水银倒灌事故，可在管路的一侧加装逆止阀或电磁阀的措施；针对 GIS 设备，由于其容量大，应采用专用的大功率带有逆止阀或电磁阀的抽真空机组或六氟化硫回收装置。

（5）柱式六氟化硫断路器由于其内部结构紧凑，为避免发生六氟化硫气体没有到达并充满所有气室的事件，充入的六氟化硫气体应进行计量。

5.5.5 设备内六氟化硫气体的含水量和漏气率应符合现行国家标准《电气装置安装工程 电气设备交接试验标准》（GB 50150）的规定。

5.6 工程交接验收

5.6.1 在验收时，应进行下列检查：

（1）GIS 应安装牢靠、外观清洁，动作性能应符合产品技术文件要求。

（2）螺栓紧固力矩应达到产品技术文件的要求。

（3）电气连接应可靠、接触良好。

（4）GIS 中的断路器、隔离开关、接地开关及其操动机构的联动应正常、无卡阻现象；分、合闸指示应正确；辅助开关及电气闭锁应动作正确、可靠。

（5）密度继电器的报警、闭锁值应符合规定，电气回路传动应正确。

（6）六氟化硫气体漏气率和含水量，应符合现行国家标准《电气装置安装工程 电气设备交接试验标准》GB 50150 及产品技术文件的规定。

（7）瓷套应完整无损、表面清洁。

（8）所有柜、箱防雨防潮性能应良好，本体电缆防护应良好。

（9）接地应良好，接地标识应清楚。

（10）交接试验应合格。

（11）带电显示装置显示应正确。

（12）GIS 室内通风、报警系统应完好。

（13）油漆应完好，相色标志应正确。

【条文说明】本条第 4～6 款：GIS 中的断路器、隔离开关、接地开关及其操动机构的联动，分、合闸指示，辅助开关及电气闭锁，密度继电器的报警、闭锁值及六氟化硫气体漏气率和含水量等都是直接涉及设备运行安全可靠及人身安全、健康的重要内容，列为强制性条文。

（11）在产品技术文件要求安装带电显示装置时，带电显示装置应结合交流耐压试验进行检验，显示和动作应正确。

（12）由于正常运行或事故状态下可能发生 SF_6 气体泄漏，为避免对运行维护人员造成伤害，室内安装的 GIS 设备在交接验收时，应检查并确认室内通风系统和 SF_6 气体报警系统完整齐备、运行良好。

5.6.2 在验收时，应按本规范第 4.4.2 条的规定提交技术文件。

6 真空断路器和高压开关柜

6.1 一般规定

6.1.1 本章适用于额定电压为 3～35kV 的户内式真空断路器和户内式高压开关柜。

【条文说明】真空断路器在我国近十年来得到了蓬勃发展。产品从过去的 ZN1～ZN5 几个品种发展到现在数十个型号、品种，额定电流达到 3150A、开断电流达到 50kA 的较好水平，并已发展到电压达 35kV 等级。

高压开关柜有固定式和手车式两大类，固定式相对经济，手车式检修方便。目前，高压开关柜中的断路器大多选用真空断路器，但选用六氟化硫断路器的用户比例呈逐年增多趋势。目前常用的固定式开关柜有：GG－1A 高压固定柜；XGN－12 型箱式封闭固定柜；HXGN 负荷开关柜；箱式变电站式。手车式主要型号有 KYN28A、KYN44 等。近些年来相继推出了高压中置柜和铠装式开关柜。

本规范将真空断路器和高压开关柜的适用范围规定为 3～35kV。

6.1.2　真空断路器和高压开关柜应按制造厂和设备包装箱要求运输、装卸，其过程中不得倒置、强烈振动和碰撞。真空灭弧室的运输应按易碎品的有关规定进行。

【条文说明】真空断路器的主要部件灭弧室，其外壳多采用玻璃、陶瓷材质，在《12kV～40.5kV 户内高压真空断路器订货技术条件》DL 403 第 8.2.1 条中规定：真空断路器和真空灭弧室应有包装规范，各零部件在运输过程中不应损伤、破裂、变形、丢失及受潮。所有运输措施应经过验证。在运输过程中不得倒置，不得遭受强烈振动和碰撞。第 8.2.3 条规定：产品采用防潮、防振的包装，在包装箱上标以"玻璃制品""小心轻放""不准倒置"以及"防雨防潮"等明显标志，真空灭弧室的运输应按易碎品的有关规定进行。

6.1.3　真空断路器和高压开关柜运到现场后，包装应完好，设备运输单所有部件应齐全。

6.1.4　真空断路器和高压开关柜的开箱检查，应符合下列要求：

（1）设备装箱单设备部件和备件应齐全、无锈蚀和机械损伤。

（2）灭弧室、瓷套与铁件间应粘合牢固、无裂纹及破损。

（3）绝缘部件应无变形、受潮。

（4）断路器支架焊接应良好，外部防腐层应完整。

（5）产品技术文件应齐全。

（6）高压开关柜检查应符合下列要求：

1）开关柜的间隔排列顺序应与设计相符。

2）每个间隔柜内高压断路器、负荷开关、接触器、高压熔断器、隔离开关、接地开关、互感器等元件应符合设计和产品技术文件要求。

3）柜体应无变形、损伤，防腐应良好。

4）柜内各元件的合格证明文件应齐全。

【条文说明】真空断路器、手车式开关柜运到现场后，应及时检查，尤其对灭弧室、绝缘部件以及开关柜的手车等应重点检查。

《12kV～40.5kV 户内高压真空断路器订货技术条件》DL 403 第 8.2.2 条规定：每台真空断路器及其真空灭弧室产品合格证（包括出厂检验数据）及安装使用说明书均应随箱运送。

高压开关柜的间隔顺序和设计相一致，柜内一次、二次设备各元件的合格证明文件应齐全。

6.1.5　真空断路器和高压开关柜到达现场后的保管应符合产品技术文件的要求，并应符合下列要求：

（1）应存放在通风、干燥及没有腐蚀性气体的室内，存放时不得倒置。

（2）真空断路器在开箱保管时不得重叠放置。

（3）真空断路器若长期保存，应每 6 个月检查 1 次，在金属零件表面及导电接触面应涂防锈油脂，用清洁的油纸包好绝缘件。

（4）保存期限如超过真空灭弧室室上注明的允许储存期，应重新检查真空灭弧室的内部气体压强。

【条文说明】《12kV～40.5kV户内高压真空断路器订货技术条件》DL 403中第8.2.4条规定：产品应贮存在－40～＋50℃、通风且无腐蚀性气体的保管场所中；第8.2.5条规定：保管期限如超过真空灭弧室上注明的有效期，应检查真空灭弧室的内部气体压强。

6.1.6　高压开关柜内采用六氟化硫断路器时，对六氟化硫断路器的安装，应按本规范第3章的相关规定执行。

6.1.7　采用气体绝缘金属封闭式高压开关柜的安装，应按本规范第5章的相关规定执行。

6.2　真空断路器的安装与调整

6.2.1　真空断路器的安装与调整，应符合产品技术文件的要求，并应符合下列规定：

（1）安装应垂直，固定应牢固，相间支持瓷套应在同一水平面上。

（2）三相联动连杆的拐臂应在同一水平面上，拐臂角度应一致。

（3）具备慢分、慢合功能的，在安装完毕后，应先进行手动缓慢分、合闸操作，手动操作正常，方可进行电动分、合闸操作。

（4）真空断路器的行程、压缩行程在现场能够测量时，其测量值应符合产品技术文件要求；三相同期应符合产品技术文件要求。

（5）安装有并联电阻、电容的，并联电阻、电容值应符合产品技术文件要求。

【条文说明】目前真空断路器已做到本体和机构一体化设计制造，真空断路器安装与调整比其他断路器容易，主要是就位安装、传动检查、试验工作，现场安装检查调整内容较少，如原规范中所规定的对触头开距、超行程、合闸时外触头弹簧高度及油缓冲器手动慢合等进行调整的项目已经不能在现场进行，现场主要是通过交接试验来对产品的性能进行验证。

6.2.2　真空断路器的导电部分，应符合下列要求：

（1）导电回路接触电阻值，应符合产品技术文件要求。

（2）设备接线端子的搭接面和螺栓紧固力矩，应符合现行国家标准《电气装置安装工程　母线装置施工及验收规范》（GB 50149）的规定。

6.3　高压开关柜的安装与调整

6.3.1　基础型钢的检查，应符合产品技术文件要求，当产品技术文件没作要求时，应符合下列规定：

（1）允许偏差应符合表6.3.1的规定。

（2）基础型钢安装后，其顶部标高在产品技术文件没有要求时，宜高出抹平地面10mm。基础型钢应有明显的可靠接地。

表6.3.1　基础型钢安装的允许偏差

项　　目	允　许　偏　差	
	mm/m	mm/全长
不直度	<1	<5
水平度	<1	<5
位置偏差及不平行度	—	<5

6.3.2　开关柜按照设计图纸和制造厂编号顺序安装，柜及柜内设备与各构件间连接应牢固。

6.3.3　开关柜单独或成列安装时，其垂直度、水平偏差以及柜面偏差和柜间接缝的允许偏差，应符合表6.3.3的规定。

表 6.3.3　　　　　　　　　　　　　开关柜安装的允许偏差

项　　目		允 许 偏 差
垂直度		<1.5mm/m
水平偏差	相邻两盘顶部	<2mm
	成列盘顶部	<2mm
盘间偏差	相邻两盘边	<1mm
	成列盘面	<1mm
盘间接缝		<2mm

6.3.4　成列开关柜的接地母线，应有两处明显的与接地网可靠连接点。金属柜门应以铜软线与接地的金属构架可靠连接。成套柜应装有供检修用的接地装置。

6.3.5　开关柜的安装应符合产品技术文件要求，并应符合下列规定：

（1）手车或抽屉单元的推拉应灵活轻便、无卡阻、碰撞现象；具有相同额定值和结构的组件，应检验具有互换性。

（2）机械闭锁、电气闭锁应动作准确、可靠和灵活，具备防止电气误操作的"五防"功能（即防止误分、合断路器，防止带负荷分、合隔离开关，防止接地开关合上时（或带接地线）送电，防止带电合接地开关（挂接地线），防止误入带电间隔等功能。

（3）安全隔离板开启应灵活，并应随手车或抽屉的进出而相应动作。

（4）手车推入工作位置后，动触头顶部与静触头底部的间隙，应符合产品技术文件要求。

（5）动触头与静触头的中心线应一致，触头接触应紧密。

（6）手车与柜体间的接地触头应接触紧密，当手车推入柜内时，其接地触头应比主触头先接触，拉出时接地触头应比主触头后断开。

（7）手车或抽屉的二次回路连接插件（插头与插座）应接触良好，并应有锁紧措施；插头与开关设备应有可靠的机械连锁，当开关设备在工作位置时，插头应拔不出来；其同一功能单元、同一种型式的高压电器组件插头的接线应相同、能互换使用。

（8）仪表、继电器等二次元件的防震措施应可靠。控制和信号回路应正确，并应符合现行国家标准《电气装置安装工程盘、柜及二次回路结线施工及验收规范》（GB 50171）的有关规定。

（9）螺栓应紧固，并应具有防松措施。

6.3.6　高压开关柜内的六氟化硫断路器、隔离开关、接地开关以及熔断器、负荷开关、避雷器应按照本规范相关章节的规定执行。

【条文说明】高压开关柜的内部元件较多、结构紧凑，带电部位采用包裹绝缘护套、增加绝缘隔板等措施，检验难度较大，各元件电气接线容易发生错误，因此，在安装阶段对开关柜内各元件电气接线符合设计要求进行核对和确认很有必要。

6.4　工程交接验收

6.4.1　验收时，应进行下列检查：

（1）真空断路器应固定牢靠，外观应清洁。

（2）电气连接应可靠且接触良好。

（3）真空断路器与操动机构联动应正常、无卡阻；分、合闸指示应正确；辅助开关动作应准确、可靠。

（4）并联电阻的电阻值、电容器的电容值，应符合产品技术文件要求。

（5）绝缘部件、瓷件应完好无损。

（6）高压开关柜应具备防止电气误操作的"五防"功能。

（7）手车或抽屉式高压开关柜在推入或拉出时应灵活，机械闭锁应可靠。

（8）高压开关柜所安装的带电显示装置应显示、动作正确。

（9）交接试验应合格。

（10）油漆应完整、相色标志应正确，接地应良好、标识清楚。

【条文说明】高压开关柜内安装元件具有集成、结构紧凑且不易观察的特点，容易留下因制造厂或现场原因引起的电气接线不符合设计要求的事故隐患，高压开关柜具备"五防"功能是防止电气误操作的基本要求，都直接涉及高压开关柜设备的运行安全、可靠及人身安全的内容，因此，本条第 6 款列为了强制性条文。

6.4.2　在验收时，应按照本规范第 4.4.2 条的规定，提交技术文件。

7　断路器的操动机构

7.1　一般规定

7.1.1　本章适用于额定电压为 3～750kV 的断路器配合使用的气动机构、液压机构、电磁机构和弹簧机构。

【条文说明】操动机构是配合断路器使用，故其适用范围亦应与断路器的适用范围一致。

断路器的操动机构是断路器完成分、合闸操作的动力源，是断路器的重要组成部分。目前国内外许多制造厂生产的 3～750kV 电压等级的 SF_6 断路器和 GIS 所配置的操动机构，分为三种类型，即：液压机构、气动机构、弹簧机构。真空断路器多采用弹簧机构，10kV 及以下电压等级的真空断路器个别产品采用电磁机构。

7.1.2　操动机构在运输和装卸过程中，不得倒置、碰撞或受到剧烈的震动。

【条文说明】操动机构在出厂前已调整好，因此在运输和装卸时不得倒置和受到强烈的振动及碰撞。

7.1.3　操动机构运到现场后，检查包装应完好，按照设备运输单清点部件应齐全。

7.1.4　操动机构的开箱检查，应符合下列要求：

（1）操动机构的所有零部件、附件及备件应齐全。

（2）操动机构的零部件、附件应无锈蚀、受损及受潮等现象。

（3）充油、充气部件应无渗漏。

【条文说明】操动机构运到现场后应进行检查，如气动机构的空气压缩机是否受损，液压机构的油路、油箱本体是否渗漏，电磁机构的分、合闸线圈是否受潮、受损，弹簧机构的传动部分是否受损。

7.1.5　操动机构运到现场后的保管，应符合下列要求：

（1）操动机构应按其用途置于室内或室外干燥场所保管。

（2）空气压缩机、阀门等应置于室内保管。

（3）控制箱或机构箱应妥善保管，不得受潮。

（4）保管时，应对操动机构的金属转动摩擦部件进行检查，并采取防锈措施。

（5）长期保管的操动机构应有防止受潮的措施。

【条文说明】操动机构运到现场后的保管要求，应注意空气压缩机、控制箱及零部件的防锈防潮。

7.2 操动机构的安装及调整

7.2.1 操动机构的安装及调整，应按产品技术文件要求进行，并应符合下列规定：

（1）操动机构固定应牢靠，并与断路器底座标高相配合，底座或支架与基础间的垫片不宜超过3片，总厚度不应超过10mm，各垫片尺寸与基座相符且连接牢固。

（2）操动机构的零部件应齐全，各转动部分应涂以适合当地气候条件的润滑脂。

（3）电动机固定应牢固，转向应正确。

（4）各种接触器、继电器、微动开关、压力开关、压力表、加热装置和辅助开关的动作应准确、可靠，接点应接触良好、无烧损或锈蚀。

（5）分、合闸线圈的铁芯应动作灵活、无卡阻。

（6）压力表应经出厂检验合格，并有检验报告，压力表的电接点动作正确可靠。

（7）操动机构的缓冲器应经过调整；采用油缓冲器时，油位应正常，所采用的液压油应适合当地气候条件。

（8）加热、驱潮装置及控制元件的绝缘应良好，加热器与各元件、电缆及电线的距离应大于50mm。

【条文说明】操动机构的安装与调整严格按照产品技术要求进行，各项数据的测量方法应正确。

除第3款外，本条的规定为气动机构、液压机构、电磁机构、弹簧机构应共同遵守的。操动机构的底架或支架与基础间的垫片不宜超过3片，原规范中规定其厚度为不超过20mm，根据现在的基础高度偏差允许值以及安装技术水平，修改为不应超过10mm。

由于现场不具备压力表校验的条件，随设备配置的压力表应由制造厂提供检验报告，现场只比对检验电接点的动作值及正确可靠性。

操动机构的缓冲器应调整适当，注意油缓冲器所采用的液压油应与当地的气候条件相适应。一般选用国产黏度—温度特性较好的10号航空液压油（红颜色透明液体），50℃时运动黏度不小于10mm²/s，其使用环境温度范围是−30～+55℃。

操动机构对于环境条件的要求较高，需要装设加热、驱潮装置。加热器装置采用交流电源，其回路绝缘应良好，并且安装的加热器与二次电缆等要保持一定的距离。

7.2.2 控制柜、分相控制箱、操动机构箱的安装，应符合下列要求：

（1）箱、柜门关闭应严密，内部应干燥清洁，并应有通风和防潮措施，接地应良好；液压机构箱还应有隔热防塞措施。

（2）控制和信号回路应正确，并符合现行国家标准《电气装置安装工程 盘、柜及二次回路结线施工及验收规范》GB 50171的有关规定。

7.2.3 操动机构应具有可靠的防止跳跃的功能；采用分相操动机构的，应具有可靠的防止非全相运行的功能。

【条文说明】操动机构所具有的防止跳跃功能、远方和就地操作、防止非全相运行（采用分相操动机构时）的功能，是对操动机构的基本要求，这些功能大多通过二次回路来实现，要求选用的继电器等二次元件具有标准、稳定可靠、精度高、长寿命的特点；有些操动机构在机械方面也具有防止跳跃功能。

7.2.4 断路器应能远方和就地操作，远方和就地操作之间应有闭锁。

【条文说明】操动机构所具有的防止跳跃功能、远方和就地操作、防止非全相运行（采用分相操动机构时）的功能，是对操动机构的基本要求，这些功能大多通过二次回路来实现，要求选用的继电器等二次元件具有标准、稳定可靠、精度高、长寿命的特点；有些操动机构在机械方面也具有防止跳跃功能。

7.2.5　断路器装设的动作计数器动作应正确。

7.2.6　辅助开关应满足以下要求：

（1）辅助开关应安装牢固，应能防止因多次操作松动变位。

（2）辅助开关接点应转换灵活、切换可靠、性能稳定。

（3）辅助开关与机构间的连接应松紧适当、转换灵活，并应能满足通电时间的要求；连接锁紧螺帽应拧紧，并应采取防松措施。

7.3　气动机构

7.3.1　气动机构的安装及调整除符合本节的规定外，尚应符合本规范第 7.2 节的规定。

7.3.2　气动机构应采用制造厂已组装好的空气压缩机或空气压缩机组产品，空气压缩机或空气压缩机组不应在现场进行解体检查。

【条文说明】目前制造厂均提供空气压缩机或空气压缩机组成品，现场环境、技术力量等条件不支持现场解体检查。

7.3.3　空气压缩机安装时，应经检查并应符合下列要求：

（1）空气过滤器应清洁无堵塞，吸气阀和排气阀应完好、动作可靠。

（2）冷却器、风扇叶片和电动机、皮带轮等所有附件应清洁并安装牢固、运转正常。

（3）气缸用的润滑油应符合产品技术文件要求；气缸内油面应在标线位置；气缸油的加热装置应完好。

（4）自动排污装置应动作正确，污物应通过管路引至集污池（盒）内。

（5）空气压缩机组的安装应符合现行国家标准《机械设备安装工程施工及验收通用规范》（GB 50231）的有关规定；空气压缩机组电动机的安装，应符合现行国家标准《电气装置安装工程 旋转电机施工及验收规范》（GB 50170）的有关规定。

7.3.4　空气压缩机的连续运行时间与最高运行温度不得超过产品技术文件要求。

【条文说明】当空气压缩机的连续运行时间与最高运行温差超过产品的技术规定值时，会缩短空气压缩机的使用寿命，甚至损坏。

7.3.5　空气压缩机组的控制柜及保护柜内的配气管应清洁、通畅无堵塞，其布置不应妨碍表计、继电器及其他部件的检修和调试。

【条文说明】空气压缩机的控制柜和保护柜的安装，主要检查压力表、配气管及控制信号回路等，均应符合产品技术规定。

7.3.6　储气罐、气水分离器及截止阀、安全阀和排污阀等，应清洁、无锈蚀；减压阀、安全阀应经校验合格；阀门动作灵活、准确可靠；其安装位置应便于操作。

【条文说明】储气罐、气水分离器及配合使用的各种阀门均应经检验合格才能使用。据了解，一些如弹簧式减压阀这种老产品，动作不灵敏、不稳定，在运行中常发生不动作或动作后不能自动关闭的情况，应特别引起注意。

7.3.7　储气罐等压力容器应符合国家现行有关压力容器承压试验标准；配气管安装后，应进行压力试验，试验压力应为 1.25 倍额定压力，试验时间应为 5min。

【条文说明】主空气管路安装后，以 1.25 倍额定压力的气压进行严密性检查时，应注意在充气过程中采取逐步递升加压的步骤，以防发生爆炸危险。

7.3.8　空气管路的材料性能、管径、壁厚应符合产品技术文件要求，并具有材质检验证明。

7.3.9 空气管道的敷设，应符合下列规定：

（1）管子内部应清洁、无锈蚀；并应用干净的布对现场配制的管道内部进行清洁。

（2）敷管路径宜短，接头宜少，排管的接头应错开，空气管道接口应设置在易于观察和维护的地方。

（3）管道的连接宜采用焊接，焊口应牢固严密；采用法兰螺栓连接时，法兰端面应与管子中心线垂直，法兰的接触面应平整不得有砂眼、毛刺、裂纹等缺陷；管道与设备间应用法兰或连接器连接，不得采用焊接。管道之间采用法兰或连接器连接时，管路的切割、制作应用专门工具，不得使用会产生金属屑的工具。

（4）空气管道应固定牢固，其固定卡子间的距离不应大于2m；空气管道在穿过墙壁或地板时，应通过明孔或另加金属保护管。

（5）设计无规定时，管道应在顺排水方向具有不小于3‰的排水坡度；在最低点宜设两级排水截门，第一级排水截门为球阀；管子的弯曲半径应符合选用管材的要求。

（6）管道的伸缩弯宜平放或稍高于管道敷设平面，以免积水。

（7）气动系统管道安装完成后，应采用干燥的压缩空气进行吹扫。

（8）使用环境温度低于0℃的，应在空气管路及相应的截门、阀门上采取保温或加热措施。

【条文说明】为了减少漏气，空气管道的接头一般采用焊接。当管道通过孔洞、沟道、转弯、扩建预留处时，考虑安装及检修的方便，可采用法兰连接；管道应尽量减少接头；管道的敷设应考虑排水坡度。

7.3.10 全部空气管道系统应以额定气压进行漏气量的检查，在24h内压降不得超过10%，或符合产品技术文件要求。

7.3.11 空气压缩机、储气罐及阀门等部件应分别加以编号。阀门的操作手柄应标以开、闭方向。连接阀门的管子上，应标以正常的气流方向。

7.4 液压机构

7.4.1 液压机构的安装及调整，除应符合本章第7.2节的规定外，尚应符合下列规定：

（1）油箱内部应洁净，液压油的标号符合产品技术文件要求，液压油应洁净无杂质、油位指示正常。

（2）连接管路应清洁，连接处应密封良好、牢固可靠。

（3）液压回路在额定油压时，外观检查应无渗漏。

（4）具备慢分、慢合操作条件的机构，在进行慢分、慢合操作时，工作缸活塞杆的运动应无卡阻现象，其行程应符合产品技术文件要求。

（5）微动开关、接触器的动作应准确可靠、接触良好；电接点压力表、安全阀、压力释放器应经检验合格，动作应可靠，关闭应严密；联动闭锁压力值应按产品技术文件要求予以整定。

（6）防失压慢分装置应可靠。

（7）液压机构的24h压力泄漏量，应符合产品技术文件要求。

（8）采用氮气储能的机构，储压筒的预充压力和补充氮气，应符合产品技术文件要求，测量时应记录周围空气温度；补充的氮气应采用微水含量小于5μL/L的高纯氮作为气源。

（9）采用弹簧储能的机构，机构的弹簧位置应符合产品技术文件要求。

【条文说明】液压机构的安装除应符合本章第7.2节的规定外，还根据其特点提出几点要求。以往液压机构渗漏现象较多，大多系液压系统有杂物所致，故应重点检查油及油箱内的清洁，必要时应将液压油过滤；液压机构在慢分、合闸时，应观察工作缸活塞杆的运动有无卡阻现象。目前，液压机构有两种储能方式：氮气储能和弹簧储能。

高纯氮应符合国家现行标准《纯氮、高纯氮和超纯氮》（GB/T 8979）中对高纯氮的技术要求规定，主要指标：纯度≥99.999％，水分≤3μL/L。

7.5　弹簧机构

7.5.1　弹簧机构的安装及调整，除应符合本章第7.2节的规定外，尚应符合下列规定：

（1）不得将机构"空合闸"。

（2）合闸弹簧储能时，牵引杆的位置应符合产品技术文件要求。

（3）合闸弹簧储能完毕后，行程开关应能立即将电动机电源切除；合闸完毕，行程开关应将电动机电源接通。

（4）合闸弹簧储能后，牵引杆的下端或凸轮应与合闸锁扣可靠地联锁。

（5）分、合闸闭锁装置动作应灵活，复位应准确而迅速，并应开合可靠。

（6）弹簧机构缓冲器的行程，应符合产品技术文件要求。

【条文说明】弹簧机构

弹簧操动机构成套性强，有涡卷式、凸轮盘式等多种形式，其工作原理是利用电动机对合闸弹簧储能，并分别由合闸掣子、分闸掣子在相对应状态下保持。

7.6　电磁机构

7.6.1　电磁机构的安装及调整，除应符合本章第7.2节的规定外，尚应符合下列规定：

（1）机构合闸至顶点时，支持板与合闸滚轮间应保持一定间隙，且符合产品技术文件要求。

（2）分闸制动板应可靠地扣入，脱扣锁钩与底板轴间应保持一定的间隙，且符合产品技术文件要求。

7.7　工程交接验收

7.7.1　在验收时，应进行下列检查：

（1）操动机构应固定牢靠、外表清洁。

（2）电气连接应可靠且接触良好。

（3）液压系统应无渗漏、油位正常；空气系统应无漏气；安全阀、减压阀等应动作可靠；压力表应指示正确。

（4）操动机构与断路器的联动应正常、无卡阻现象；开关防跳跃功能应正确、可靠；具有非全相保护功能的动作应正确、可靠；分、合闸指示正确；压力开关、辅助开关动作应准确、可靠。

（5）控制柜、分相控制箱、操动机构箱、接线箱等的防雨防潮应良好，电缆管口、孔洞应封堵严密。

（6）交接试验应合格。

（7）油漆应完整；接地应良好、标识清晰。

7.7.2　在验收时，应按照本规范第4.4.2条的要求提交技术文件。

8　隔离开关、负荷开关及高压熔断器

8.1　一般规定

8.1.1　本章适用于额定电压为3～750kV的交流高压隔离开关（包括接地开关）、负荷开关及高压熔断器的安装。

【条文说明】国家现行标准《交流高压隔离开关》（GB 1985）的适用范围规定为"3.6kV及以上"，本规范与断路器的适用范围相一致，规定为适用于额定电压为3～750kV电压等级的产品。

8.1.2 高压隔离开关、负荷开关及高压熔断器的运输、装卸，应符合设备箱的标注及产品技术文件的要求。

8.1.3 隔离开关、负荷开关及高压熔断器运到现场后的检查，应符合下列要求：

(1) 按照运输单清点，检查运输箱外观应无损伤和碰撞变形痕迹。

(2) 瓷件应无裂纹和破损。

8.1.4 隔离开关、负荷开关及高压熔断器运到现场后的保管，应符合下列要求：

(1) 设备运输箱应按其不同保管要求置于室内或室外平整、无积水且坚硬的场地。

(2) 设备运输箱应按箱体标注安置；瓷件应安置稳妥；装有触头及操动机构金属传动部件的箱子应有防潮措施。

【条文说明】设备及瓷件的保管，尤其是110kV以上三相隔离开关的瓷件包装体积较大，应放置在土质较硬、平整无积水的场地上，防止因地质松软下陷而碰撞损伤。

8.1.5 隔离开关、负荷开关及高压熔断器的开箱检查，应符合下列要求：

(1) 产品技术文件应齐全；到货设备、附件、备品备件应与装箱单一致；核对设备型号、规格应与设计图纸相符。

(2) 设备应无损伤变形和锈蚀、漆层完好。

(3) 镀锌设备支架应无变形、镀锌层完好、无锈蚀、无脱落、色泽一致。

(4) 瓷件应无裂纹、破损；瓷瓶与金属法兰胶装部位应牢固密实，并应涂有性能良好的防水胶；法兰结合面应平整、无外伤或铸造砂眼；支柱瓷瓶外观不得有裂纹、损伤；瓷瓶垂直度符合现行国家标准《高压支柱瓷绝缘子 第1部分：技术条件》（GB 8287.1）的规定。

(5) 导电部分可挠连接应无折损，接线端子（或触头）镀银层应完好。

【条文说明】隔离开关、负荷开关、高压熔断器运到现场后，由于保管需要等各种原因往往不能及时开箱检查。开箱检查宜结合安装进度进行，但要充分考虑可能存在的问题，为了确认制造厂没有少发或错发货，可以对装有出厂技术资料等先开箱。

8.2 安装与调整

8.2.1 安装前的基础检查，应符合产品技术文件要求，并应符合本规范第4.2.1条的规定。

8.2.2 设备支架的检查及安装，应符合产品技术文件要求，且应符合下列规定：

(1) 设备支架外形尺寸符合要求。封顶板及铁件无变形、扭曲，水平偏差符合产品技术文件要求。

(2) 设备支架安装后，检查支架柱轴线，行、列的定位轴线允许偏差为5mm，支架顶部标高允许偏差为5mm，同相根开允许偏差为10mm。

8.2.3 在室内间隔墙的两面，以共同的双头螺栓安装隔离开关时，应保证其中一组隔离开关拆除时，不影响另一侧隔离开关的固定。

【条文说明】在室内同一隔墙的两面安装两组隔离开关时，往往共同使用一组双头螺栓固定，如其中一组隔离开关拆除时，安装人员应注意不得使隔墙另一组隔离开关松动。

8.2.4 隔离开关、负荷开关及高压熔断器安装时的检查，应符合下列要求：

(1) 隔离开关相间距离允许偏差：220kV及以下10mm。相间连杆应在同一水平线上。

(2) 接线端子及载流部分应清洁，且应接触良好，接线端子（或触头）镀银层无脱落。

(3) 绝缘子表面应清洁、无裂纹、破损、焊接残留斑点等缺陷，瓷瓶与金属法兰胶装部位应牢固密实。

(4) 支柱绝缘子不得有裂纹、损伤，并不得修补。外观检查有疑问时，应作探伤试验。

（5）支柱绝缘子应垂直于底座平面（V形隔离开关除外），且连接牢固；同一绝缘子柱的各绝缘子中心线应在同一垂直线上；同相各绝缘子柱的中心线应在同一垂直平面内。

（6）隔离开关的各支柱绝缘子间应连接牢固；安装时可用金属垫片校正其水平或垂直偏差，使触头相互对准、接触良好。

（7）均压环和屏蔽环应安装牢固、平正，检查均压环和屏蔽环无划痕、毛刺；均压环和屏蔽环宜在最低处打排水孔。

（8）安装螺栓宜由下向上穿入，隔离开关组装完毕，应用力矩扳手检查所有安装部位的螺栓，其力矩值应符合产品技术文件要求。

（9）隔离开关的底座传动部分应灵活，并涂以适合当地气候条件的润滑脂。

（10）操动机构的零部件应齐全，所有固定连接部件应紧固，转动部分应涂以适合当地气候条件的润滑脂。

【条文说明】由于220kV及以下电压等级的隔离开关一般采用三相联动的机构，因此本规范只对220kV及以下电压等级的隔离开关的相间距离偏差值作了规定；另外，在本规范第8.2.1条、第8.2.2条中对基础、设备支架的轴线已有规定，能够实现对安装质量的控制。

隔离开关、负荷开关、高压熔断器安装时，应检查绝缘子是否有破损。以往发现有的隔离开关底座由于装配过紧和轴承缺少润滑脂而造成转动不灵，因此应对转动部分进行检查。

8.2.5 传动装置的安装调整应符合下列要求：

（1）拉杆与带电部分的距离应符合现行国家标准《电气装置安装工程 母线装置施工及验收规范》（GB 50149）的有关规定。

（2）拉杆的内径应与操动机构轴的直径相配合，两者间的间隙不应大于1mm；连接部分的销子不应松动。

（3）当拉杆损坏或折断可能接触带电部分而引起事故时，应加装保护环。

（4）延长轴、轴承、连轴器、中间轴承及拐臂等传动部件，其安装位置应正确，固定应牢靠；传动齿轮啮合应准确，操作应轻便灵活。

（5）定位螺钉应按产品技术文件要求进行调整并加以固定。

（6）所有传动摩擦部位，应涂以适合当地气候条件的润滑脂。

（7）隔离开关、接地开关平衡弹簧应调整到操作力矩最小并加以固定；接地开关垂直连杆上应涂以黑色油漆标识。

【条文说明】拉杆的内径与操动机构轴的直径间的间隙应不大于1mm，以防由于松动而影响操作；连接部分的销子不应松动，是否焊死不作规定。

8.2.6 操动机构的安装调整，应符合下列要求：

（1）操动机构应安装牢固，同一轴线上的操动机构安装位置应一致。

（2）电动操作前，应先进行多次手动分、合闸，机构动作应正确。

（3）电动机的转向应正确，机构的分、合闸指示应与设备的实际分、合闸位置相符。

（4）机构动作应平稳、无卡阻、冲击等异常情况。

（5）限位装置应准确可靠，到达规定分、合极限位置时，应可靠地切除电源；辅助开关动作应与隔离开关动作一致、接触准确可靠。

（6）隔离开关过死点、动静触头间相对位置、备用行程及动触头状态，应符合产品技术文件要求。

（7）隔离开关分合闸定位螺钉，应按产品技术文件要求进行调整并加以固定。

（8）操动机构在进行手动操作时，应闭锁电动操作。

（9）机构箱应密闭良好、防雨防潮性能良好，箱内安装有防潮装置时，加热装置应完好，加热器与各元件、电缆及电线的距离应大于 50mm；机构箱内控制和信号回路应正确并应符合现行国家标准《电气装置安装工程 盘、柜及二次回路结线施工及验收规范》（GB 50171）的有关规定。

8.2.7　当拉杆式手动操动机构的手柄位于上部或左端的极限位置，或涡轮蜗杆式机构的手柄位于顺时针方向旋转的极限位置时，应是隔离开关或负荷开关的合闸位置；反之，应是分闸位置。

【条文说明】拉杆式手动操动机构在安装时，应注意隔离开关、负荷开关在合闸时机构手柄应处在正确的操作位置上。

8.2.8　隔离开关、负荷开关合闸状态时触头间的相对位置、备用行程，分闸状态时触头间的净距或拉开角度，应符合产品技术文件要求。

【条文说明】当使用拉杆式操动机构时，因手动操作合闸时往往用力过大或过小，故应注意调整定位装置与备用行程。

8.2.9　具有引弧触头的隔离开关由分到合时，在主动触头接触前，引弧触头应先接触；从合到分时，触头的断开顺序相反。

【条文说明】由于引弧触头耐温较高，为保护主动触头不被电弧烧损特作此规定。

8.2.10　三相联动的隔离开关，触头接触时，不同期数值应符合产品技术文件要求。当无规定时，最大值不得超过 20mm。

【条文说明】三相联动的隔离开关触头接触时的不同期值应符合产品技术文件的规定，并给出产品技术文件无规定时的参考值。

8.2.11　隔离开关、负荷开关的导电部分，应符合下列规定：

（1）触头表面应平整、清洁，并应涂以薄层中性凡士林；载流部分的可挠连接不得有折损；连接应牢固，接触应良好；载流部分表面应无严重的凹陷及锈蚀。

（2）触头间应接触紧密，两侧的接触压力应均匀且符合产品技术文件要求，当采用插入连接时，导体插入深度应符合产品技术文件要求。

（3）设备连接端子应涂以薄层电力复合脂。连接螺栓应齐全、紧固，紧固力矩符合现行国家标准《电气装置安装工程 母线装置施工及验收规范》（GB 50149）的规定。引下线的连接不应使设备接线端子受到超过允许的承受应力。

（4）合闸直流电阻测试应符合产品技术文件要求。

【条文说明】据运行单位反映，在隔离开关触头表面涂以复合脂后，因转动会在触头表面产生堆积，而复合脂具有导电性能，曾发生过放电烧损事故。因此隔离开关的触头表面应涂以薄层中性凡士林。

取消了用塞尺检查的规定，端子面平整、螺栓达到紧固力矩值就能够保证导电回路良好。

合闸回路直流电阻测试是一个检验电器连接质量的最重要手段，因此，要求对所有隔离开关、负荷开关均应测试。

8.2.12　隔离开关的闭锁装置应动作灵活、准确可靠；带有接地刀的隔离开关，接地刀与主触头间的机械或电气闭锁应准确可靠。

【条文说明】隔离开关应有防误操作的闭锁装置，不论是电气、电磁或机械闭锁装置均应动作灵活，正确可靠；安装在户外的闭锁装置应有防潮措施，以免影响电气回路的绝缘。

8.2.13　隔离开关及负荷开关的辅助开关应安装牢固、动作准确、接触良好，其安装位置便于检查；装于室外时，应有防雨措施。

【条文说明】隔离开关及负荷开关的辅助开关应调整合适，以确保开关操作时动作可靠。可参照本规范第 7.2.6 条的规定执行。

8.2.14　负荷开关的安装及调整，除应符合上述有关规定外，尚应符合下列规定：

（1）在负荷开关合闸时，主固定触头应与主刀可靠接触；分闸时，三相的灭弧刀片应同时跳离固定灭弧触头；

（2）灭弧筒内产生气体的有机绝缘物应完整无裂纹，灭弧触头与灭弧筒的间隙应符合要求；

（3）负荷开关三相触头接触的同期性和分闸状态时触头间净距及拉开角度，应符合产品技术文件要求；

（4）带油的负荷开关的外露部分及油箱应清理干净，油箱内应注以合格油并应无渗漏。

【条文说明】根据负荷开关的特点，另提出几项安装及调整时的要求。

8.2.15　人工接地开关的安装及调整，除应符合上述有关规定外，尚应符合下列要求：

（1）人工接地开关的动作应灵活可靠，其合闸时间应符合产品技术文件和继电保护规定。

（2）人工接地开关的缓冲器应经详细检查，其压缩行程应符合产品技术文件要求。

8.2.16　高压熔断器的安装，应符合下列要求：

（1）带钳口的熔断器，其熔丝管应紧密地插入钳口内。

（2）装有动作指示器的熔断器，应便于检查指示器的动作情况。

（3）跌落式熔断器熔管的有机绝缘物应无裂纹、变形；熔管轴线与铅垂线的夹角应为 15°～30°，其转动部分应灵活；跌落时不应碰及其他物体而损坏熔管。

（4）熔丝的规格应符合设计要求，且无弯曲、压扁或损伤，熔体与尾线应压接紧密牢固。

【条文说明】高压熔断器在安装时，应注意检查熔管、熔丝质量及规格是否符合要求，并应按规定进行安装。

8.3　工程交接验收

8.3.1　在验收时，应进行下列检查：

（1）操动机构、传动装置、辅助开关及闭锁装置应安装牢固、动作灵活可靠、位置指示正确。

（2）合闸时三相不同期值，应符合产品技术文件要求。

（3）相间距离及分闸时触头打开角度和距离，应符合产品技术文件要求。

（4）触头接触应紧密良好，接触尺寸应符合产品技术文件要求。

（5）隔离开关分合闸限位应正确。

（6）垂直连杆应无扭曲变形。

（7）螺栓紧固力矩应达到产品技术文件和相关标准要求。

（8）合闸直流电阻测试应符合产品技术文件要求。

（9）交接试验应合格。

（10）隔离开关、接地开关底座及垂直连杆、接地端子及操动机构箱应接地可靠。

（11）油漆应完整、相色标识正确，设备应清洁。

8.3.2　在验收时，应按照本规范第 4.4.2 条的规定提交技术文件。

9　避雷器和中性点放电间隙

9.1　一般规定

9.1.1　本章适用于中性点放电间隙和额定电压为 3～750kV 的金属氧化物避雷器。

【条文说明】根据国内实际情况，将避雷器的适用范围规定为 3～750kV 电压等级的金属氧化物避雷器。避雷器有排气式和阀式两大类。阀式避雷器分为碳化硅避雷器和金属氧化物避雷器（又称氧化锌避雷器）。氧化锌避雷器由于保护性能优异，目前处于市场主导地位，本规范只对氧化锌避雷器的施工及验收作了规定，其他类型的避雷器可参照本规范以及产品技术文件要求执行。

9.1.2 避雷器在运输存放过程中应正置立放，不得倒置和受到冲击与碰撞，复合外套的避雷器，不得与酸碱等腐蚀性物品放在同一车厢内运输。

【条文说明】根据制造厂要求，金属氧化物避雷器在运输及保管过程中必须垂直立放。

9.1.3 避雷器不得任意拆开、破坏密封。

【条文说明】避雷器出厂时均经密封处理，部分型号产品（所有500kV及以上电压等级、部分220kV电压等级）的避雷器已充干燥氮气，现场拆卸后，充氮密封处理很困难，故规定不得任意拆开。

9.1.4 复合外套金属氧化物避雷器应存放在环境温度为－40～＋40℃的无强酸碱及其他有害物质的库房中，产品水平放置时，需避免让伞裙受力。制造厂有具体存放要求时，应按产品技术文件要求执行。

9.2 避雷器的安装

9.2.1 避雷器安装前，应进行下列检查：

（1）采用瓷外套时，瓷件与金属法兰胶装部位应结合牢固、密实，并应涂有性能良好的防水胶；瓷套外观不得有裂纹、损伤；采用硅橡胶外套时，外观不得有裂纹、损伤和变形。金属法兰结合面应平整，无外伤或铸造砂眼，法兰泄水孔应通畅。

（2）各节组合单元应经试验合格，底座绝缘应良好。

（3）应取下运输时用以保护避雷器防爆膜的防护罩，或按产品技术文件要求执行；防爆膜应完好、无损。

（4）避雷器的安全装置应完整、无损。

（5）带自闭阀的避雷器宜进行压力检查，压力值应符合产品技术文件要求。

【条文说明】避雷器防爆片损坏后，将使潮气或水分侵入避雷器内部，若损坏过大，则此避雷器不能投入运行，故对防爆片应认真检查。

大多数金属氧化物避雷器产品为防止防爆片在运输过程中损坏，加装了临时保护盖子，安装前应将其取下，否则防爆片将起不到防爆作用，也有个别制造厂的产品保护盖不用取下，具体应按产品技术文件要求执行。

已充干燥氮气的避雷器应按照制造厂的要求进行压力检查，保证内部不受潮。

9.2.2 避雷器组装时，其各节位置应符合产品出厂标志的编号。

【条文说明】目前金属氧化物避雷器产品出厂前均经配装试验合格，若现场安装时互换，将使特性改变，故应严格按照制造厂编号组装。

9.2.3 避雷器吊装，应符合产品技术文件要求。

9.2.4 避雷器的绝缘底座安装应水平。

9.2.5 避雷器各连接处的金属接触表面应洁净、没有氧化膜和油漆、导通良好。

【条文说明】原规范中规定"避雷器各连接处的金属接触表面，应除去氧化膜和油漆，并涂一层电力复合脂"，经与制造厂联系，避雷器产品已经充分考虑每节的电气连接可靠，在按照产品技术文件要求对螺栓紧固后，能够保证导通良好，因此，不需要对每节的接触面涂抹电力复合脂。同时，考虑到避雷器的泄流作用，检查所有连接处的金属接触面还是很有必要的。对于避雷器的设备和接地引下线接触表面应涂一层电力复合脂的规定在本章其他条款中已有规定。

9.2.6　并列安装的避雷器三相中心应在同一直线上，相间中心距离允许偏差为 10mm；铭牌应位于易于观察的同一侧。

9.2.7　避雷器安装应垂直，其垂直度应符合制造厂的要求。

9.2.8　避雷器的排气通道应通畅，排气通道口不得朝向巡检通道，排出的气体不致引起相间或对地闪络，并不得喷及其他电气设备。

【条文说明】金属氧化物避雷器的排气方向，应避免排气时造成电气设备相间短路和接地事故的发生。

9.2.9　均压环应无划痕、毛刺，安装应牢固、平整、无变形；在最低处宜打排水孔。

9.2.10　监测仪应密封良好、动作可靠，并应按产品技术文件要求连接；安装位置应一致、便于观察；接地应可靠；监测仪计数器应调至同一值。

【条文说明】为了便于运行维护，监测仪计数器应调至同一个值。

9.2.11　所有安装部位螺栓应紧固，力矩值应符合产品技术文件要求。

9.2.12　避雷器的接地应符合设计要求，接地引下线应连接、固定牢靠。

【条文说明】避雷器的接地必须良好，符合设计及产品要求。

9.2.13　设备接线端子的接触表面应平整、清洁、无氧化膜、无凹陷及毛刺，并应涂以薄层电力复合脂；连接螺栓应齐全、紧固，紧固力矩应符合现行国家标准《电气装置安装工程 母线装置施工及验收规范》（GB 50149）的要求。避雷器引线的连接不应使设备端子受到超过允许的承受应力。

【条文说明】避雷器引线横向拉力过大会损坏避雷器，为此要求其拉力不超过产品的技术规定。

9.3　中性点放电间隙的安装

9.3.1　放电间隙电极的制作应符合设计要求，钢制材料制作的电极应镀锌。

9.3.2　放电间隙宜水平安装。

9.3.3　放电间隙必须安装牢固，其间隙距离应符合设计要求。

9.3.4　接地应符合设计要求，并应采用双根接地引下线与接地网不同接地干线连接。

9.4　工程交接验收

9.4.1　在验收时，应进行下列检查：

（1）现场制作件应符合设计要求。

（2）避雷器密封应良好，外表应完整无缺损。

（3）避雷器应安装牢固，其垂直度应符合产品技术文件要求，均压环应水平。

（4）放电记数器和在线监测仪密封应良好，绝缘垫及接地应良好、牢固。

（5）中性点放电间隙应固定牢固、间隙距离符合设计要求，接地应可靠。

（6）油漆应完整、相色正确。

（7）交接试验应合格。

（8）产品有压力检测要求时，压力检测应合格。

9.4.2　在验收时，应按照本规范第 4.4.2 条的规定提交技术文件。

10　干式电抗器和阻波器

10.0.1　本章适用于额定电压为 3～66kV 的干式电抗器和额定电压为 3～750kV 的阻波器。

【条文说明】3～66kV 电压等级中使用的干式电抗器以及在 3～750kV 电压等级的阻波器主线

圈的安装工程施工及验收应符合本章的规定。阻波器的调谐元件的安装应按有关的国家现行标准的规定进行。

由于目前已没有混凝土电抗器产品，本章取消了对其的相关规定。

干式电抗器包括干式空心电抗器和干式铁芯电抗器两种型式，干式空心电抗器应用较广泛，干式铁芯电抗器用于10kV及以下电压等级的室内安装。

10.0.2　设备运到现场后，应进行下列外观检查：支柱及线圈绝缘等应无损伤和裂纹；线圈无变形；支柱绝缘子及其附件应齐全。

【条文说明】设备到达现场后应及时进行检查，以便发现设备可能存在的缺陷和问题，并加以及时处理，为安装得以顺利进行创造条件。检查时，干式空心电抗器、阻波器主线圈和支柱应该无严重损伤和裂纹。轻微的裂纹或损伤可按本章第10.0.6条的规定进行修补。

10.0.3　设备运到现场后，应按其用途放在室内或室外平整、无积水的场地保管。运输或吊装过程中，支柱或线圈不应遭受损伤和变形。

【条文说明】设备的保管是安装前的一个重要前期工作。对不同使用环境下的设备，应按其要求进行保管。设备在吊装或运输过程中，应特别注意，防止支柱或线圈遭到损伤和造成变形。

10.0.4　安装前基础检查，应符合产品技术文件要求。干式空心电抗器基础内部的钢筋制作应符合设计要求，自身没有且不应通过接地线构成闭合回路。

【条文说明】为避免干式空心电抗器的强磁场对周围铁构件的影响，周围的铁构件不应构成闭合回路，以免产生涡流引起发热。

10.0.5　干式空心电抗器采用金属围栏时，金属围栏应设明显断开点，并不应通过接地线构成闭合回路。

【条文说明】为避免干式空心电抗器的强磁场对周围铁构件的影响，周围的铁构件不应构成闭合回路，以免产生涡流引起发热。

10.0.6　干式空心电抗器线圈绝缘损伤及导体裸露时，应按产品技术文件的要求进行处理。

【条文说明】干式空心电抗器线圈绝缘受损及导体裸露时，应按制造厂的技术规定，使用与原绝缘材料相同的绝缘材料进行局部处理。

10.0.7　干式空心电抗器应按其编号进行安装，并应符合下列要求：

（1）三相垂直排列时，中间一相线圈的绕向应与上、下两相相反，各相中心线应一致。

（2）两相重叠一相并列时，重叠的两相绕向应相反，另一相应与上面的一相绕向相同。

（3）三相水平排列时，三相绕向应相同。

【条文说明】为了减少故障时垂直安装的电抗器相间支持瓷座的拉伸力，干式空心电抗器安装组合时应按本条规定配置。垂直安装时，三相中心线应在同一垂直线上，避免歪斜。

10.0.8　干式空心电抗器间隔内，所有磁性材料的部件，应可靠固定。

【条文说明】为防短路时电动力的影响而作此规定。

10.0.9　干式空心电抗器附近安装的二次电缆和二次设备应考虑电磁干扰的影响，二次电缆的接地线不应构成闭合回路。

【条文说明】干式空心电抗器周围的强磁场对二次设备及二次电缆会产生很大影响，尤其是室内安装时注意安装距离，附近的二次电缆应单侧接地。

10.0.10　干式铁芯电抗器的各部位固定应牢靠、螺栓紧固，铁芯应一点接地。

【条文说明】干式铁芯电抗器铁芯及夹件的接地应符合设备技术文件的要求，避免由于多点接地而产生涡流。

10.0.11　干式空心电抗器和支承式安装的阻波器线圈，其重量应均匀地分配于所有支柱绝缘子上。找平时，允许在支柱绝缘子底座下放置钢垫片，但应牢固可靠。干式电抗器上、下重叠时，应在其绝缘子顶帽上，放置与顶帽同样大小且厚度不超过 4mm 的绝缘纸垫片或橡胶垫片；在户外安装时，应用橡胶垫片。

【条文说明】为使支柱绝缘子受力均匀，安装时应注意设备的重心处于所有支柱绝缘子的几何中心处；为了缓冲短路时干式空心电抗器之间所受到的冲击，上下重叠安装的干式空心电抗器，应在其绝缘子顶帽上放置绝缘垫圈。户内安装时，垫圈可为绝缘纸板或橡胶垫片；户外安装时，应用橡胶垫片，因为绝缘纸板垫片受潮或雨淋后将失去其作用。

10.0.12　阻波器安装前，应进行频带特性及内部避雷器相应的试验。

10.0.13　悬式阻波器主线圈吊装时，其轴线宜对地垂直。

【条文说明】由于阻波器悬吊时，受引下线拉力的影响，故要求其轴线宜对地垂直。

10.0.14　设备接线端子与母线的连接，应符合现行国家标准《电气装置安装工程 母线装置施工及验收规范》（GB 50149）的有关规定。当其额定电流为 1500A 及以上时，应采用非磁性金属材料制成的螺栓。

【条文说明】当工作电流大于 1500A 时，为避免对周围铁构件因涡流引起发热，故其连接螺栓应采用非磁性金属材质。

10.0.15　干式空心电抗器和阻波器主线圈的支柱绝缘子的接地，应符合下列要求：

（1）上、下重叠安装时，底层的所有支柱绝缘子均应接地，其余的支柱绝缘子不接地。

（2）每相单独安装时，每相支柱绝缘子均应接地。

（3）支柱绝缘子的接地线不应构成闭合环路。

10.0.16　在验收时，应进行下列检查：

（1）支柱应完整、无裂纹，线圈应无变形。

（2）线圈外部的绝缘漆应完好。

（3）支柱绝缘子的接地应良好。

（4）各部油漆应完整。

（5）干式空心电抗器的基础内钢筋、底层绝缘子的接地线以及所采用的金属围栏，不应通过自身和接地线构成闭合回路。

（6）干式铁芯电抗器的铁芯应一点接地。

（7）交接试验应合格。

（8）阻波器内部的电容器和避雷器外观应完整，连接应良好、固定可靠。

10.0.17　在验收时，应按照本规范第 4.4.2 条的规定提交技术文件。

11　电　容　器

11.1　一般规定

11.1.1　本章适用于额定电压为 3～750kV 的电力电容器、耦合电容器以及串联电容补偿装置（简称为串补）的安装。串联电容补偿装置附属设备的安装应符合本规范的规定。

【条文说明】本章中所述电力电容器包括移相电容器，增加了对串联电容补偿装置的规定。其附属设备的安装应符合本规范有关章节及现行的有关国家标准的规定。串联电容补偿装置目前主要应用在电压等级为 500kV 的超高压系统，简称为串补。

11.1.2　设备到货检查：产品应包装完好，规格符合设计要求，数量与运输清单一致。

【条文说明】设备在安装前应进行认真的检查，以便发现可能存在的缺陷和问题，及时处理，确保安装质量。

11.1.3 设备的现场保管，应符合产品技术文件要求。室内安装的设备应在室内存放。串联电容补偿装置的光缆套管、光 CT 等易受损的设备也应在室内单独存放保管。

【条文说明】应特别注意串联电容补偿装置的光缆套管、光 CT 等易受损设备的保管，光缆套管、光 CT 要在其他设备安装完成后才能安装。

11.2 电容器的安装

11.2.1 电容器（组）安装前的检查，应符合下列要求：

（1）套管芯棒应无弯曲、滑扣；

（2）电容器引出线端连接用的螺母、垫圈应齐全；

（3）电容器外壳应无显著变形、外表无锈蚀，所有接缝不应有裂缝或渗油；

（4）支持瓷瓶应完好、无破损。倒装时应选用倒装支持瓷瓶；

（5）电容器（组）支架应无变形，加工工艺、防腐应良好；各种紧固件齐全，全部采用热镀锌制品；

（6）集合式并联电容器的油箱、贮油柜（或扩张器）、瓷套、出线导杆、压力释放阀、温度计等应完好无损，油箱及充油部件不得有渗漏油现象。

【条文说明】由于支持瓷瓶伞裙的朝向不同，支持瓷瓶在倒装时应选择倒装支持瓷瓶。

3～35kV 电压等级的集合式并联电容器都有成熟的产品，其使用越来越广泛，一般采用全密封结构，安装简便。

11.2.2 电容器安装前试验应合格；成组安装的电容器的电容量，应按本章第 11.2.4 条第 1 款的要求经试验调配。

【条文说明】对于制造厂已经分好组运输的电容器，现场应进行试验并复核分组电容量。

11.2.3 电容器支架安装，应符合下列规定：

（1）金属构件无明显变形、锈蚀，油漆应完整，户外安装的应采用热镀锌支架。

（2）瓷瓶无破损，金属法兰无锈蚀。

（3）支架安装水平允许偏差为 3mm/m。

（4）支架立柱间距离允许偏差为 5mm。

（5）支架连接螺栓的紧固，应符合产品技术文件要求。构件间垫片不得多于 1 片，厚度应不大于 3mm。

【条文说明】电容器支架一般由电容器制造厂提供，对现场安装的检验也是对产品加工质量的检验。

11.2.4 电容器组的安装，应符合下列要求：

（1）三相电容量的差值宜调配到最小，其最大与最小的差值，不应超过三相平均电容值的 5%；设计有要求时，应符合设计的规定。

（2）电容器组支架应保持其应有的水平及垂直位置，无明显变形，固定应牢靠，防腐应完好。

（3）电容器的配置应使其铭牌面向通道一侧，并有顺序编号。

（4）电容器一次接线应正确、符合设计，接线应对称一致、整齐美观，母线及分支线应标以相色。

（5）凡不与地绝缘的每个电容器的外壳及电容器的支架均应接地；凡与地绝缘的电容器的外壳均应与支架一起可靠连接到规定的电位上；与电容器围栏之间的安全距离应符合现行国家标准

《电气装置安装工程 母线装置施工及验收规范》（GB 50149）的规定。

（6）电容器的接线端子与连接线采用不同材料的金属时，应采取增加过渡接头的措施。

（7）采用外熔断器时，外熔断器的安装应排列整齐，倾斜角度应符合设计，指示器位置应正确。

（8）放电线圈瓷套应无损伤、相色正确、接线牢固美观。

（9）接地刀闸操作应灵活。

（10）避雷器在线监测仪接线应正确。

【条文说明】三相电容量的差值，其最大与最小的差值不应超过三相平均电容值的5%；静止补偿电容器三相平均电容值及偏差值，应能满足继电保护的要求。

发生过制造厂为节省材料造成支架强度不够的问题，因此要求支架应在电容器安装后保持其原有状态、无明显变形。

电容器端子的连接线，设计有规定时应按设计要求，若设计未作规定时，考虑到硬母线将会由于温度的变化而胀缩使端子套管受力造成渗油，宜采用软导线连接。

依据国家现行标准《电工成套装置中的导线颜色》（GB/T 2681）中规定：4.1交流三相电路的A相：黄色；B相：绿色；C相：红色；零线或中性线：淡蓝色；安全用的接地线：黄和绿双色（每种色宽约15～100mm交替贴接）。

电容器的交流中性汇流母线：不接地者为淡蓝色。

凡与地绝缘的电容器组，若一端电容器由于绝缘损坏而对外壳击穿后，另一端电容器之一极与外壳间将产生过高电压而招致损坏，故应将其外壳接至固定电位，以保护其不承受过高电压，并应注意此电位应与电容器围栏等保持符合规定的安全距离。

11.2.5　对于储油柜结构的集合式并联电容器，油位应正常，其绝缘油的耐压值，应符合现行国家标准《电气装置安装工程 电气设备交接试验标准》（GB 50150）的规定。

11.3　耦合电容器的安装

11.3.1　瓷件及法兰的检查按本章第11.4.4条第1款的规定进行。

11.3.2　耦合电容器安装时，不应松动其顶盖上的紧固螺栓；接至电容器的引线不应使其端子受到过大的横向拉力。

【条文说明】耦合电容器顶盖螺栓松动或接线端子受力过大，均将造成电容器进水而引起损坏或发生运行事故，故作出此项规定。

11.3.3　两节或多节耦合电容器叠装时，应按制造厂的编号安装。

【条文说明】两节或多节耦合电容器叠装时，制造厂均已选配好。其最大与最小电容值之差不超过其额定的5%，所以安装时应按制造厂的编号安装。

11.4　串联电容补偿装置的安装

11.4.1　串联电容补偿装置的安装应在制造厂专业技术人员指导下进行，施工单位应编制详细的施工方案。

【条文说明】串联电容补偿装置由制造厂成套提供，由于串补平台重量重、尺寸大，安装工作难度大，应编制施工方案。如某产品重量达15.0t（含扶梯、格栅、光缆通道等附件），长×宽为14.4m×8.6m。制造厂专业技术人员到现场指导非常必要。

11.4.2　串联电容补偿装置平台基础强度应符合产品技术文件要求，回填土应夯实。

11.4.3　基础复测应符合产品技术文件要求，产品技术文件没有规定时，应符合下列规定：

（1）基础中心线对定位轴线位置的允许偏差应为5mm，支柱绝缘子的基准点标高允许偏差应为±3mm，基础水平度允许偏差应为 L/1000mm。

（2）地脚螺栓中心允许偏差应为 2mm，地脚螺栓露出长度允许偏差应为 0～+20mm，地脚螺栓螺纹长度允许偏差应为 0～+20mm。

【条文说明】仔细测量并选配瓷瓶，以减少串补平台支柱绝缘子安装后的高度偏差，确保平台的安装质量。支柱瓷瓶外防护包装宜保留至平台设备安装完成。

11.4.4　支柱瓷瓶安装前的检查，应符合下列要求：

（1）瓷瓶与金属法兰胶装部位应密实牢固、涂有性能良好的防水胶；法兰结合面应平整、无外伤或铸造砂眼；支柱瓷瓶外观不得有裂纹、损伤；有怀疑时应经探伤试验。

（2）测量每节瓷瓶的长度并根据基础实测标高进行选配。

11.4.5　串补平台金属构件安装前检查，应无变形、锈蚀、热镀锌质量良好。

11.4.6　串补平台安装，应符合下列要求：

（1）所有部件应齐全、完整。

（2）安装螺栓应齐全、紧固，紧固力矩应符合产品技术文件要求。

（3）在平台上设备安装前、安装后，应调整串补平台斜拉绝缘子，使平台支柱绝缘子保持垂直，并检查斜拉绝缘子的预拉力，应符合产品技术文件要求。

【条文说明】受施工现场场地限制以及支柱绝缘子基础高出地面和串补平台重量重、尺寸大的影响，串补平台的组装、吊装是串补工程的最大难点，应充分考虑组装、吊装顺序。

11.4.7　串联电容补偿装置中的设备安装，应符合下列规定：

（1）平台上电容器的组装和安装，过电压限制器（MOV）、火花间隙、阻尼电抗、电阻以及管母和设备联线等，应在平台稳定后进行。

（2）平台上设备的安装，应符合设计图纸、产品技术文件的要求。

（3）旁路断路器、隔离开关的安装，应按本规范中相关章节的规定执行。

（4）光缆通道复合绝缘子的安装，应符合图纸和规范要求；光缆的敷设固定符合产品技术文件要求；光缆接线盒内光纤连接应可靠，接线盒应封堵严密。

11.5　工程交接验收

11.5.1　在验收时，应进行下列检查：

（1）电容器组的布置与接线应正确，电容器组的保护回路应完整，检验一次接线同具有极性的二次保护回路关系正确。

（2）三相电容量偏差值应符合设计要求。

（3）外壳应无凹凸或渗油现象，引出线端子连接应牢固，垫圈、螺母应齐全。

（4）熔断器的安装应排列整齐、倾斜角度符合设计、指示器正确；熔体的额定电流应符合设计要求。

（5）放电线圈瓷套应无损伤、相色正确、接线牢固美观；放电回路应完整，接地刀闸操作应灵活。

（6）电容器支架应无明显变形。

（7）电容器外壳及支架的接地应可靠、防腐完好。

（8）支持瓷瓶外表清洁，完好无破损。

（9）串联补偿装置平台稳定性应良好，斜拉绝缘子的预拉力应合格，平台上设备连接应正确、可靠。

（10）交接试验应合格。

（11）电容器室内的通风装置应良好。

【条文说明】电容器组采用差压保护时，差压保护的二次接线应与电容器组一次接线方式相一致。

11.5.2 在验收时，应按照本规范第4.4.2条的规定提交技术文件。

本规范用词说明

1. 为便于在执行本规范条文时区别对待，对要求严格程度不同的用词说明如下：

（1）表示很严格，非这样做不可的：正面词采用"必须"，反面词采用"严禁"；

（2）表示严格，在正常情况下均应这样做的：正面词采用"应"，反面词采用"不应"或"不得"；

（3）表示允许稍有选择，在条件许可时首先应这样做的：正面词采用"宜"，反面词采用"不宜"；

（4）表示有选择，在一定条件下可以这样做的，采用"可"。

2. 条文中指明应按其他有关标准执行的写法为："应符合……的规定"或"应按……执行"。

引用标准名录

1.《电气装置安装工程 母线装置施工及验收规范》（GBJ 149）

2.《电气装置安装工程 电气设备交接试验标准》（GB 50150）

3.《电气装置安装工程 接地装置施工及验收规范》（GB 50169）

4.《电气装置安装工程 旋转电机施工及验收规范》（GB 50170）

5.《电气装置安装工程 盘、柜及二次回路结线施工及验收规范》（GB 50171）

6.《机械设备安装工程施工及验收通用规范》（GB 50231）

7.《现场设备、工业管道焊接工程施工及验收规范》（GB 50236）

8.《高压交流断路器》（GB 1984）

9.《高压交流隔离开关和接地开关》（GB 1985）

10.《3.6kV～40.5kV 交流金属封闭开关设备和控制设备》（GB 3906）

11.《变压器、高压电器和套管的接线端子》（GB 5273）

12.《额定电压 72.5kV 及以上气体绝缘金属封闭开关设备》（GB 7674）

13.《电工术语 基本术语》（GB/T 2900.1）

14.《电工术语 避雷器、低压电涌保护器及元件》（GB/T 2900.12）

15.《电工名词术语 高电压试验技术和绝缘配合》（GB/T 2900.19）

16.《电工术语 高压开关设备》（GB/T 2900.20）

17.《高压绝缘子瓷件 技术条件》（GB/T 772）

18.《电工成套装置中的导线颜色》（GB/T 2681）

19.《交流电压高于 1000kV 的绝缘套管》（GB/T 4109）

20.《纯氮、高纯氮和超纯氮》（GBT 8879）

21.《标称电压高于 1000V 系统用户内和户外支柱绝缘子 第1部分：瓷或玻璃绝缘子的试验》（GB/T 8287.1）

22.《标称电压高于 1000V 系统用户内和户外支柱绝缘子 第2部分：尺寸与特性》（GB/T 8287.2）

23. 《六氟化硫电气设备中气体管理和检测导则》（GB/T 8905）

24. 《高压开关设备和控制设备标准的公用技术要求》（GB/T 11022）

25. 《工业六氟化硫》（GB/T 12022）

26. 《建筑工程施工质量验收统一标准》（GB/T 50300）

27. 《12kV～40.5kV 户内交流真空断路器》（JB/T 3855）

28. 《12kV～40.5kV 高压真空断路器订货技术条件》（DL/T 403）

29. 《3.6kV～40.5kV 交流金属封闭开关设备和控制设备》（DL/T 404）

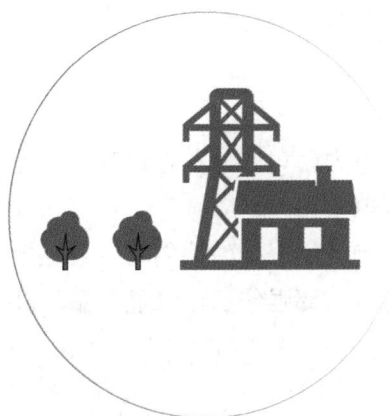

第三节　输电线路工程

1000kV 架空输电线路施工及验收规范
（Q/GDW 1153—2012）

前　言

本标准是根据国家电网公司《关于下达 2012 年度国家电网公司技术标准制修订计划的通知》（国家电网科〔2012〕66 号）文件要求而制定的。

本标准是对《1000kV 架空送电线路施工及验收规范》（Q/GDW 153—2006）的修订。《1000kV 架空送电线路施工及验收规范》（Q/GDW 153—2006）发布六年来，在确保 1000kV 架空输电线路工程建设的施工安全、工程质量方面发挥了积极作用。但是随着新技术、新工艺、新设备、新材料的发展，尤其是双回路钢管塔在 1000kV 特高压交流输电线路工程中的广泛应用，原标准的部分内容已不适用或已被淘汰，故在这次修订中做了较大的删改与增加。

本标准的附录 A 为规范性附录。

本标准以黑体字标志的条文为强制性条文，必须严格执行。

本标准由国家电网公司基建部提出并负责解释。

本标准由国家电网公司科技部归口。

本标准负责起草单位：国网交流建设分公司、浙江省电力公司、浙江省送变电工程公司

本标准参加起草单位：江苏省电力公司、江苏省送变电公司

本标准主要起草人：熊织明　张　弓　姚耀明　王　艳　周兴扬　傅剑鸣　吴健生
　　　　　　　　　鲍　庆　吴尧成　叶建云　王力争　邱强华　苗峰显　秦　健
　　　　　　　　　吴建宏　夏　睿　钮永华

本标准第二次发布。

目　次

1000kV 架空输电线路施工及验收规范

1 范 围

本标准规定了 1000kV 架空输电线路施工及验收的标准，规范了施工过程的质量控制和验收要求，也是 1000kV 架空输电线路设计和工程监理的依据。

本标准适用于 1000kV 架空输电线路的新建、扩建及改建工程。

2 规范性引用文件

下列文件对于本文件的应用是必不可少的。凡是注日期的引用文件，仅注日期的版本适用于本文件。凡是不注日期的引用文件，其最新版本（包括所有的修改单）适用于本文件。

通用硅酸盐水泥（GB 175）

中热硅酸盐水泥、低热硅酸盐水泥和低热矿渣硅酸盐水泥（GB 200）

预拌混凝土（GB 14902）

电力金具通用技术条件（GB 2314）

电力金具验收规则标志与包装（GB 2317.4）

输电线路铁塔制造技术条件（GB 2694）

盘形悬式绝缘子串元件尺寸与特性（GB 7253）

混凝土外加剂（GB 8076）

湿陷性黄土地区建筑规范（GB 50025）

混凝土外加剂应用技术规范（GB 50119）

混凝土结构工程施工质量验收规范（GB 50204）

混凝土结构工程施工规范（GB 50666）

大体积混凝土施工规范（GB 50496）

土方与爆破工程施工及验收规范（GBJ 201）

建设用砂（GB/T 14684）

建设用卵石、碎石（GB/T 14685）

标称电压高于 1000V 的架空线路绝缘子　第 1 部分：交流系统用瓷或玻璃绝缘子元件—定义、试验方法和判定准则（GB/T 1001.1）

标称电压高于 1000V 的交流架空线路用复合绝缘子——定义、试验方法及验收准则（GB/T 19519）

标称电压高于 1000V 的交流架空线路用悬式复合绝缘子元件（GB/T 20876）

圆线同心绞架空导线（GB/T 1179）

标称电压高于 1000V 的架空线路用复合绝缘子串元件　第 1 部分：标准强度等级和端部附件（GB/T 21421.1）

高压架空线路用长棒形瓷绝缘子元件特性（GB/T 26874）

1000kV 交流架空输电线路金具技术规范（GB/T 24834）

输变电钢管结构制造技术条件（DL/T 646）

放线滑轮基本要求检验规定及测试方法（DL/T 685）

输电线路杆塔及电力金具用热浸镀锌螺栓与螺母（DL/T 284）

电力金具制造质量（DL/T 768）

光纤复合架空地线（DL/T 832）

电力复合脂技术条件（DL/T 373）

标称电压高于 1000V 交流架空线路用复合绝缘子使用导则（DL/T 864）

接地降阻材料技术条件（DL/T 380）

电力工程施工测量技术规程（DL/T 5445）

电力工程地基处理技术规程（DL/T 5024）

高压线路用有机复合绝缘子技术条件（JB/T 5892）

盘形悬式玻璃绝缘子玻璃件外观质量（JB/T 9678）

高压架空线路绝缘地线用盘形悬式瓷绝缘子（JB/T 9680）

钢筋焊接及验收规范（JGJ 18）

普通混凝土用砂、石质量及检验方法标准（JGJ 52）

普通混凝土配合比设计规程（JGJ 55）

混凝土用水标准（JGJ 63）

建筑钢结构焊接技术规程（JGJ 81）

建筑桩基技术规范（JGJ 94）

建筑工程冬期施工规程（JGJ 104）

混凝土泵送施工技术规程（JGJ/T 10）

钢筋机械连接技术规程（JGJ 107）

建筑基桩检测技术规范（JGJ 106）

1000kV 架空送电线路张力架线施工工艺导则（Q/GDW 154）

输电线路钢管塔加工技术规程（Q/GDW 384）

输电线路钢管塔用法兰（Q/GDW 705）

输电线路用热轧大规格等边角钢（Q/GDW 706）

特高压 OPGW 技术规范及运行技术要求（Q/GDW 318）

高海拔多年冻土地区输电线路杆塔基础施工工艺导则（Q/GDW 525）

架空送电线路扩径导线施工验收规范（Q/GDW 389）

特高压光纤复合架空地线（OPGW）工程施工及竣工验收技术规范（Q/GDW 317）

岩石锚杆（索）技术规程（CECS 22）

架空电力线路导线及避雷线液压施工工艺规程（试行）（SDJ 226）

镀锌钢绞线（YB/T 5004）

3　原材料及器材的检验

3.1　工程使用的原材料及器材必须符合下列规定：

（1）有该批产品出厂质量检验合格证书；

（2）有符合国家现行标准的各项质量检验资料；

（3）对砂、石、水泥、基础用钢筋等原材料应经抽样并交有资质的检验单位检验，合格后方可采用；

（4）对产品检验结果有怀疑时应重新抽样并经有相应资质的检验单位检验，合格后方可采用。

3.2 当采用新型原材料及器材时，应经试验并通过有关部门的技术鉴定，证明质量满足设计和规范要求方可使用。

3.3 原材料及器材有下列情况之一时，应重新检验，并根据检验结果确定是否使用或降级使用：

（1）保管期限超过规定者；

（2）因保管不良有变质可能者；

（2）未按标准规定取样或试样不具代表性者。

3.4 工程所使用的碎石、卵石应符合现行国家标准《建设用碎石、卵石》（GB/T 14685）的规定，预制混凝土构件、现场浇筑混凝土基础及防护设施所使用的碎石、卵石尚应符合现行行业标准《普通混凝土用砂、石质量及检验方法标准》（JGJ 52）的规定。

3.5 工程所使用的砂应符合下列规定：

（1）应符合现行国家标准《建设用砂》（GB/T 14684）的规定，预制混凝土构件、现场浇筑混凝土基础及防护设施所使用的砂尚应符合现行行业标准《普通混凝土用砂、石质量及检验方法标准》（JGJ 52）的规定。

（2）特殊地区可按该地区的标准执行。

（3）不得使用海砂。

3.6 水泥应符合下列要求：

（1）应符合现行国家标准《通用硅酸盐水泥》（GB 175）的规定，当采用其他品种时，其性能指标应符合国家现行有关标准的规定。水泥应标明出厂日期，当水泥出厂超过 3 个月，或虽未超过 3 个月但是保管不善时，应补做强度等级试验，并按试验后的实际强度等级使用。

（2）水泥保管时应防止受潮；不同品种、不同等级、不同厂家、不同批号的水泥应分别堆放，标识应清晰，不得混用。

（3）大体积混凝土所用水泥应选用中、低热硅酸盐水泥或低热矿渣硅酸盐水泥，水泥质量应符合现行国家标准《中热硅酸盐水泥、低热硅酸盐水泥和低热矿渣硅酸盐水泥》（GB 200）的规定，且 3d 的水化热不宜大于 240kJ/kg，7d 的水化热不宜大于 270kJ/kg。

3.7 水泥进场时应对水泥品种、强度等级、包装或散装仓号、出厂日期等进行检查，并应对其强度、安定性、凝结时间等性能指标及其他必要的性能指标进行复检。

3.8 混凝土拌合用水应符合下列要求：

（1）质量应符合现行行业标准《混凝土用水标准》（JGJ 63）的规定。

（2）不得使用海水。

3.9 混凝土所用外加剂的质量及应用技术，应符合现行国家标准《混凝土外加剂》（GB 8076）、《混凝土外加剂应用技术规范》（GB 50119）和有关环境保护的规定。

3.10 设计允许在现浇混凝土基础中掺入大块石时，掺入的大块石不得有裂缝、夹层，其强度不得低于混凝土用石标准。大块石平均直径宜为 150～250mm，且不宜使用卵石。最大使用量不得超过设计规定。

3.11 混凝土基础用钢筋、地脚螺栓、插入式角钢（钢管）、接地装置等的加工质量均应符合设计和相关标准的要求，表面应无污物。钢材应符合国家标准或相关标准的要求。

3.12 钢材焊接所用焊条、焊剂等焊接材料应符合相关标准的要求，其型号、属性应与所焊接金属相适宜。

3.13 角钢铁塔加工质量应符合《输电线路铁塔制造技术条件》（GB 2694）的规定。

3.14　钢管铁塔加工质量应符合《输变电钢管结构制造技术条件》(DL/T 646)、《输电线路钢管塔加工技术规程》(Q/GDW 384)及设计要求。角钢构件的加工质量应符合《输电线路铁塔制造技术条件》(GB 2694)的规定。

3.15　所有材料，包括钢材、法兰、螺栓、防卸螺栓、扣紧螺母、焊条、焊丝、焊剂等均应有出厂合格证书，并进行相应的入厂检验，检验不合格者应加大抽样样本，并按有关检验和验收规定判断是否合格。其中法兰质量应符合《输电线路钢管塔用法兰》(Q/GDW 705)的规定，大规格角钢应符合《输电线路用热轧大规格等边角钢》(Q/GDW 706)的规定。

3.16　采用镀锌钢绞线作铁塔的拉索或其他辅助设施时，镀锌钢绞线的型号、规格及制造质量应符合《镀锌钢绞线》(YB/T 5004)的规定，连接金具应符合《电力金具制造质量》(DL/T 768)的规定。

3.17　导线的型号、规格、制造质量及检查、试验、包装等应符合《圆线同心绞架空导线》(GB/T 1179)的规定和设计技术要求。

3.18　采用镀锌钢绞线作架空地线时，镀锌钢绞线的型号、规格及制造质量应符合《镀锌钢绞线》(YB/T 5004)的规定；采用良导体作架空地线时，良导体的型号、规格及制造质量应符合相应的国家或行业标准；采用光纤复合架空地线时，应符合《光纤复合架空地线》(DL/T 832)、《特高压 OPGW 技术规范及运行技术要求》(Q/GDW 318)的规定。

3.19　金具的制造质量应符合《电力金具通用技术条件》(GB 2314)、《1000kV 交流架空输电线路金具技术规范》(GB/T 24834)和《电力金具制造质量》(DL/T 768)及其他相关的技术标准的规定。验收、标志与包装应符合《电力金具验收规则标志与包装》(GB 2317.4)的规定。

3.20　绝缘子应符合下列要求：

(1)盘形悬式瓷及玻璃绝缘子产品质量除应符合现行国家标准《标称电压高于 1000V 的架空线路绝缘子　第 1 部分：交流系统用瓷或玻璃绝缘子元件》(GB/T 1001.1)的规定，尚应符合现行行业标准《标称电压高于 1000V 架空线路绝缘子使用导则　第 1 部分：交流系统用瓷或玻璃绝缘子》(DL/T 1000.1)的规定。

(2)有机复合绝缘子(也称合成绝缘子)产品质量应符合现行国家标准《标称电压高于 1000V 的架空线路用复合绝缘子串元件　第 1 部分：标准强度等级和端部附件》(GB/T 21421.1)、《标称电压大于 1000V 的架空线路用悬式复合绝缘子元件　第 2 部分：尺寸和电气特性》(GB/T 20876.2)的规定，尚应符合现行行业标准《标称电压高于 1000V 交流架空线路用复合绝缘子使用导则》(DL/T 864)的规定。

(3)长棒型瓷绝缘子产品质量应符合现行国家标准《高压架空线路用长棒形瓷绝缘子元件特性》(GB/T 26874)的规定。

(4)架空地线用盘形悬式瓷绝缘子产品质量应符合现行行业标准《高压架空线路绝缘地线用盘形悬式瓷绝缘子》(JB 9680)的规定。

3.21　组装铁塔所用螺栓的产品质量应符合《输电线路杆塔及电力金具用热浸镀锌螺栓与螺母》(DL/T 284)的规定。8.8 级及以上的高强度螺栓应由制造商提供强度和塑性试验的合格证明。防卸螺栓的型式应符合建设方的要求。扣紧螺母的材质及加工质量应符合相关标准的要求。

3.22　导线及金具连接使用的电力复合脂产品质量应符合现行行业标准《电力复合脂技术条件》(DL/T 373)的规定。

3.23　工程使用的接地模块、降阻剂等接地降阻材料产品质量应符合现行行业标准《接地降阻材料技术条件》(DL/T 380)的规定。

4 测 量

4.1 输电线路施工测量除应遵守本标准外，尚应符合《电力工程施工测量技术规程》（DL/T 5445）的规定。

4.2 测量用的仪器及量具在使用前应进行检查。经纬仪最小角度读数不应大于 1′。

4.3 分坑测量前必须依据设计提供的数据对线路进行复测。

4.4 复测有下列情况之一时，应查明原因并予以纠正：

(1) 以两相邻直线桩为基准，塔位中心桩横线路方向偏差大于 50mm；

(2) 顺线路方向两相邻塔位中心桩间的距离与设计值的偏差大于设计档距的 1％；

(3) 转角桩的角度值与设计值的偏差大于 1′30″。

4.5 应重点复核导线对地距离（含风偏）有可能不够的地形凸起点的标高、塔位间被跨越物的标高和相邻塔位的相对标高。实测值与设计值相比的偏差不应超过 0.5m，超过时应由设计方查明原因并予以纠正。

4.6 设计交桩后个别丢失的塔位中心桩，应按设计数据予以补钉，其测量精度应符合下列要求：

(1) 桩之间的距离和高程测量，可采用视距法同向两测回或往返各一测回测定，其视距长度不宜大于 400m，当受地形限制时，可适当放长；

(2) 测距相对偏差，同向不应大于 1/200，对向不应大于 1/150；

(3) 当距离大于 600m 时，宜采用电磁波测距仪、全站仪施测。

4.7 塔位中心桩移桩的测量精度应符合下列规定：

(1) 当采用钢卷尺直线量距时，两次测值之差不得超过量距的 1‰；

(2) 当采用视距法测距时，两次测值之差不得超过测距的 5‰；

(3) 当采用方向法测量角度时，两测回测角值之差不应超过 1′30″。

4.8 分坑时，应根据塔位中心桩的位置钉出必要的、作为施工及质量控制的辅助桩，其测量精度应能满足规范对施工精度的要求。施工中保留不住塔位中心桩时，应钉立可靠的辅助桩并对其位置作记录，以便恢复该中心桩。

4.9 架空输电线路架线后的安全距离应满足附录 A 的规定值。

4.10 当设计采用全球定位系统定位时，设计方应提供坐标值以供检验或校核。

5 土 石 方 工 程

5.1 输电线路工程的土石方施工及验收除应遵守本标准外，尚应符合《土方与爆破工程施工及验收规范》（GB 50201）的规定。

5.2 土石方开挖应按设计施工，减少对需开挖以外地面的破坏，合理选择弃土的堆放点。铁塔基础施工基面的开挖应以设计图纸为准，按不同地质条件规定开挖边坡。基面开挖后应平整，不应积水，边坡不应坍塌。

5.3 铁塔基础的坑深应以设计施工基面为基准。当设计施工基面为零时，铁塔基础坑深应以设计中心桩处自然地面标高为基准。

5.4 铁塔基础坑深允许偏差为 +100mm，−50mm，掏挖基础及岩石基础尺寸不应有负偏差，坑底应平整。同基基础坑在允许偏差范围内按最深基坑操平。掏挖基础应保持坑壁完整，岩渣及松石应清除干净。

5.5　铁塔基础坑深与设计坑深偏差大于＋100mm时，其超深部分应铺石灌浆处理。

5.6　接地沟开挖的长度和深度应符合设计要求并不得有负偏差，沟中影响接地体与土壤接触的杂物应清除。山坡上的接地沟宜沿等高线开挖。

5.7　铁塔基础坑回填，应符合设计要求，并应分层夯实，每回填300mm厚度夯实一次。坑口的地面上应筑防沉层，防沉层的上部边宽不得小于坑口边宽，其高度视土质夯实程度确定，不宜低于300mm。经过沉降后应及时补填夯实。工程移交时坑口回填土不应低于地面。

5.8　石坑回填应以石子与土按3：1掺合后回填夯实。

5.9　泥水坑开挖及混凝土浇筑过程中应采取排水或降低水位的措施，浇筑和回填前应先排出坑内积水。

5.10　流砂坑宜采取降低水位的措施进行开挖。

5.11　冻土回填时应先将坑内冰雪清除干净，把冻土块中的冰雪清除并把冻土捣碎后进行回填夯实。

5.12　对于铁塔基础需要进行地基处理时，应符合《电力工程地基处理技术规程》（DL/T 5024）。湿陷性黄土的地基采用灰土处理时，施工验收质量应符合现行国家标准《湿陷性黄土地区建筑规范》（GB 50025）的规定。

5.13　接地沟的回填宜选取未掺有石块及其他杂物的泥土并应夯实，回填后应筑有防沉层，其高度宜为100mm～300mm，工程移交时回填土不得低于地面。

6　基　础　工　程

6.1　一般规定

6.1.1　铁塔基础的钢筋混凝土工程施工与质量验收除应符合本规范外，尚应符合现行国家标准《混凝土结构工程施工质量验收规范》（GB 50204）、《混凝土结构工程施工规范》（GB 50666）的规定。大体积混凝土的施工尚应符合《大体积混凝土施工规范》（GB 50496）的规定，多年冻土地区的基础施工尚应符合《高海拔多年冻土地区输电线路杆塔基础施工工艺导则》（Q/GDW 525）的规定。

6.1.2　基础混凝土中严禁掺入氯盐。

6.1.3　预拌混凝土其配制强度应符合设计要求，质量应符合现行国家标准《预拌混凝土》（GB 14902）的规定，采用混凝土泵送施工时，应符合《混凝土泵送施工技术规程》（JGJ/T 10）的规定。

6.1.4　钢筋机械连接应符合《钢筋机械连接技术规程》（JGJ 107）的规定，钢筋焊接应符合《钢筋焊接及验收规范》（JGJ 18）的规定。

6.1.5　不同品种的水泥不应在同一个连续浇筑体中混合使用。同一基础中使用不同水泥时，应分别制作试块并作记录。

6.1.6　基础浇制前，应按设计混凝土强度等级和现场浇制使用的砂、石、水泥等原材料，根据《普通混凝土配合比设计规程》（JGJ 55）进行试配来确定混凝土配合比，混凝土配合比的试配应由具备相应资质的试验单位进行。

6.1.7　试块应在现场浇制过程中随机取样制作，并应采用标准养护。当有特殊需要时，应加做同条件养护试块。混凝土试块强度的试验应由具备相应资质的试验单位进行。

6.1.8　试块制作数量应符合下列规定：

（1）一般铁塔基础每基应取一组；当单腿超过100m³应每腿取一组。

（2）按大跨越设计的铁塔基础，每腿应取一组；单腿超过200m³时，每增加200m³应加取一组。

（3）现浇桩基础，应每桩取一组。

（4）当采用承台及联梁时，承台及联梁每基应取一组，单基超过200m³时，每增加200m³应加取一组。

（5）当原材料变化、配合比变更时应另外制作。

6.1.9　转角、终端塔基础预高应满足设计要求。

6.1.10　基础防护设施的施工应满足设计要求。

6.2　现场浇制基础

6.2.1　现场浇制基础，浇制前应支模，模板应采用刚性材料，其表面应平整且接缝严密，模板与支架的刚度和稳定性应满足相应基础施工的要求。接触混凝土的模板表面应采取有效脱模措施，以保证混凝土表面质量。当使用隔离剂脱模时，严禁隔离剂沾污钢筋。

6.2.2　现场浇制基础应采取措施，防止泥土等杂物混入混凝土中。

6.2.3　现场浇制基础中的地脚螺栓及预埋件应安装牢固。安装前应除去浮锈，螺纹部分应予以保护。

6.2.4　插入式基础的主角钢（钢管），应进行找正，并加以临时固定，在浇制中应随时检查其位置的准确性。保证整基基础几何尺寸符合设计规定。

6.2.5　现场浇制混凝土应采用机械搅拌、机械捣固。混凝土下料高度超过2m时应用串筒或溜管使混凝土下落。

6.2.6　混凝土浇制过程中应严格控制水灰比。每班日或每个基础腿应检查两次及以上坍落度。

6.2.7　混凝土配合比材料用量每班日或每基基础应至少检查两次，以保证配合比符合表6.2.7规定。

表6.2.7　　　　　　　　　　混凝土原材料称量的允许偏差（%）

材　料　名　称	允　许　偏　差
水泥、混和材料	±2
砂、石	±3
水、外加剂	±2

6.2.8　现场浇制混凝土的养护应符合下列规定：

（1）浇制后应在12h内开始浇水养护，当天气炎热、干燥有风时，应在3h内进行浇水养护，养护时应在基础模板外侧加遮盖物，浇水次数应能够保持混凝土表面始终湿润，养护用水应与拌制用水相同；

（2）对普通硅酸盐和矿渣硅酸盐水泥拌制的混凝土浇水养护日期，不得少于7昼夜，大体积基础按有关规定处理；

（3）基础拆模经表面质量检查合格后应立即回填，并对基础外露部分加遮盖物，按规定期限继续浇水养护，养护时应使遮盖物及基础周围的土始终保持湿润；

（4）采用养护剂养护时，应在拆模并经表面检查合格后立即涂刷，涂刷后不再浇水。

（5）日平均温度低于5℃时，不得浇水养护。

6.2.9　基础拆模时应保证混凝土表面及棱角不损坏。

6.2.10　浇制基础应表面平整，单腿尺寸允许偏差应符合下列规定：

（1）保护层厚度：－5mm；

（2）立柱及各底座断面尺寸：－1％；

（3）同组地脚螺栓中心或插入式角钢形心对立柱中心偏移：10mm；

（4）地脚螺栓露出混凝土面高度：＋10mm，－5mm。

6.2.11　整基铁塔基础回填土夯实后尺寸允许偏差应符合表6.2.11的规定。

表 6.2.11　整基基础尺寸施工允许偏差

项　　目		地脚螺栓式		主角钢（钢管）插入式		高塔基础
		直线	转角	直线	转角	
整基基础中心与中心桩间的位移（mm）	横线路方向	30	30	30	30	30
	顺线路方向	—	30	—	30	—
基础根开及对角线尺寸（‰）		±2		±1		±0.7
基础顶面或主角钢操平印记间相对高差（mm）		5		5		5
整基基础扭转（′）		10		10		5

注　1. 转角塔基础的横线路是指内角平分线方向，顺茂路方向是指转角平分线方向。

　　2. 基础根开及对角线是指同组地脚螺栓中心之间成塔腿主角钢准线间的水平距离。

　　3. 相对高差是指地脚螺栓基础抹面后的相对高差，或插入式基础的操平印记的相对高差。转角塔及终端塔有预偏时，基础顶面相对高差不受5mm限制。

　　4. 高低腿基础顶面高差是指与设计标高之差。

　　5. 高塔是指按大跨越设计，塔高在100m以上的铁塔。

6.2.12　现场浇制混凝土强度应以试块强度为依据。试块强度应符合设计要求。

6.2.13　对混凝土表面缺陷的处理应符合《混凝土结构工程施工规范》（GB 50666）的规定。

6.3　钻孔灌注桩基础

6.3.1　钻孔灌注桩基础的施工及验收应符合《建筑桩基技术规范》（JGJ 94）的规定。

6.3.2　钻孔完成后，应立即检查成孔质量，并填写施工记录。成孔的尺寸应符合下列规定：

（1）孔径允许偏差：－50mm；

（2）孔垂直度允许偏差：＜桩长1％；

（3）孔深：≥设计深度。

6.3.3　钢筋骨架应符合设计要求，其制作允许偏差符合下列规定：

（1）主筋间距：±10mm；

（2）箍筋间距：±20mm；

（3）钢筋骨架直径：±10mm；

（4）钢筋骨架长度：±50mm。

6.3.4　钢筋骨架安装前应设置定位钢环、混凝土垫块以保证保护层厚度。安装钢筋骨架时应避免碰撞孔壁，符合要求后应立即固定。当钢筋骨架重量较大时，应采取措施防止吊装变形。

6.3.5　水下灌注的混凝土应具有良好的和易性，坍落度一般采用180～220mm。

6.3.6　开始灌注混凝土时，导管内的隔水球的位置应临近水面。首次灌注时，导管内的混凝土应能保证将隔水球从导管内顺利排出，并将导管埋入混凝土中0.8m～1.2m。

6.3.7　随着混凝土的灌注，应适当提升和拆卸导管，导管提升后其底端应保持埋入混凝土不小于2m，严禁把导管底端提出混凝土面。

6.3.8　水下混凝土的灌注应连续进行，不得中断。

6.3.9 混凝土灌注到地面后应清除桩顶部浮浆层，单桩基础可安装桩头模板，找正和安装地脚螺栓，灌注桩头混凝土。桩头模板与灌注桩直径应相吻合，严禁出现凹凸现象。地面以上桩基础应达到表面光滑、工艺美观。群桩基础的承台应在桩质量验收合格后施工。

6.3.10 灌注桩基础整基尺寸的施工允许偏差，应符合表 6.2.11 的规定。

6.3.11 灌注桩桩身检测应符合《建筑基桩检测技术规范》（JGJ 106）的规定，检测数量应由设计确定。

6.4 岩石基础

6.4.1 岩石基础施工时，应根据设计资料逐基核查覆盖土层厚度及岩石种类，当实际情况与设计不符时应由设计单位提出处理方案。

6.4.2 岩石基础的开挖或钻孔应符合下列规定：

(1) 岩石构造的整体性不受破坏；

(2) 孔洞中的石粉、浮土及孔壁松散的活石应清除干净；

(3) 软质岩成孔后应立即安装锚筋或地脚螺栓，并浇灌混凝土，以防孔壁风化。

6.4.3 岩石基础锚筋或地脚螺栓的埋入深度不得小于设计值，安装后应有临时固定措施。岩石锚杆施工应符合《岩石锚杆（索）技术规程》（CECS 22）的规定。

6.4.4 混凝土的浇灌应符合下列规定：

(1) 浇灌混凝土时，应分层浇捣密实，并应按现场浇制基础混凝土的规定进行养护；

(2) 孔洞中浇灌混凝土的数量不得少于施工技术设计的规定值；

(3) 对浇灌钻孔式岩石基础，应采取措施减少混凝土收缩量。

6.4.5 岩石基础的施工允许偏差应符合下列规定：

(1) 成孔深度不应小于设计值；

(2) 成孔尺寸：

对嵌固式应大于设计值，且应保证设计锥度；

对钻孔式的孔径允许偏差：+20mm，0。

(3) 整基基础的施工允许偏差应符合表 2 的规定。

6.5 冬期施工

6.5.1 当室外平均气温连续 5d 低于 5℃时，混凝土基础工程应采取冬期施工措施。

6.5.2 冬期施工应符合《建筑工程冬期施工规程》（JGJ 104）的规定。

6.5.3 冬期钢筋焊接宜在室内进行，室外焊接时，其最低气温不宜低于 −20℃，并应符合《钢筋焊接及验收规范》（JGJ 18）的规定。焊后的接头在未冷却前不得碰到冰雪。

6.5.4 配制冬期施工的混凝土，应优先选用硅酸盐水泥或普通硅酸盐水泥，水泥强度等级不应低于 42.5MPa。浇筑 C15 强度等级混凝土时，最小水泥用量不应少于 260kg/m³，水灰比不应大于 0.55。

6.5.5 冬期拌制混凝土时应优先采用加热水的方法，水及骨料的加热温度不得超过表 6.5.5 的规定。

表 6.5.5 拌合水及骨料最高温度 单位：℃

项目	拌合水	骨料
强度等级小于 52.5 普通硅酸盐水泥	80	60
强度等级等于及大于 52.5 硅酸盐水泥、普通硅酸盐水泥	60	40

注 当骨料不加热时，水可以加热到 100℃，但水泥不应与 80℃ 以上的水直接接触，投料顺序为先投入骨料和已加热的水，然后再投入水泥。

6.5.6　水泥不应直接加热，宜在使用前运入暖棚内存放。混凝土拌合物的入模温度不得低于5℃。

6.5.7　冬期施工不得在已冻结的基坑底面浇制混凝土，已开挖的基坑底面应有防冻措施。

6.5.8　拌制混凝土的最短时间应符合表6.5.8的规定。

表6.5.8　　　　　　　　　　　　　　搅拌混凝土的最短时间　　　　　　　　　　　　　　单位：s

混凝土坍落度 (mm)	搅拌机机型	搅拌机容积（L）		
		＜250	250～650	＞650
≤30	自落式	135	180	225
	强制式	90	135	180
＞30	自落式	135	135	180
	强制式	90	90	135

注　表中搅拌机容积为出料容积。

6.5.9　冬期混凝土养护宜选用覆盖法、暖棚法或负温养护法。当采用暖棚法养护混凝土时，混凝土养护温度不应低于5℃，并应保持混凝土表面湿润。

6.5.10　掺用防冻剂混凝土养护应符合下列规定：

（1）在负温条件下养护时，严禁浇水，外露表面应用保温、保湿的材料覆盖；

（2）混凝土的初期养护温度，不得低于防冻剂的规定温度；

（3）模板和保温层在混凝土达到要求强度并冷却到5℃后方可拆除，当拆模后混凝土表面温度与环境温度之差大于15℃时，应对混凝土采用保温材料覆盖养护。

6.5.11　冬期施工混凝土基础拆模检查合格后应立即回填土。采用硅酸盐水泥或普通硅酸盐水泥配制的混凝土，在受冻前其抗压强度不应低于混凝土强度设计值的30%。

7　铁　塔　工　程

7.1　一般规定

7.1.1　铁塔组立必须有完整的施工技术设计。

7.1.2　当组立铁塔时，铁塔基础必须符合下列规定：

a）应经中间检查验收合格。

b）当分解组立铁塔时，混凝土的抗压强度应达到设计强度的70%。

c）当整体组立铁塔时，混凝土的抗压强度应达到设计强度的100%；当立塔操作采取防止基础承受水平推力的措施时，混凝土的抗压强度不应低于设计强度的70%。

【条文说明】本条明确规定，铁塔基础必须"经中间验收合格"且混凝土强度必须达到相应规定方可组塔，此条列为强制性条文。

7.1.3　现场临时存放或装卸运输铁塔构件时，应有防止构件变形损坏、锌层磨损及表层污损的措施。运至塔位的构件仍应按照本标准3.14条款要求进行外观质量检查。

7.1.4　角钢铁塔塔材的弯曲度应按《输电线路铁塔制造技术条件》（GB 2694）的规定验收。对运至桩位的个别角钢，当弯曲度超过长度的2‰，但未超过表7.1.4的变形限度时，可采用冷矫正法进行矫正，但矫正的角钢不得出现裂纹和锌层脱落。

表 7.1.4   采用冷矫正法的角钢变形限度

角钢宽度 （mm）	变形限度 （‰）	角钢宽度 （mm）	变形限度 （‰）
40	35	90	15
45	31	100	14
50	23	110	12.7
56	25	125	11
63	22	140	10
70	20	160	9
75	19	180	8
80	17	200	7

7.1.5　工程移交时，铁塔上应有下列固定标志，标志的式样及悬挂位置应符合设计和建设方的要求：

　　a）线路名称或代号及塔号；

　　b）耐张型、换位型铁塔及换位塔前后相邻的各一基铁塔的相位标志；

　　c）高塔按设计规定装设的航行障碍标志；

　　d）多回路铁塔上的每回路位置及线路名称。

【条文说明】本条依据《110～500kV 架空送电线路设计技术规程》（DL/T 5092DI）第 17.0.2 条之规定，并要求符合设计及建设方的要求。

7.2　铁塔

7.2.1　铁塔各构件的组装应牢固，交叉处有空隙者，应装设相应厚度的垫圈或垫板。

7.2.2　当采用螺栓连接构件时，应符合下列规定：

（1）铁塔螺栓应按设计要求使用防卸、防松装置；

（2）螺栓应与构件平面垂直，螺栓头与构件间的接触处不应有空隙；

（3）螺母拧紧后，螺栓露出螺母的长度：对单螺母，不应小于两个螺距；对双螺母，可与螺母相平；

（4）螺栓应加垫者，每端不宜超过两个垫圈。

7.2.3　螺栓的穿入方向应符合下列规定：

（1）对立体结构：

1）水平方向由内向外；

2）垂直方向由下向上。

（2）对平面结构：

1）顺线路方向，由电源侧穿入或按统一方向穿入；

2）横线路方向，两侧由内向外，中间由左向右（指面向受电侧，下同）或按统一方向穿入；

3）垂直地面方向者由下向上；

4）横线路方向呈倾斜平面时，由电源侧穿入或由下向上或取统一方向；顺线路方向呈倾斜平面时，由下向上，或取统一方向。

注：个别螺栓不易安装时，穿入方向允许变更处理。

（3）节点处为法兰连结的螺栓穿向：所有靠近节点处法兰螺栓由节点向四周穿，如图 7.2.3

所示。

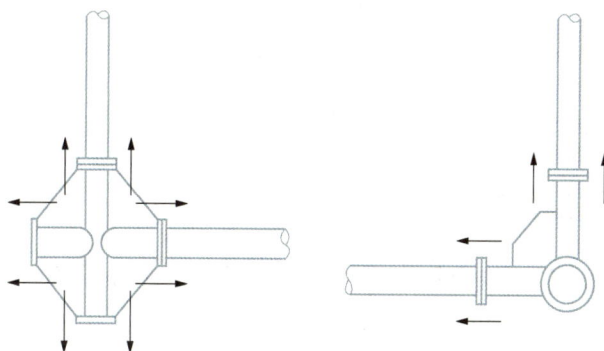

图 7.2.3　法兰节点螺栓穿向

【条文说明】规定螺栓穿入方向的目的：

（1）便于施工及检修时紧固螺栓。

（2）工艺统一、整齐美观。

7.2.4　铁塔部件组装有困难时应查明原因，严禁强行组装。个别螺孔需扩孔时，扩孔部分不应超过 3mm，当扩孔需超过 3mm 时，应先堵焊再重新打孔，并应进行防锈处理。严禁用气割进行扩孔或烧孔。

7.2.5　铁塔连接螺栓应逐个紧固，4.8 级、6.8 级螺栓的扭紧力矩不应小于表 7.2.5 的规定。8.8 级以上的螺栓扭矩标准值由设计规定。

表 7.2.5　　　　　　　　　　　　螺栓紧固扭矩标准

螺栓规格	4.8 级扭矩值（N·m）	6.8 级扭矩值（N·m）
M12	40	
M16	80	80
M20	100	160
M24	250	280

注　1. 法兰螺栓采用双帽，外帽预紧扭矩值取上表数值的一半。

　　2. 若发现螺杆与螺母的螺纹有滑牙或螺母的棱角磨损以致扳手打滑的，螺栓应更换。

　　3. 螺栓防松采用增加一个薄螺母的方式，防松用薄螺母的厚度为螺栓公称直径的一半，详细尺寸见《输电线路杆塔及电力金具用热镀锌螺栓与螺母》（DL/T 284），防松用薄螺母预紧扭矩值取上表数值的一半。

【条文说明】本条螺栓紧固扭矩标准值的规定，主要是为了保证螺栓安装的质量提出的，表中的数值是参考国外标准并结合我国多年的施工、运行经验并经过验证确定的，但应说明两点：

（1）本标准列出了 4.8 级、6.8 级螺栓的扭紧力矩，螺栓虽然主要是受剪力，但紧固是必须的。当螺栓的紧固扭矩值达到表中的规定时，从施工结果看已达到了螺栓紧固的目的，过紧也不一定有利。当设计采用高强螺栓需要增大扭矩时，可由设计另行规定。

（2）表中螺栓规格是现行铁塔设计中常用的规格，对于特殊规格螺栓的扭矩也可由设计另行规定。

7.2.6　铁塔连接螺栓在组立结束时应全部紧固一次，检查扭矩合格后方准进行架线。架线后，螺栓还应复紧一遍。

7.2.7 铁塔组立及架线后，其允许偏差应符合表 7.2.7 的规定。

表 7.2.7　　　　　　　　　　　　　　铁塔组立的允许偏差

偏 差 项 目	一般铁塔	高 塔
直线塔结构倾斜	3‰	1.5‰
直线塔结构中心与中心桩间横线路方向位移	50mm	—
转角塔结构中心与中心桩间横、顺线路方向位移	50mm	—

7.2.8 转角塔或终端塔的预倾应根据铁塔的刚度及受力由设计确定，铁塔的挠曲度超过设计规定时，应会同设计单位处理。

7.2.9 脚钉安装应牢固齐全，安装位置应符合设计或建设方要求。

7.2.10 铁塔组立后，各相邻节点间主材弯曲度不得超过 1/750。

7.2.11 铁塔组立后，塔脚板应与基础面接触良好，有空隙时应垫铁片，并应浇筑水泥砂浆。铁塔经检查合格后可随即浇筑混凝土保护帽；混凝土保护帽尺寸应符合设计规定，与塔座结合应严密，不得有裂缝。

【条文说明】本条"铁塔检查合格后，可随即浇筑混凝土保护帽"，是从保护地脚螺栓的角度出发的，根据大部分施工单位的经验，架线的张力不会造成耐张塔塔腿受力而对保护帽影响。个别地区要求耐张、转角塔在紧完线后再浇保护帽，也可按当地要求施工。

7.2.12 塔腿安装时，塔腿法兰和基础接触面不应有空隙；地脚螺栓不得和塔腿法兰、加劲板相互碰撞。

7.2.13 钢管塔各构件的组装应牢固，当组装有困难时应查明原因，严禁强行组装。

7.2.14 钢管塔法兰与法兰连接时，穿上连接螺栓后，应逐个对称拧紧，使法兰间顶紧，接触面良好。

7.2.15 钢管塔连接螺栓的扭矩标准值及允许偏差值应符合设计规定，同一法兰连接面上的螺栓扭矩值应力求一致。

7.2.16 组立过程中，应对螺栓逐段紧固，整基塔组立结束后，应对连接螺栓进行检查，架线后应对螺栓扭矩进行复查。

7.2.17 钢管塔走道、平台、爬梯及施工要求增设的吊（挂）孔、安装孔（件）等附属设施和塔体的连接应满足设计强度要求，其安装位置应符合设计图纸要求。

8 架 线 工 程

8.1 一般规定

8.1.1 架线前应有完整有效的架线施工（包括放线、紧线及附件安装等）技术文件。

8.1.2 架线段内铁塔已经中间验收合格，混凝土强度达到设计规定后方可进行。

8.1.3 架线过程中，对展放的导线及架空地线（也称地线，下同）应进行外观检查，且应符合下列规定：

（1）导线及架空地线型号、规格应与设计施工图相符；

（2）对于制造厂在线上设有的损伤或断头标志的地方，应查明情况妥善处理。

8.1.4 跨越电力线、弱电线路、铁路、公路、索道及通航河流时，应有完整可靠的跨越施工技术措施。导线或架空地线在跨越档内接头应符合设计规定。当设计无规定时，应符合表 8.1.4 的规定。

表 8.1.4　　　　　　　　　　　　导线或架空地线在跨越档内接头的基本规定

项　目	铁　路	公　路	电车道（有轨或无轨）	不通航河流
导线或架空地线在跨越档内接头	标准轨距：不得接头；窄轨：不限制	高速公路、一级公路：不得接头；二、三、四级公路：不限制	不得接头	不限制

项　目	特殊管道	索道	电力线路	通航河流	弱电线路
导线或架空地线在跨越档内接头	不得接头	不得接头	110kV 及以上线路：不得接头；110kV 以下线路：不限制	一、二级、不得接头；三级及以下：不限制	不限制

8.1.5　放线滑车的选用应符合下列规定：

（1）轮槽尺寸及所用材料应与导线或架空地线相适应；

（2）展放导线用多轮滑车轮槽底部的轮径：应符合《放线滑轮基本要求检验规定及测试方法》（DL/T 685）的规定，（DL/T 685）中未涵盖的导线规格，应按照其相临高规格盲径选取放线滑车，放线滑轮轮槽宽应能顺利通过接续管及其保护套。滑轮的摩阻系数不应大于 1.015。当采用镀锌钢绞线作架空地线展放时，其滑车轮槽底部的轮径与所放钢绞线直径之比不宜小于 15；

（3）对于严重上扬、下压或垂直档距很大处的放线滑车应进行验算，必要时应采用特制的结构；

（4）滑轮应采用滚动轴承，使用前应进行检查并确保转动灵活。

8.2　张力放线

8.2.1　导线展放应采用张力放线。在张力放线的操作中除遵守本节所列规定外，且应符合《1000kV 架空送电线路张力架线施工工艺导则》（Q/GDW 154）的规定。对于扩径导线应符合《架空送电线路扩径导线施工验收规范》（Q/GDW 389）的规定。

8.2.2　同相分裂导线宜采用一次（同次）展放。特殊情况分两次展放时，时间间隔不得超过 48h。

8.2.3　张力机放线主卷筒槽底直径 $D\geqslant40d-100$mm（d 为导线直径）。张力机的尾线轴架的制动力与反转力应与张力机相配套。

8.2.4　张力放线区段的长度宜控制在 6～8km，且不宜超过 20 个放线滑轮的线路长度，当难以满足规定时，应采取有效的防止导线在展放中受压损伤及接续管出口处导线损伤的特殊施工措施。

8.2.5　张力放线中，经过重要的跨越物或复杂地形时，应适当缩短张力放线区段长度。

8.2.6　张力放线时，直线接续管通过滑车时应加装保护套。

8.2.7　一般情况下牵引场应顺线路布置。因受地形限制时，牵引场可通过转向滑车进行转向布置。张力场不应转向布置，特殊情况下须转向布置时，转向滑车的位置及角度应满足张力架线的要求。

8.2.8　每相导线放完，应在牵张机前将导线临时锚固，为了防止导线因振动而引起的疲劳断股，锚线的水平张力不应超过导线设计计算拉断力的 16%，锚固时同相子导线间的张力应稍有差异，使子导线在空间位置上下错开。除对跨越物保持安全距离外，与地面净空距离不宜小于 5m。

8.2.9　张力放线、紧线及附件安装时，应防止导线损伤，在容易产生损伤处应采取有效的预防措施：

（1）导线在展放过程中不得与地面及被跨越物直接接触；

（2）凡与导线直接接触的提线器、锚线架、钢丝绳等应进行挂胶处理或其他隔离措施；

（3）跨越架与导线接触部分应采用不磨损导线的材料或不损伤导线的措施；

（4）牵、张场导线可能落地的区域应采用不损伤导线的材料进行铺垫。

8.2.10　导线磨损的处理应符合下列规定：

（1）外层导线线股有轻微擦伤，其擦伤深度不超过单股直径的 1/4，且截面积损伤不超过导电部分截面积的 2%时，可不补修，用不粗于 0 号细砂纸磨光表面棱刺；

（2）当导线损伤已超过轻微损伤，但在同一处损伤的强度损失尚不超过设计计算拉断力的 8.5%，且损伤截面积不超过导电部分截面积的 12.5%时为中度损伤。中度损伤应采用补修管进行补修，补修时应符合下列的规定：

1）将损伤处的线股先恢复原绞制状态，线股处理平整；

2）补修管的中心应位于损伤最严重处，需补修的范围应位于管端内各 20mm；

3）补修管采用液压时，其操作应符合本章 8.3 节中有关压接的内容。

（3）有下列情况之一时定为严重损伤：

1）强度损失超过设计计算拉断力的 8.5%；

2）截面积损伤超过导电部分截面积的 12.5%；

3）损伤的范围超过一个补修管允许补修的范围；

4）钢芯有断股；

5）金钩、破股和灯笼已使钢芯或内层线股形成无法修复的永久变形。达到严重损伤时，应将损伤部分全部锯掉，用接续管将导线重新连接。

8.2.11　架空地线应采用张力放线。架空地线采用镀锌钢绞线时，出现断股及金钩、破股等形成的永久变形均应割断重接。架空地线采用良导体线时，其损伤处理与导线相同。

8.3　连接

8.3.1　不同金属、不同规格、不同绞制方向的导线或架空地线严禁在一个耐张段内连接。

8.3.2　当导线或架空地线采用液压连接时，必须由经过专门培训并经考试合格具有操作证的技术工人担任。连接完成并自检合格后应在压接管上打上操作人员的钢印。

8.3.3　导线或架空地线必须使用现行的电力金具配套接续管及耐张线夹进行连接。连接后的握着强度在架线施工前应对试件进行拉力试验。试件不得少于 3 组（允许接续管与耐张线夹合为一组试件）。其试验握着强度不得小于导线或架空地线设计计算拉断力的 95%。

8.3.4　同一施工单位采用液压施工，工期相邻的不同工程中，采用同厂家、同批量的导线、架空地线、接续管、耐张线夹及钢模完全没有变化时，可以不做重复性试验。

8.3.5　导线切割及连接应符合下列规定：

（1）切割导线铝股时严禁伤及钢芯；

（2）切口应整齐；

（3）导线及架空地线的连接部分不得有线股绞制不良、断股、缺股等质量问题；

（4）连接后管口附近不得有明显的松股现象。采用液压连接导线时，导线连接部分外层铝股在洗擦后应薄薄地涂上一层电力复合脂，并应用细钢丝刷清除表面氧化膜，应保留电力复合脂进行连接。电力复合脂质量应符合《电力复合脂技术条件》（DL/T 373）的规定。

8.3.6　各种接续管、耐张管及钢锚连接前应测量管的内、外直径及管壁厚度、管的长度并应符合有关规程规定。判定不合格者，严禁使用。

8.3.7　接续管及耐张管压后应检查其外观质量，并应符合下列规定：

（1）使用精度不低于 0.1mm 的游标卡尺测量压后尺寸，其允许偏差应符合《架空电力线路导线及避雷线液压施工工艺规程（试行）》（SDJ 226）的规定；

（2）飞边、毛刺及表面未超过允许的损伤应锉平并用不粗于 0 号细砂纸磨光；

（3）弯曲度不得大于 2%。超过 2% 尚可校直时应校直；

（4）校直后的接续管、耐张管严禁有裂纹，达不到规定时应割断重接；

（5）钢管压后应涂防锈漆。

8.3.8　在一个档距内每根导线或架空地线上只允许有一个接续管和两个补修管，并应满足下列规定：

（1）各类管与耐张线夹出口间的距离不应小于 15m；

（2）接续管或补修管与悬垂线夹中心的距离不应小于 5m；

（3）接续管或补修管与间隔棒中心的距离不宜小于 0.5m；

（4）宜减少因损伤而增加的接续管。

8.3.9　导线或架空地线的接续管、耐张线夹及补修管等采用液压连接时，应符合《架空电力线路导线及避雷线液压施工工艺规程（试行）》（SD J226）的规定。对于新型的接续管、耐张线夹及补修管的压接工艺，应经试验及审批。

8.4　紧线

8.4.1　以耐张、转角型铁塔为紧线塔时，应按设计要求装设临时拉线进行补强。采用直线塔紧线时，应采用设计允许的直线塔做紧线临锚塔。

8.4.2　弧垂观测档的选择应符合下列规定：

（1）紧线段在 5 档及以下时靠近中间选择一档；

（2）紧线段在 6～12 档时靠近两端各选择一档；

（3）紧线段在 12 档以上时靠近两端及中间可选 3～4 档；

（4）观测档宜选档距较大和悬挂点高差较小及接近代表档距的线档；

（5）弧垂观测档的数量可以根据现场条件适当增加，但不得减少。

8.4.3　观测弧垂时的温度应在观测档内实测。

8.4.4　挂线时对于孤立档、较小耐张段及大跨越的过牵引长度应符合设计要求；设计无要求时，应符合下列规定：

（1）耐张段长度大于 300m 时过牵引长度不宜超过 200mm；

（2）耐张段长度为 200m～300m 时，过牵引长度不宜超过耐张段长度的 0.5‰；

（3）耐张段长度为 200m 以内时，过牵引长度根据导线的安全系数不小于 2 的规定进行控制，变电站进出口档除外；

（4）大跨越档的过牵引值由设计验算确定。

8.4.5　紧线弧垂在挂线后应随即在该观测档检查，其允许偏差应符合下列规定：

（1）一般情况下允许偏差不应超过 ±2.5%；

（2）跨越通航河流的大跨越档弧垂允许偏差不应大于 ±1%，其正偏差不应超过 1m。

8.4.6　导线或架空地线各相间的弧垂应力求一致，当满足本标准 8.4.5 条的弧垂允许偏差时，各相间弧垂的相对偏差最大值不应超过下列规定：

（1）一般情况下相间弧垂允许偏差为 300mm；

（2）大跨越档的相间弧垂最大允许偏差为 500mm。

8.4.7　相分裂导线同相子导线的弧垂应力求一致，在满足本标准 8.4.6 条的弧垂允许偏差标准时，分裂导线同相子导线的弧垂允许偏差为 50mm。

8.4.8　架线后应测量导线对被跨越物的净空距离，计入导线蠕变伸长换算到最大弧垂时应符合设计规定。

8.4.9 连续上（下）山坡时的弧垂观测，当设计有规定时按设计规定观测。其允许偏差值应符合本节的规定。

8.5 附件安装

8.5.1 绝缘子安装前应逐个表面清洗干净，并应逐个（串）进行外观检查。安装时应检查碗头、球头与弹簧销子之间的间隙。在安装好弹簧销子的情况下球头不得自碗头中脱出。验收前应清除瓷（玻璃）表面的污垢。有机复合绝缘子伞套的表面不允许有开裂、脱落、破损等现象，绝缘子的芯棒与端部附件不应有明显的歪斜。

8.5.2 金具的镀锌层有局部碰损剥落或缺锌，应除锈后补刷防锈漆。

8.5.3 对非终端塔，其耐张绝缘子串的挂线宜采用高空断线、平衡挂线法施工。

8.5.4 为了防止导线或架空地线因风振而受损伤，弧垂合格后应及时安装附件。附件（包括间隔棒）安装时间不宜超过5天，档距大于800m时应优先安装。大跨越防振装置难于立即安装时，应会同设计单位采用临时防振措施。

8.5.5 附件安装时应采取防止工器具碰撞有机复合绝缘子伞套的措施，严禁在安装中踩踏有机复合绝缘子上下导线。

8.5.6 悬垂线夹安装后，绝缘子串应垂直地平面，其顺线路方向与垂直位置最大偏移值不应超过200mm（高山大岭300mm）。连续上（下）山坡处铁塔上的悬垂线夹的安装位置应符合设计规定。

8.5.7 绝缘子串、导线及架空地线上的各种金具上的螺栓、穿钉及弹簧销子除有固定的穿向外，其余穿向应统一，并应符合下列规定：

（1）单、双悬垂串上的弹簧销子一律由电源侧向受电侧穿入。使用 W 型弹簧销子时，绝缘子大口一律朝电源侧，使用 R 型弹簧销子时，大口一律朝受电侧。螺栓及穿钉凡能顺线路方向穿入者一律由电源侧向受电侧穿入，特殊情况两边线由内向外，中线由左向右穿入；

（2）耐张串上的弹簧销子、螺栓及穿钉一律由上向下穿；当使用 W 型弹簧销子时，绝缘子大口一律向上；当使用 R 型弹簧销子时，绝缘子大口一律向下，特殊情况两边线可由内向外，中线由左向右穿入；

（3）分裂导线上的穿钉、螺栓一律由线束外侧向内穿；

（4）当穿入方向与当地运行单位要求不一致时，可按运行单位的要求，但应在开工前明确规定。

8.5.8 金具上所用的闭口销的直径应与孔径相配合，且弹力适度。

8.5.9 各种类型的铝质绞线，在与金具的线夹夹紧时，除并沟线夹、使用预绞丝护线条及设计另有规定外，安装时应在铝股外缠绕铝包带，缠绕时应符合下列规定：

（1）铝包带宜缠绕紧密，其缠绕方向应与外层铝股的绞制方向一致；

（2）所缠铝包带可露出线夹口，但不应超过10mm，其端头应回缠绕于线夹内压住。

8.5.10 安装预绞丝护线条时，每条的中心与线夹中心应重合，对导线包裹应紧固。

8.5.11 防振锤及阻尼线与被连接的导线或架空地线应在同一铅垂面内，设计有特殊要求时按设计要求安装。其安装距离偏差不应大于±30mm。

8.5.12 分裂导线的间隔棒的结构面应与导线垂直，安装时应采用正确的方法测量次档距。杆塔两侧第一个间隔棒的安装距离偏差不应大于端次档距的±1.5%，其余不应大于次档距的±3%。各相间隔棒安装位置应符合设计要求。

8.5.13 绝缘架空地线放电间隙的安装距离偏差不应大于±2mm。

8.5.14 柔性引流线应呈近似悬链线状自然下垂，其对铁塔及拉线等的电气间隙应符合设计规定。使用压接引流线时其中间不得有接头。刚性引流线的安装应符合设计要求。

8.5.15　铝制引流连板及并沟线夹的连接面应平整、光洁，安装应符合下列规定：

（1）安装前应检查连接面是否平整，耐张线夹引流连板的光洁面应与引流线夹连板的光洁面接触；

（2）应使用汽油洗擦连接面及导线表面污垢，并应涂上一层电力复合脂。用细钢丝刷清除有电力复合脂的表面氧化膜；

（3）保留电力复合脂，并应逐个均匀地拧紧连接螺栓。螺栓的扭矩应符合该产品说明书所列数值。

8.6　光纤复合架空地线（OPGW）架设

8.6.1　光纤复合架空地线（OPGW）架设应符合《特高压光纤复合架空地线（OPGW）工程施工及竣工验收技术规范》（Q/GDW 317）的规定。

8.6.2　光纤复合架空地线盘运输到现场指定卸货点后，应进行下列项目的检查和验收：

（1）品种、型号、规格；

（2）盘号及长度；

（3）光纤衰减值（由指定的专业人员检测）；

（4）光纤端头密封的防潮封口有无松脱现象。

8.6.3　光纤复合架空地线盘应呈直立的位置存放、装卸及运输，不得平放。

8.6.4　光纤复合架空地线的架线施工必须采用张力放线方法。

8.6.5　光纤复合架空地线的架线施工选择放线区段长度宜与线盘长度相适应。不宜两盘及以上连放。

8.6.6　张力放线机主卷筒槽底直径应不小于光纤复合架空地线直径的 70 倍，且不得小于 1m，设计另有要求的除外。

8.6.7　放线滑轮槽底直径应不小于光纤复合架空地线直径的 40 倍，且不得小于 500mm。滑轮槽应采用挂胶或其他韧性材料。滑轮的摩阻系数应不大于 1.015，设计另有要求的除外。

8.6.8　牵张场所在位置应保证进出线仰角满足厂家要求，一般不宜大于 25°，其水平偏角应小于 7°。

8.6.9　放线滑车在放线过程中，其包络角不得大于 60°。

8.6.10　牵引绳与光纤复合架空地线的连接应通过旋转连接器、防捻走板、专用编织套或按出厂说明书要求连接。

8.6.11　张力牵引过程中，初始速度应控制在 5m/min 以内，正常运转后牵引速度不宜超过 60m/min。

8.6.12　应控制放线张力，在满足对交叉跨越物及地面距离的情况下，尽量低张力展放。

8.6.13　牵张设备应有可靠的接地，牵引过程中导引绳和光纤复合架空地线应挂接地滑车。

8.6.14　牵张场临锚时光纤复合架空地线落地处应有隔离保护措施以保证线不得与地面接触。收余线时，禁止拖放。

8.6.15　紧线及锚线时，应使用专用夹具。

8.6.16　光纤的熔接应由专业人员操作。

8.6.17　光纤的熔接应符合下列要求：

（1）剥离光纤的外层套管、骨架时不得损伤光纤；

（2）防止光纤接线盒内有潮气或水分进入，安装接线盒时螺栓应紧固，橡皮封条应安装到位；

（3）光纤熔接后应进行接头光纤衰减值测试，不合格者应重接；

（4）雨天、大风、沙尘或空气湿度过大时不应熔接。

8.6.18 引下线夹具的安装应保证光纤复合架空地线顺直、圆滑，不得有硬弯、折角。

8.6.19 紧线完后，光纤复合架空地线在滑车中的停留时间不宜超过 48h。附件安装后，当不能立即接头时，光纤端头应做密封处理。

8.6.20 附件安装前光纤复合架空地线应接地。提线时与线接触的工具应包橡胶或缠绕铝包带，不得以硬质工具接触线表面。

8.6.21 施工全过程中，光纤复合架空地线的曲率半径不得小于设计和制造厂的规定。

9 接 地 工 程

9.1 接地体的规格、埋深不应小于设计规定。

9.2 接地装置应按设计图形埋设，受地质地形条件限制时可按设计图形作局部修改，原设计图形为环形者仍应呈环形。但不论修改与否均应在施工质量验收记录中绘制接地装置敷设简图并标示相对位置和尺寸。

9.3 埋设水平接地体宜满足下列规定：

遇倾斜地形宜沿等高线埋设，两接地体间的平行距离不应小于 5m，接地体敷设应平直，对无法满足上述要求的特殊地形，应与设计部门协商解决。

9.4 垂直接地体深度应满足设计要求。

9.5 接地体间应连接可靠，并应符合下列要求：

9.5.1 除设计规定的断开点可用螺栓连接外，其余应用焊接或液压、爆压方式连接。连接前应清除连接部位的浮锈。

9.5.2 当采用搭接焊接时，圆钢的搭接长度应不小于其直径的 6 倍并应双面施焊；扁钢的搭接长度应不小于其宽度的 2 倍，并应四面施焊。

9.5.3 当采用压接连接时，接续管的壁厚不得小于 3mm；对接长度为圆钢直径的 20 倍，搭接长度为圆钢直径的 10 倍。

9.5.4 当采用液压方式连接接地钢筋时，接续管的型号与规格应与所压钢筋相匹配。

9.6 接地引下线与铁塔的连接应接触良好并便于运行测量和检修。当引下线直接从架空地线引下时，引下线应紧靠塔身，并应每隔一定距离与塔身固定一次。

9.7 接地电阻的测量可采用接地装置专用测量仪表。所测得的接地电阻值应不大于设计工频接地电阻值。

10 工 程 验 收 与 移 交

10.1 工程验收

10.1.1 工程验收分隐蔽工程验收、中间验收和竣工验收三种方式，并以最终形成的施工验收质量记录为基本依据来判定是否满足工程设计和本标准的要求。

10.1.2 隐蔽工程的验收检查应在隐蔽前进行，以下内容为隐蔽工程：

（1）基础坑深及地基处理情况；

（2）现浇基础中钢筋和预埋件的规格、尺寸、数量、位置、底座断面尺寸、混凝土的保护层厚度及浇制质量；

（3）岩石及掏挖基础的成孔尺寸、孔深、埋入铁件及混凝土浇制质量；

（4）灌注桩基础的成孔、清孔、钢筋骨架及水下混凝土浇灌；

（5）液压连接的接续管、耐张线夹、引流管；

（6）导线、架空地线补修处理及线股损伤情况；

（7）铁塔接地装置的埋设情况。

10.1.3　中间验收按基础工程、铁塔组立、架线工程、接地工程进行，在分部工程完成后实施验收，也可分批实施验收，各工程验收内容如下：

（1）基础工程：

1）立方体试块为代表的现浇混凝土基础的抗压强度；

2）整基基础尺寸偏差；

3）现浇基础断面尺寸；

4）同组地脚螺栓中心或插入式角钢形心对立柱中心的偏移；

5）回填土情况。

（2）铁塔（角钢塔、钢管塔）工程：

1）铁塔部件、构件的规格及组装质量；

2）铁塔结构倾斜；

3）螺栓的紧固程度、穿向等；

4）保护帽浇制质量；

5）防沉层情况。

（3）架线工程：

1）导线及架空地线的弧垂；

2）绝缘子的规格、数量，绝缘子串的倾斜、绝缘和清洁；

3）金具的规格、数量及连接安装质量，金具螺栓或销钉的规格、数量、穿向；

4）铁塔在架线后的倾斜与挠曲；

5）引流线安装连接质量、弧垂及最小电气间隙；

6）绝缘架空地线的放电间隙；

7）接头、修补的位置及数量；

8）防振锤及阻尼线的安装位置、规格数量及安装质量；

9）间隔棒的安装位置及安装质量；

10）导线换位情况；

11）导线对地及跨越物的安全距离；

12）线路对接近物的接近距离；

13）光纤复合架空地线有否受损，引下线及接续盒的安装质量。

（4）接地工程：

1）实测接地电阻值；

2）接地引下线与铁塔连接情况。

10.1.4　竣工验收应符合下列要求：

（1）竣工验收应在隐蔽工程验收和中间验收全部结束，有关问题已得到处理后实施，竣工验收应为对架空输电线路投运前安装质量的最终确认；

（2）竣工验收除应确认工程本体的安装质量，还应包括线路走廊障碍物的处理情况、防护设施完成情况、铁塔固定标志标记情况、临时接地线的拆除、其他遗留问题的处理情况；

（3）竣工验收应包括各种工程资料的验收；

（4）施工验收质量记录表应由施工技术人员或质检人员填写，签字后生效。

10.1.5　工程本体质量、工程施工及验收的施工质量记录、施工材料质量记录及 10.1.4 条包括的各项事宜经建设、运行、设计、监理、施工各方共同确认合格后该工程通过验收。

10.2　竣工试验

10.2.1　工程在竣工验收合格后投运前，应按下列步骤进行竣工试验：

（1）测定线路绝缘电阻；

（2）核对线路相位；

（3）测定线路参数特性；

（4）电压由零升至额定电压，但无条件时可不做；

（5）以额定电压对线路冲击合闸三次；

（6）带负荷试运行 24h。

10.2.2　线路工程未经竣工验收合格及试验判定合格前不得投入运行。

10.3　工程资料移交

10.3.1　下列资料为工程竣工的移交资料：

（1）工程验收的施工质量记录；

（2）修改后的竣工图；

（3）设计变更通知单及工程联系单；

（4）原材料和器材出厂质量合格证明和试验记录；

（5）代用材料清单；

（6）工程试验报告（记录）；

（7）未按设计施工的各项明细表及附图；

（8）施工缺陷处理明细表及附图；

（9）相关协议书；

（10）相关音像电子档案资料。

10.3.2　资料移交时应符合国家现行有关工程档案管理标准的规定。

10.4　竣工移交

10.4.1　在完成各项验收、试验、资料移交，且试运行成功后，建设、运行、设计、监理及施工各方应签署竣工验收签证书，办理竣工移交手续。

附录 D　（规范性附录）安全距离要求

D.1　最大计算弧垂情况下导线对地面最小距离应不小于附表 D.1 的要求。

表 D.1　　　　　　　　　　　　　　　　导线对地面最小距离

地区　　　　　　　　标称电压（kV）	1000		备注
	单回路	同塔双回路（逆相序）	
居民区（m）	27	25	—
非居民区（m）	22	21	农业耕作区
	19	18	人烟稀少的非农业耕作区
交通困难区（m）	15		—

D.2　当送电线路跨越无人居住且为耐火屋顶的建筑时，导线与建筑物之间的垂直距离，在最大计算弧垂情况下，不应小于表 D.2 所列数值。

表 D.2　　　　　　　　　　　　　导线与建筑物之间的最小垂直距离

标称电压（kV）	1000
垂直距离（m）	15.5

D.3　送电线路边导线与建筑物之间的距离，在最大计算风偏情况下，不应小于表 D.3-1 所列数值。

表 D.3-1　　　　　　　　　　　　导线与建筑物之间的净空距离

标称电压（kV）	1000
距离（m）	15

无风情况下，边导线与建筑物之间的水平距离，不应小于表 D.3-2 所列数值。

表 D.3-2　　　　　　　　　　　　边导线与建筑物之间的水平距离

标称电压（kV）	1000
距离（m）	7

D.4　送电线路通过林区，宜采用加高杆塔跨越林木不砍通道的方案。当跨越时，导线与树木（考虑自然生长高度）之间的垂直距离，不小于表 D.4-1 所列数值。当砍伐通道时，通道净宽度不应小于线路宽度加林区主要树种自然生长高度的 2 倍。通道附近超过主要树种自然生长高度的个别树木应砍伐。

表 D.4-1　　　　　　　　　　　　导线与树木之间的垂直距离

标称电压（kV）	1000	
	单回路	同塔双回路（逆相序）
垂直距离（m）	14	13

送电线路通过公园、绿化区或防护林带，导线与树木之间的净空距离，在最大计算风偏情况下，不小于表 D.4-2 所列数值。

表 D.4-2　　　　　　　　　　　　导线与树木之间的净空距离

标称电压（kV）	1000
净空距离（m）	10

送电线路通过果树、经济作物林或城市灌木林不应砍伐通道。导线与果树、经济作物、城市绿化灌木以及街道行道树木之间的垂直距离，不应小于表 D.4-3 所列数值。

表 D.4-3　　　　导线与果树、经济作物、城市绿化灌木以及街道行道树木之间的垂直距离

标称电压（kV）	1000	
	单回路	同塔双回路（逆相序）
垂直距离（m）	16	15

D.5　最大计算风偏情况下导线与山坡、峭壁、岩石之间的最小净空距离应不小于附表 D.5 的

要求。

表 D.5 　　　　　　　　　　　　导线与山坡、峭壁、岩石之间的最小净空距离

标称电压（kV）	1000	
线路经过地区	单回路	同塔双回路（逆相序）
步行可以到达的山坡（m）	13	
步行不能到达的山坡、峭壁和岩石（m）	11	

D.6　1000kV 架空输电线路跨越弱电线路（不包括光缆和埋地电缆）时，其交叉角应符合表 D.6 的规定。

表 D.6　　1000kV 架空输电线路跨越弱电线路（不包括光缆和埋地电缆）的交叉角

弱电线路等级	一级	二级	三级
交叉角	≥45°	≥30°	不限制

D.7　架空输电线路与甲类火灾危险性的生产厂房、甲类物品库房、易燃易爆材料堆场及可燃或易燃易爆液（气）体储罐的防火间距，不应小于铁塔全高加 3m，还应满足其他的相关规定。

D.8　架空输电线路与铁路、公路、河流、管道、索道及各种架空线路交叉或接近距离应满足表 D.8 的要求。

表 D.8　　　　　　　　　　　　导线对被跨物最小垂直距离

项　目		单回最小垂直距离（m）	双回（逆相序）最小垂直距离（m）
铁路	至轨顶	27	25
	至承力索或接触线	10（16）	10（14）
公路	至路面	27	25
通航河流	至五年一遇洪水位	14	13
	至最高航行水位桅顶	10	10
	至最高航行水位	24	23
不通航河流	百年一遇洪水位	10	10
	冬季至冰面	22	21
弱电线	至被跨越物	18	16
电力线	至被跨越物	10（16）	10（16）
架空特殊管道	至管道任何部分	18	16

注　垂直距离中，括号内的数值用于跨杆（塔）顶。

D.9　架空输电线路与铁路、公路、电车道、河流、弱电线路、架空输电线路、管道、索道接近的最小水平距离严禁小于表 D.9 的要求：

表 D.9　　　　　　　　　　　　最 小 水 平 距 离

项　目				最小水平距离（单回/双回逆相序）（m）
铁路	杆塔外缘至轨道中心			交叉：塔高加 3.1，无法满足要求时可适当减小但不得小于 40；平行：塔高加 3.1，困难时双方协商确定
公路	交叉	杆塔外缘至路基边缘		15 或按协议取值
	平行	边导线至路基边缘	开阔地区	最高塔高
			路径受限制地区	15/13 或按协议取值

项　目			最小水平距离（单回/双回逆相序）（m）
通航河流	塔位至河堤		河堤保护范围之外或按协议取值
不通航河流			
弱电线	与边导线间（平行）	路径受限制地区（最大风偏情况下）	13/12
电力线	与边导线间（平行）	路径受限制地区	杆塔同步排列取 20；杆塔交错排列导线最大风偏时取 13
架空特殊管道	与特殊管道平行时，边导线至管道任何部分	开阔地区	最高塔高
		路径受限制地区（最大风偏情况下）	13

注　1. 宜远离低压用电线路和通信线路，在路径受限制地区，与低压用电线路和通信线路的平行长度不宜大于 1500m，与边导线的水平距离宜大于 50m，必要时，通信线路应采取防护措施，受静电或电磁感应影响电压可能异常升高的入户低压线路应给以必要的处理；

2. 走廊内受静电感应可能带电的金属物应予以接地。

±800kV架空送电线路施工及验收规范
（Q/GDW 10225—2018）

前　言

本标准代替 Q/GDW 1225—2014，与 Q/GDW 1225—2014 相比，主要技术性差异如下：

——增加了基础主柱顶面直线转角塔、耐张转角塔的下压腿基础主柱顶部预偏值要求，多年冻土地区基础施工要求，盐渍土地区基础施工要求，大体积混凝土施工要求，混凝土泵送施工要求，F型铁塔倾斜要求，接地装置的加工质量要求等；

——修改了土石方工程要求，混凝土浇筑及养护用水要求，经纬仪和全站仪及卫星定位测量精度要求；

——删除了在现浇混凝土基础中掺入大块石的内容，铁塔整体组立时基础混凝土的抗压强度要求的内容。

本标准由国家电网有限公司基建部和特高压建设部提出并解释。

本标准由国家电网有限公司科技部归口。

本标准起草单位：国网湖南省电力有限公司、国网直流建设分公司、国网甘肃省电力有限公司。

本标准主要起草人：杨湘衡、张恒武、江雷、易南健、林峰、何亮、张文化、欧名勇、陈岳、郭学健、冯玉功、鄂天龙、李志宏、汪鹏、邹生强、汪鸣、徐英才、杨世奇、汪春凤、张泽、李桂铭、贺磊。

本标准 2008 年 12 月首次发布，2014 年 12 月第一次修订，2018 年 12 月第二次修订。

本标准在执行过程中的意见或建议反馈至国家电网有限公司科技部。

目　次

±800kV 架空送电线路施工及验收规范

1 范　围

本标准规定了±800kV架空送电线路工程施工及验收的技术要求，包括土石方工程、基础工程、铁塔工程、架线工程、接地工程和线路防护工程。

本标准适用于±800kV架空送电线路新建和改建工程的施工及验收。±660kV及以下架空送电线路工程可参照执行。

2 规范性引用文件

下列文件对于本文件的应用是必不可少的。凡是注日期的引用文件，仅注日期的版本适用于本文件。

凡是不注日期的引用文件，其最新版本（包括所有的修改单）适用于本文件。

圆线同心绞架空导线（GB/T 1179）

钢筋混凝土用钢　第1部分：热轧光圆钢筋（GB 1499.1）

钢筋混凝土用钢　第2部分：热轧带肋钢筋（GB 1499.2）

电力金具通用技术条件（GB/T 2314）

电力金具试验方法　第4部分：验收规则（GB/T 2317.4）

输电线路铁塔制造技术条件（GB/T 2694）

架空绞线用镀锌钢线（GB/T 3428）

混凝土外加剂（GB 8076）

建设用砂（GB/T 14684）

建设用卵石、碎石（GB/T 14685）

预拌混凝土（GB/T 14902）

标称电压高于1500V的架空线路用绝缘子直流系统用瓷或玻璃绝缘子元件定义、试验方法及接收准则（GB/T 19443）

型线同心绞架空导线（GB/T 20141）

建筑地基基础设计规范（GB 50007）

湿陷性黄土地区建筑规范（GB 50025）

工程测量规范（GB 50026）

混凝土强度检验评定标准（GB/T 50107）

混凝土外加剂应用技术规范（GB 50119）

混凝土质量控制标准（GB 50164）

电气装置安装工程接地装置施工及验收规范（GB 50169）

土方与爆破工程施工及验收规范（GB 50201）

混凝土结构工程施工质量验收规范（GB 50204）

钢结构工程施工质量验收规范（GB 50205）

建筑防腐蚀工程施工及验收规范（GB 50212）

建设工程文件归档规范（GB 50328）

大体积混凝土施工规范（GB 50496）

混凝土结构工程施工规范（GB 50666）

直流架空输电线路设计规范（GB 50790±800kV）

盐渍土地区建筑技术规范（GB/T 50942）

输电线路杆塔及电力金具用热浸镀锌螺栓与螺母（DL/T 284）

架空输电线路放线滑车（DL/T 371）

电力复合脂技术条件（DL/T 373）

接地降阻材料技术条件（DL/T 380）

接地装置特性参数测量导则（DL/T 475）

输变电钢管结构制造技术条件（DL/T 646）

电力金具制造质量（DL/T 768）

及以上电压等级直流棒形悬式复合绝缘子技术条件（DL/T 810±500kV）

光纤复合架空地线（DL/T 832）

杆塔工频接地电阻测量（DL/T 887）

输电铁塔用地脚螺栓与螺母（DL/T 1236）

跨越电力线路架线施工规程（DL/T 5106）

输变电工程架空导线及地线液压压接工艺规程（DL/T 5285）

电力工程施工测量技术规范（DL/T 5445）

盘形悬式绝缘子用钢化玻璃绝缘件外观质量（JB/T 9678）

高压架空输电线路地线用绝缘子（JB/T 9680）

混凝土泵送施工技术规范（JGJ/T 10）

钢筋焊接及验收规程（JGJ 18）

普通混凝土用砂、石质量及检验方法标准（JGJ 52）

普通混凝土配合比设计规程（JGJ 55）

混凝土用水标准（JGJ 63）

建筑桩基技术规范（JGJ 94）

建筑工程冬期施工规程（JGJ/T 104）

建筑基桩检测技术规范（JGJ 106）

钢筋机械连接技术规程（JGJ 107）

公路工程土工合成材料有纺土工织物（JT/T 514）

公路工程土工合成材料土工膜（JT/T 518）

防腐蚀涂层涂装技术规范（HG/T 4077）

架空输电线路张力架线施工工艺导则（Q/GDW 10260±800kV）

大截面导线压接工艺导则（Q/GDW 10571）

输电线路岩石锚杆基础技术规定（Q/GDW 11333）

3　总　　则

3.1　为保证±800kV架空送电线路工程建设质量，规范施工过程的质量控制和验收标准，制定本标准。

3.2　±800kV架空送电线路的施工及验收除按本标准的规定执行外，尚应执行现行相关国家、行业标准的规定。

3.3 施工中的安全技术措施应符合本标准和现行国家相关安全技术标准及产品的技术规定。

3.4 参加建设各单位应遵守相关环境保护和水土保持的法律法规，并应采取有效措施控制施工现场的各种粉尘、废气、废水、废油、固体废弃物、噪声、振动等对周围环境造成的污染和危害。

3.5 ±800kV架空送电线路工程应按照批准的设计文件和经有关方面会检的设计施工图进行施工。

3.6 本标准同时作为±800kV架空送电线路设计和工程监理的依据。

3.7 施工、验收及原材料和器材的检验，除应符合本标准和现行国家相关标准的规定外，当设计或合同中列有高于相关标准的要求时，应按设计或合同要求执行。

3.8 新技术、新工艺、新材料、新装备应经过试验、测试、试点验证判定满足本标准要求时，方可采用。

3.9 原材料和器材的运输、装卸、保管应符合本标准要求，当产品有特殊要求时，应符合产品技术文件的规定。

3.10 工程测量及检查用的仪器、仪表、量具等，应采用合格产品并在校检有效期内使用。

4 原材料及器材检验

4.1 工程使用的原材料及器材应符合下列规定：

（1）有该批产品出厂质量检验合格证书；

（2）有符合国家现行标准的各项质量检验资料；

（3）对砂石等无质量检验资料的原材料应经抽样并交有资质的检验单位检验，合格后方可采用；

（4）对产品检验结果有怀疑时，应重新抽样，宜选择更高资质的检验单位检验，合格后方可采用。

4.2 当采用新型原材料及器材时，应经试验并通过有关部门的技术鉴定，证明质量满足相关规范和设计要求，方准使用。

4.3 原材料及器材有下列情况之一时，应重新检验，并根据检验结果确定是否使用或降级使用：

（1）保管期限超过规定者；

（2）因保管不良有变质可能者；

（3）未按标准规定取样或试样不具代表性者。

4.4 工程所使用的碎石、卵石应符合GB/T 14685的有关规定；工程所使用的砂应符合GB/T 14684的有关规定；现浇筑混凝土基础及防护设施所使用的砂、碎石和卵石尚应符合下列规定：

（1）应符合JGJ 52的有关规定；特殊地区可按该地区的标准执行；

（2）不得使用海砂；

（3）长期处于潮湿环境的混凝土所用砂、石应进行碱活性检验，对于有预防混凝土碱骨料反应要求的混凝土工程，不宜采用有碱活性的砂、石；

（4）砂应进行氯离子检验，砂的氯离子含量不得大于0.06%（以干砂的质量百分率计）；

（5）人工砂应进行石粉含量和压碎值指标检测，检测数据符合（JGJ 52）的有关规定。

4.5 工程所使用的水泥应符合下列规定：

（1）应符合GB 175的有关规定。当采用其他品种时，其性能指标应符合国家现行相关标准。

水泥应标明出厂日期。当水泥出厂超过 3 个月，或虽未超过 3 个月但是保管不善时，应补做强度等级试验，并应按试验后的实际强度等级使用。

（2）水泥保管时应防止受潮；不同品种、不同等级、不同制造厂、不同批号的水泥应分别堆放，标识应清晰，不得混用。

4.6　预拌混凝土强度应符合设计要求，其质量应符合 GB/T 14902 的规定。

4.7　混凝土浇筑及养护用水应符合下列规定：

（1）符合 JGJ 63 的有关规定；

（2）不得使用海水。

【条文说明】对混凝土浇筑及养护用水进行了修改，明确了混凝土浇筑及养护用水应符合《混凝土用水标准》（JGJ 63）的有关规定的要求。

4.8　混凝土中掺入外加剂时应符合 GB 8076 和 GB 50119 的有关规定。

【条文说明】将原标准混凝土中掺入外加剂的相关要求移至本标准的第 4 条中，使标准结构更加完整。

4.9　铁塔基础所用钢材应符合设计规定及 GB 50666 的有关规定。钢筋进场时应按 GB 1499.1、GB 1499.2 的规定进行检验。地脚螺栓的质量应符合 DL/T 1236 及相关标准和设计要求。

4.10　接地装置的加工质量应符合 GB 50169 的有关规定及设计要求。

【条文说明】明确了接地装置的加工质量应符合现行国家标准《电气装置安装工程接地装置施工及验收规范》GB 50169 的有关规定的要求。

4.11　钢材焊接所用焊条（焊丝）、焊剂等焊接材料应符合 GB 50661 的规定，其型号、属性应与所焊接金属相适宜。钢筋机械连接所使用的接头套筒应符合 JGJ 107 的规定，其类型、结构与连接的钢筋相适宜。

【条文说明】对钢材焊接所用焊条（焊丝）、焊剂等焊接材料引用标准进行了修改，由原来的应符合《钢筋焊接及验收规程》（JGJ 18）改为应符合现行国家标准《钢结构焊接规范》（GB 50661）的要求规定，因为《钢结构焊接规范》（GB 50661）对焊条（焊丝）规定更细化。

4.12　铁塔及插入式角钢加工质量应符合 GB/T 2694 的规定，钢管铁塔加工质量还应符合 DL/T 646 的规定。

4.13　组装铁塔和金具所用螺栓的产品质量应符合 DL/T 284 的规定。防松、防卸螺母的材质及加工质量应符合相关标准及设计要求。

4.14　导线的型号、规格、制造质量及检查、试验、包装等应符合 GB/T 1179 及 GB/T 20141 的规定和设计要求。进口导线的型号、规格、制造质量等应符合设计选用的标准。

4.15　采用镀锌钢绞线作架空地线时，镀锌钢绞线的型号、规格、制造质量及检查、试验等应符合 GB/T 3428 的规定：

（1）采用良导体作架空地线时，其型号、规格、制造质量及检查、试验等应符合相应的国家或行业标准；

（2）采用光纤复合架空地线时，其型号、规格及质量应符合 DL/T 832 的规定，进口产品应符合设计选用的标准。

4.16　金具的制造质量应符合 GB/T 2314 和现行 DL/T 768 及其他相关技术标准的规定。验收、标志与包装应符合 GB/T 2317.4 的规定。

4.17　导线及金具连接使用的电力复合脂产品质量应符合 DL/T 373 的规定。

【条文说明】明确导线及金具连接使用的电力复合脂产品质量应符合现行行业标准《电力复合脂技术条件》（DL/T 373）的规定。

4.18 绝缘子及绝缘子串应符合下列规定：

（1）盘形悬式瓷及玻璃绝缘子产品质量应符合 GB/T 19443 和 JB/T 9678 的规定；

（2）有机复合绝缘子产品质量应符合 DL/T 810 的规定；

（3）架空地线用盘形悬式瓷绝缘子产品质量应符合 JB/T 9680 的规定。

4.19 接地降阻材料性能、储存、保管应符合 DL/T 380 的规定和设计要求。

5 测 量

5.1 输电线路施工测量除应符合本规范的规定外，尚应符合 GB 50026 和 DL/T 5445 的有关规定。

5.2 测量用的仪器及量具在使用前应进行检查。当使用经纬仪和全站仪测量时，其精度等级不应低于 2″级；卫星定位测量应采用 10mm＋5ppm 级仪器，测量时每次应至少有 5 颗观测卫星，定位精度 PDOP 应小于 8。

【条文说明】对经纬仪和全站仪及卫星定位测量精度根据《110kV～750kV 架空送电线路施工及验收规范》（GB 50233）进行了修改。

5.3 分坑测量前应依据设计提供的数据对线路进行复测。

5.4 复测有下列情况之一时，应查明原因并予以纠正：

（1）以两相邻直线桩为基准，其横线路方向偏差大于 50mm；

（2）顺线路方向两相邻塔位中心桩间的距离与设计值的偏差大于设计档距的 1％；

（3）相邻塔位的相对标高与设计值的偏差大于 500mm；

（4）转角桩的角度值与设计值的偏差大于 1′30″；走廊范围内与设计不符的房屋数量、位置、屋顶和地面高程、拆迁面积等；

（5）与设计提供的坐标值有误差，造成的偏差值超过上述标准的。

5.5 如下地形危险点处应重点复核：

（1）导线对地距离（含风偏）有可能不够的地形凸起点的标高和与相邻塔位间的距离；

（2）塔位间被跨越物的标高和与相邻塔位的距离；

（3）对新增障碍物应予以测量，测量结果由设计校核；

（4）实测值与设计值相比，距离偏差不应超过 1％；标高偏差不应超过 500mm，超过时应由设计查明原因并予以纠正。

5.6 设计交桩后个别丢失的塔位中心桩，应按设计数据予以补钉，其测量精度应符合下列要求：

（1）桩之间的距离和高差测量，可采用视距法同向两测回或往返各一测回测定，其视距长度不宜大于 400m，当受地形限制时，可适当放长；

（2）测距相对偏差，同向不应大于 1/200，对向不应大于 1/150；补钉桩的标高与设计标高的偏差不应大于 500mm；

（3）当距离大于 600m 时，宜采用电磁波测距仪、全站仪、GPS 仪器施测。

5.7 设计有位移的塔位中心桩位移值应符合设计要求，其测量精度应符合下列规定：

（1）当采用钢卷尺直线量距时，两次测值之差不得超过量距的 1‰；

（2）当采用方向法测量角度时，两测回测角值之差不应超过 1′30″。

5.8　基础分坑应遵循下列规定：

（1）分坑时，应根据塔位中心桩的位置钉立必要的、作为施工及质量控制的辅助桩，其测量精度应能满足规范对施工精度的要求。施工中无法保留塔位中心桩时，应钉立可靠的辅助桩并对其位置作记录，以便恢复该中心桩；

（2）分坑时应复核基础边坡保护距离和塔基断面是否满足设计要求，如不满足应会同设计查明原因予以纠正；

（3）分坑时经计算发现基础顶面标高低于基础四周自然地面将会造成基面积水时，应会同设计查明原因予以纠正。

5.9　对中心桩应采取防护措施，并标明桩号和线路方向。

5.10　架空送电线路架线后的安全距离应满足本标准附录 A 的规定值。

6　土石方工程

6.1　土石方施工及验收除应符合本规范的规定外，尚应符合 GB 50201 的有关规定。采用灰土处理湿陷性黄土的地基时，施工、验收质量应符合 GB 50025 的有关规定。

6.2　土石方施工应符合设计要求，减少对需要开挖范围以外地面的破坏，合理选择余土的堆放点。

6.3　铁塔基础施工基面的开挖应以设计图纸为准，按不同地质条件规定确定开挖边坡。基面开挖后应不积水，边坡不坍塌，对易坍塌边坡应会同设计处理。

6.4　铁塔基础的坑深应以设计施工基面为基准。当设计施工基面与中心桩相对高程为零时，铁塔基础坑深应以设计中心桩处自然地面标高为基准。

6.5　基坑开挖时，如发现地质条件与设计不符或发现天然孔洞、文物、管线等，应通知设计处理。

6.6　铁塔基础（不含岩石、锚杆基础）基础坑深允许偏差为 $-50\sim+100$mm，坑底应平整。同基基础坑在允许偏差范围内按最深基坑操平。

6.7　掏挖基础、挖孔桩基础应依据地质情况采取护壁措施，其孔径尺寸不得有负偏差。

6.8　岩石基础的孔径、孔深尺寸不得有负偏差。

6.9　永冻土大开挖基坑宜选择寒冷天气，采用机械连续快速开挖，尽量避免冻土受扰动；坑深允许偏差为 $0\sim+100$mm。

6.10　采用挖掘机开挖时，开挖至距设计坑底深度 $300\sim400$mm 时，应改用人工开挖。

6.11　铁塔现浇基础坑深与设计坑深偏差大于 $+100$mm 时，其超深部分应铺石灌浆处理。

6.12　原状土岩石基础的基坑开挖不得进行大爆破作业开挖，可采用松动爆破与人工开挖相结合的方式，但应保持坑壁完整。岩渣及松石应清除干净。

6.13　软弱地基基坑开挖时应采取措施，避免对承力层产生扰动。泥水坑或流沙坑开挖应采取排水或降低水位的措施。

6.14　开挖基坑时，坑壁应留有适当坡度，坡度大小应视土质特征、地下水位、挖掘深度等确定，坡度数值参照表 6.14。

表 6.14　各类土质开挖的坡度

土质类别	砂土、砾土、淤泥	砂质粘土	粘土、黄土	硬质粘土
坡度（深∶宽）	1∶0.75	1∶0.5	1∶0.3	1∶0.15

6.15　基坑形成后，应及时进行基础浇制。如不能及时浇制，应采取基坑保护措施。原状土基础应采取防止雨水或泥水等流入基坑的措施。

6.16　接地沟开挖的长度和深度应满足设计要求并不得有负偏差，沟中影响接地体与土壤接触的杂物应清除。在山坡上挖接地沟时，宜沿等高线开挖。

6.17　基础坑的回填应符合设计要求。应分层夯实，每回填300mm厚度夯实一次。坑口的地面上应筑防沉层，防沉层的上部边宽不得小于坑口边宽，其高度视土质夯实程度确定，基础验收时宜为300～500mm。经过沉降后应及时补填夯实。工程移交时坑口回填土不应低于地面，基面排水顺畅，塔基范围内不积水。

6.18　石坑回填应以石子与土按3∶1掺和后回填夯实。石坑回填应密实，回填石块不得相互叠加，应将石块间缝隙用碎石或砂土充实。

6.19　泥水坑回填应先排出坑内积水然后回填夯实。

6.20　冻土坑回填时应先将坑内冰雪清除干净，把冻土块中的冰雪清除并将土块捣碎后进行回填夯实。在经历一个冻融后，冻土坑应进行二次回填。

6.21　接地沟宜选取未掺有石块及其他杂物的泥土回填并应夯实，回填后应筑有防沉层，其高度宜为100～300mm，工程移交时回填土不得低于地面。在相对高差较大且易受雨水冲刷陡坡地形的接地沟回填后，应根据设计要求进行填土夯实或水泥砂浆封堵护面处理。

7　基　础　工　程

7.1　一般规定

7.1.1　铁塔基础的钢筋混凝土工程施工及验收，除应遵守本标准规定外，本标准未作规定的内容应符合GB 50204及其他相关标准的有关规定。

7.1.2　基础混凝土中不得掺入氯盐。

7.1.3　基础钢筋连接可采用焊接或机械连接方式。钢筋焊接应符合JGJ 18的规定；钢筋机械连接应符合JGJ 107的规定。

7.1.4　不同品种、不同等级、不同厂家的水泥不应在同一个浇筑体中混合使用。同一基基础中使用不同水泥时，应分别制作试块，并作记录。

7.1.5　采用预拌混凝土浇筑时应符合GB/T 14902的有关规定。

7.1.6　混凝土配合比应满足混凝土配制强度、力学性能、耐久性能、防腐性能等设计要求，并符合JGJ 55的有关规定。

7.1.7　当转角、终端塔设计要求预偏时，同一基地脚螺栓基础的四个立柱顶面应按预偏值抹成斜平面，并应共在一个整斜平面或平行平面内。

7.1.8　设计需要进行基础防腐的塔位，应按设计要求执行。

7.1.9　本章节未作规定的桩基的施工要求应符合JGJ 94的规定。

7.2　基础钢筋施工

7.2.1　钢筋加工应符合以下规定：

（1）钢筋加工前，应按照设计施工图核对钢筋的级别，不得混淆；

（2）HPB300级钢筋末端应作180°弯钩，其弯弧内直径不应小于钢筋直径的2.5倍，弯钩的弯后平直部分长度不应小于钢筋直径的3倍；

（3）当设计要求钢筋末端需作135°弯钩时，HRB335级、HRB400级钢筋的弯弧内直径不应小于钢筋直径的4倍，弯钩的弯后平直部分长度应符合设计要求；

（4）钢筋制作不大于 90°弯钩时，弯折处的弯弧内直径不应小于钢筋直径的 5 倍；

（5）钢筋加工的允许误差应符合表 7.2.1 的规定。

表 7.2.1 　　　　　　　　　　　　　　钢筋加工的允许偏差

项 目	允许偏差（mm）
受力钢筋顺长度方向全长的净尺寸	±10
弯起钢筋的弯折位置	±20
箍筋内净尺寸	±5

7.2.2　钢筋安装应符合以下规定：

（1）钢筋的品种、级别、规格和数量应符合设计要求；

（2）箍筋弯钩应与主筋叠合，且沿受力主筋方向错开设置，牢靠连接。当箍筋与主筋采用焊接时，不得在主筋引弧；

（3）钢筋弯钩朝向应按设计图纸布置，朝向宜一致；

（4）应除去钢筋上的泥土和浮锈；

（5）钢筋绑扎的偏差应符合表 7.2.2 规定。

表 7.2.2 　　　　　　　　　　　　　　钢筋绑扎的允许偏差

施 工 项 目	允许偏差（mm）
受力钢筋的排距	±5
钢筋弯起点的位置	20
绑扎箍筋、横向钢筋的间距	±20

7.3　现场浇筑基础

7.3.1　现场浇筑基础前应支模，并符合下列要求：

（1）模板应采用刚性材料，其表面应平整且接缝严密；

（2）模板与支架的刚度和稳定性应满足相应基础的要求；

（3）接触混凝土的模板表面应采取有效脱模措施；

（4）当使用隔离剂脱模时，隔离剂不得污染钢筋。

7.3.2　现场浇筑基础中的地脚螺栓安装前应除去浮锈，螺纹部分应予以保护。地脚螺栓及预埋件应定位准确，安装牢固，在浇筑混凝土过程中，应随时检查其位置的准确性。

7.3.3　插入式基础的主角钢（钢管）应进行找正，并加以临时固定，保证整基基础几何尺寸符合设计要求。

7.3.4　基础浇筑前，运输到现场的原材料（砂、石、水泥、钢筋、预埋件）不应直接堆放在地面上，并应采取防雨、防潮措施。

7.3.5　基础浇筑前，应清理基坑内岩渣、松石、人工扰动土层、积水等，钢筋上的泥土及浮锈应清除。混凝土运输、浇筑及间歇的全部时间不应超过混凝土的初凝时间，同一浇筑体的混凝土应连续浇筑。当需要进行二次浇筑时，应符合 GB 50204 和 GB 50164 的规定及设计要求。

7.3.6　现场浇筑混凝土应采用机械搅拌、机械捣固，特殊地形无法机械搅拌时，应有专门的质量保证措施。

7.3.7　现场浇筑混凝土过程中，每班日或每个基础腿坍落度的检查应不少于两次。预拌混凝土坍落度的检查应在现场浇筑过程中进行，每罐车不得少于一次。

7.3.8 现场混凝土浇筑过程中应严格控制水胶比，混凝土配比材料用量每班日或每基基础应至少检查两次，以保证混凝土配料偏差符合表 7.3.8 规定。

表 7.3.8　　　　　　　　　　　混凝土配料称量的允许偏差

材 料 名 称	允许偏差（%）
胶凝材料	±2
砂、石	±3
水、外加剂	±1

7.3.9 浇筑混凝土下料自由高度超过 2m 时，应采取串筒或溜槽下料。

7.3.10 混凝土试块应在现场浇筑过程中随机取样制作，并应采用标准养护。当有特殊需要时，应加做同条件养护试块。

7.3.11 试块制作数量应符合下列规定：

(1) 耐张、终端、换位塔及直线转角塔基础应每基取 1 组；

(2) 一般直线塔基础，同一施工队每 2 基应取 1 组；

(3) 按大跨越设计的铁塔基础，每腿应取 1 组；

(4) 当采用钻孔灌注桩基础时应每根桩取 1 组，承台、连梁每基应取 1 组；

(5) 单基或连续浇筑混凝土量超过 100m³ 时应增加 1 组，超过 200m³ 时应增加 2 组，并依此类推；

(6) 当原材料变化、配合比变更时应另外制作；

(7) 当需要作其他强度鉴定时，外加试块的组数由各工程自定。

7.3.12 混凝土试块强度的试验应由具备相应资质的试验单位进行。

7.3.13 立柱混凝土顶面应在初凝前进行修整、压平和抹光处理。

7.3.14 现场浇筑混凝土的养护应符合下列规定：

(1) 浇筑后应在 12h 内开始浇水养护，当天气炎热、干燥有风时，应在 3h 内进行浇水养护，养护时应在基础模板外侧加遮盖物，浇水次数应能够保持混凝土表面始终湿润，养护用水应与拌制用水相同；

(2) 对普通硅酸盐和矿渣硅酸盐水泥拌制的混凝土浇水养护，不得少于 7 昼夜，大体积混凝土基础养护还应符合国家现行相关标准的规定；

(3) 基础拆模经表面质量检查合格后宜立即回填，并对基础外露部分加遮盖物，按规定期限继续浇水养护，养护时应使遮盖物及基础周围的土始终保持湿润；

(4) 采用养护剂养护时，应在拆模并经表面检查合格后立即涂刷，涂刷后不再浇水；

(5) 日平均温度低于 5℃时，不得浇水养护。

7.3.15 模板拆除应符合以下规定：

(1) 侧模在混凝土终凝后 24h 可以拆除，底模拆除应符合 GB 50204 的规定；

(2) 拆模时应保证混凝土表面及棱角不损坏，避免碰撞地脚螺栓及插入式角钢，防止松动；

(3) 地脚螺栓丝扣部分涂黄油并包裹防护，回收后的地脚螺帽应妥善保管并做好标识；

(4) 对于斜柱式基础拆模时应有防内倾措施。

7.3.16 混凝土基础应表面平整，单腿尺寸允许偏差应符合下列规定：

(1) 钢筋保护层厚度：−5mm；

(2) 立柱及各底座断面尺寸：−1‰；

(3) 同组地脚螺栓中心或插入式角钢形心对设计值偏移：10mm；

（4）地脚螺栓露出混凝土面高度：＋10mm，－5mm。

7.3.17　整基铁塔基础回填土夯实后尺寸允许偏差应符合表 7.3.17 的规定。

表 7.3.17　　　　　　　　　　　　整基基础尺寸施工允许偏差

项　目		地脚螺栓式		主角钢插入式		高塔基础
		直线	转角	直线	转角	
整基基础中心与中心桩间的位移（mm）	横线路方向	30	30	30	30	30
	顺线路方向	—	30	—	30	—
基础根开及对角线尺寸（‰）		±2		±1		±0.7
插入式角钢（钢管）坡充（‰）		—		±3	±2	±2
基础顶面或主角钢（钢管）操平印记间相对高差（mm）		5		5		5
整基基础扭转（′）		10		10		5

注　1. 转角塔基础的横线路是指内角平分线方向，顺茂路方向是指转角平分线方向。

　　2. 基础根开及对角线是指同组地脚螺栓中心之间成塔腿主角钢准线间的水平距离。

　　3. 相对高差是指地脚螺栓基础抹面后的相对高差，或插入式基础的操平印记的相对高差。转角塔及终端塔有预偏时，基础顶面相对高差不受 5mm 限制。

　　4. 高低腿基础顶面高差是指与设计标高之差。

　　5. 高塔是指按大跨越设计的铁塔。

7.3.18　现场浇筑混凝土强度应以试块强度为依据。试块强度应符合设计要求。

7.3.19　对混凝土表面缺陷的处理应符合 GB 50204 的规定。

7.3.20　大体积混凝土施工应按 GB 50496 的有关规定执行。

【条文说明】由于±800kV 架空送电线路存在大体积混凝土，本条对大体积混凝土施工标准进行了明确。

7.3.21　混凝土泵送施工应按 JGJ/T 10 的有关规定执行。

【条文说明】由于道路交通条件的改善及机械化施工的提高，架空送电线路基础混凝土有些采用泵送施工，本条对基础混凝土泵送施工进行了明确。

7.4　钻孔灌注桩基础

7.4.1　灌注桩基础的施工及验收除应符合本标准的规定外，尚应符合 JGJ 94 的有关规定。

7.4.2　钻孔完成后，应立即检查成孔质量，并填写施工记录。成孔的尺寸应符合下列规定：

（1）孔径允许偏差：－50mm；

（2）孔垂直度允许偏差：小于桩长 1％；

（3）孔深：不小于设计深度。

7.4.3　钢筋骨架应符合设计要求，其制作允许偏差应符合下列规定：

（1）主筋间距：±10mm；

（2）箍筋间距：±20mm；

（3）钢筋骨架直径：±10mm；

（4）钢筋骨架长度：±50mm。

7.4.4　钢筋骨架安装前应设置定位钢环、混凝土垫块以保证保护层厚度。安装钢筋骨架时应避免碰撞孔壁，符合要求后应立即固定。当钢筋骨架重量较大、尺寸较长时，应采取措施防止吊装变形。

7.4.5　水下混凝土浇灌应符合以下规定：

（1）水下灌注的混凝土粗骨料可选用碎石或卵石，粒径宜选用5～31.5mm，最大粒径应小于40mm，并不大于主筋间距的1/3；宜选用中砂；

（2）水下灌注的混凝土应具有良好的和易性，坍落度一般采用180～220mm；

（3）开始灌注混凝土时，导管内的隔水球的位置应临近水面。首次灌注时，导管内的混凝土应能保证将隔水球从导管内顺利排出，并将导管埋入混凝土中0.8m～1.2m；

（4）随着混凝土的灌注，应适当提升和拆卸导管，导管提升后其底端应保持埋入混凝土不小于2m，不得把导管底端提出混凝土面；

（5）水下混凝土的灌注应连续进行，不得中断。

7.4.6　混凝土灌注到地面高度后应清除桩顶部浮浆层，单桩基础可安装桩头模板，找正和安装地脚螺栓，灌注桩头混凝土。桩头模板与灌注桩直径应相吻合，不得出现凹凸现象。地面以上桩基础应达到表面光滑，工艺美观。群桩基础的承台应在桩质量验收合格后施工。

7.4.7　承台和连梁的支模、混凝土浇筑、养护、拆模等应符合本标准第7.3节的规定。

7.4.8　灌注桩基础混凝土强度检验应以试块为依据。灌注桩基础整基尺寸的施工允许偏差，应符合表5的规定。

7.4.9　灌注桩桩基应按JGJ 106的规定进行100％的桩身完整性检测。并按设计要求的数量进行单桩承载力抽样检测，检测时宜先进行完整性检测，后进行承载力检测，检测方法应按照设计要求选取。

7.5　岩石基础

7.5.1　岩石基础的施工及验收除应符合本标准的规定外，尚应符合Q/GDW 11333的规定。

7.5.2　岩石基础施工时，应根据设计资料逐基核查覆盖土层厚度及岩石质量，当实际情况与设计不符时应由设计提出处理方案。

7.5.3　岩石基础的开挖或钻孔应符合下列规定：

（1）岩石构造的整体性不应破坏；

（2）孔洞中的石粉、浮土及孔壁松散的活石应清除干净；

（3）软质岩成孔后应立即安装锚筋或地脚螺栓，并浇筑混凝土。

7.5.4　岩石基础锚筋或地脚螺栓的埋入深度不得小于设计值，安装后应有可靠的固定措施。

7.5.5　混凝土或砂浆的浇筑应符合下列规定：

（1）浇筑前，应用水湿润孔洞岩壁，且孔洞内不得积水；

（2）浇筑混凝土或砂浆时，应分层浇捣密实，并应按现场浇筑基础混凝土的规定进行养护；

（3）孔洞中浇筑混凝土或砂浆的数量不得少于施工技术设计的规定值；

（4）混凝土或砂浆的强度检验应以试块为依据，试块的制作应每基取一组；

（5）钻孔式岩石基础，应采取措施减少混凝土收缩量。

7.5.6　岩石基础的施工允许偏差应符合下列规定：

（1）成孔深度不应小于设计值；

（2）成孔尺寸：嵌固式应大于设计值，且应保证设计锥度；钻孔式的孔径允许偏差：+20mm，0；

（3）整基基础的施工允许偏差应符合表5的规定。

7.6　冬期施工

7.6.1　当室外日平均气温连续5d稳定低于5℃时，混凝土基础工程应采取冬期施工措施，并应及时采取气温突然下降的防冻措施。

7.6.2　冬期施工应符合JGJ/T 104的规定。

7.6.3　冬期钢筋焊接宜在室内进行，当必须在室外焊接时，其最低气温不宜低于－20℃，并应符合《钢筋焊接及验收规程》（JGJ 18）的规定。焊后的接头不得立即碰到冰雪。

7.6.4　配制冬期施工的混凝土应优先选用硅酸盐水泥或普通硅酸盐水泥。水泥强度等级不应低于 42.5MPa，浇筑强度等级大于 C15 的混凝土时，最小水泥用量不应少于 280kg/m³，水胶比不应大于 0.55。

【条文说明】根据现行行业标准《建筑工程冬期施工规程》（JGJ/T 104）的规定，对配制强度等级大于 C15 冬期施工的混凝土的最小水泥用量和水胶比进行了修订。

7.6.5　配制冬期施工的混凝土时应优先采用加热水的方法，拌和水的最高加热温度不应超过 60℃，骨料的最高加热温度不应超过 40℃。水泥不应与 80℃ 以上的水直接接触，投料顺序应先投入骨料和已加热的水，然后再投入水泥。当骨料不加热时，水可加热到 100℃。

7.6.6　水泥不应直接加热，宜在使用前运入暖棚内存放。混凝土拌合物的入模温度不得低于 5℃。

7.6.7　冬期施工混凝土浇筑前应清除地基、模板和钢筋上的冰雪和污垢，已开挖的基坑底面应有防冻措施。

7.6.8　拌制混凝土的最短时间应符合表 7.6.8 的规定。

表 7.6.8　　　　　　　　　　　　搅拌混凝土的最短时间　　　　　　　　　　　单位：s

混凝土坍落度	搅拌机容积（L）		
（mm）	＜250	250～500	＞500
≤80	90	135	180
＞80	90	90	135

7.6.9　冬期混凝土养护宜选用覆盖法、暖棚法或负温养护法。当采用暖棚法养护混凝土时，混凝土养护温度不应低于 5℃，并应保持混凝土表面湿润。

7.6.10　掺用防冻剂混凝土养护应符合下列规定：

（1）在负温条件下养护时，不得浇水，外露表面应采用保温、保湿材料覆盖；

（2）混凝土的初期养护温度，不得低于 5℃ 或应符合防冻剂的使用说明；

（3）模板和保温层在混凝土达到拆模并冷却到 5℃ 时方可拆除。当拆模后混凝土表面温度与环境温度之差大于 15℃ 时，应对混凝土采用保温材料覆盖养护。

7.6.11　冬期施工混凝土基础拆模检查合格后应立即回填土。采用硅酸盐水泥或普通硅酸盐水泥配制的混凝土，在受冻前其抗压强度不应低于混凝土强度设计值的 30%。

7.7　多年冻土地区基础施工

7.7.1　应合理安排施工季节和时间，缩短基坑暴露时间，应遵循"保护冻土、减少扰动、控制融化"的原则。

7.7.2　多年冻土地区基础施工宜在低温环境下进行，高温、高含冰量、厚层地下水、地表沼泽化、人工开挖径流量大的冻土地段基坑开挖应在寒期进行。

【条文说明】为了减少对冻土的热扰动和施工便利，多年冻土施工宜在低温环境下施工，对于一些高含冰量冻土区、沼泽湿地等地段，夏季施工由于机械、地表水分等热扰动会对冻土稳定性造成较大影响，故应在寒期施工。

7.7.3　确需在暖期施工的基坑，应选择在气温较低、或夜间时段内快速施工，坑口应采取遮阳、防雨和保温措施，并应做好排水、防止坑壁坍塌等防护措施。

【条文说明】暖期施工存在冻结层的融化，造成基坑及周边积水，应做好排水、防止坑壁坍塌等防护措施。

7.7.4 多年冻土地区浅层基础开挖一般采用机械和人工开挖相结合方式，部分地区也可采用松动爆破或预裂爆破，基坑开挖到浇筑要连续快速。

【条文说明】明确冻土基础开挖方式，减小对周边土壤的扰动，基坑从开挖到浇制要连续，必须突出"快"字。

7.7.5 多年冻土的基础施工宜采用负温养护法，原材料及外加剂应符合设计及《建筑工程冬期施工规程》JGJ/T 104的要求。

【条文说明】负温养护法：在混凝土中掺入防冻剂，使其在负温条件下能够不断硬化，在混凝土温度降到防冻剂规定温度前达到受冻临界强度的施工方法，为多年冻土施工较适宜的方法，施工时应严格执行JGJ/T 104相关要求。

7.7.6 回填土施工过程，应采用中砂、粗砂、砾石、卵（碎）石等非冻胀性材料回填，且逐层回填和夯实，基底换填厚度按设计要求且不少于400mm。

【条文说明】基础回填土应采用中、粗砂、砾石、卵石等非冻涨性材料进行换填处理，对基础底部和回填土顶部要做好防止水流侵入措施。对基底要铺设不少于400mm的碎石垫层，防止热传导。本标准第7.7.8条中，热棒是一种由碳素无缝钢管制成的内装液氨的高效热导装置，热量只能从地面下端向地面上端传输，反向不能传热。冬季，热管内工作介质由液态变为气态，带走管内热量；在暖季，热棒则停止工作。其独特的冷却地温作用使得热棒将成为本工程处理冻土病害、保护冻土的有效措施。

7.7.7 基础开挖过程和完成基坑需做好排水，基坑坑底、基面不得有积水。

7.7.8 热棒安装宜在基础完成后尽快完成。热棒应在其下端在孔底中心就位后固定，并应检查其安装的垂直度。热棒地下部分四周空隙应用细沙土分层夯实，每层应用水浇透。

7.8 盐渍土地区基础施工

7.8.1 盐渍土地区基础应合理安排基础施工、防水层（隔水层）施工、防腐层施工、回填土施工等施工工序，施工时间选择应结合当地水盐状态，宜在枯水季节施工，不宜在冬季施工。

【条文说明】规定了盐渍土地区基础施工顺序及施工时间的选择要求，尽可能减小对基础的腐蚀。

7.8.2 盐渍土地区开挖基础施工应根据盐渍土的特性和设计要求，施工前做好防水措施，防止地下水、场地施工用水和雨水流入基坑或基础周围。混凝土基础不宜采用浇淋养护。

【条文说明】盐渍土地区工程建设所发生的各种工程危害的根源一般在于水，施工用水和施工场地排水问题不容忽视，施工中应及时做好排水工作。

7.8.3 基坑回填施工时，回填料应为非盐渍土，压实度应符合现行国家标准《建筑地基基础设计规范》（GB 50007）的规定。

7.8.4 盐渍土地区基础施工一般采用内、外部防腐蚀措施，应严格按照设计及施工规范要求编制防腐蚀施工专项措施：

（1）防腐工程建筑材料的含盐量控制应符合GB/T 50942的要求；

（2）采用内防腐施工混凝土原材料及外加剂的选择应符合设计和GB/T 50942的规定，施工前应根据设计要求、现场情况、材料等因素，通过试验确定施工配合比和操作方法后方可正式施工；

（3）采用涂层涂装防腐施工应执行GB 50212和HG/T 4077等相关标准的规定；

（4）采用裹体外防腐施工应符合JT/T 514、JT/T 518等相关标准的规定。

【条文说明】防腐蚀施工质量对线路基础的可靠性有很大的影响，原材料的选择是确保施工质量的关键环节，现场有多而复杂的因素影响腐蚀，因此，通过试验确定适宜的施工配合比和操作方法是很有必要的，本条规定了内防腐工程原材料的选择、施工配合比及操作方法的确定要求。

8 铁 塔 工 程

8.1 一般规定

8.1.1　铁塔组立前应有完整的施工技术设计，并编制铁塔组立施工作业文件，施工作业文件应包含有质量保证措施。

8.1.2　铁塔基础符合下列规定时方可组立铁塔：

（1）经中间检查验收合格；

（2）分解组立铁塔时，混凝土的抗压强度应达到设计强度的70%。

【条文说明】由于±800kV架空送电线路铁塔未采用过整体组立，本条中删除了铁塔整体组立时基础混凝土的抗压强度要求的内容。

8.1.3　铁塔组立前应敷设接地装置，铁塔组立过程中应可靠接地。

8.1.4　铁塔塔材的弯曲度应按GB/T 2694的规定验收。对运至桩位的个别角钢，当弯曲度超过长度的2‰，但未超过表8.1.4的变形限度时，可采用冷矫正法进行矫正，但矫正的角钢不得出现裂纹和锌层脱落。

表8.1.4　　　　　　　　　采用冷矫正法的角钢变形限度

角钢宽度（mm）	变形限度（‰）	角钢宽度（mm）	变形限度（‰）
40	35	90	15
45	31	100	14
50	28	110	12.7
56	25	125	11
63	22	140	10
70	20	160	9
75	19	180	8
80	17	200	7

8.1.5　在运输中应对铁塔用的钢管构件、焊接件等进行保护，防止碰撞、扭曲、变形、破损。

8.1.6　铁塔的焊接应符合GB 50205的规定，钢管铁塔的焊接质量、焊接件装配和组装允许偏差还应符合DL/T 646的规定。

8.2 铁塔组立

8.2.1　铁塔各构件的组装应牢固；交叉处有空隙者，应装设相应厚度的垫圈或垫板。

8.2.2　当采用螺栓连接构件时，应符合下列规定：

（1）铁塔螺栓应按设计要求使用防卸、防松装置；

（2）螺栓应与构件平面垂直，螺栓头与构件间的接触处不应有空隙；

（3）螺母拧紧后，螺栓露出螺母的长度：单螺母、一厚一薄螺母、等厚双螺母均不应小于两个螺距；

（4）螺栓应加垫者，每端不宜超过两个垫圈；

（5）螺栓的螺纹部分不应进入剪切面。

8.2.3　螺栓的穿入方向应符合下列规定：

（1）对立体结构：

1）水平方向由内向外；

2）垂直方向由下向上；

3）斜面方向由斜下向斜上，安装困难时应在同一斜面内统一。

（2）对平面结构：

1）顺线路方向，由电源侧穿入或按统一方向穿入；

2）横线路方向，两侧由内向外，中间由左向右（指面向受电侧，下同）或按统一方向穿入；

3）垂直地面方向者由下向上；

4）横线路方向呈倾斜平面时，由电源侧穿入或由下向上或取统一方向；顺线路方向呈倾斜平面时，由下向上，或取统一方向；

5）对于十字形截面组合角钢主材肢间连接螺栓，顺时针安装。

注：个别螺栓不易安装时，穿入方向允许变更处理。

【条文说明】由于±800kV架空送电线路铁塔有的采用十字形截面组合角钢主材，增加了十字形截面组合角钢主材肢间连接螺栓安装要求。

8.2.4　铁塔部件组装有困难时应查明原因，不得强行组装。个别螺孔需扩孔时，扩孔部分不应超过3mm，当扩孔需超过3mm时，应先堵焊再重新打孔，并应进行防锈处理。不得用气割进行扩孔。

8.2.5　铁塔连接螺栓应逐个紧固，钢管塔法兰的连接螺栓紧固时应均匀受力且对称循环进行。若设计无规定时，螺栓的扭紧扭矩不应小于表8.2.5的规定。

表 8.2.5　　　　　　　　　　　　　　螺栓紧固扭矩值

塔型	螺栓规格		扭矩值（N·m）
角钢塔	M12		40
	M16		80
	M20		100
	M24		250
钢管塔法兰	M16	6.8级	80
	M20	6.8级	160
	M24	6.8级	280
	M24	8.8级	380
	M27	8.8级	450
	M30	8.8级	600
	M33	8.8级	700
	M36	8.8级	880
	M39	8.8级	1100
	M42	8.8级	1400
	M45	8.8级	1900
	M48	8.8级	2100
	M52	8.8级	2300
	M56	8.8级	2500

　注　1. 钢管塔除法兰螺栓外其他螺栓紧固扭矩标准按角钢塔螺栓紧固扭矩标准执行。

　　　2. 若发现螺杆与螺母的螺纹有滑牙或螺母的棱角磨损以致扳手打滑的，螺栓应更换。

8.2.6　铁塔连接螺栓在组立结束时应全部紧固一次，检查螺栓紧固合格率不小于95％后方可进行架线。架线后，螺栓还应复紧一遍，且螺栓紧固合格率不小于97％。

8.2.7　铁塔组立及架线后，其允许偏差应符合表8.2.7的规定。

表8.2.7　　　　　　　　　　　　　　　铁塔组立的允许偏差

偏 差 项 目	一般铁塔	高 塔
直线塔结构倾斜（‰）	2.5	1.5
直线塔结构中心与中心桩间横线路方向位移（mm）	50	—
转角塔结构中心与中心桩间横、顺线路方向位移（mm）	50	—

注　直线塔指设计无预倾斜要求的铁塔。

8.2.8　自立式转角塔、终端塔组立后应向受力反方向产生预倾斜，预倾斜值应根据塔基础底面的地耐力、铁塔的刚度及受力大小由设计确定。架线挠曲后，塔顶端仍不应超过铅垂线而偏向受力侧。当架线后铁塔的挠曲度超过设计规定时，应会同设计处理。根据实际转角度数 θ，直线转角塔、耐张转角塔的下压腿基础主柱顶面预高值 Δh 见表8.2.8，如设计对该值有特殊要求，按设计要求执行。

表8.2.8　　　　　基础主柱顶面直线转角塔、耐张转角塔的下压腿基础主柱顶面预高值 Δh

悬垂转角塔		耐张转角塔	
$\theta < 5°$	$\Delta h = 3/1000$ 基础正面根开	$\theta < 5°$	$\Delta h = 3/1000$ 基础正面根开
$5° \leqslant \theta < 12°$	$\Delta h = 4/1000$ 基础正面根开	$5° \leqslant \theta < 12°$	$\Delta h = 4/1000$ 基础正面根开
		$12° \leqslant \theta < 20°$	$\Delta h = 5/1000$ 基础正面根开
		$20° \leqslant \theta < 40°$	$\Delta h = 6/1000$ 基础正面根开
		$40° \leqslant \theta < 60°$	$\Delta h = 8/1000$ 基础正面根开
		$\theta \geqslant 60°$	$\Delta h = 9/1000$ 基础正面根开

注　1. θ 为实际转角度数。Δh 为下压腿的预偏（提高）值。基础预偏后，地脚螺栓的外露尺寸需满足设计要求。

　　2. 直线塔带角度及转角为零度的耐张塔不预偏。

【条文说明】根据±800kV架空送电线路设计的普遍要求而新增加的条款。

8.2.9　F型塔组立后，应向无横担侧预倾斜，预倾斜值满足设计要求。

【条文说明】根据近期±800kV特高压直流输电线路工程主要设计技术原则，增加了根据实际转角度数，直线转角塔、耐张转角塔的下压腿基础主柱顶面预高值的内容。

8.2.10　脚钉安装应牢固齐全，脚钉端部弯钩统一朝上，安装位置应符合设计或建设单位要求。当设计及建设单位无要求时，面向受电侧，直线塔安装在右后腿；转角塔左转时应安装在右后腿，右转时安装在左前腿。

8.2.11　铁塔组立后，各相邻主材节点间弯曲度角钢铁塔不得超过1/750，钢管塔不得超过1/1000。

8.2.12　铁塔组立后锌层不应有破坏，表面清洁无明显污物，锈点、锈斑应进行防腐处理。

8.2.13　铁塔组立后，塔脚板应与基础面接触良好，有空隙时应垫铁片，并应浇筑水泥砂浆。

8.2.14　塔脚板与铁塔主材应贴合紧密，有缝隙时应进行封堵防水。

9　架　线　工　程

9.1　一般规定

9.1.1　架线前应有完整的施工技术设计，并编制架线施工（包括放线、紧线及附件安装等）作业方案，施工作业方案应包含有质量保证措施。

9.1.2　架线段内铁塔已经中间验收合格，混凝土强度达到设计要求后方可进行。

9.1.3　牵引钢丝网套内的导线不得使用。

9.1.4　土壤具有腐蚀性的地区（如盐渍土地区）施工时，应有对导地线及金具等的临时防腐措施。

9.1.5　架线过程中，对展放的导线及架空地线（也称地线，下同）应进行外观检查，且应符合下列规定：

（1）导线及架空地线结构及规格应符合设计要求；

（2）导线及架空地线的钢丝和外层铝股不应有接头，导线表面应光滑平整；

（3）对于制造厂在线上设有的损伤或断头标志的地方，应查明情况妥善处理。

9.1.6　跨越电力线、弱电线路、铁路、公路、索道及通航河流时，应有完整可靠的跨越施工技术措施。跨越电力线应符合 DL/T 5106 和 DL/T 5301 的规定。导线或架空地线在跨越档内接头应符合设计规定。当设计无规定时，应符合表 9.1.6 的规定。

表 9.1.6　导线或架空地线在跨越档内接头的基本规定

项　目	铁　路	公　路	电车道（有轨或无轨）	不通航河流
导线或架空地线在跨越档内接头	标准轨距：不得接头；窄轨：不限制	高速公路、一级公路：不得接头；二、三、四级公路：不限制	不得接头	不限制

项　目	特殊管道	索道	电力线路	通航河流	弱电线路
导线或架空地线在跨越档内接头	不得接头	不得接头	110kV 及以上线路：不得接头；110kV 以下线路：不限制	一、二级、不得接头；三级及以下：不限制	不限制

9.1.7　放线滑车的选用应符合下列规定：

（1）轮槽尺寸及所用材料应与导线或架空地线相适应；

（2）滑车轮槽底部的轮径应符合 DL/T 371 的规定，其轮槽宽应能顺利通过接续管及其保护套，轮槽应挂胶。滑轮的摩阻系数不应大于 1.015。当采用镀锌钢绞线作架空地线展放时，其滑车轮槽底部的轮径与所放钢绞线直径之比不宜小于 15；

（3）对于严重上扬、下压或垂直档距很大处的放线滑车应进行验算，必要时应采用特制结构的放线滑车；

（4）滑轮应采用滚动轴承，使用前应进行逐个检查，确保转动灵活；

（5）悬挂多组放线滑车时，放线滑车间距应保证导线不受风影响而产生鞭击。

9.2　张力放线

9.2.1　导地线展放应采用张力放线。在张力放线的操作中除按本标准的规定执行外，尚应符合 Q/GDW 10260 的规定。

9.2.2　同极分裂导线宜采用一次（同次）展放。特殊情况分两次展放时，应有控制蠕变引起弧垂差值的措施。

9.2.3　张力机放线主卷筒槽底直径 $D \geqslant 40d - 100$mm（d 为导线直径）。张力机的尾线轴架的制动力与反转力应与张力机相配套。

9.2.4　张力放线区段的长度宜控制在 8km 以内，且不宜超过 20 个放线滑轮的线路长度，当难以满足规定时，应采取有效的防止导线在展放中受压损伤及接续管出口处导线损伤的特殊施工措施。

9.2.5　张力放线通过重要跨越地段或复杂地形地段时，应适当缩短张力放线区段长度。

9.2.6　张力放线时，直线接续管通过滑车时应加装保护套。

9.2.7　牵引机、张力机一般布置在线路中心线上，顺线路布置，牵、张场宜选择在允许导、地线接头档内。当受地形限制时，牵引场可通过转向滑车进行转向布置，张力场不宜转向布置，特殊情况下必须转向布置时，应制定专项方案，转向滑车的位置及角度应满足张力架线的要求。

9.2.8　每极导线放线完，应在牵张机前将导线临时锚固，为了防止导线因振动而引起的疲劳断股，锚线的水平张力不应超过导线额定拉断力的 16%，锚固时同极子导线间的张力应稍有差异，使子导线在空间位置上下错开。除对被跨越物保持安全距离外，与地面净空距离不宜小于 5m。

9.2.9　张力放线、紧线及附件安装时，应防止导线损伤，在容易产生损伤处应采取有效的预防措施：

（1）导线在展放过程中不得与地面及被跨越物直接接触；

（2）凡与导线直接接触的提线器、锚线架、钢丝绳等应进行挂胶处理或其他隔离保护措施；

（3）跨越架与导线接触部分应采用不磨损导线的材料或不损伤导线的措施；

（4）牵、张场导线可能落地的区域应采用不损伤导线的材料进行铺垫。

9.2.10　导线磨损的处理应符合下列规定：

（1）外层导线线股有轻微擦伤，其擦伤深度不超过单股直径的 1/4，且截面积损伤不超过导电部分截面积的 2% 时，可不补修，用不粗于 0 号细砂纸磨光表面棱刺；

（2）当导线损伤已超过轻微损伤，但在同一处损伤的强度损失尚不超过设计计算拉断力的 5.0%，且损伤截面积不超过导电部分截面积的 7.0% 时为中度损伤。中度损伤应采用补修管进行补修，补修时应符合下列的规定：

1）将损伤处的线股先恢复原绞制状态，线股处理平整；

2）补修管的中心应位于损伤最严重处，需补修的范围应位于管端内各 20mm；

3）补修管采用液压时，其操作应符合本标准第 9.3 节的规定。

（3）有下列情况之一时定为严重损伤：

1）强度损失超过额定拉断力的 5.0%；

2）截面积损伤超过导电部分截面积的 7.0%；

3）损伤的范围超过一个补修管允许补修的范围；

4）钢芯有断股；

5）金钩、破股和灯笼已使钢芯或内层线股形成无法修复的永久变形。

（4）达到严重损伤时，应将损伤部分全部锯掉，用接续管将导线重新连接。

9.2.11　架空地线应采用张力放线。架空地线采用镀锌钢绞线时，出现断股及金钩、破股等形成的永久变形均应割断重接。架空地线采用良导体线时，其损伤处理与导线相同。

9.3　连接

9.3.1　不同金属、不同规格、不同绞制方向的导线或架空地线不得在一个耐张段内连接。

9.3.2　导线或架空地线应采用液压连接。液压连接应由经过专门培训并经考试合格具有操作证的技术工人担任，连接完成并自检合格后应在压接管上打上操作人员的钢印。

9.3.3　导线或架空地线应使用合格的电力金具配套接续管及耐张线夹进行连接。连接后的握着强度，应在架线施工前进行试件拉力试验。试件不得少于3组（允许接续管与耐张线夹合为一组试件，不同规格压接机应分别制作试件）。其试验握着强度最小值不得小于导线或架空地线设计使用拉断力的95％。

9.3.4　导线切割及连接应符合下列规定：

（1）切割导线铝股时不得伤及钢芯；

（2）切口应整齐；

（3）导线及架空地线的连接部分不得有线股绞制不良、断股、缺股等质量问题；

（4）连接后管口附近不得有明显的松股现象。

9.3.5　导线连接部分外层铝股在洗擦后应均匀地涂上一层电力复合脂，并应用细钢丝刷清除表面氧化膜，保留电力复合脂进行连接。

9.3.6　各种接续管、耐张管及钢锚连接前应测量管的内、外直径及管壁厚度、管的长度，并应符合 GB 2314 和 DL/T 768 的规定及设计要求。判定不合格者，不得使用。

9.3.7　接续管及耐张管压接后应检查其外观质量，并应符合下列规定：

（1）用精度不低于0.1mm的游标卡尺测量压后尺寸，其允许偏差应符合 DL/T 5285 和 Q/GDW 10571 的规定；

（2）飞边、毛刺及表面未超过允许的损伤，应锉平并用不粗于0♯砂纸磨光；

（3）弯曲度不得大于1％，超过1％尚可校直时应校直；

（4）校直后的接续管不得有裂纹，如有裂纹应割断重接；

（5）钢管压后应涂防锈漆；

（6）设计有注脂要求的耐张管，应按设计要求注脂。

【条文说明】根据国家电网有限公司标准工艺的要求，将原"裸露的接续钢管压后应涂防锈漆"修改为"钢管压后应涂防锈漆"；根据《大截面导线压接工艺导则》（Q/GDW 10571）的规定，将弯曲度不得大于2％改为不得大于1％。

9.3.8　在一个档距内，每根导线或架空地线上不应超过一个接续管和两个补修管，并应满足下列规定：

（1）接续管或补修管与耐张线夹出口间的距离不应小于15m；

（2）接续管或补修管与悬垂线夹中心的距离不应小于5m；

（3）接续管或补修管与间隔棒中心的距离不宜小于0.5m。

9.3.9　导线或架空地线的接续管、耐张管及补修管等连接时，应符合 DL/T 5285 和 Q/GDW 10571 的规定。

9.4　紧线

9.4.1　以耐张铁塔为紧线塔时，应按设计要求装设临时拉线进行补强。采用直线塔为紧线塔时，应采用设计允许的直线塔做紧线临锚塔。

9.4.2　弧垂观测档的选择应符合下列规定：

（1）紧线档在5档及以下时靠近中间选择一档；

（2）紧线档在6～12档时靠近两端各选择一档；

（3）紧线档在12档以上时靠近两端及中间可选择3～4档；

（4）观测档宜选档距较大和悬挂点高差较小及接近代表档距的线档；

（5）弧垂观测档的数量可以根据现场条件适当增加，但不得减少。

【条文说明】如无特殊情况，紧线段内最大档距档应作为观测档之一。

9.4.3 观测弧垂时的温度应在观测档内实测。

9.4.4 挂线时对于孤立档、较小耐张段及大跨越的过牵引长度应符合设计要求；设计无要求时，应符合下列规定：

（1）耐张段长度大于300m时过牵引长度不宜超过200mm；

（2）耐张段长度为200m～300m时，过牵引长度不宜超过耐张段长度的0.5‰；

（3）耐张段长度为200m以内时，过牵引长度根据导线的安全系数不小于2的规定进行控制，变电站进出口档除外；

（4）大跨越档的过牵引值由设计验算确定。

9.4.5 紧线弧垂在挂线后应随即在该观测档检查，其允许偏差应符合下列规定：

（1）一般情况下允许偏差不应超过±2.5%；

（2）跨越通航河流的大跨越档弧垂允许偏差不应大于±1%，其正偏差不应超过1m；

（3）跨越110kV及以上电力线越档弧垂允许偏差应在－2.5%～+1%范围内，其正偏差不应超过1m。

9.4.6 导线或架空地线各极间的弧垂除应满足本标准第9.4.5条的弧垂允许偏差的规定外，各极间弧垂的相对偏差最大值尚应符合下列规定：

（1）一般情况下极间弧垂允许偏差为300mm；

（2）大跨越档的极间弧垂最大允许偏差为500mm。

9.4.7 同极分裂导线的子导线的弧垂宜一致，在满足本标准第9.4.6条的弧垂允许偏差标准时，同极分裂导线的子导线弧垂允许偏差为50mm。

9.4.8 连续上（下）山坡时的弧垂观测，当设计有规定时按设计规定观测。其允许偏差值应符合本节的有关规定。

9.4.9 架线后应测量导线对被跨越物的净空距离，计入导线蠕变伸长换算到最大弧垂时应符合设计要求。

9.5 附件安装

9.5.1 绝缘子安装前应逐个表面清洗干净，并应逐个（串）进行外观检查。安装时应检查碗头、球头与弹簧销之间的间隙。在安装好弹簧销的情况下球头不得自碗头中脱出。验收前应清除瓷（玻璃）表面的污垢。有机复合绝缘子伞套的表面不应有开裂、脱落、破损等现象，绝缘子的芯棒与端部附件不应有明显的歪斜。

9.5.2 金具的镀锌层有局部碰损、剥落或缺锌，应除锈后补刷防锈漆。

9.5.3 当悬垂绝缘子串采用V型串时，应按设计施工图合理选择零部件进行组串，控制组串后的夹角和长度误差。

9.5.4 对非终端塔，其耐张绝缘子串的挂线宜采用高空断线、平衡挂线法施工。

9.5.5 为了防止导线或架空地线因风振而受损伤，弧垂合格后应及时安装附件。附件（包括间隔棒）安装时间不宜超过5d，档距大于800m时应优先安装；当附件安装5d内不能完成的，应采用临时防振措施。大跨越防振装置难于立即安装时，应会同设计采用临时防振措施。

9.5.6 附件安装时应采取防止工器具碰撞绝缘子的措施，在安装中不应踩踏有机复合绝缘子。

9.5.7　悬垂线夹安装后，绝缘子串应垂直地平面，个别情况其顺线路方向与垂直位置最大偏移值一般不应超过 200mm（高山大岭 300mm）。连续上（下）山坡处铁塔上的悬垂线夹的安装位置应符合设计要求。

9.5.8　绝缘子串、导线及架空地线上的各种金具上的螺栓、穿钉及弹簧销子除有固定的穿向外，其余穿向应统一，并应符合下列规定：

（1）单、双悬垂串上的弹簧销子一律由电源侧向受电侧穿入。使用 W 型弹簧销子时，绝缘子大口均朝电源侧；使用 R 型弹簧销子时，大口均朝受电侧。螺栓及穿钉凡能顺线路方向穿入者均由电源侧向受电侧穿入，特殊情况可由外向内穿入；

（2）耐张串上当使用 W 型弹簧销子时，绝缘子大口一律向上；当使用 R 型弹簧销子时，绝缘子大口一律向下。螺栓及穿钉一般由上向下穿，特殊情况可由外向内穿入；

（3）分裂导线上的穿钉、螺栓一律由线束外侧向内穿；

（4）当穿入方向与当地运行单位要求不一致时，可按运行单位的要求穿入，但应在开工前明确规定。

9.5.9　均压环应安装后方可拆除包裹物。

9.5.10　金具上所用闭口销的直径应与孔径相配合，且弹力适度。

9.5.11　各种类型的铝质绞线在与金具的线夹夹紧时，除并沟线夹、使用预绞丝护线条及设计另有规定外，安装时应在铝股外缠绕铝包带。缠绕时应符合下列规定：

（1）铝包带应缠绕紧密，其缠绕方向应与外层铝股的绞制方向一致；

（2）所缠铝包带可露出线夹口，但不应超过 10mm，其端头应回缠绕于线夹内压住。

9.5.12　安装预绞丝护线条时，每条的中心与线夹中心应重合，对导线包裹应紧密。

9.5.13　防振锤及阻尼线与被连接的导线或架空地线应在同一铅垂面内，设计有特殊要求时按设计要求安装。其安装距离偏差不应大于±30mm。

9.5.14　分裂导线的间隔棒应在耐张线夹、悬垂线夹安装完毕后安装。间隔棒的结构面应与导线垂直，安装时应测量次档距。铁塔两侧第一个间隔棒的安装距离偏差不应大于端次档距的±1.5%，其余不应大于次档距的±3%。各极间隔棒安装位置应符合设计要求。

9.5.15　绝缘架空地线放电间隙的安装距离偏差不应大于±2mm。

9.5.16　当采用硬跳线时，应满足设计要求，并符合下列规定：

（1）硬跳线吊装应经计算后采取不小于两点起吊，确保其铝合金管或支撑架不发生永久变形；

（2）铝合金管表面应光滑，无毛刺；安装过程中应进行保护，不得磨损或碰坏；

（3）硬跳线安装后，管或支撑架应保持水平。

9.5.17　硬跳线铝合金管按制造长度的弯曲度应小于 5‰，安装前应按设计要求进行预拱。

9.5.18　柔性引流线应呈近似悬链线状自然下垂，不得有弯、扭等明显变形，对铁塔的电气间隙应符合设计要求。使用压接引流线时其中间不得有接头。

9.5.19　铝制引流连板及并沟线夹的连接面应平整、光洁，安装应符合下列规定：

（1）安装前应检查连接面是否平整，耐张线夹引流连板的光洁面应与引流线夹连板的光洁面接触；

（2）应使用汽油洗擦连接面及导线表面污垢，并应涂上一层导电脂。用细钢丝刷清除有导电脂的表面氧化膜；

（3）保留导电脂，并应逐个均匀地拧紧连接螺栓。螺栓的扭矩应符合该产品说明书所列数值。

9.6　光纤复合架空地线（OPGW）架设

9.6.1　光纤复合架空地线盘运输到现场指定卸货点后，应进行下列项目的检查和验收：

（1）结构型式、光纤芯数、型号和规格；

（2）盘号及长度；

（3）光纤衰耗值（由专业人员检测）；

（4）光纤端头密封的防潮封口有无松脱现象。

9.6.2　光纤复合架空地线盘应呈直立的位置存放、装卸及运输，不得平放。

9.6.3　光纤复合架空地线的架线施工应符合下列规定：

（1）光纤复合架空地线的架线施工应采用张力放线方法；

（2）选择放线区段长度应与线盘长度相适应。不宜两盘及以上连放。

9.6.4　张力放线机主卷筒槽底直径应不小于光纤复合架空地线直径的 70 倍，且不得小于 1m，设计另有要求的除外。

9.6.5　放线滑轮槽底直径应不小于光纤复合架空地线直径的 40 倍，且不得小于 500mm。滑轮槽应采用挂胶或其他韧性材料。滑轮的摩阻系数应不大于 1.015。

9.6.6　牵张场所在位置应保证进出线仰角满足制造厂要求，一般不宜大于 25°，其水平偏角应小于 7°。

9.6.7　放线滑车在放线过程中，其包络角不得大于 60°。

9.6.8　牵引绳与光纤复合架空地线的连接应通过旋转连接器、防捻走板、专用编织套或按出厂说明书要求连接。

9.6.9　张力牵引过程中，初始速度应控制在 5m/min 以内，正常运转后牵引速度不宜超过 60m/min。

9.6.10　应控制放线张力，在满足对交叉跨越物及地面距离的情况下，宜低张力展放。

9.6.11　牵张场临锚时，光纤复合架空地线落地处应有隔离保护措施以保证线不得与地面接触。收余线时，不应拖放。

9.6.12　紧线及锚线时，应使用专用夹具。

9.6.13　光纤的熔接应由专业人员操作。

9.6.14　光纤的熔接应符合下列要求：

（1）剥离光纤的外层套管、骨架时不得损伤光纤；

（2）防止光纤接线盒内有潮气或水分进入，安装接线盒时螺栓应紧固，橡皮封条应安装到位；

（3）光纤熔接后应进行接头光纤衰耗值测试，不合格者应重接；

（4）雨天、大风、沙尘或空气湿度过大时不应熔接。

9.6.15　引下线夹具的安装应保证光纤复合架空地线顺直、圆滑，不得有硬弯、折角。

9.6.16　紧线完后，光纤复合架空地线在滑车中的停留时间不宜超过 48h。附件安装后，当不能立即接头时，光纤端头应做密封处理。

9.6.17　附件安装前光纤复合架空地线应接地。提线时与线接触的工具应包橡胶或缠绕铝包带，不得以硬质工具接触线表面。

9.6.18　施工过程中，光纤复合架空地线的曲率半径不得小于设计和制造厂的规定。

9.6.19　紧线和附件安装，除本节的规定外尚应符合本标准第 9.4、9.5 节的有关规定。

9.6.20　光纤复合架空地线在同一处损伤、强度损失不超过设计计算拉断力的 17% 时，应用光纤复合架空地线专用预绞丝补修。

10 接 地 工 程

10.1 接地工程的施工及验收除应符合本规范的规定外，尚应符合 GB5 0169 的有关规定。

10.2 铁塔的每一塔腿都应与接地体线连接；接地体的规格、埋深不应小于设计要求。

10.3 接地装置应按设计图形埋设，受地质地形条件限制时可按设计图形作局部修改，原设计图形为环形者仍应呈环形。但不论修改与否均应在施工质量验收记录中绘制接地装置敷设简图，并标示相对位置和尺寸。

10.4 埋设水平接地体满足下列规定：

（1）遇倾斜地形宜沿等高线埋设；

（2）两接地体间的平行距离不应小于 5m；

（3）接地体敷设应平直；

（4）应尽量避开电力电缆、通信电缆、天然气管道等地下设施，并满足有关规定要求。如不满足要求，应与设计协商解决；

（5）附近有其他电力线路时，宜避免两线路间接地体相连；

（6）对无法按照上述要求埋设的特殊地形，应与设计协商解决。

10.5 垂直接地体应垂直打入，并防止晃动。

10.6 接地体间连接应符合下列规定：

（1）连接前应清除连接部位的浮锈；

（2）接地体间连接必须可靠；

（3）除设计规定的断开点可用螺栓连接外，其余应用焊接、放热焊接或液压方式连接，除断开点外，接地引下线与接地网的连接点应位于接地沟的底部，并满足下列要求：

1）当采用搭接焊接时，圆钢的搭接长度应为其直径的 6 倍并应双面施焊；圆钢与扁钢的搭接长度应为圆钢直径的 6 倍并应双面施焊；扁钢的搭接长度应为其宽度的 2 倍并应四面施焊；

2）当圆钢采用液压连接时，其接续管的型号与规格应与所压圆钢匹配，接续管的壁厚不得小于 3mm、长度不得小于：搭接时圆钢直径的 10 倍，对接时圆钢直径的 20 倍；

3）采用铜覆钢接地极时，接地体的连接应使用专用连接管或采用放热焊接；

4）采用焊接、放热焊接和液压连接的接地体连接部位应采取防腐措施，防腐范围不应少于连接部位两端各 100mm。

10.7 接地引下线与铁塔的连接螺栓应采用两点连接，连接螺栓采用一垫一弹两垫片的防松措施，并应接触良好，便于运行测量接地电阻和检修。

10.8 接地电阻的测量应在接地体回填后间隔一段时间进行，应避免在雨雪天气测量。测量可采用接地装置专用测量仪表。所测得的接地电阻值考虑季节系数后的换算值应不大于设计工频接地电阻值。接地电阻测量宜采用三极法，并符合 DL/T 887 和 DL/T 475 的规定。

10.9 当采用措施降低铁塔接地电阻时，应采用成熟有效的方法和产品。

10.10 当采用无机固体降阻材料时，应符合以下规定：

（1）使用数量和安装位置符合设计要求；

（2）无机固体降阻材料与接地圆钢之间采用双面焊连接，焊接长度符合本标准第 10.6 条的要求；

（3）埋深与接地圆钢埋深相同，并与土壤良好接触。

10.11 接地沟符合设计要求和环保水保规定：

（1）接地沟开挖的长度和深度应符合设计要求，沟中影响接地体与土壤接触的杂物应清除；

（2）接地沟的回填宜选取未掺有石块及其他杂物的泥土并应夯实，回填后应筑有防沉层，其高度不宜为小于100mm，工程移交时回填土不得低于地面；

（3）接地沟处在相对高差较大的陡坡地段，易受雨水冲刷造成接地体外露时，回填后应沿接地沟走向用水泥砂浆进行封堵护面。

11 线路防护工程

11.1 对易受洪水冲刷的铁塔基础，应按设计要求进行防护。塔位上山坡有水径流向铁塔基础时应在上山坡设置截水沟，靠近基础位置周边设置排水沟；截水沟和排水沟宜采用水泥沙浆抹面或块石砌筑。

11.2 铁塔基础护坡、挡土墙和防洪堤应清除浮土后按设计要求砌筑。护坡、挡土墙应设置必要的排水孔和伸缩缝。

11.3 铁塔基面、边坡和余土堆放处应采取防止水土流失措施。

11.4 塔脚保护帽浇筑应在铁塔检查合格后进行，并应符合以下规定：

（1）浇筑前应对地脚螺栓进行紧固检查；

（2）保护帽的强度应符合设计要求，与塔座结合严密，不得有裂缝；

（3）保护帽应形状统一，其宽度距塔脚板每侧宜不小于50mm，高度应超过地脚螺栓50mm以上。

11.5 工程移交时，铁塔上应有下列固定标志。标志的式样及悬挂位置应符合设计、建设单位的要求：

（1）线路名称或代号、塔号；

（2）极性标志；

（3）警示标志；

（4）高塔按设计规定装设的航空标识；

（5）多回路铁塔上的回路标识；

（6）直升机巡视作业标志（如有要求）。

11.6 线路边导线地面投影外7m以内和最大未畸变电场不满足有关规定的房屋应拆迁。

11.7 应根据设计、建设单位要求和本标准附录A标准进行通道清理。

12 工程验收与移交

12.1 工程验收

12.1.1 工程验收分为原材料及设备进场验收、隐蔽工程验收、三级自检、监理初检、中间验收和竣工验收等方式，并以最终形成的施工验收质量记录为基本依据来判定是否满足工程设计和本标准的要求。

12.1.2 隐蔽工程的验收检查应在隐蔽前进行，隐蔽工程验收应包括以下内容：

（1）基础坑深及地基处理情况；

（2）现浇基础中钢筋和预埋件的规格、尺寸、数量、位置、底座断面尺寸、混凝土的保护层厚度及浇筑质量；

（3）岩石及掏挖基础的成孔尺寸、孔深、埋入铁件及混凝土浇筑质量；

（4）灌注桩基础的成孔、清孔、钢筋骨架及水下混凝土浇灌；

（5）液压连接的接续管、耐张线夹、引流管等的检查：

1）连接前的内、外径，长度；

2）管及线的清洗情况；

3）钢管在铝管中的位置；

4）压后钢管钢芯端头与铝线端头在连接管中的位置。

（6）导线、架空地线及光纤复合架空地线的线股损伤及补修处理情况；

（7）铁塔接地装置的埋设情况；

（8）保护帽浇筑前地脚螺栓规格、螺杆和螺帽的匹配性、螺帽的紧固及压实情况。

【条文说明】根据国家电网有限公司地脚螺栓的管控要求，将保护帽浇筑前地脚螺栓规格及安装情况新加入隐蔽工程验收范畴。

12.1.3 中间验收按铁塔组立前、导地线架设前、投运前三大部分组成。铁塔组立前验收包含土石方分部工程、基础分部工程，导地线架设前验收包含铁塔分部工程、接地分部工程，投运前验收包含架线分部工程、线路防护分部工程，具体分部验收内容如下：

（1）土石方工程：

1）基础坑（孔）中心根开及尺寸偏差；

2）基础坑（孔）深度及倾斜度；

3）基础坑（孔）坑底标高；

4）群桩桩孔间距；

5）坑底浮土处理；

6）施工基面高程；

7）需开方的塔位边坡净距；

8）需开方的风偏及对地净距；

9）余土、废料的处理，环境保护和水土保持情况。

（2）基础工程：

1）立方体试块为代表的现浇混凝土基础的抗压强度；

2）整基基础尺寸偏差、位移、扭转；

3）现浇基础断面尺寸、根开、地面标高及相对高差；

4）同组地脚螺栓中心或插入式角钢形心对立柱中心的偏移；

5）地脚螺栓及插入式角钢外露尺寸，地脚螺帽数量；

6）回填土情况；

7）外观质量。

（3）铁塔工程：

1）铁塔部件、构件的规格及组装质量；

2）铁塔结构倾斜；

3）螺栓的紧固程度、穿向等；

4）地脚螺栓紧固；

5）铁塔主材弯曲；

6）铁塔横担预拱值。

（4）架线工程：

1）导线、架空地线及光纤复合架空地线的型号、规格、损伤情况检查及弧垂；

2）绝缘子的规格、数量、外观质量及清洁情况，悬垂绝缘子串的倾斜；

3）金具的规格、数量及连接安装质量，金具螺栓或销钉的规格、数量、穿向；

4）铁塔在架线后的倾斜与挠曲；

5）跳线安装连接质量、弧垂及最小电气间隙；

6）绝缘架空地线的放电间隙；

7）接头、修补的位置及数量；

8）防振锤及阻尼线的安装位置、规格数量及安装质量；

9）间隔棒的安装位置及安装质量；

10）导线对地及跨越物的安全距离；

11）线路对接近物的接近距离；

12）光纤复合架空地线引下线及接续盒的安装质量，光纤接头熔接质量。

（5）接地工程：

1）接地装置的规格、型号、数量；

2）实测接地工频接地电阻值；

3）接地体的连接、防腐、埋深、回填及走向布置；

4）接地引下线的防腐、制作工艺及与铁塔的连接情况。

（6）线路防护：

1）铁塔基础护坡、挡土墙和防洪堤的砌筑和排水孔设置；

2）排水沟、截水沟修筑及其保护措施；

3）铁塔基础基面和余土处理，植被恢复等环境保护和水土保持情况；

4）保护帽浇筑质量及工艺、基础防沉层情况；

5）铁塔的固定标志（线路名称、回路、塔号、极性和警示标识）；

6）接地沟回填后水土保持措施；

7）通道砍伐、房屋拆迁、杆线迁移等情况。

12.1.4　竣工验收：

（1）竣工验收在原材料及设备进场验收、隐蔽工程验收（含影像资料）、三级自检、监理初检、中间验收全部结束，有关问题已得到处理后实施。竣工验收是对架空送电线路投运前安装质量的最终确认；

（2）竣工验收除确认工程本体的安装质量外尚应包括以下内容：

1）线路走廊障碍物的处理情况；

2）防护设施完成情况；

3）遗留问题的处理情况。

（3）竣工验收除验收实物质量外，尚应包括各种工程资料。

12.1.5　施工验收质量记录表由相关人员填写，签字后生效。

12.1.6　工程本体质量、工程施工及验收的施工质量记录、施工材料质量记录及本标准第12.1.4条包括的各项事宜经建设、运行、设计、监理、施工各方共同确认合格后该工程通过验收。

12.2　竣工试验

12.2.1　工程在竣工验收合格后投运前，应按下列步骤进行竣工试验：

（1）测定线路绝缘电阻；

（2）核对线路极性；

（3）测定线路参数特性；

（4）电压由零升至额定电压；但无条件时可不做；

（5）以额定电压对线路冲击合闸 3 次；

（6）带负荷试运行 24h。

12.2.2 线路工程未经竣工验收合格及试验判定合格前不得投入运行。

12.3 工程资料移交

12.3.1 工程竣工后应移交下列资料：

（1）开工和竣工管理控制资料；

（2）质量保证资料；

（3）中间验收检查记录资料；

（4）施工技术资料；

（5）相关协议书；

（6）相关音像电子档案资料。

12.3.2 竣工资料的建档、整理、移交，应符合 GB/T 11822 及 GB 50328 的规定。

12.4 竣工移交

完成各项验收、试验、资料移交，且试运行成功，建设、运行、设计、监理及施工各方签署竣工验收签证书后，即为竣工移交。

附录 E （规范性附录） 安全距离要求

E.1 最大计算弧垂情况下导线对地面最小距离应不小于表 E.1 的要求。

表 E.1　　　　　　　　　　　　　　　导线对地面最小距离

线路经过地区	水平 V 串	水平 I 串	备　　注
居民区（m）	21.0	21.5	
非居民区（m）	18.0	18.5	农业耕作区
	16.0	17.0	人烟稀少的非农业耕作区
交通困难地区（m）	15.5		

E.2 当送电线路跨越无人居住且为耐火屋顶的建筑时，导线与建筑物之间的垂直距离，在最大计算弧垂情况下，不应小于表 E.2 所列数值。

表 E.2　　　　　　　　　　　　导线与建筑物之间的最小垂直距离

标称电压（kV）	±800
垂直距离（m）	16.0

E.3 送电线路边导线与建筑物之间的距离，在最大计算风偏情况下，不应小于表 E.3 所列数值。

表 E.3　　　　　　　　　　　　导线与建筑物之间的最小净空距离

标称电压（kV）	±800
净空距离（m）	15.5

无风情况下，边导线与建筑物之间的水平距离，不应小于表 E.4 所列数值。

表 E. 4　　　　　　　　　　　　　　边导线与建筑物之间的最小水平距离

标称电压（kV）	±800
距离（m）	7.0

E. 4　送电线路通过林区，宜采用加高铁塔跨越林木不砍通道的方案。当跨越时，导线与树木（考虑自然生长高度）之间的垂直距离，不小于表 E. 5 所列数值。当砍伐通道时，通道净宽度不应小于线路宽度加林区主要树种自然生长高度的 2 倍。通道附近超过主要树种自然生长高度的个别树木应砍伐。

表 E. 5　　　　　　　　　　　　　　导线与树木之间的最小垂直距离

标称电压（kV）	±800
垂直距离（m）	13.5

送电线路通过公园、绿化区或防护林带，导线与树木之间的净空距离，在最大计算风偏情况下，不应小于表 E. 6 所列数值。

表 E. 6　　　　　　　　　　　　　　导线与树木之间的最小净空距离

标称电压（kV）	±800
垂直距离（m）	10.5

送电线路通过果树、经济作物林或城市灌木林不应砍伐通道。导线与果树、经济作物、城市绿化灌木以及街道行道树木之间的垂直距离，不应小于表 E. 7 所列数值。

表 E. 7　　　　导线与果树、经济作物、城市绿化灌木以及街道行道树木之间的最小垂直距离

标称电压（kV）	±800
垂直距离（m）	15.0

E. 5　最大计算风偏情况下导线与山坡、峭壁、岩石之间的最小净空距离不应小于表 E. 8 的要求。

表 E. 8　　　　　　　　　　　　　导线与山坡、峭壁、岩石之间的最小净空距离

线路经过地区	净空距离
步行可以到达的山坡（m）	13
步行不能到达的山坡、峭壁和岩石（m）	11

E. 6　架空送电线路与甲类火灾危险性的生产厂房、甲类物品库房、易燃、易爆材料堆场及可燃或易燃易爆液（气）体储罐的防火间距，不应小于铁塔全高加 3m，还应满足其他的相关规定。

E. 7　架空送电线路与铁路、公路、河流、管道、索道及各种架空线路交叉或接近距离应满足表 E. 9 的要求。

表 E. 9　　　　　　　　　　　　　　导线对被跨物最小垂直距离

被 跨 物 名 称		垂直距离（m）
至铁路轨顶	轨顶	21.5
至电气化铁路承力索或接触线		15.0
至公路路面		21.5

续表

被 跨 物 名 称		垂直距离（m）
至通航河流	五年一遇洪水位	15.0
	至最高航行水位的桅顶	10.5
至不通航河流	百年一遇洪水位	12.5
	冰面（冬季）	18.5
弱电线路	至被跨越物	17.0
电力线路	至被跨越物（杆顶）	10.5（15.0）
特殊管道、索道	至管道任何部分	17.0
	至索道任何部分	10.5

注　括号内数字用于跨越塔顶。

E.8　架空送电线路与铁路、公路、电车道、河流、弱电线路、架空送电线路、管道、索道接近的最小水平距离不得小于表 E.10 的要求。

表 E.10　　　　　　　　　　　　　最 小 水 平 距 离

接近物	接 近 条 件			水 平 距 离（m）
铁路	铁塔外缘至轨道中心		交叉	最高塔高加 3.1，无法满足要求时可适当减小，但不小于 40.0
			平行	最高塔高加 3.1，困难时双方协商确定
公路	交叉	铁塔外缘至路基边缘		15.0 或按协议取值
	平行	边导线至路基边缘	开阔地区	最高塔高
			路径受限制地区	12.0 或按协议取值
通航河流　不通航河流	边导线至斜坡上缘（线路与拉纤小路平行）			最高塔高
弱电线路	与边导线间（平行）		开阔地区	最高塔高
			路径受限制地区（最大风偏情况下）	13.0
电力线路	与边导线间		开阔地区	最高塔高
			路径受限制地区（最大风偏情况下）	边导线间 20.0，最大风偏至邻塔 13.0
特殊管道和索道	边导线至管道和索道任何部分	开阔地区	交叉	最高塔高
			平行	天然气、石油（非埋地管道）：最高塔高加 3.0m
		路径受限制地区（在最大风偏情况下）		风偏时 15.0

注　附录 A 中表格的数据是根据《±800kV 直流架空输电线路设计规范》（GB 50790—2013）选取，如该规范有更新版本，应采用其更新版本的数据。